液晶合成与液晶材料

陈新兵　安忠维　陈　沛　著

科　学　出　版　社

北　京

内 容 简 介

本书系统介绍液晶材料的合成、纯化及分析表征技术。首先介绍液晶材料性能及表征方法，液晶显示模式对液晶材料的要求，以及液晶材料的设计合成与应用前景等；其次介绍环己烷类液晶材料、萘衍生物液晶材料、桥键类液晶材料、含氟液晶材料、端烯液晶材料、杂环液晶材料，以及手性液晶材料关键基团的构建合成设计与典型反应、分离及表征方法、结构与性能关系等；最后介绍混合液晶材料的纯化、性能评价方法与制备技术，以及混合液晶材料的配方设计原则、混合液晶材料的性能等。

本书可供从事液晶化学、液晶物理及液晶显示器件研究、开发和生产工作的科研及工程技术人员参考，也可作为高等院校材料物理、材料化学、光电材料和化学相关专业师生的参考用书。

图书在版编目（CIP）数据

液晶合成与液晶材料 / 陈新兵，安忠维，陈沛著. —北京：科学出版社，2022.10

ISBN 978-7-03-072157-0

Ⅰ. ①液… Ⅱ. ①陈… ②安… ③陈… Ⅲ. ①液晶-研究 Ⅳ. ①O753

中国版本图书馆 CIP 数据核字（2022）第 071972 号

责任编辑：祝 洁 罗 瑶 / 责任校对：崔向琳

责任印制：张 伟 / 封面设计：蓝正设计

科学出版社 出版

北京东黄城根北街 16 号

邮政编码：100717

http://www.sciencep.com

北京九州迅驰传媒文化有限公司 印刷

科学出版社发行 各地新华书店经销

*

2022 年 10 月第 一 版 开本：720×1000 1/16

2023 年 1 月第二次印刷 印张：16 1/4

字数：324 000

定价：168.00 元

（如有印装质量问题，我社负责调换）

前　言

随着 5G、人工智能、大数据等新一代信息技术逐步成熟，显示产业作为信息交互的重要端口，将持续引领电子信息产业的升级发展。我国已经成为全球新型显示面板的主要生产基地。液晶材料属于有机光电功能材料，是 21 世纪信息时代的一种重要显示材料，尽管液晶材料在器件中用量不大，但其决定着显示器件或光电器件的性能。目前，液晶物理、液晶化学及液晶显示器件的成果比较多，但是重点介绍液晶材料合成的著作很少。

本书主要介绍显示用液晶材料的合成、纯化和分析表征技术等内容，期望能为从事有机光电新材料尤其是液晶材料开发与研制工作的人员提供基础知识与技术。本书所述液晶材料分为两类，一类是具有独特液晶特性的液晶化合物，另一类是满足实际应用需求的混合液晶。全书共 9 章，第 1 章主要介绍液晶显示及液晶材料的发展历史，液晶材料的常见性能及其表征方法，液晶显示模式对液晶材料的要求，以及液晶材料的设计合成和应用前景等内容。第 2～8 章分别介绍环己烷类液晶材料、萘衍生物液晶材料、桥键类液晶材料、含氟液晶材料、端烯液晶材料、杂环液晶材料及手性液晶材料，主要围绕这几类液晶材料关键基团的构建、合成设计与典型反应、分离及表征方法、结构与性能关系等方面展开介绍。第 9 章重点介绍混合液晶材料的纯化技术和性能评价方法，同时介绍混合液晶材料的配方设计原则、薄膜晶体管液晶显示用混合液晶材料的性能等。

本书第 1、2、4、5、9 章由陈新兵和陈然撰写，第 3 章由陈新兵和杜盛华撰写，第 6、7 章由陈新兵和谢宁撰写，第 8 章由陈新兵和张彤撰写。第 1～5 章由安忠维统稿，第 6～9 章由陈沛统稿。

本书相关研究得到西安近代化学研究所、西安彩晶光电科技股份有限公司、西安瑞联新材料股份有限公司，以及陕西师范大学液晶光学材料与器件研究团队的支持与帮助。本书出版得到陕西师范大学教务处和材料科学与工程学院教材建设项目的支持，在此一并表示衷心的感谢。

受作者能力、学识所限，书中不足之处在所难免，敬请读者批评指正。

目　　录

第1章　绪　　论

1.1　液晶及液晶显示

液晶是物质的一种状态，早在 1888 年被奥地利植物学家和化学家 Reinitzer 发现，1889 年被德国物理学家 Lehmann 证实，并提出了“液晶”的概念。但是经过二三十年的发展，尤其是 1910～1925 年一些新液晶态被发现后，液晶才逐渐被科学界所接受。由于液晶是一种介于各向同性液体和各向异性晶体之间的物质状态，不仅具有液体的流动性，而且具有晶体的光学各向异性(双折射率)，故被称为液晶(liquid crystal)。自液晶被发现，人们就逐渐开始进行液晶相关理论的研究。例如，Winner 等发展了液晶的双折射理论，Bose 提出了液晶的相态理论，Oseen 等创立了液晶的连续体理论，Grandiean 等研究了液晶分子取向机理及织构等。

液晶作为一种有趣的物质存在状态，深受全球各地科学家的广泛关注。例如，1933 年苏联科学家 Freedericksz 发现了液晶的 Freedericksz 转变，法国化学家 Friedel 完成了液晶的分类，Lichtennecker 等提出了液晶的介电各向异性，Kast 提出了正性液晶和负性液晶的概念等。继 1888 年胆甾醇苯甲酸酯首先被发现后，德国化学家 Vorländer 等于 1908 年首次合成了近晶相液晶化合物，并提出液晶相的出现与化合物的分子结构有关，他发现具有液晶相的化合物都具有近似直线的分子结构。19 世纪 20 年代，Gattermann 合成了具有偶氮结构的液晶化合物——氧化偶氮茴香醚和氧化偶氮苯乙醚，但是研究发现该类化合物因稳定性差而难以实际应用。

随着液晶基础理论研究的深入，研究人员越来越重视液晶材料的应用研究。1968 年，*N*-(4-甲氧基苯亚甲基)-4′-丁基苯胺[*N*-(4-methoxybenzylidene)-4-butylaniline，MBBA]作为首个室温液晶态化合物被研究报道。同年，这类液晶材料被美国无线电公司(Radio Corporation of America，RCA)Heilmeier 博士应用于动态散射模式的液晶显示器(dynamic scattering-liquid crystal display，DS-LCD)[1]，虽然只是简单显示，但是这一成果是世界上基于液晶材料光电效应的第一套液晶显示器，展现出广阔的应用前景，震动了业界，引起了科学界的广泛关注。

1971 年，Schadt 等[2]发明了扭曲向列相液晶显示技术，随后 Gray 等合成了另一个室温向列相液晶化合物——4′-戊基-4-联苯腈(5CB)，它被广泛应用于日本 Sharp 和 Seiko-Epson 开发的扭曲向列型液晶显示器(twisted nematic-liquid crystal display，TN-LCD)，使得液晶显示技术迅速进入工业化阶段。1984 年，Scheffer

发明了超扭曲向列相显示技术(super twisted nematic-liquid crystal display，STN-LCD)[3]，克服了早期TN-LCD在视角、显示容量等方面的不足。1985～1987年，STN-LCD实现了大规模工业化生产，并于1990年开始实现了彩色STN-LCD在笔记本电脑上的应用。为了满足STN-LCD需求的高弯曲/展曲弹性常数比(K_{33}/K_{11})，烯烃类液晶化合物逐步被开发出来，并主要应用于该类液晶显示器。

1980年以来，薄膜晶体管液晶显示(thin film transistor-liquid crystal display，TFT-LCD)技术在主动矩阵型显示(active matrix-liquid crystal display，AM-LCD)技术的基础上，发展成为有源矩阵薄膜晶体管型液晶显示器(AM-TFT-LCD)，可以分为四种显示模式[4-8]：扭曲向列(twisted nematic，TN)型显示模式、垂直排列(vertical alignment，VA)型显示模式、面内开关(in-plain switching，IPS)型显示模式和边缘场开关(fringe field switching，FFS)型显示模式。伴随含氟液晶化合物的大量开发，基于含氟液晶材料的AM-TFT-LCD在1989年实现了规模化生产，1991年日本夏普公司研制了世界上第一台14英寸①彩色TFT-LCD，开创了液晶显示器的历史。液晶显示器从此真正进入高画质、真彩色显示的新发展阶段。随着液晶显示技术的进步，IPS-TFT-LCD和VA-TFT-LCD相继在1996年和1998年实现工业化生产，大尺寸(65寸②以上)液晶电视在2001年进入市场。由于IPS显示模式存在透光率、亮度、对比度等方面的不足，FFS型显示技术被成功开发并广泛应用于TFT-LCD。液晶显示器问世以来，不断有新型液晶化合物[9-11]被开发并应用于显示模式逐步优化的LCD(表1-1)，这极大地改善了人们的工作条件，丰富了人们的生活。

表1-1　各类显示器使用的液晶材料

年份	LCD类型	典型应用/产品	所用典型液晶材料
1970	DS-LCD	台式计算机	席夫碱液晶
1974	TN-LCD	手表、计算器	氰基联苯液晶
1979	点阵TN-LCD	游戏机、电子词典	苯基环己烷液晶
1982	点阵图形TN-LCD	测量仪表、袖珍计算机、汽车仪表	二苯基环己烷液晶 环己基二苯基环己烷液晶
1986	STN-LCD	文字处理机、PC机	炔键类液晶
1987	STN-LD AM-LCD	黑白投影仪、便携式电视	乙撑桥键类液晶
1989	STN-LCD TN-TFT-LCD	便携式计算机、摄像机及计算机显示器	含氟类液晶

① 1英寸＝2.45cm。

② 1寸＝3.33cm。

续表

年份	LCD类型	典型应用/产品	所用典型液晶材料
1998	IPS-TFT-LCD FFS-TFT-LCD	投影及大屏幕电视、动态影像显示	含二氟甲醚类超级氟液晶
2011	BP-LCD	蓝相液晶显示器	蓝相液晶、聚合物液晶单体
2018	硅基液晶显示	增强现实/虚拟现实显示	高双折射率、大介电各向异性液晶

液晶材料在显示领域取得了举世瞩目的成就，同时，基于向列相液晶、聚合物分散液晶、多稳态液晶、蓝相液晶(blue phase liquid crystal，BPLC)、双频液晶、铁电液晶、反铁电液晶的显示器都有研究和应用报道。其中，基于向列相液晶的显示器目前最成熟，市场占有量最大。

1.2 液晶材料的性能及表征方法

了解液晶材料的各项物理性能及其构性关系是开展应用基础研究的前提，也是开发新型液晶材料的重要依据。液晶态物质表现出各向异性特性，如光学各向异性(双折射率)、介电各向异性、反磁各向异性等，同时还具有黏度①和弹性常数等，这些参数决定了与之相匹配的液晶显示器类型。液晶材料包括液晶化合物材料和混合液晶材料，显示用液晶材料是指混合液晶材料，其重要的物理性能[12]包括液晶相变温度(T_m和T_c)、双折射率(Δn)、介电各向异性($\Delta\varepsilon$)、电阻率(ρ)、旋转黏度(γ)、弹性常数(K)等。其中，有些物理性能可以通过经典设备进行测试，例如液晶材料的相态和相变温度可以通过偏光显微镜、差示扫描量热仪和 X 射线衍射仪等表征，而有些物理性能则只能通过专业设备或者组装设备进行表征，如弹性常数。

1.2.1 介晶性能

液晶材料的介晶性能指的是液晶相态和液晶相变温度。液晶材料可以呈现不同相态，通常通过偏光显微镜(polarized-light microscope，POM)观测各种液晶相特有的双折射光学织构，进而确定液晶相态。液晶织构特征由材料的不同缺陷结构引起[13]，如待测液晶层的厚度、杂质、表面等均可导致位错与相错，进而使其产生丰富的液晶织构。常见的液晶织构[14]包括纹影织构、丝状织构、焦锥织构、扇形织构、镶嵌织构、指纹织构等，通过液晶织构可判断液晶态的存在及其类型，探索液晶内部指向矢场的变化规律。一般而言，纹影织构/丝状织构(schlieren or

① 本书黏度均指旋转黏度。

thread-like texture)、大理石纹织构(marble texture)属于向列相(nematic phase)，简称“N 相”；焦锥织构(focal conic texture)、镶嵌织构/马赛克织构(mosaic texture)属于近晶相(smectic phase)，简称“S 相”；指纹织构(fingerprint texture)是胆甾相(cholesteric phase)，简称“Ch 相”，均为典型液晶织构。

图 1-1 是液晶材料所呈现的纹影织构向列相和焦锥织构近晶相 POM 照片。对于非经典液晶织构和难以辨别的液晶相态，可以运用 X 射线衍射仪(X-ray diffractometer，XRD)测试液晶相特有的衍射峰，进而分析确认液晶相态。

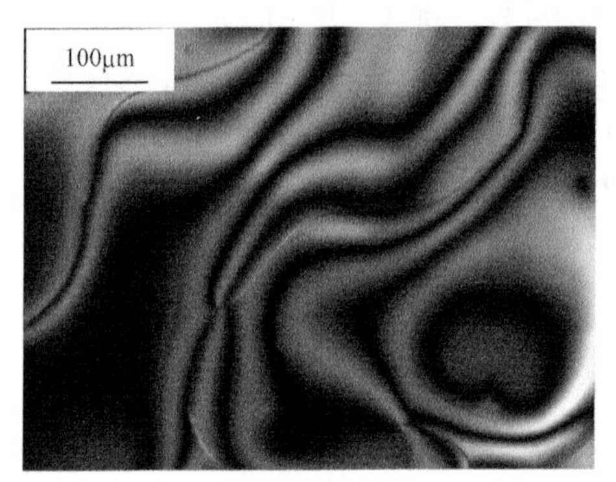

(a) 纹影织构向列相

(b) 焦锥织构近晶相

图 1-1　液晶材料的纹影织构向列相和焦锥织构近晶相 POM 照片

液晶材料的相变温度是指化合物不同相态之间的转变温度，固态向液晶态转变的温度称为熔点(T_m)，液晶态向各向同性液体转变的温度称为清亮点(T_c)，液晶相态之间转变的温度称为液晶相变点，如向列相向近晶相转变的温度为 N-S 相变点。对于相变温度的检测，最常用的仪器是差示扫描量热仪(differential scanning calorimeter，DSC)，它不仅可以获取相变温度，还可以给出液晶材料相变时的热焓变化值。图 1-2 是液晶材料介晶性能表征常用的 POM、XRD 和 DSC 三种仪器

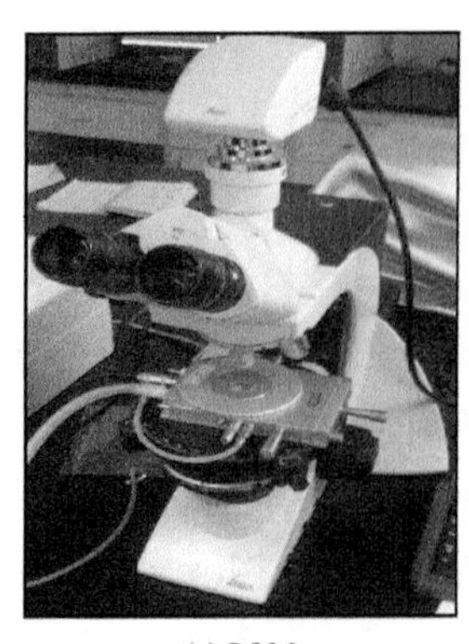

(a) POM

(b) XRD

(c) DSC

图 1-2　液晶材料介晶性能表征常用仪器

照片。液晶相区间指的是从熔点到清亮点的温度区间，它决定了液晶器件工作的温度范围。一般而言，液晶材料如果具有低熔点和高清亮点，就可以获得宽液晶相区间，能够适用于更严苛的工作环境。例如，对于车载显示而言，液晶材料的向列相区间需要满足−40～110℃。

1.2.2　光学性能

液晶具有晶体各向异性的特性，可以使光在液晶中传播时产生两个方向上的折射率，若非寻常光的折射率 n_e 大于寻常光的折射率 n_o 时，称为正光性材料。向列相液晶和近晶相液晶材料通常为正光性材料，而胆甾相液晶及大多数溶致液晶为负光性材料。

Vuks 公式[15]构建了双折射率与分子极化率的关系，以便通过理论计算液晶分子的双折射率：

$$\frac{n_e^2-1}{n^2+2}=\frac{N}{3\varepsilon_0}\left[\bar{\alpha}+\frac{2\Delta\alpha\cdot S}{3}\right] \tag{1-1}$$

$$\frac{n_o^2-1}{n^2+2}=\frac{N}{3\varepsilon_0}\left[\bar{\alpha}-\frac{\Delta\alpha\cdot S}{3}\right] \tag{1-2}$$

式中，$n^2=(n_e^2+2n_o^2)/3$；$\bar{\alpha}$ 为分子平均极化率；$\Delta\alpha$ 为分子的极化率各向异性；S 是 Saupe 取向有序度参数；N 是单位体积内的分子个数；ε_0 为真空介电常数。材料的双折射率是非寻常光的折射率 n_e 与寻常光的折射率 n_o 的差值，即 $\Delta n=n_e-n_o$，而液晶材料的 Δn 主要取决于分子共轭程度、键的共振强度和分子取向的有序度。

通常含共轭结构的液晶化合物具有较大双折射率，Δn 随共轭程度升高而增大。研究发现，液晶材料的 Δn 具有波长和温度的依赖性[16,17]，其随着使用波长和使用温度的增加而减小，但并不呈线性变化，如图 1-3 所示。

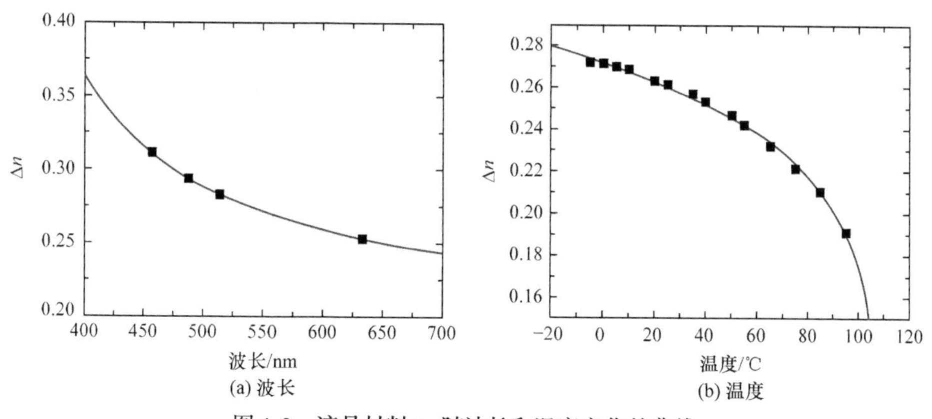

图 1-3　液晶材料Δn 随波长和温度变化的曲线

测量双折射率通常有两种方法，一种方法是使用阿贝折射仪直接测试混合液晶材料的折射率 n_e 和 n_o，然后计算得到其 Δn。如果液晶化合物的熔点高于室温，需要加热至液晶态后测量其 n_e 和 n_o，或者按某一质量分数掺入混合液晶材料中，用外推法获得液晶化合物的 Δn。另一种方法是采用偏光干涉法[18]测量液晶材料的 Δn，其基本原理是基于相位调制量 δ 与双折射率的关系 $(\delta = 2\pi d\Delta n / \lambda)$，其中 d 为测试盒盒厚，λ 为测试波长。测量过程采用液晶光电参数测试系统测量液晶显示器件的透过率，然后换算得到相应相位调制量，进而通过公式计算获得液晶材料的 Δn，这种方法的测试结果与液晶材料在液晶盒中的分子排列取向有关。图 1-4 是双折射率两种测试方法所使用设备的照片。

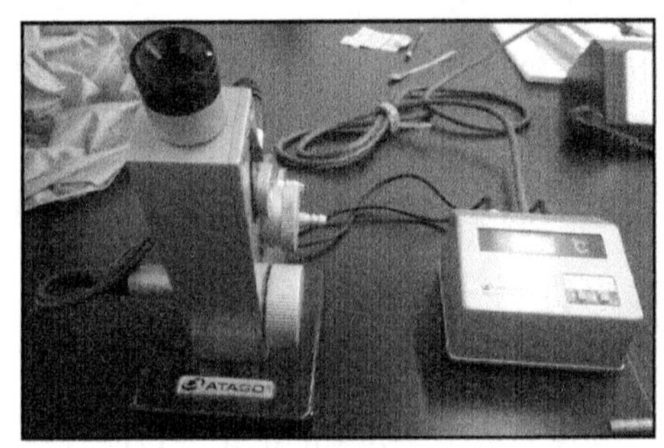

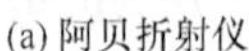

(a) 阿贝折射仪

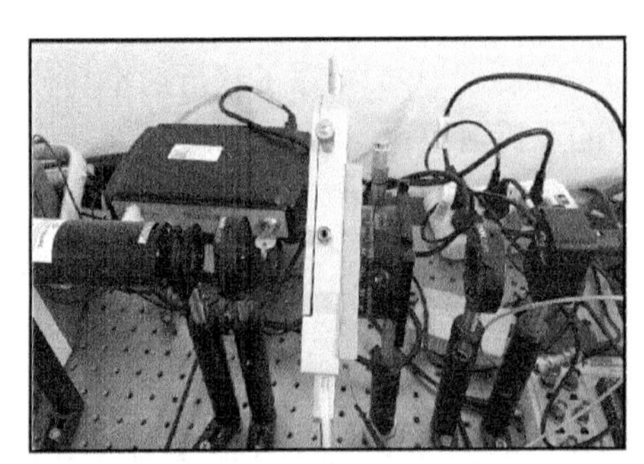

(b) 液晶光电参数测试系统

图 1-4　双折射率测试设备

1.2.3　电学性能

液晶电学性能主要包括介电各向异性($\Delta\varepsilon$)和电阻率(ρ)。液晶材料在电场作用下表现出响应行为，主要取决于其介电各向异性，$\Delta\varepsilon$ 数值大的液晶材料即使在弱电场情况下也能够产生响应特性。一般情况下，$\Delta\varepsilon$ 数值越大，液晶器件的阈值电压 (V_{th}) 就越小[19]。Maier 和 Meier 公式[20,21][式(1-3)、式(1-4)和式(1-5)]将液晶化合物的宏观性质(介电常数)与分子的微观性质(极化率和偶极矩)联系起来，根据式(1-5)，$\Delta\varepsilon$ 是 $\varepsilon_{\parallel}$ 和 $\varepsilon_{\perp}$ 的差值。

$$\varepsilon_{\parallel} = NhF\left\{\bar{\alpha} + \frac{2}{3}\Delta\alpha S + F\frac{\mu^2}{3K_0T}[1-(1-3\cos^2\theta)S]\right\} \tag{1-3}$$

$$\varepsilon_{\perp} = NhF\left\{\bar{\alpha} - \frac{1}{3}\Delta\alpha S + F\frac{\mu^2}{3K_0T}\left[1+\frac{1}{2}(1-3\cos^2\theta)S\right]\right\} \tag{1-4}$$

$$\Delta\varepsilon = \varepsilon_{\parallel} - \varepsilon_{\perp} = NhFS\left[\Delta\alpha - F\frac{\mu^2}{2K_0T}(1-3\cos^2\theta)\right] \tag{1-5}$$

式中，$\varepsilon_{\parallel}$、$\varepsilon_{\perp}$ 分别为液晶分子长轴和短轴方向的介电常数；S 为 Saupe 取向有序

度参数；T 为绝对温度；h 为空腔因子；F 为反应场因子；μ 为永久偶极矩；θ 为永久偶极矩与分子长轴方向的夹角；N 为单位体积内分子的个数；K_0 为 Boltzmann 常数；$\Delta\alpha$ 为分子的极化率各向异性；$\bar{\alpha}$ 为分子的平均极化率。

当 $\varepsilon_{\parallel} > \varepsilon_{\perp}$ 时，$\Delta\varepsilon$ 为正值，即为正性液晶，$\Delta\varepsilon$ 表示正介电各向异性；当 $\varepsilon_{\parallel} < \varepsilon_{\perp}$ 时，$\Delta\varepsilon$ 为负值，即为负性液晶，$\Delta\varepsilon$ 表示负介电各向异性。液晶分子在电场中的响应行为与其 $\Delta\varepsilon$ 的正负性密切相关，正性液晶分子沿着电场方向排列取向，而负性液晶分子垂直于电场方向排列取向。在实际使用时，正性液晶和负性液晶分别应用于不同的显示模式，如扭曲向列(TN)型显示模式使用正性液晶材料，垂直排列(VA)型显示模式使用负性液晶材料。

介电常数的测量有磁场法和电场法两种，均是采用精密 LCR 测试仪(图 1-5)测量液晶盒中液晶材料的电容值，经过换算得到 $\varepsilon_{\parallel}$ 和 $\varepsilon_{\perp}$，即可获得 $\Delta\varepsilon$。

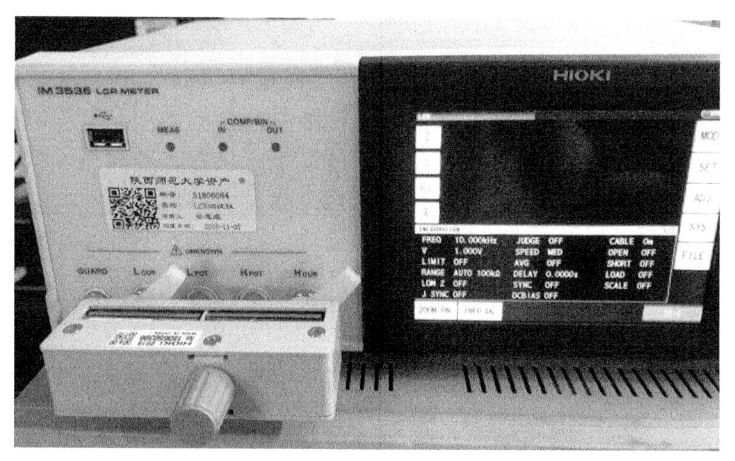

图 1-5　IM3536 型 LCR 测试仪

电阻率是液晶材料的一个重要参数，不同液晶显示模式对液晶材料电阻率的要求存在差异。例如，TN 模式要求电阻率大于 $5\times10^{10}\Omega\cdot cm$，STN 模式要求电阻率大于 $1\times10^{11}\Omega\cdot cm$，而 TFT 模式则要求电阻率大于 $1\times10^{13}\Omega\cdot cm$[22]。电阻率大小主要取决于液晶化合物的分子结构和纯度，通常含有氰基或者异硫氰基的液晶化合物电阻率较难提升，而含氟液晶化合物的电阻率可以到 $10^{14}\Omega\cdot cm$，因而含氟液晶化合物在 TFT-LCD 中广泛应用。液晶材料的电阻率与液晶显示器的电压保持率(voltage holding ratio，VHR)是正向关系，因此通常用液晶材料的电阻率来间接评估液晶显示器件的电压保持率。液晶材料的电阻率可以使用 6517B 型高阻仪(图 1-6)进行评估，一般采用交流电压进行测试，频率尽可能小，这样可以忽略表面取向电容和电极电阻的影响。

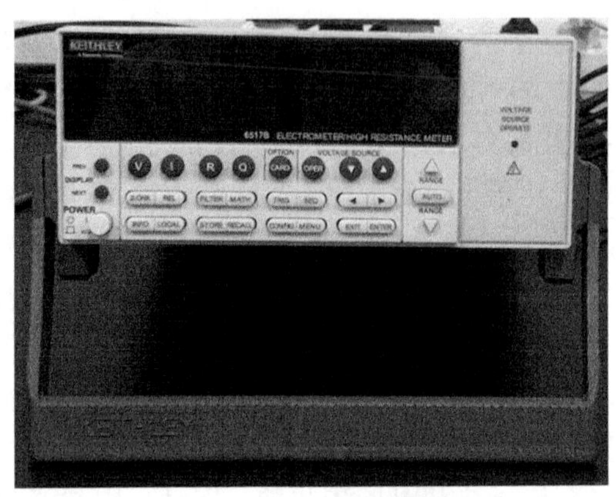

图 1-6　6517B 型高阻仪

1.2.4　黏弹性能

液晶黏弹性能主要是指旋转黏度(γ)和弹性常数(K)。旋转黏度是描述液晶分子在测试盒中随外加电场旋转快慢的能力。液晶材料的旋转黏度能够显著影响液晶显示器的响应速度，因此降低液晶材料旋转黏度是提高液晶显示器响应速度的有效方法之一。液晶材料的旋转黏度随着温度降低而增加，提高低温下液晶显示器响应速度的难度更大。液晶化合物的分子结构是影响其黏度的关键因素。液晶分子中环结构数量较多，端基链较长，极性基团多，这些特点都会使得液晶材料的旋转黏度增大。

液晶材料旋转黏度的测试需要专用设备，多通道液晶评价系统(型号 6254)，如图 1-7 所示。通过对测试盒施加脉冲信号，测量此条件下通过液晶的峰值电流及相应电压，然后由公式(1-6)计算获得旋转黏度：

$$\gamma = s \bullet \left(\frac{V_{\mathrm{p}}}{d}\right)^3 \bullet \frac{(\varepsilon_0 \bullet \Delta\varepsilon)^2}{2I_{\mathrm{p}}} \tag{1-6}$$

式中，s 为液晶盒的电极面积；I_{p} 为峰值电流；V_{p} 为相应电压；d 为液晶盒间距。

棒状液晶在外加电场作用下会发生一定的形变，而弹性常数就是描述液晶分子弹性形变的物理量。液晶材料的弹性形变主要有三种形式，因此就存在三个弹性常数，即展曲常数(K_{11})、扭曲常数(K_{22})和弯曲常数(K_{33})。弹性常数 K_{11} 与 K_{33} 可以采用液晶电常数测试仪评价，如 EC-1 型液晶电常数测试仪(图 1-8)。其原理是通过对测量得到的电容-电压特性曲线进行双向拟合，获得液晶分子相对于电场垂直或平行两种状态的理论近似值，进而计算得到。

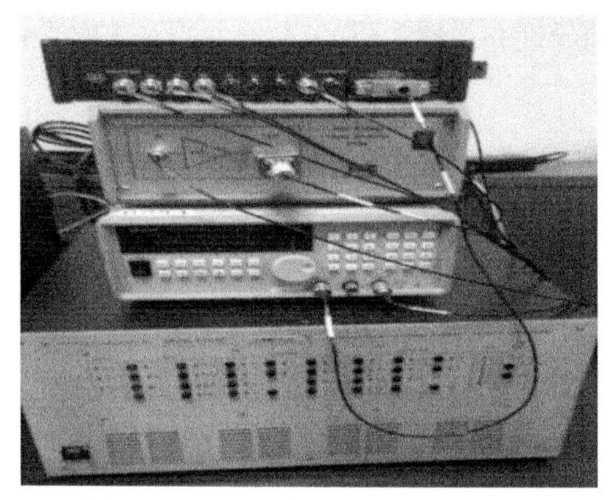

图 1-7 6254 型多通道液晶评价系统

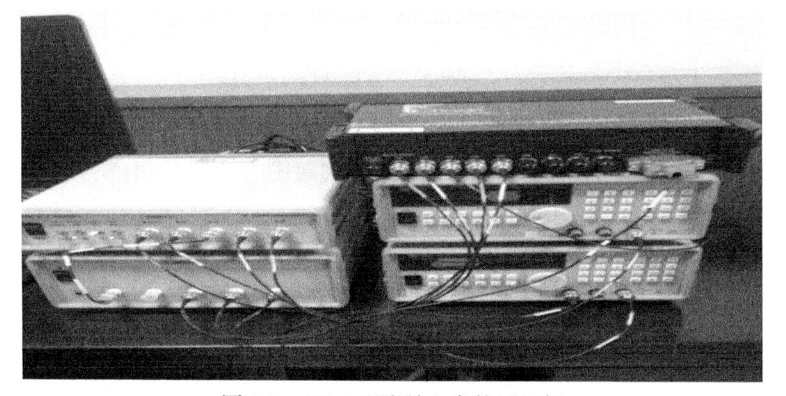

图 1-8 EC-1 型液晶电常数测试仪

1.3 液晶显示模式对液晶材料的要求

液晶显示器的发展离不开液晶材料的不断革新，如今液晶材料已经广泛应用于日常信息显示设备，如手机、电脑、电视、手表等。不同显示模式的液晶显示器对混合液晶材料的要求有所不同，而单一的液晶化合物根本无法满足这些要求，因此需要将不同特性的液晶化合物混合，以平衡各种性能进而达到要求。以 STN 模式用混合液晶材料为例，二苯乙炔类液晶化合物可有效提升响应速度，乙撑桥键类液晶化合物可用于降低凝固点(即低温拓展)，端烯类液晶化合物可增大弹性常数比值(K_{33}/K_{11})，因此这三类液晶化合物广泛应用于 STN-LCD。

虽然混合液晶材料在液晶显示器件中用量很小，但其对于显示器件性能起着决定性的作用。如图 1-9 所示，液晶器件的响应速度与液晶材料的旋转黏度、弹性常数、介电各向异性、相变温度和螺距有关；液晶器件的多路驱动能力取决于液晶材料的介电各向异性和弹性常数；液晶器件的对比度受液晶材料的双折射率、有序参数和螺距影响。

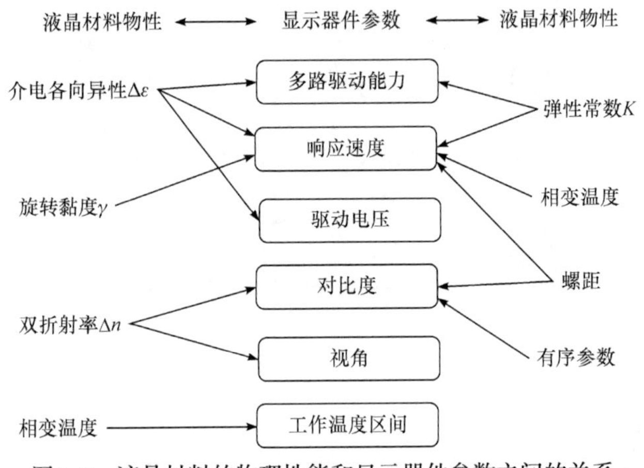

图 1-9　液晶材料的物理性能和显示器件参数之间的关系

本节重点介绍 TFT-LCD 的四种显示模式对混合液晶材料的要求，关于其他显示模式，可参考文献[23]和[24]。

1.3.1　TN-TFT/VA-TFT 对液晶材料的要求

TN-TFT-LCD 主要应用于台式监视器、便携式电脑、移动通信设备、车载设备、摄像机和数码相机监视器。TN-TFT 显示模式简单显示原理如图 1-10 所示，没有外加电场作用时，液晶分子形成手性螺旋结构，入射光透过显示器，此时为亮态显示；施加外加电场时，液晶分子趋向于垂直方向的排列，使得液晶材料光延迟值($d \cdot \Delta n$)发生有效改变，入射光无法透过显示器，此时为暗态显示。

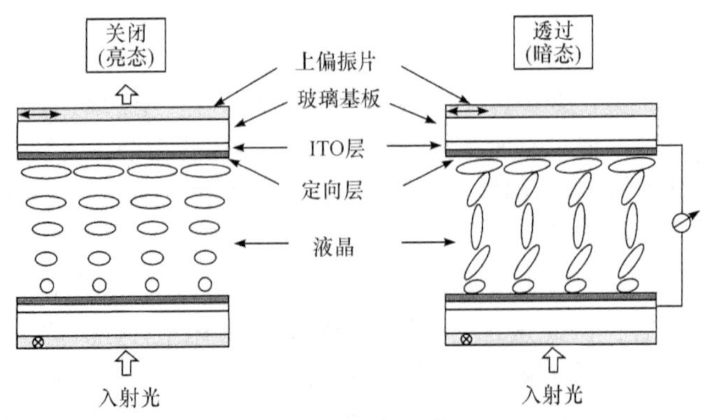

图 1-10　TN-TFT 显示模式简单原理图[2,23]

ITO-铟锡氧化物

由于有源矩阵驱动技术需要高 VHR 避免图像闪烁，这就要求液晶化合物具有高电阻率。通过将液晶分子结构中的氰基替换为氟取代基团，可以有效提升液晶化合物的电阻率。表 1-2 列出了一些用于 TN-TFT-LCD 的正性液晶化合物及其物理性能。1,2,3-三氟苯衍生物 **101** 和 **102** 在 TN-TFT-LCD 用混合液晶中应用广泛；通过在 **101** 的环己烷环与苯环之间引入酯基或二氟甲醚桥键，可获得更大 $\Delta\varepsilon$ 的化合物 **103** 和 **104**。虽然二者 $\Delta\varepsilon$ 相似，但含二氟甲醚桥键结构的 **104** 旋转黏度更低。用吡喃环替换环己烷，可进一步增大 $\Delta\varepsilon$ 至 14.0(化合物 **105**)。移动显示要求驱动电压为 1～1.5V，这就需要高 $\Delta\varepsilon$ (12～20)的液晶化合物。因此，$\Delta\varepsilon$ 为 15～25 和 Δn 为 0.13～0.22 的化合物 **106**～**108** 可用于移动显示器件。虽然增加含氟苯环个数有利于提升 $\Delta\varepsilon$，但是随之而来的高熔点和高黏度会限制其在混合液晶中的使用。TN-TFT 模式一般要求混合液晶材料的特性参数范围为 $5 < \Delta\varepsilon < 6$, $0.09 < \Delta n < 0.11$，$\gamma < 70\text{mPa}\cdot\text{s}$。

表 1-2 TN-TFT-LCD 用正性液晶化合物及其物理性能[24]

代号	分子结构	相变温度/℃	$\Delta\varepsilon$	Δn	γ/(mPa·s)
101	C_3H_7–Cy–Cy–Ph(3,4,5-F$_3$)	Cr 66 N 94 I	9.7	0.075	160
102	C_3H_7–Cy–Ph–Ph(3,4,5-F$_3$)	Cr 42 N (33) I	12.6	0.142	153
103	C_3H_7–Cy–Cy–C(=O)O–Ph(3,4,5-F$_3$)	Cr 56 N 117 I	11.1	0.067	175
104	C_3H_7–Cy–Cy–CF_2O–Ph(3,4,5-F$_3$)	Cr 44 N 105 I	10.5	0.067	145
105	C_3H_7–(四氢吡喃)–Cy–CF_2O–Ph(3,4,5-F$_3$)	Cr 35 N 66 I	14.0	0.065	158
106	C_3H_7–Cy–Ph(F)–Ph(3,4,5-F$_3$)	Cr 64 I	15.2	0.135	173
107	C_3H_7–Ph–Ph(F$_2$)–CF_2O–Ph(3,4,5-F$_3$)	Cr 48 I	25.2	0.158	96

续表

代号	分子结构	相变温度/℃	$\Delta\varepsilon$	Δn	γ/(mPa·s)
108		Cr 62 N (28) I	19.6	0.219	216
109		Cr 85 N 131 I	27.5	0.095	336

注：Cr 表示熔点，N 表示向列相，I 表示清亮点；括号内数值为降温过程数据。

VA-TFT-LCD 的响应速度远高于普通 TN 模式，且无色彩偏移，因此非常适用于电脑、大屏幕电视等显示设备。VA-TFT 模式的简单显示原理如图 1-11 所示，没有外加电场时，液晶分子指向矢方向是垂直于显示器的基板，此时为暗态显示。当施加外加电场时，液晶分子从垂直取向状态向电场方向发生偏转，实现光透过量的调节，从而获得亮态显示。

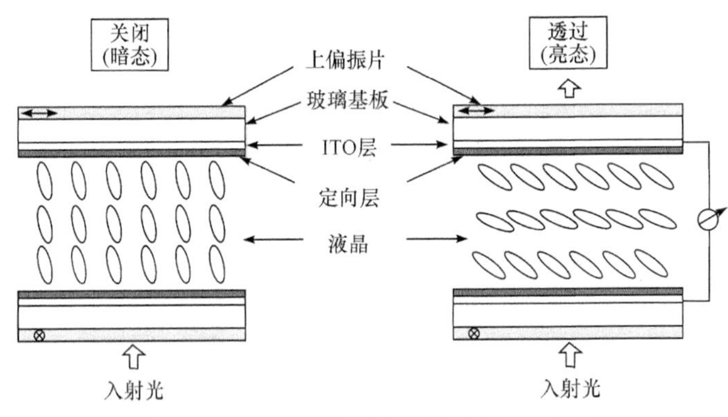

图 1-11　VA-TFT 模式简单显示原理图[24]

VA-TFT-LCD 使用的是负性混合液晶材料。由于标准 TFT 驱动器需要 6V 或更低的工作电压，这就要求 VA-TFT 模式用液晶材料的 $\Delta\varepsilon$ 至少为−3。表 1-3 列出了一些用于 VA-TFT-LCD 的负性液晶化合物及其物理性能。商用负性液晶材料均是基于 1,2-二氟苯基结构的化合物，其中末端烷氧基二氟取代苯化合物(**110**～**113**)的 $\Delta\varepsilon$ 在−7.0～−5.9，而末端双烷基二氟取代苯化合物(**114**、**115**、**118** 和 **119**)的 $\Delta\varepsilon$ 仅约−2。将化合物 **112** 中一个氟原子替换为氯原子，得到的化合物 **116** 和 **117** 具有更低的 $|\Delta\varepsilon|$ 值和更高的旋转黏度，因此这类化合物不适合用于快响应混合液晶。向三联苯骨架引入两个侧向氟原子，可获得 $\Delta\varepsilon$ 适中、Δn 较大、γ 较小的液晶化合物 **118** 和 **119**。进一步引入侧氟取代基，$\Delta\varepsilon$ 可以提升到−9～−6，但 γ 却会

成倍增长。虽然可以通过避免极性结构的自由旋转、固定大极性构象等增加分子极性,实现增大$|\Delta\varepsilon|$值的同时适度增加旋转黏度,但是不幸的是化合物 **120** 和 **121** 的液晶相不理想。对于快响应电视和监控设备而言,需要发展$\Delta\varepsilon$、T_c和γ等性能均衡的混合液晶材料。

表 1-3 VA-TFT-LCD 用负性液晶化合物及其物理性能[24]

代号	分子结构	相变温度/℃	$\Delta\varepsilon$	Δn	γ/(mPa·s)
110	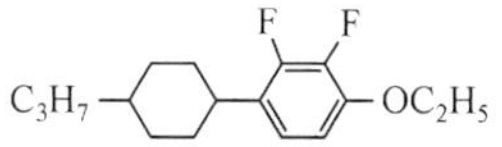 F F; C_3H_7; OC_2H_5	Cr 60 I	–7.0	0.106	78
111	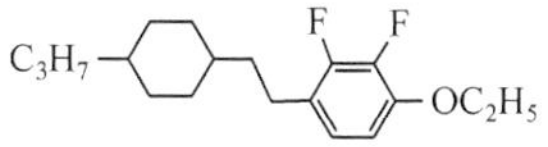 F F; C_3H_7; OC_2H_5	Cr 35 I	–5.9	0.093	96
112	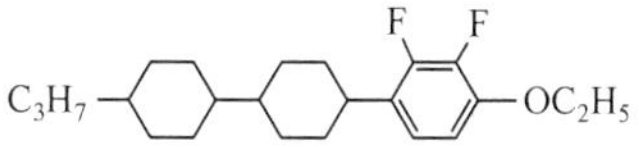 F F; C_3H_7; OC_2H_5	Cr 79 N 185 I	–6.0	0.092	413
113	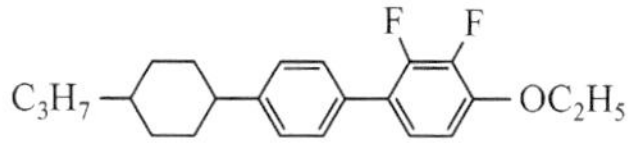 F F; C_3H_7; OC_2H_5	Cr 80 N 173 I	–5.9	0.156	233
114	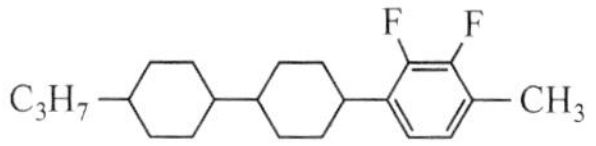 F F; C_3H_7; CH_3	Cr 67 N 145 I	–2.8	0.095	217
115	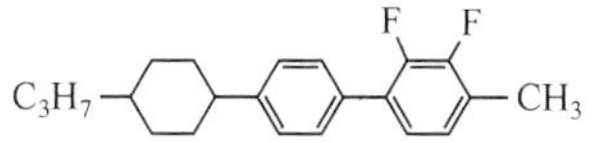 F F; C_3H_7; CH_3	Cr 94 N 128 I	–2.2	0.157	158
116	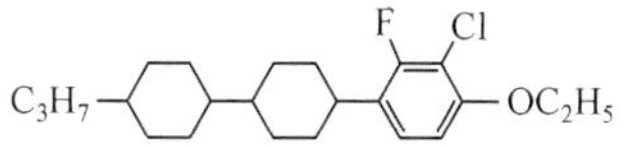 F Cl; C_3H_7; OC_2H_5	Cr 106 S_B 107 N 169 I	–5.3	0.088	851
117	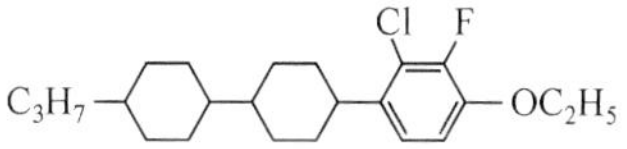 Cl F; C_3H_7; OC_2H_5	Cr 91 N 153 I	–4.9	0.081	859
118	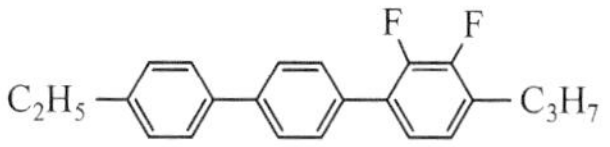 F F; C_2H_5; C_3H_7	Cr 120 N 136 I	–1.9	0.239	102
119	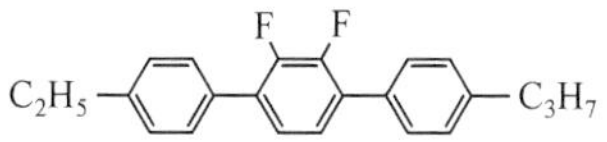 F F; C_2H_5; C_3H_7	Cr 73 N 115 I	–2.5	0.233	90
120	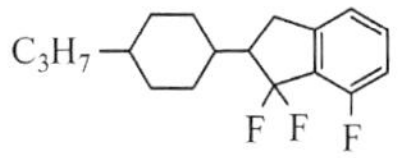 C_3H_7; F F F	Cr 100 I	–6.7	0.086	136
121	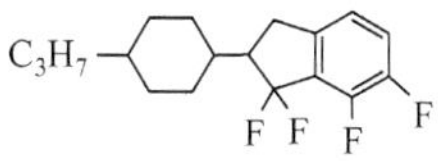 C_3H_7; F F F F	Cr 62 N (28) I	–8.6	0.085	142

注:S_B 表示近晶 B 相;括号内数值为降温过程数据。

1.3.2 IPS-TFT/FFS-TFT 对液晶材料的要求

IPS-TFT-LCD 的视角范围广,驱动电压低,图像显示性能佳,色彩无偏移,广泛应用于投影、大屏幕电视等显示设备。IPS-TFT 模式的简单显示原理如图 1-12 所示，没有外加电场时，液晶分子在两个基板间均匀平行排列，且指向矢与下偏振片的偏振轴平行，入射光经下偏振片射入液晶层，此时为暗态显示。施加外加电场时，液晶分子在平行于基板面的状态下向电场方向发生旋转，分子旋转产生双折射效应而发生光透过量的变化，这种变化在转角 45°时最大，从而实现亮态显示。

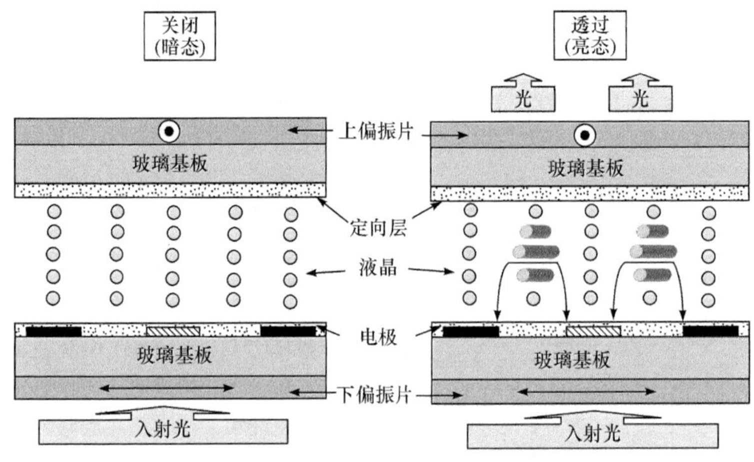

图 1-12　IPS-TFT 模式简单显示原理图[9]

由于阈值电压与电极间距呈线性关系，IPS-TFT-LCD 需要使用高 $\Delta\varepsilon$ 的混合液晶材料，这将导致旋转黏度升高。因此，IPS-TFT 显示模式要求液晶材料的 γ 和 $\Delta\varepsilon$ 有一个合理的平衡。同时，由于 IPS 要求光延迟值稍大于 0.3，液晶盒厚为标准盒厚时要求所需混合液晶材料的 Δn 在 0.08～0.09。对比化合物 **101** 和 **103** 或 **104** 可知，仅通过氟取代苯基团难以实现液晶化合物大 $\Delta\varepsilon$ (> 10)及合适的 Δn，还需要引入极性桥键。可以用极性 1,3-二噁烷环替换环己烷来提高 $\Delta\varepsilon$ 值，同时还可保持合适的 Δn、T_c 和 γ。由 1,3-二噁烷环、氟取代苯和—CF_2O—桥键构建的化合物 **109** 具有接近 30 的 $\Delta\varepsilon$、较高的 T_c、可接受的 γ 和较小的 Δn，其在 IPS-TFT 显示模式中广泛应用。

FFS-TFT-LCD 的视角宽、能耗低、光透过率高、亮度高、反应速度快，非常适用于各种动态影像显示领域。FFS-TFT 模式的简单显示原理如图 1-13 所示，没有外加电场时，由于上下偏振片相互垂直，入射光从下偏振片射入液晶层，不能通过上偏振片，此时为暗态显示。当施加外场电压时，液晶分子在电场作用下发生偏转，其指向矢与上下偏振片的偏振轴成一定角度，其扭转角满足双折射条件，使得入射线偏振光变成椭圆偏振光，此时为亮态显示。

为了改善 IPS-TFT 模式显示效果提出了 FFS-TFT 模式，主要在液晶盒设计方面有较大改进，对于混合液晶材料性能的要求并没有太大差异。FFS-TFT 模式最初使用负性液晶材料，其优点是光效率足够高，然而由于负性液晶材料的旋转黏度较大、介电各向异性较小，使得显示器件响应速度慢、工作电压高。通过改善液晶盒的参数和取向剂的摩擦方向等，FFS-TFT 模式也可以使用正性液晶材料并获得较高的光效率，同时由于正性液晶 $\Delta\varepsilon$ 高、γ 低，其响应速度和工作电压得到大幅改善。

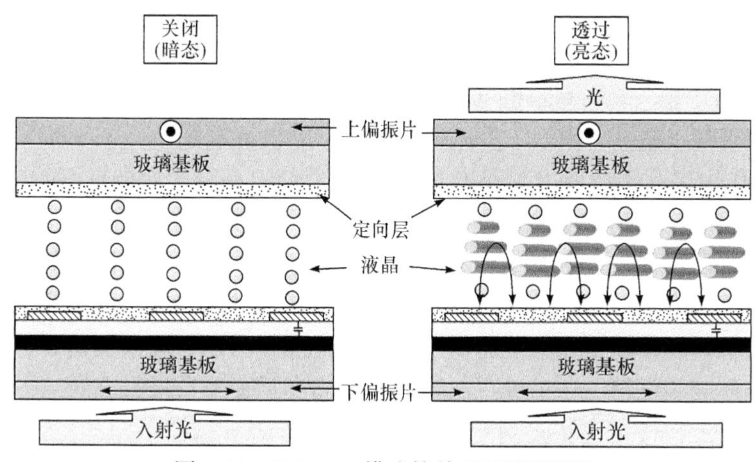

图 1-13　FFS-TFT 模式简单显示原理图[9]

1.4　液晶材料的设计合成

液晶自发现至今，已经形成了不同类型的液晶材料[25-29]。按照形状，可以分为棒状液晶、盘状液晶、香蕉形液晶等；按照分子量大小，可以分为高分子(聚合物)液晶和小分子液晶；按照液晶相态，可以分为向列相液晶、近晶相液晶、胆甾相液晶、蓝相液晶等；按照液晶相形成原因，可以分为热致液晶、溶致液晶、压致液晶、流致液晶等；按照功能，可以分为铁电液晶、反铁电液晶、离子液晶、发光液晶等。从应用角度来讲，高分子液晶和小分子液晶根据自身特点均有相应的适用范围。在信息显示领域，应用最为广泛的是基于向列相的棒状小分子液晶化合物材料。本节重点介绍棒状液晶材料的合成方法，关于其他液晶材料的介绍可参考相关文献[23,30,31]。

1.4.1　棒状液晶材料的分子设计

液晶材料所体现的宏观物理性质是由微观分子的化学结构形态所决定的，其中棒状液晶分子的基本结构示意图如图 1-14 所示。

从图 1-14 可以看出，液晶分子由刚性的核和柔性的链组成。中心桥键的作用主要是增长分子的长度和分子的长径比，但需要保持骨架的线性和极化率。常见

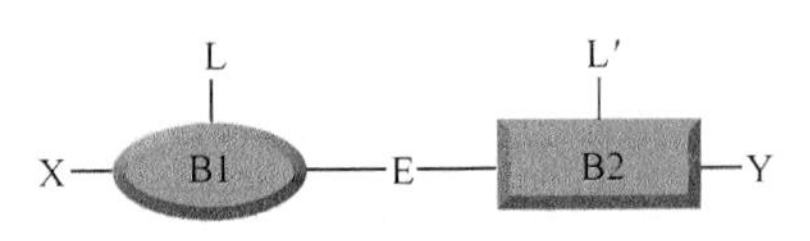

图 1-14　棒状液晶分子的基本结构
B1 和 B2-分子致晶单元；X 和 Y-末端基团；E-中心桥键；L 和 L′-侧向取代基团

的中心桥键包括乙撑桥键、二氟甲醚桥键、酯基桥键和乙炔桥键等。致晶单元通常为线性连接的环状系统，主要为芳香环(如 1,4-苯环、2,5-嘧啶环、1,2,6-萘环)和脂环烷(反-1,4-环己烷、1,3-二噁烷环)。分子结构中只有刚性骨架往往难以产生液晶相，需要引入末端柔性烷基链来诱导，一般末端基团可以是直链烷基或烷氧基，其链长影响着液晶的相变温度和液晶相态的类型。末端基团也可以是极性基团或者非极性基团，极性基团包括氰基、异硫氰基、硝基、卤素、多氟甲氧基等，非极性基团包括丁-3-烯基、烯丙氧基等，其作用是利用色散力和偶极-偶极作用力使液晶分子保持良好的有序性。侧向取代基团往往不利于液晶相形成，但却可以调整液晶材料的很多物理性质，常见的侧向基团有—F、—Cl、—CN、—CH_3 等，其中氟取代基因兼具小尺寸和高负电性而最为常见。根据分子结构特点，可将棒状液晶材料大致分为七类：环己烷类液晶材料、萘衍生物液晶材料、桥键类液晶材料、含氟液晶材料、端烯液晶材料、杂环液晶材料、手性液晶材料，具体将在后面章节展开介绍。

1.4.2　棒状液晶材料的合成方法

显示用棒状液晶化合物作为高技术电子化学品，要求最大杂质含量在 50μg/mL，无机离子含量在 10ng/mL 以下，这个杂质含量标准给液晶化合物的合成提出了很高的要求。例如，脱溴化氢法是制备二苯乙炔的传统方法，但该方法得到的二苯乙炔化合物电阻率较低($<10^{10}\Omega\cdot cm$)，难以满足 STN 显示的应用要求。采用 Sonogashira 偶联新方法，制备的二苯乙炔类化合物可以达到电阻率要求($>10^{13}\Omega\cdot cm$)，因此液晶化合物的合成策略随新型有机化学反应而改变和优化[32]。

棒状液晶化合物的合成一般采用传统的有机合成方法，主要包括威廉姆逊醚化反应、傅-克反应、酯化反应、格氏试剂偶联反应、Wittig 反应、消除反应、还原反应、卤化反应等。随着以合成碳碳键为目标的一些过渡金属催化新型有机合成反应在液晶化合物制备中的尝试，越来越多的新型合成反应被证实有助于液晶化合物的工业化制备过程，应用最为广泛的包括 Heck 偶联反应、Suzuki 偶联反应、Sonogashira 偶联反应、Negeshi 偶联反应等钯催化偶联方法。本小节简要介绍一下这几种有机合成方法。

1. Heck 偶联反应

卤代芳烃或烯烃与乙烯基化合物在过渡金属催化下形成碳碳双键的偶联反应称为 Heck 偶联反应[33]，其可能的反应机理如图 1-15 所示。首先是活化后的零价钯与卤代烃发生氧化加成反应，再进一步与乙烯基化合物反应后，经过迁移插入、还原消除等反应过程得到二苯乙烯类化合物。

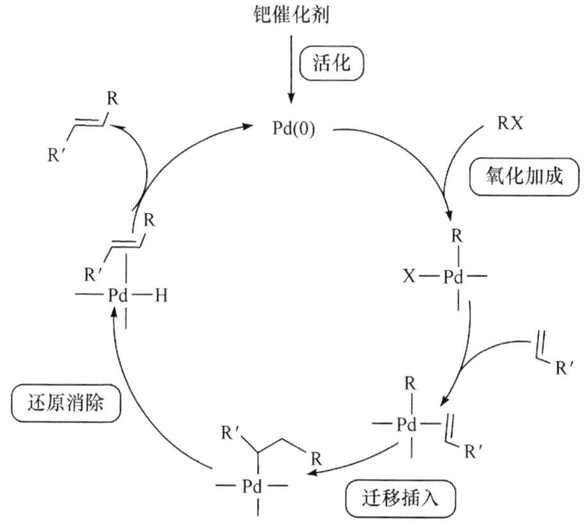

图 1-15　Heck 偶联反应可能的机理示意图[34]

本书无特殊说明时，X 均表示卤素原子

2. Suzuki 偶联反应

芳基、烯基硼酸或硼酸酯和卤代芳烃或卤代烯烃的钯催化交叉偶联反应称为 Suzuki 偶联反应，其可能的反应机理如图 1-16 所示。首先是活化后的零价钯与卤代烃发生氧化加成反应，再在碱作用下生成有机钯氢氧化物中间体，同时芳基硼酸在碱作用下生成四价硼酸盐中间体，这两种中间体相互作用从而形成有机钯配合物 Ar—Pd—Ar′，最后发生还原消除反应得到交叉偶联产物。

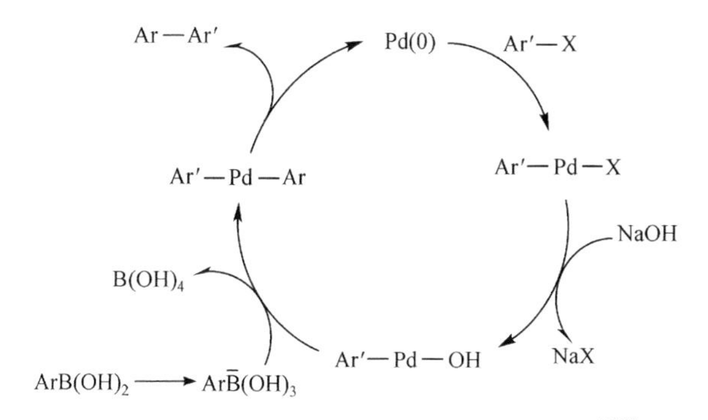

图 1-16　Suzuki 偶联反应可能的机理示意图[35]

3. Sonogashira 偶联反应

卤代芳烃或卤代烯烃与末端炔烃的钯催化偶联反应称为 Sonogashira 偶联反

应，其可能的机理如图 1-17 所示。首先是活化后的零价钯与卤代烃发生氧化加成反应，再在辅助催化剂 CuI 作用下与芳基端炔进行取代反应，最后发生还原消除反应得到二苯乙炔类化合物。

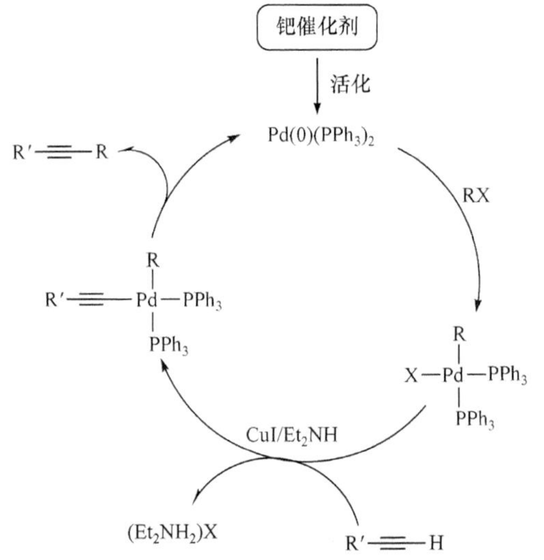

图 1-17　Sonogashira 偶联反应可能的机理示意图[36]

Et 表示—CH_2CH_3；Ph 表示

4. Negeshi 偶联反应

卤代烃或磺酸酯与有机锌试剂的镍/钯催化偶联反应称为 Negeshi 偶联反应，其可能的机理如图 1-18 所示。首先是活化后的零价钯与卤代烃发生氧化加成反

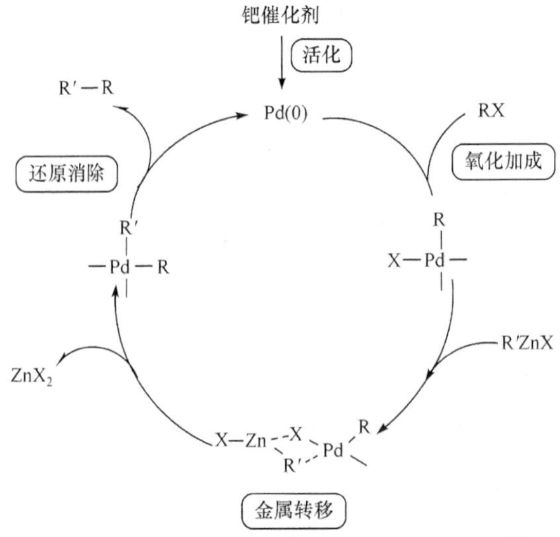

图 1-18　Negeshi 偶联反应可能的机理示意图[37]

应，再在有机锌试剂作用下进行金属转移过程，最后发生还原消除反应得到碳碳交叉偶联产物。

1.5 液晶材料的应用前景

我国相继实施了一系列电子信息产业创新发展计划，推动液晶显示成为电子信息产业的支柱，截至2020年已投产和即将投产的液晶显示屏生产线为26条，总投资额4000多亿元。近年来，随着我国液晶面板产能在全球市场占比的持续扩大，作为液晶面板产业链配套的核心——液晶材料在我国的耗用量也在不断攀升，2020年我国液晶显示材料耗用量全球占比约56%。截至2021年，TFT-LCD占整个平板显示行业总产值比例超过80%，是主流的液晶显示技术，其显示亮度高、对比度好、反应速度快、色彩逼真，在手机、电脑、电视等产品中应用广泛。近年来，亚毫米级发光二极管(mini-light emitting diode，Mini-LED)背光成为了TFT-LCD技术升级的创新驱动，性能并不逊于有机发光二极管(organic light emitting diode，OLED)产品，未来显示用液晶材料耗用量将随着大尺寸面板需求增加而同步增长。除显示领域外，液晶材料因为具备优异的可调制电光特性，在液晶智能窗[38,39]、液晶空间光调制器[40]、液晶太赫兹元件[41]、蓝相液晶光子器件[42]等非显示领域光电器件中的应用前景广阔且应用价值巨大[43]。

液晶智能窗可以根据个人喜好调节入射光的强弱，控制太阳光的热辐射，在节能建筑、汽车、火车、飞机及医疗保健等行业深受人们的喜爱。目前，液晶智能窗已经成熟应用于节能建筑和高档汽车，不仅有利于形成私密空间，而且在冷热循环系统中起着重要的作用。液晶智能窗是将液晶作为光调制材料，在外加电场作用下，改变液晶分子的指向矢，进而实现对光进行动态调控的目的。液晶智能窗使用的液晶材料主要包括：聚合物分散液晶(polymer dispersed liquid crystal，PDLC)、聚合物网络液晶(polymer network liquid crystal，PNLC)和染料液晶。PDLC智能窗可以在透明和不透明状态之间切换，主要应用在商用办公场景，可灵活实现私人空间。另外两种液晶智能窗不仅有开和关两种状态，而且可以通过施加电压获得不同的透明度，在汽车、火车、飞机等行业具有广泛的应用。

液晶空间光调制器(liquid crystal-spatial light modulator，LC-SLM)是一种基于硅基液晶(liquid crystal on silicon，LCoS)显示技术的液晶光学器件，具有高亮度、高分辨率密度、高光学效率和低能耗等优点，在相位调制、增强现实显示、光束转向、激光束整形、自适应光学等领域已得到广泛应用。LC-SLM是将液晶作为光调制材料，利用液晶的扭曲效应、动态散射效应、电控双折射率效应、宾主效应、相变效应，调节液晶分子的指向矢，进而调制光场的振幅、相位、偏振，或实现非相干–相干光的转换。随着 LC-SLM 对毫秒响应速度、2π 相位调制、低工作电压等性能的迫切需求，开发具有低黏度、高双折射率和大介电各向异性的液晶材料是未来液晶材料发展的重要方向之一。如果 LC-SLM 应用于激光显示、激光束整形、激光束转向等领域，还需考虑液晶材料的光热稳定性。

液晶太赫兹(terahertz，THz)元件主要包括液晶 THz 相移器、液晶 THz 波片、液晶 THz 滤波器、液晶可调 THz 吸收器等。液晶材料具有独特的介电和光学各向异性，通过外场(电场、磁场、光场等)调节液晶分子的指向矢，从而对光在 THz 波段的振幅、位相、偏振等性质进行有效调控，使得液晶 THz 元件在安检、生物医学、无损探测、自由空间通信等诸多领域具有巨大的应用潜力。未来在 THz 波段要发展综合性能优异的高Δn液晶材料，探究蓝相液晶、铁电液晶等新型液晶材料在 THz 波段的特性，研究液晶材料在 THz 强场下的非线性效应，实现各种性能优异的液晶材料与超材料、2D 材料三者相结合等，这些研究成果必将在 THz 通信、THz 成像、THz 传感、THz 探测等领域发挥其独特作用。

蓝相液晶材料具备偏振无关、快速响应速度、选择性反射、软光子晶体特性等独特的性能，在衍射光栅、透镜、激光、相位调制器和可调光衰减器等光子器件领域有广阔的应用前景。聚合物稳定、弯曲型分子诱导、氢键诱导、偶氮基团诱导、纳米颗粒掺杂、功能化石墨烯掺杂等方法拓宽了蓝相液晶材料的温宽，为蓝相液晶光子器件的广泛应用奠定了坚实的基础。未来要在优化蓝相液晶材料的合成工艺和规模化制备技术，增大宽温区蓝相液晶材料的克尔常数，保证光固化后蓝相液晶系统具有稳定的性能等方面继续开展产、学、研协同合作研究，必将在下一代偏振无关、高速响应、节能蓝相液晶光子器件领域发挥无可替代的作用。

参 考 文 献

[1] HEILMEIER G H, ZANONI L A, BARTON L A. Dynamic scattering: a new electrooptic effect in certain classes of nematic liquid crystals[J]. Proceedings of the IEEE, 1968, 56 (7): 1162-1171.

[2] SCHADT M, HELFRICH W. Voltage-dependent optical activity of a twisted nematic liquid crystal[J]. Applied Physics Letters, 1971, 18(4): 127-128.

[3] SCHEFFER T J, NEHRING J. A new, highly multiplexable liquid crystal display[J]. Applied Physics Letters, 1984, 45(10): 1021-1023.

[4] BREMER M, LIETZAU L. 1,1,6,7-Tetrafluoroindanes: improved liquid crystals for LCD-TV application[J]. New Journal of Chemistry, 2005, 29(1): 72-74.

[5] OHE M, OHTA M, ARATANI S, et al. Principles and characteristics of electro-optical behavior with in-plane switching mode[J]. Proceedings of Asia Display, 1995, 44(14): 577-589.

[6] OHE M, KONDO K. The in-plane switching of homogeneously aligned nematic liquid crystals[J]. Liquid Crystals, 1997, 22(4): 379-390.

[7] TARUMI K, HECKMEIER M, KLASEN-MEMMER M. Advanced LC materials for TFT monitors and TV applications [J]. Journal of the Society for Information Display, 2002, 10(2): 127-132.

[8] NOH J D, LEE S H, LEE S L. Fringe field switching mode LCD: WO6646707B2[P]. 2003-11-11.

[9] LEE S H, BHATTACHARYYA S S, JIN H S, et al. Devices and materials for high-performance mobile liquid crystal displays[J]. Journal of Materials Chemistry, 2012, 22: 11893-11903.

[10] LEE H, PARK H J, KWON O J, et al. 11.1: Invited Paper: The world's first blue phase liquid crystal display[J]. SID International Symposium Digest of Technical Papers, 2011, 42(1): 121-124.

[11] CHEN H, GOU F, WU S T. Submillisecond-response nematic liquid crystals for augmented reality displays[J]. Optical Materials Express, 2017, 7(1): 195-201.

[12] SCHADT M. Liquid crystal materials and liquid crystal displays[J]. Annual Review of Materials Science, 1997, 27: 305-379.

[13] 柳芳. 液晶有序结构对生化屏蔽材料性能影响的研究[D]. 南京: 东南大学, 2015.

[14] DIETRICH D, LOTHAR R. Textures of Liquid Crystal[M]. Weinheim: Verlag Chemie, 1979.

[15] VUKS M F. Determination of the optical anisotropy of aromatic molecules from the double refraction of crystals[J]. Optics and Spectroscopy, 1966, 20: 361-368.

[16] 刘肇楠, 李抄, 夏明亮, 等. LCOS 液晶波前校正器的色散研究[J]. 光子学报, 2010, 39(6): 1014-1020.

[17] PENG F, HUANG Y, GOU F, et al. High performance liquid crystals for vehicle displays[J]. Optical Materials Express, 2016, 6(3): 717-726.

[18] 彭敦云, 宋连科, 栗开婷, 等. 偏光干涉法测量液晶的双折射率[J]. 激光技术, 2014, 38(3): 422-424.

[19] FINKENZELLER U, WEBER G. A simple method to estimate and optimize the optical slope of TN-Cells and its comparison with experimental results[J]. Molecular Crystals and Liquid Crystals, 1988, 164(1): 145-156.

[20] MEIER G, SACKMANN E, GRABMAIER J G. Applications of Liquid Crystals[M]. New York: Springer-Verlag, 1975.

[21] KLASEN M, BREMER M, GTZ A. Calculation of optical and dielectric anisotropy of nematic liquid crystals [J]. Japanese Journal of Applied Physics,1998, 37(8A): L945-L948.

[22] 高鸿锦, 董友梅. 液晶与平板显示技术[M]. 北京: 北京邮电大学出版社, 2007.

[23] 高鸿锦. 液晶化学[M]. 北京: 清华大学出版社, 2011.

[24] CHEN J, CRANTON W, FIHN M. Handbook of Visual Display Technology[M]. New York: Springer-Verlag, 2012.

[25] 张慧晓. 棒状受阻酚的合成及其对液晶稳定性影响研究[D]. 西安: 陕西师范大学, 2014.

[26] 徐亦为. 端基苯并噁唑类液晶化合物的制备及性能研究[D]. 西安: 陕西师范大学, 2013.

[27] 张莉娜. 苯并咪唑类液晶化合物的制备及性能研究[D]. 西安: 陕西师范大学, 2013.

[28] 刘红艳. 二氟乙烯氧基苯并噁唑液晶合成与性能[D]. 西安: 陕西师范大学, 2016.

[29] 施丁倩. 向列相型侧氟苯并噁唑类液晶的制备与性能[D]. 西安: 陕西师范大学, 2016.

[30] LEE W, KUMAR S. Unconventional Liquid Crystals and Their Applications[M]. Berlin: De Gruyter, 2021.

[31] CHUNG T S. Thermotropic Liquid Crystal Polymers: Thin-film Polymerization, Characterization, Blends, and Applications[M]. Lancaster: Technomic Publishing Company, Incorporated, 2001.

[32] TAKATSU H. Development and industrialization of liquid crystal materials[J]. Molecular Crystals and Liquid Crystals, 2006, 458: 17-26.

[33] CABRI W, CANDIANI I. Recent developments and new perspectives in the Heck reaction[J]. Accounts of Chemical Research, 1995, 28(1): 2-7.

[34] MUNDY B P, ELLERD M G, FAVALORO F G. Name Reactions and Reagents in Organic Synthesis[M]. Hoboken: Wiley, 2005.

[35] 邢其毅, 裴伟伟, 徐瑞秋, 等. 基础有机化学[M]. 北京: 高等教育出版社, 2005.

[36] SONOGASHIRA K, TOHDA Y, HAGIHARA N. A convenient synthesis of acetylenes: catalytic substitutions of acetylenic hydrogen with bromoalkenes, iodoarenes and bromopyridines[J]. Tetrahedron Letters, 1975, 16(50): 4467-4470.

[37] CASARES J A, ESPINET P, FUENTES B, et al. Insights into the mechanism of the negishi reaction: ZnRX versus ZnR_2 reagents[J]. Journal of the American Chemical Society, 2007, 129: 3508-3509.

[38] 姜明宵, 胡伟频, 王纯, 等. 液晶显示的竞争前景以及液晶材料的未来应用[J]. 光电子技术, 2021, 41(2): 94-98.

[39] 水玲玲, 曾伟杰, 鞠纯, 等. 基于聚合物胆甾相稳定液晶的红外调节智能窗研究进展[J]. 华南师范大学学报(自然科学版), 2018, 50(3): 1-7.

[40] HUANG Y, LIAO E, CHEN R, et al. Liquid-crystal-on-silicon for augmented reality displays [J]. Applied Sciences, 2018, 8(12): 2366.

[41] 王磊, 肖芮文, 葛士军, 等. 太赫兹液晶材料与器件研究进展[J]. 物理学报, 2019, 68(8): 084205.

[42] 刘桢, 沈冬, 王骁乾, 等. 蓝相液晶材料与光子学器件研究进展[J]. 液晶与显示, 2017, 32(5): 325-338.

[43] 罗丹. 液晶光子学[M]. 北京: 电子工业出版社, 2018.

第 2 章　环己烷类液晶材料

Eindenschink 等[1]1977 年报道了反式-4-烷基环己基苯腈液晶以来，环己基、苯基及联苯基作为构建液晶分子的致晶单元迅速受到重视，大量的环己烷类液晶化合物被设计并合成，其在液晶显示中的应用逐渐受到广泛关注。到目前为止，这三个基团仍是设计新型液晶化合物分子的关键致晶单元，其中，环己基类反式-1,4-取代环己烷尤为重要，该结构有助于降低液晶的黏度。

2.1　环己烷类液晶材料的类型

棒状液晶分子骨架结构中，用环己烷取代苯环，分子中 π 电子减少、电荷密度降低、极化减弱等会使液晶熔点降低，但其清亮点却有所增加[2]。这可能是由于环己烷反式构型几何排列协调，相互交错重叠，形成紧密堆积所致。用环己烷代替苯环的另一优点是黏度降低，环骨架结构对液晶黏度的影响规律如下：芳杂环＞苯环＞环己烷。此外，环己烷类液晶极化率较低致使双折射率减小，进而能够满足 TFT-LCD 显示的要求，因此含有环己烷尤其是双环己烷骨架的液晶在 TFT-LCD 液晶配方中应用广泛[2-4]。TFT-LCD 用环己烷类液晶化合物如图 2-1 所

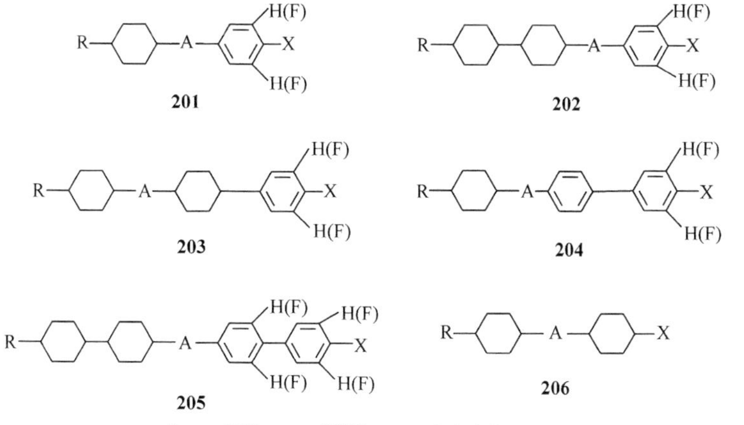

201　202　203　204　205　206

R= — C_nH_{2n+1}, — OC_nH_{2n+1}, n = 2, 3, 4, 5;

A= —, — CH_2CH_2 —, — COO —, — C≡C —;

X= — F, — Cl, — CF_3, — OCF_3, — $OCHF_2$

图 2-1　TFT-LCD 用环己烷类液晶化合物

示，主要包括单环己烷类(**201**、**204**)和多环己烷类(**202**、**203**、**205**、**206**)液晶化合物。本章除 2.2 节和 2.3 节外，平面环己烷结构一般表示反式环己烷构型。

典型的环己烷类液晶主要包括双环己烷液晶、苯基环己烷液晶、含桥键的环己烷液晶和其他环己烷液晶等，下面具体展开阐述。

2.1.1 双环己烷液晶

4,4′-烷基取代双环己烷液晶(**207**)具有低光学各向异性、低黏度、高电阻率及优良的低温相容性等优点，在调节混合液晶材料电光性能方面具有重要作用，已经广泛应用于 STN、TFT-LCD 混合液晶配方。通过引入烯烃、含氟取代基、烷氧基等官能团替换末端烷基，可以进一步优化双环己烷液晶化合物的性能[5]。双环己烷液晶化合物结构通式如图 2-2 所示。

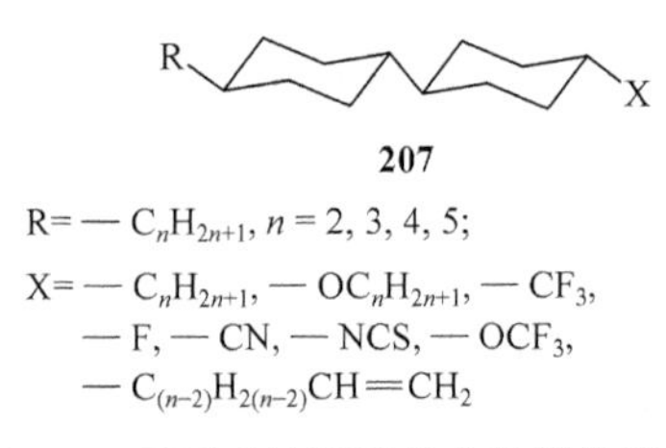

图 2-2 双环己烷液晶化合物结构通式

其中，反式-4-(反式-4′-正丙基环己基)-环己基乙烯是双环己烷液晶的典型代表，其具有旋转黏度低、响应速度快等优点，可以作为混合液晶材料的降黏剂和溶剂，因此广泛应用于 TN、STN 和 TFT-LCD 混合液晶配方[6-12]。末端乙烯基团被—OCH_3、—OCF_3、—$OCHF_2$、—$OCClF_2$、—OCF_2H、—OCH_2CF_3、—$OCH{=}CH_2$等基团替换后可以得到不同性能的系列双环己烷液晶化合物。其中含氟端基化合物具有较低 $\Delta\varepsilon$ 和 Δn，窄液晶相区间，适用于 TN、STN、TFT-LCD 混合液晶配方[13-17]。

2.1.2 苯基环己烷液晶

苯基环己烷液晶具有较高的稳定性，较低的熔点和低黏度特性，非常适用于光电显示器件。该系列液晶主要包括单苯基环己烷液晶(**208**)、联苯环己烷液晶(**209**)、苯基双环己烷液晶(**210**)和反式-1,4-二芳基环己烷液晶(**211**)，具体的分子结构通式如图 2-3 所示。

苯基环己烷液晶是早期常见的一种低黏度液晶化合物，研究和应用最为广泛。赵慧敏等[18]用 Fridel-Carfts 反应，经分子内重排得到了 4-烷基-1-(4′-氯苯基)-反式环己烷液晶化合物，并采用二元相图外推法得出其清亮点。Belyaev 等[19]研究了反式-4-丙基-1′-(4-苯腈)环己烷液晶化合物在交流电场中的介电常数。

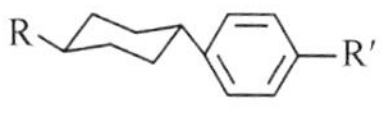

208 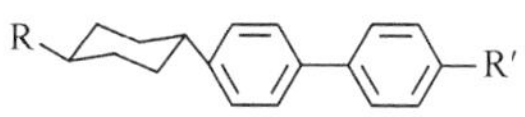　209

210 　211

R= — C_nH_{2n+1}, $n = 2, 3, 4, 5$;

R′= — C_nH_{2n+1}, — OC_nH_{2n+1}, — F, — CN, — NCS, — OCF_3,

— CF_3, — $C_{n-2}H_{2(n-2)}CH{=}CH_2$

图 2-3　苯基环己烷液晶化合物

为了获得具有宽液晶相区间和高清亮点的液晶化合物，苯基双环己烷液晶逐步受到研究人员关注。苯基双环己烷液晶化合物的化学稳定性优异，其液晶相区间宽、黏度较低，同时因为其具有非常高的电压保持率，所以目前广泛应用于TFT-LCD 混合液晶材料配方之中。我们知道，三联苯类化合物虽然具有较高的清亮点，但是由于黏度较大，其应用受到了限制。用环己烷替换苯环可以降低液晶化合物的黏度，同时也能够保证化合物具有较高的清亮点。因此，联苯环己烷液晶具有较高的实用价值。赵敏等[20]利用零价钯催化 Suzuki 偶联的方法，获得了系列联苯环己烷液晶。研究发现，随着末端烷基碳原子数的增加，该类液晶化合物熔点逐渐降低，近晶相区变宽。杜渭松等[21]研究了反式-1,4-二芳基环己烷化合物结构中环己基位置对其性能的影响，重点考察了该系列液晶化合物对混合液晶材料配方阈值电压的影响规律，发现反式-1,4-二芳基环己烷化合物与带有相同端基的联苯环己烷液晶化合物和苯基双环己烷液晶化合物相比，能有效降低混合液晶材料配方的阈值电压。

2.1.3　含桥键的环己烷液晶

含桥键的环己烷液晶是一类致晶单元结构中存在桥键的液晶化合物，常见桥键包括乙撑、乙炔、酯基等。向双环己烷液晶和苯基环己烷液晶的分子结构中引入桥键，不仅可以丰富环己烷类液晶的种类，而且可以调控液晶的物理性能，进而获得满足显示要求的环己烷类液晶材料。代红琼等[22]报道了一种适用于VA-TFT 显示的负性液晶化合物(**212**，图 2-4)。向苯基双环己烷液晶化合物的分子结构中引入乙撑桥键，减弱了分子间有效堆积，同时也降低了分子的极化率，这有利于降低液晶熔点和消除近晶相。

李建等[23]向苯基双环己烷液晶化合物的分子结构中引入乙炔桥键，得到了一类结构新颖的环己烷类液晶化合物(**213**，图 2-5)。该系列化合物具有液晶相区间宽、清亮点高、负介电各向异性绝对值大和双折射率较高等优点，非常适于VA-TFT 液晶显示。

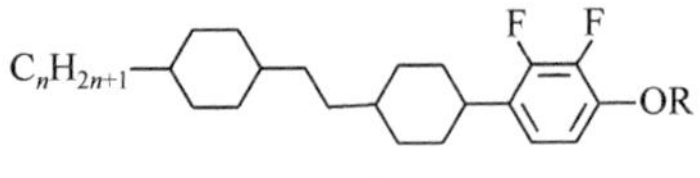

212

$n = 3, 5$; R = ; — C_mH_{2m+1}, $m = 2, 3, 4, 5$

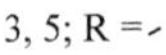

图 2-4　含乙撑桥键的环己烷类液晶化合物

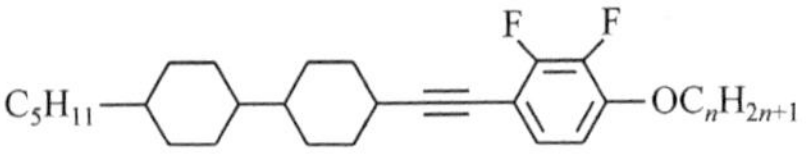

213

$n = 2, 3, 4, 5$

图 2-5　含乙炔桥键的环己烷类液晶化合物

除乙炔桥键之外，酯基官能团构建方法简单，因而受到重点关注。早期环己烷羧酸酯液晶的报道较多(**214**～**217**, 图 2-6)，该系列液晶被广泛用于 TN-LCD 和 STN-LCD 混合液晶材料配方[24-26]。环己烷羧酸酯液晶的缺点是黏度大，但其合成方法简单、种类繁多、清亮点较高，且液晶相区间较宽，因而研究和应用较多。

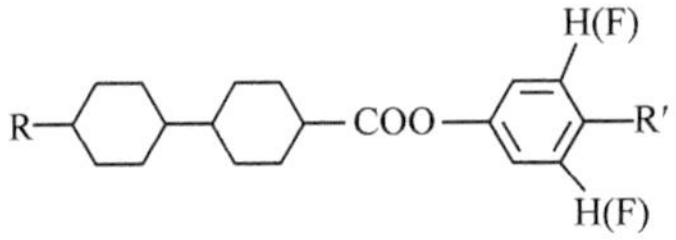

214 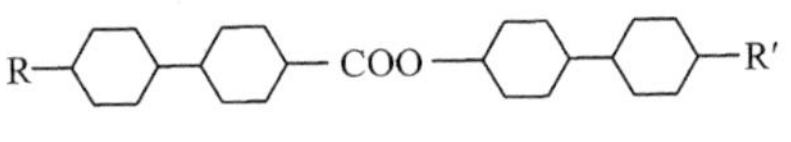　**215**

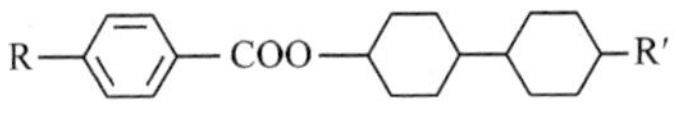

216 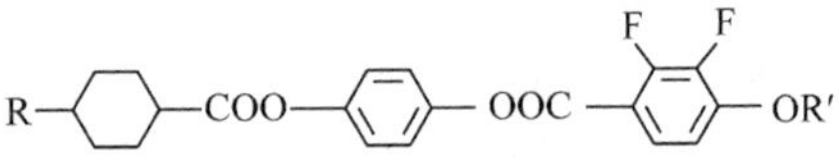　**217**

R = — C_nH_{2n+1}; R′ = — C_nH_{2n+1}, $n = 2, 3, 4, 5$

图 2-6　含酯基桥键的环己烷酸酯液晶化合物

2.1.4　其他环己烷液晶

除上述类型之外，文献还报道了系列含杂环的环己烷液晶(**218**～**221**, 图 2-7)。Kelly 等[27]通过向苯基嘧啶类液晶分子结构中引入环己烷构建的液晶分子 **218** 和 **219**，该结构可以降低液晶的黏度和双折射率，因此在铁电液晶显示中具有一定的应用前景。Geivandov 等[28]以烷基环己酮为原料制备了 7-溴-2-正戊基-2,3,4,9-四氢-1H-芴，进而与含氟苯硼酸通过 Suzuki 偶联反应获得新型环己烷液晶化合物 **220**，其具有较低的熔点，较宽的向列相区间。李建等[29]将 5,6-二氟取代苯并呋喃引入烷基双环己烷化合物结构中，获得了新型含苯并呋喃芳杂环的环己烷液晶 **221**。苯并呋喃有利于较大幅度提升液晶化合物的介电各向异性和双折射率，拓展液晶相区间，可进一步改善液晶综合性能，为新型高性能液晶材料的分子设计与合成提供了借鉴。

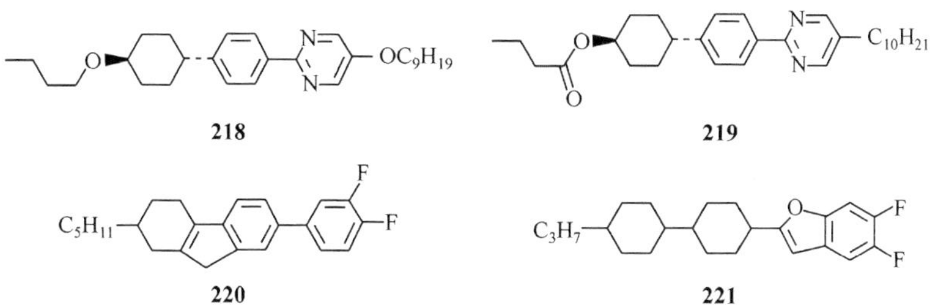

图 2-7　含杂环的环己烷液晶化合物

2.2　环己烷骨架的构建

液晶分子中的环己烷结构，一般采用反式-1,4-二取代环己烷，以确保液晶分子的线性骨架结构，进而实现热致液晶相。反式-1,4-二取代环己烷骨架的构建主要通过三种合成路线：苯加氢法、环己烯法、环己酮法[30-35]。

2.2.1　苯加氢法

环己烷的工业制备方法是苯加氢法和石油烃馏分的分馏精制法。苯加氢法也是环己烷骨架重要的实验室制备方法之一。在催化作用下，苯环加氢可以得到饱和环烷烃，在此过程中可能存在几种竞争反应，如图 2-8 所示[36]。

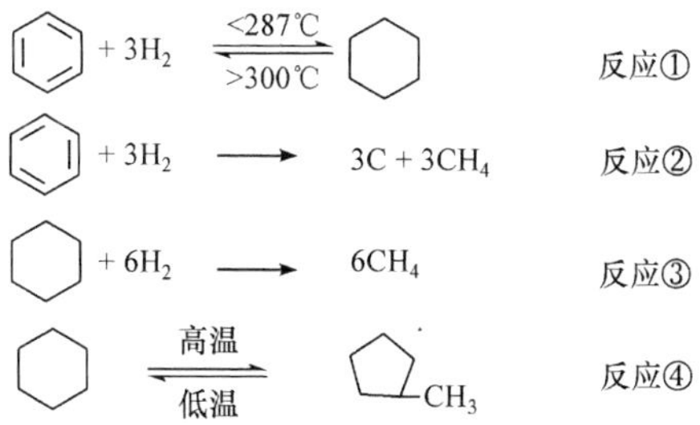

图 2-8　苯加氢制备环己烷

其中，苯加氢反应存在反应①和反应②两种可能，反应①为生成目标结构的放热反应，在反应过程中降低反应温度、提高反应压力有利于反应向正反应方向进行。反应②中苯环最终被分解成甲烷和碳单质，此反应为苯的加氢裂解反应，高温环境下更有利于裂解反应的发生，因此降低反应温度可以减缓其发生。反应③和反应④分别为所生成环己烷的裂解反应和异构体转型反应，其中反应③为吸热反应，在反应过程中不同的温度对反应③的影响各不相同。

对于液晶分子结构中反式-1,4-二取代环己烷骨架的构建，可以选择 1,4-二取代苯为原料，采用 Pd、Ru 或者骨架镍(Raney Ni)等催化剂，在适当的温度和压力下通过苯加氢反应来实现。例如，安忠维等[37]将 4,4′-(1,2-亚乙基)二苯酚还原为 4,4′-(1,2-亚乙基)二环己醇，该反应在高压釜中 120℃条件下进行 6h 即可，其中碳酸钠和 Pd/C 分别为碱和催化剂，氢气压力为 4MPa。

2.2.2 环己烯法

环己烯属于精细石油化工产品，在医药中间体、石油化工和聚合物合成等领域应用广泛。在液晶分子结构中引入反式-1,4-二取代环己烷骨架，可以通过环己烯法实现。环己烯法包括两种途径，一是以环己烯、取代苯和酰氯为原料制备环己烷苯类化合物，进而合成苯基环己烷液晶。该方法早在 1982 年被 Szczuciński 等[32]报道，该课题组在制备 4-烷基-1-(4′-氰基苯基)-环己烷液晶的过程中，以环己烯和酰氯为原料，三氯化铝为催化剂，二氯甲烷为溶剂，在−10℃先制备氯代环己烷中间体，再进一步与苯环反应制备苯基环己烷液晶(图 2-9)。1994 年，钱贤苗等[38]采用同样的方法制备了对烷基环己基乙烷类液晶化合物。1997 年，Du 等[39]和 An 等[40]对该方法进行了拓展性研究，发现氯苯、溴苯和联苯均可进行此类反应，并得到相应的苯基环己烷化合物。

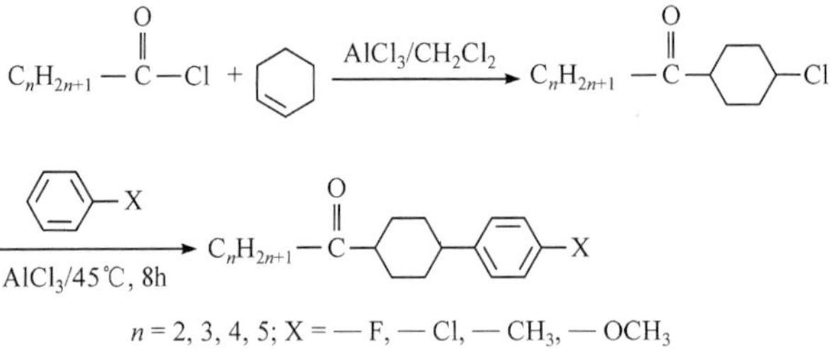
AlCl3/CH2Cl2
AlCl3/45℃, 8h
n = 2, 3, 4, 5; X = — F, — Cl, — CH3, — OCH3

图 2-9 环己烯法制备苯基环己烷液晶

1986 年，赵慧敏等[18]以酰氯、环己烯和氯苯为原料，采用 Friedel-Crafts 反应一锅法制备苯基环己烷液晶，合成路线如图 2-10 所示。

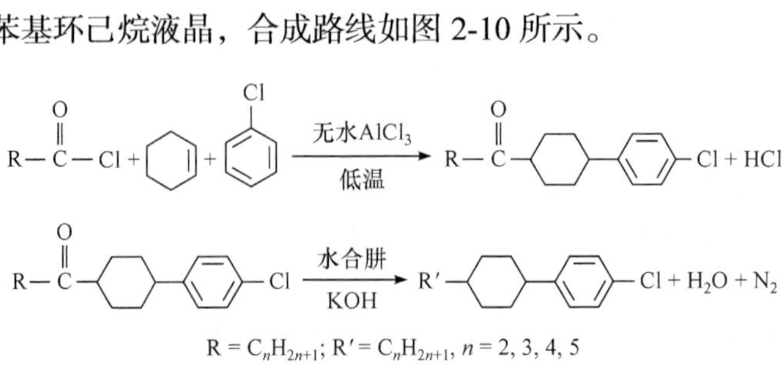
无水AlCl3
低温
水合肼
KOH
R = CnH2n+1; R′ = CnH2n+1, n = 2, 3, 4, 5

图 2-10 Friedel-Crafts 反应一锅法制备苯基环己烷液晶的合成路线

在图 2-10 所示的反应过程中，酰氯、环己烯和氯苯的 Friedel-Crafts 反应对温度比较敏感，当温度低于−25℃时目标化合物的收率较高，但温度高于−15℃时主要得到烯酮产物，不能保证分子内碳正离子引起的重排转位；温度过低时又会影响反应速度，使得反应时间延长。环己烯法亲电加成制备取代环己烷的可能机理如图 2-11 所示。

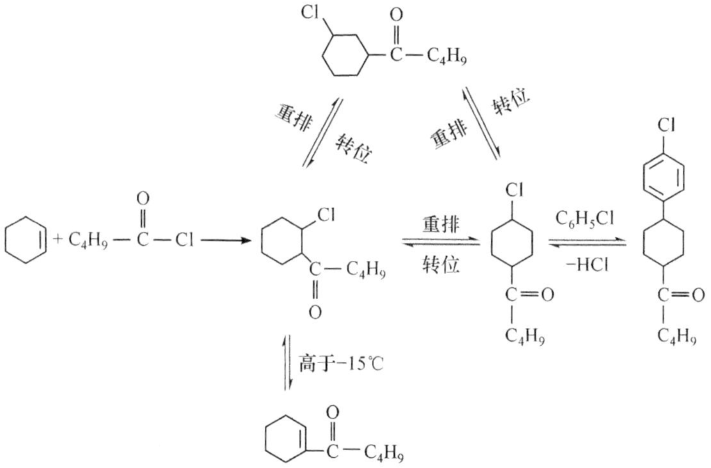

图 2-11　环己烯法亲电加成制备取代环己烷的可能机理[18]

此外，也可以选择取代二烯烃和取代末端烯烃为原料，二者通过[4+2]环加成反应(D-A 反应)制备环己烯，然后再通过加氢还原反应得到环己烷类化合物。例如，Li 等[41]将 2,3-二甲基-1,3-丁二烯与丙烯腈在 80℃进行环加成反应，反应结束后用冰冷却，加入少量阻聚剂猝灭反应，然后将反应液倒入甲醇中搅拌，可以析出固体，经纯化处理后可得 1,2-二甲基-4-氰基环己烯，如图 2-12 所示。

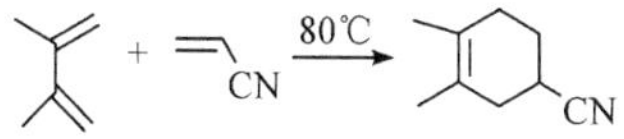

图 2-12　环加成反应构建环己烯法

2.2.3　环己酮法

环己酮衍生物是合成环己烷类液晶的一类关键中间体。如图 2-13 所示，环己酮衍生物液晶中间体主要包括 4-取代环己酮(**222**)、4-(反式-4-取代环己基)环己酮(**223**)、4-(4′-取代苯基)环己酮(**224**)、4-[2-(反式-4′-取代环己基)乙基]环己酮(**225**)、单乙二醇缩-1,4-环己二酮及单乙二醇缩-4,4′-双环己二酮(**226**)、反式-6-取代-2-十氢萘酮(**227**)等六种(图 2-13)。环己酮法是以环己酮衍生物为原料，利用 Wittig 反应或格氏试剂的亲核加成反应制备相应的环己烷类液晶化合物。

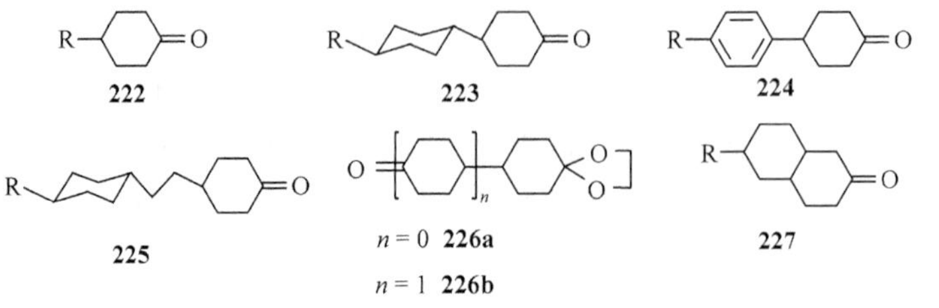

222　223　224

225　$n = 0$ **226a**　$n = 1$ **226b**　227

$R = —C_nH_{2n+1}$, $n = 2, 3, 4, 5$

图 2-13　环己酮衍生物液晶中间体

例如，Kelly 等[33]报道了以 4-(4′-联苯基)环己酮为原料，利用 Wittig 反应制备烯烃中间体，再分别与盐酸和氢氧化钾反应得到联苯环己基甲醛。具体反应过程如图 2-14 所示，在氯甲醚三苯基膦盐和叔丁醇钾作用下制备 Wittig 试剂，然后在低温条件下滴加含联苯环己酮的四氢呋喃(THF)溶液，反应后经水洗、萃取、干燥、浓缩后柱层析分离纯化，得到烯基醚类化合物，其在四氢呋喃和盐酸的混合体系中醚键断裂，形成烯醇，随后进行酮式–烯醇式异构体转型为环己基甲醛。继续将上述顺反异构体混合物加入叔丁醇钾的甲醇溶剂中，在 10℃经过 2.5h 转型反应后，再用乙醇重结晶可得反式联苯环己基甲醛中间体(收率为 94%)。

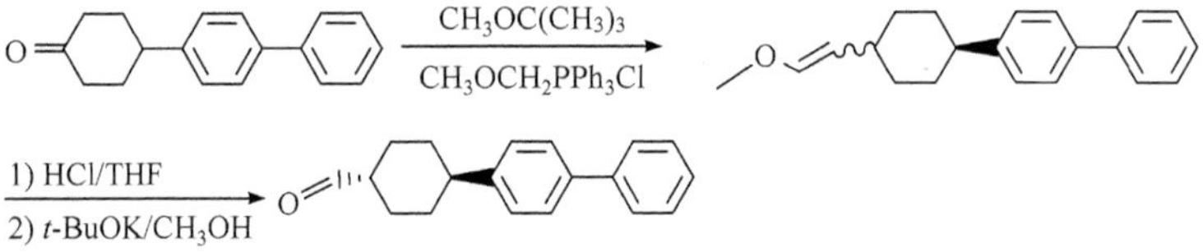

$CH_3OC(CH_3)_3$　$CH_3OCH_2PPh_3Cl$

1) HCl/THF　2) t-BuOK/CH_3OH

图 2-14　环己酮法制备环己烷液晶中间体

1994 年，Kelly 等[34]又报道了以单乙二醇缩-4,4′-双环己二酮(**226b**)为原料，与格氏试剂反应制备含羟基的双环己烷液晶中间体，脱水后得到环己烯衍生物，再在镍金属催化作用下加氢还原，然后在甲酸条件下进行脱保护反应，得到苯基双环己酮液晶中间体。具体反应过程如图 2-15 所示，将格氏试剂缓慢滴加到含双环己酮原料的四氢呋喃(THF)溶液(0℃)中，滴完后升至室温反应 12h，然后加入稀盐酸淬灭反应，经后处理得到含羟基的双环己烷衍生物。将其与二氯乙烯、1,2-

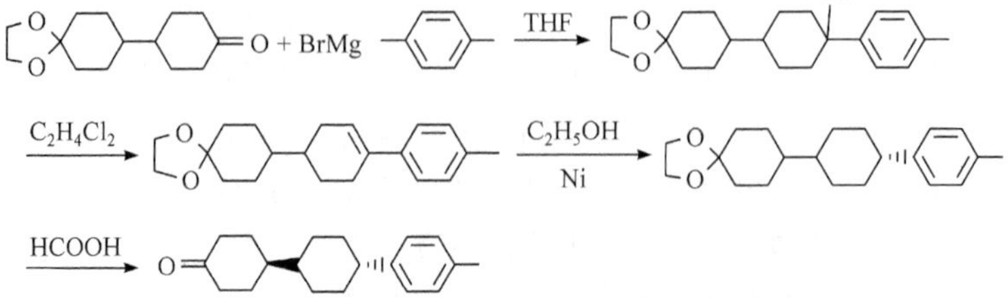

+ BrMg　THF　OH

$C_2H_4Cl_2$　C_2H_5OH　Ni

HCOOH

图 2-15　环己酮法制备苯基双环己酮液晶中间体

二羟基乙烯和离子交换树脂混合加热回流 12h 后得到含环己烯的衍生物。该衍生物在骨架 Ni 和乙醇溶剂中进行加氢还原反应得到苯基双环己烷化合物。最后将其在甲酸和甲苯混合体系中室温搅拌 12h，可得到苯基双环己酮液晶中间体。

2.3　环己烷顺反异构体转型

环己烷衍生物有顺式和反式两种构型。双环己烷衍生物则可能出现反式-反式、顺式-顺式、顺式-反式、反式-顺式四种构型。其中，环己烷衍生物的顺式异构体、双环己烷衍生物的顺式-反式、顺式-顺式和反式-顺式异构体分子呈现弯曲构型，不利于液晶相形成。只有环己烷衍生物的反式和双环己烷衍生物的反式-反式这两种构型的异构体分子为线性结构，有助于液晶相形成。因此，顺反异构体混合物中顺式转型为反式异构体，成为环己烷类液晶材料制备的难点和重点。下面介绍几种环己烷顺反异构体转型的方法和经典案例。

2.3.1　顺反异构体转型简介

环己烷类液晶化合物的顺反异构体可以通过气相色谱-质谱联用仪(gas chromatograph-mass spectrometer，GC-MS)分析确认，其中 GC 分析其含量，MS 分析其结构。顺反异构体的 GC-MS 谱图如图 2-16 所示。如图 2-16(a)所示，虽然顺反异构体在 GC 谱图中保留时间接近，但反式异构体保留时间稍长，顺反异

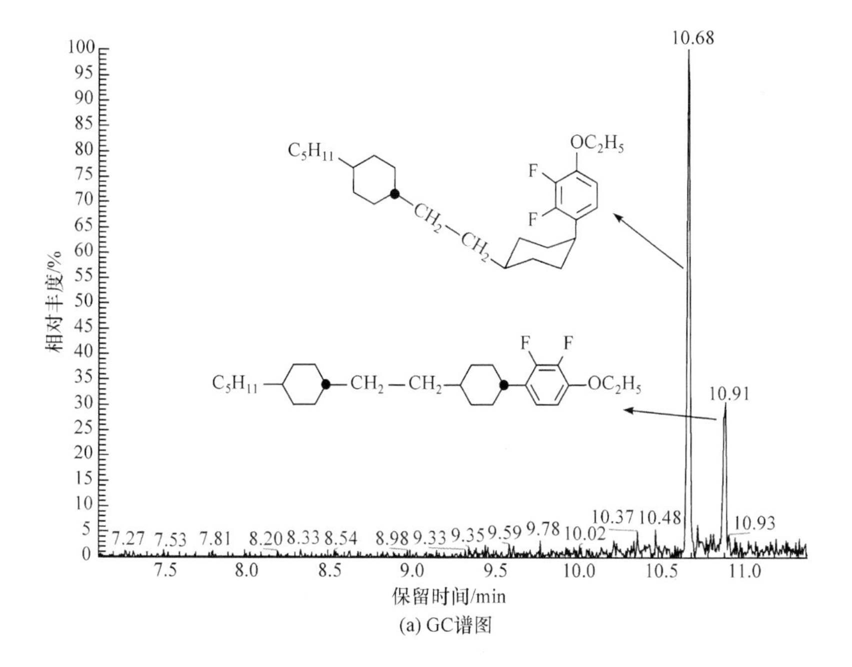

(a) GC谱图

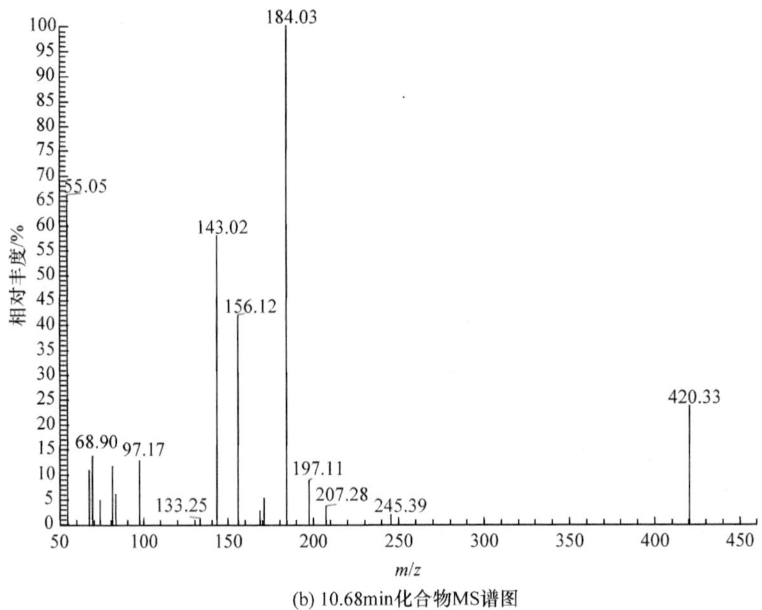

(b) 10.68min化合物MS谱图

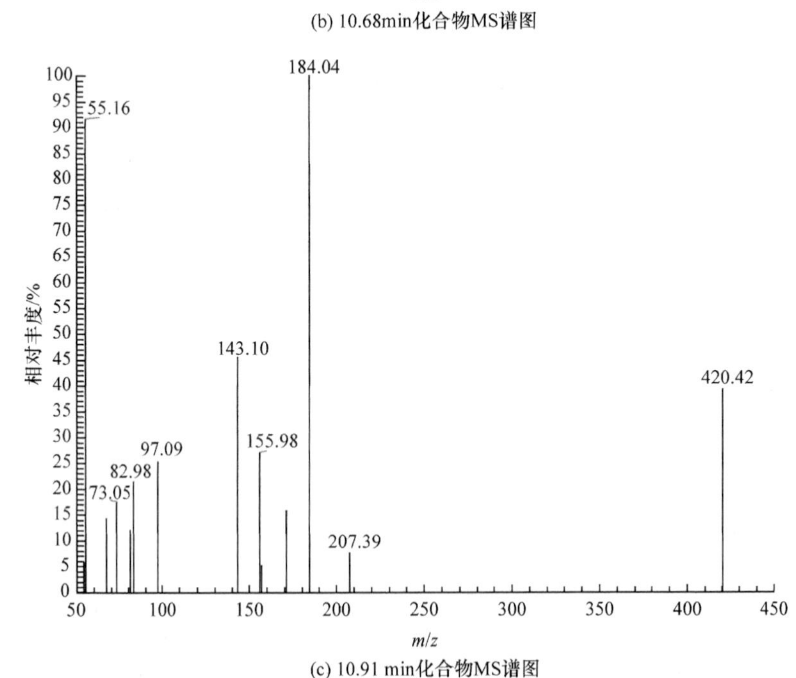

(c) 10.91 min化合物MS谱图

图 2-16　顺反异构体的 GC-MS 谱图

m/z-质荷比

构体含量约为 3 : 1；如图 2-16(b)～(c)所示，顺反异构体的离子碎片基本一样。

为了更准确地分析和确认环己烷的顺反异构体，可以通过碳核磁共振波谱(^{13}C NMR)分析。以 4-(4-丙基环己基)苯丙醛缩乙二醇的 ^{13}C NMR 谱图(图 2-17)为例，进行分析说明。

结果发现，顺反异构体混合物的环己烷碳(a、d)和苯环碳(e、f、g、h)均为两个信号峰，即 C_a(29.01ppm、30.00ppm)，C_d(43.32ppm、44.49ppm)，C_e(145.31ppm、145.56ppm)，C_f(138.90ppm、139.98ppm)，C_g(128.35ppm、129.40ppm)，C_h(126.94ppm、128.57ppm)。转型后的反式异构体，其环己烷碳(a、d)和苯环碳(e、f、g、h)均为单信号峰，即 C_a(30.00ppm)，C_d(44.49ppm)，C_e(145.56ppm)，C_f(139.98ppm)，C_g(129.40ppm)，C_h(128.57ppm)。

2.3.2　顺反异构体转型方法

顺式环己烷异构体通过异构体转型得到反式异构体的方法报道较少。1990 年，德国柏林大学的 Dehmlow 等[42]率先采用 Zn/HCl 体系释放的自由氢实现环丁烯结构的加氢，最终得到反式异构体含量达到 90%以上的环丁烷羧酸衍生物。1993 年，日本智索公司 Keizo 等发明了顺反异构体转型技术，其核心是在路易斯酸或者强碱环境下完成苯基双环己烷衍生物的顺反异构体转型[43,44]。夏永涛等[45]分别在强酸和强碱体系中实现了含不同结构的苯基(双)环己烷衍生物的顺反异构体转型。这些研究结果证明了强酸和强碱体系环己烷异构体转型方法的普遍适用性。

综上所述，环己烷顺反异构体转型的方法有三种：第一种是通过调整催化加氢条件，进而优化加氢产物中顺反异构体的比例，以期获得高含量反式异构体的加氢产物；第二种是碱作为催化剂，如叔丁醇钾或氢化钠，实现顺式向反式异构体转型；第三种是酸作为催化剂，如无水三氯化铝或三氟甲磺酸，实现顺式向反式异构体转型。下面从酸催化转型机理、碱催化转型机理和异构体转型研究进展三个方面介绍环己烷衍生物顺反异构体转型情况。

1. 酸催化转型机理

以无水三氯化铝催化为例，酸催化转型的可能机理如图 2-18 所示。顺式结构中苯环上 π 电子进入三氯化铝中铝原子的外层空轨道，进而形成配位体 **228**，受此影响与苯环相连的叔碳上 C—H 的 σ 键电子向碳迁移，形成碳负离子结构 **229**，碳负离子的 sp^2 杂化轨道为平面结构，其可与苯环形成 p-π 共轭，使得碳负离子稳定性增加。碳负离子可以从面上、面下两个方向接受质子，从面上接受质子，位阻较小，易形成反式异构体，其稳定性高，而从面下接受质子时会受到环己基 2,6 位直立氢的空间位阻，形成顺式异构体含量低，其稳定性也低。因此，反应以碳负离子从面上接受质子生成反式构型产物为主。图 2-18 只列出了顺式构型的转型反应历程，反式构型也参与转型反应并形成相同的中间体 **229**。

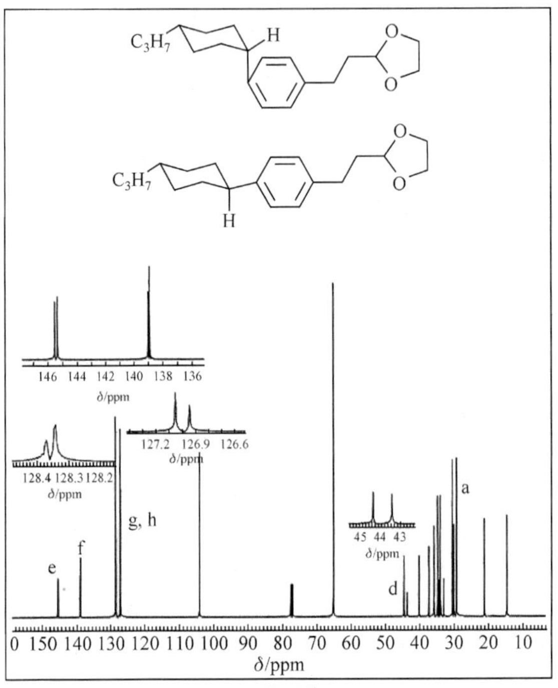

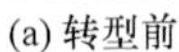

(a) 转型前

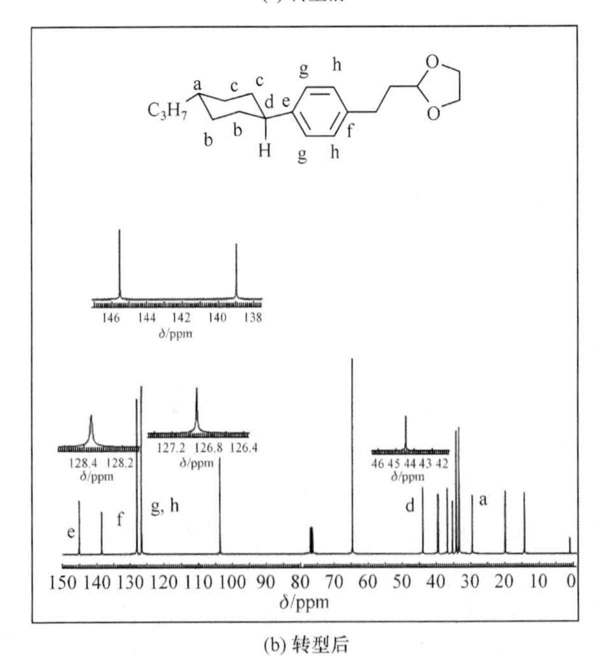

(b) 转型后

图 2-17　4-(4-丙基环己基)苯丙醛缩乙二醇转型前后的 ^{13}C NMR 谱图

δ-化学位移；1ppm = 10^{-6}Hz/MHz

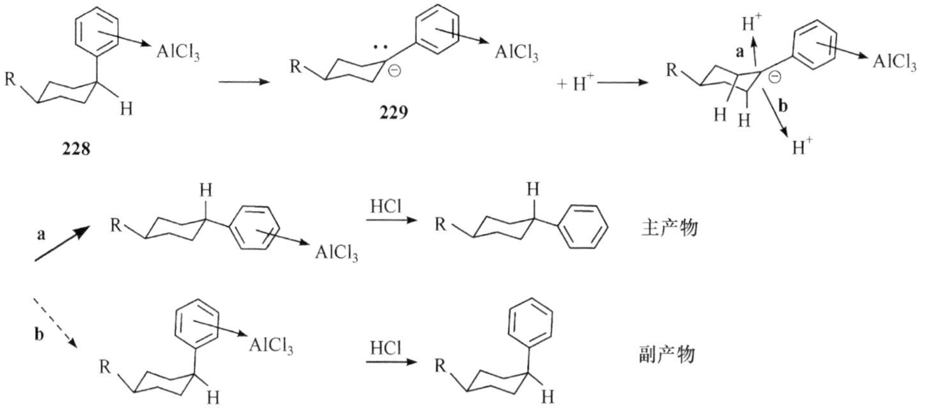

图 2-18　环己烷衍生物酸催化顺反异构体转型的可能机理

2. 碱催化转型机理

以叔丁醇钾催化为例，碱催化顺反异构体转型的可能机理如图 2-19 所示。首先，叔丁氧基负离子作为亲核试剂进攻与苯环相连的叔碳上的氢，夺取氢后生成叔丁醇和含有碳负离子的化合物 **230**，由于碳负离子与苯环的 p-π 共轭，使得碳负离子稳定性增加。此后，与路易斯酸催化转型一样，碳负离子可以从面上、面下两个方向进攻叔丁醇中羟基的活性氢，从面上接受氢，位阻较小，易形成反式异构体，其稳定性高；然而从面下接受氢时会受到环己基 2,6 位直立氢的空间位阻，形成顺式异构体含量低，其稳定性低。因此，碳负离子主要从面上接受氢生成反式构型产物。同样，图 2-19 只列出了顺式构型的转型反应历程，反式构型也参与转型反应并形成相同的中间体 **230**。

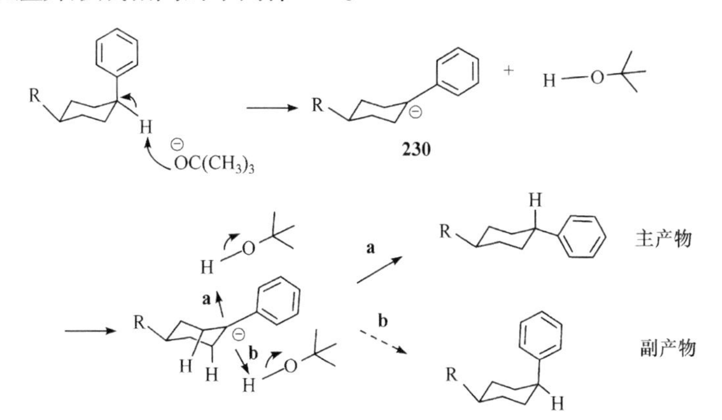

图 2-19　环己烷衍生物碱催化顺反异构体转型的可能机理

3. 异构体转型研究进展

在环己烷类液晶的合成过程中，经常使用烷基双环己醇、烷基双环己基甲醛、环己基甲酸等三种中间体和环己基苯类衍生物。通过选择合适的反应引入环己烷后，需要采取措施来提高反式环己烷异构体的含量，以便减少其纯化工艺步骤和难度，同时降低其生产成本。

1) 取代环己醇的顺反异构体转型

4-(反式-4′-烷基环己基)环己醇可通过 4-(反式-4′-烷基环己基)苯酚在 Pd/C 或者骨架 Ni 催化下加氢制备，但取代苯酚加氢会得到顺反异构体混合的取代环己醇[46]。如前所述，优化催化加氢条件，可以得到高含量反式异构体的混合产物。杨永忠等[47]使用 Ru/C 催化剂，在高压釜中 98℃加氢得到环己烷衍生物，随后在氮气氛围下 200℃进行高温顺反异构体转型，4h 后加氢产物中顺反异构体含量比为 28.9∶71.1。该方法所得产物可以通过重结晶纯化，但仍含有 25%～30%的顺式异构体，不利于降低成本。

段迎春[48]利用碱金属与 4-(反式-4′-烷基环己基)环己醇在回流条件下反应生成醇钠，再经过盐酸酸化后得到环己醇，其顺反异构体比例由 51∶49 转化成 14∶85，实现了 4-(反式-4′-正丙基环己基)环己醇的顺反异构体转型(图 2-20)。顺反异构体转型后的混合物经重结晶可获得反式异构体含量达到 99.5%的产物，产率为 65%。为了验证此转型方法的适用性，研究人员使用碱金属钠和钾分别对 4-(反式-4′-正丙基环己基)环己醇和 4-(反式-4′-正戊基环己基)环己醇进行了顺反异构体转型反应，均得到了较好的结果，说明该顺反异构体转型方法宜于推广。

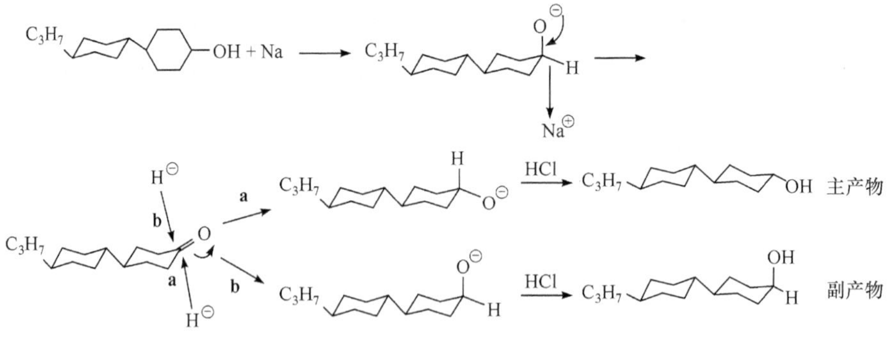

图 2-20　金属钠催化取代环己醇顺反异构体转型的可能机理

2) 取代环己基甲醛/酸的顺反异构体转型

双环己基甲醛[如反式-4-(反式-4′-正丙基环己基)-环己基甲醛]是制备双环己烷液晶材料的关键中间体。高丰琴等[49]以顺式/反式-4-(反式-4′-正丙基环己基)-环己基甲酸混合物为原料，先经过氯化得到环己基甲酰氯，再选用合适的催化剂(Pd/硫酸钡、Pd/三氧化二铝、Pd/碳酸钙、Pd/C-乙酸钠或 Pd/C-碳酸钠)对其催化加氢，获得顺式/反式-4-(反式-4′-正丙基环己基)-环己基甲醛。然后以 KOH 为催化剂，二氯甲烷和甲醇为溶剂，经过低温异构体转型反应及重结晶后得到反式产物，其中反式异构体含量由 38.8%提高至 95.5%，收率为 86.9%。但是该方法的催化加氢过程产生了一些较难除去的副产物，因而影响了产品质量[50]。

王小明等[51]以反式-4-(4′-正丙基环己基)-苯甲醛丙二醇缩醛为原料，选择合适的碳负载贵金属催化剂(Pd/C、Rh/C 或 Ru/C)进行催化加氢后，酸解得到取代环己基甲醛的顺反异构体混合物。最终经 KOH 催化异构体转型反应，重结晶后反式-4-(反式-4′-正丙基环己基)-环己基甲醛的含量为 98.2%，收率为 75%。

取代环己烷甲酸的顺反异构体转型反应，常用的催化剂包括盐酸、氢氧化钠、氢化钠和氢氧化钾等[52]。杨永忠等[53,54]采用 KOH 催化剂来实现烷基环己基甲酸和烷基双环己烷甲酸的顺反异构体转型，该反应的机理是顺式烷基(双)环己烷甲酸分子中与羧基相连的 α 碳上的氢在碱性作用下脱去，生成烯醇负离子中间体，经过酮式-烯醇式互变异构过程中电子推动作用，从水中接受氢，最后形成反式烷基(双)环己烷甲酸，这种催化转型仅限于能形成酮式-烯醇式互变的环己烷甲酸类化合物(图 2-21)。研究发现碱性越强，反式产物含量越高(可达 96%)，具有很高的工业应用价值。

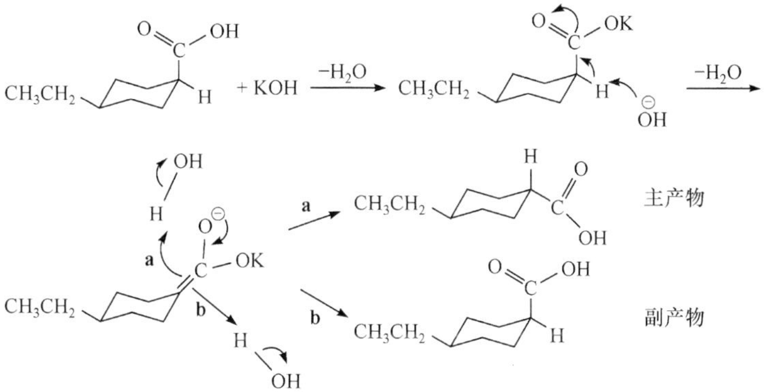

图 2-21　氢氧化钾催化取代环己烷甲酸顺反异构体转型的可能机理

张越等[55]以 4-戊基苯甲酸为原料，在高压釜中经碱性水相加氢后，加氢产物中顺反异构体比例为 75：25，保持 200～220℃反应 2h，最终得到高纯度的反式异构体产品(顺反异构体比例为 2：98)。徐顺意等[56]以 4-(反式-4′-正丙基环己基)苯甲酸为原料，在碱性水相中采用自制催化剂进行加氢反应，经氢氧化钾高温转型后得到反式异构体含量大于 99%的产品。杨长安等[52]以顺式六氢苯酐为原料，采用顺反异构体转型反应合成反式-1,2-环己烷二甲酸，通过手性拆分、酸化合成(1R,2R)-反式环己烷二甲酸。研究发现，以质量分数为 50%硫酸作为催化剂可得到高含量的反式异构体产品(顺反异构体比例为 2.8：97.2)，进一步重结晶可得到 99.3%的反式异构体。顺反异构体转型反应使用酸催化剂减少了碱催化法的酸化过程，进一步降低了生产成本并减少了对环境的污染。

3) 环己基苯类液晶的顺反异构体转型

环己基苯类液晶的顺反异构体转型也可以选用酸或碱催化剂来进行。2013年，曹秀英[57]利用叔丁醇钾作为催化剂，在120℃进行顺反异构体转型反应得到1-[反式-4-(反式-4-丁基环己基)环己基]苯。2017年，Wen等[58]以叔丁醇钾作为催化剂，实现了室温下1-[4-(4-丁基环己基)环己基]苯的顺反异构体转型。2019年，安忠维等报道了叔丁醇钾催化苯基环己烷液晶中间体在100℃的顺反异构体转型[59]。研究表明，叔丁醇钾催化环己基苯类顺反异构体转型效果良好。

2.3.3 经典案例分析

1. 环己烷衍生物碱催化顺反异构体转型

下面以4-(4′-丙基环己基)苯丙醛缩乙二醇顺反异构体转型为例，介绍环己烷衍生物碱催化顺反异构体转型的过程。由于化合物分子结构中缩醛结构对酸不稳定，所以选择碱作为催化剂进行异构体转型反应。安忠维等选用叔丁醇钾作为催化剂，*N,N*-二甲基甲酰胺作为溶剂，研究了温度和反应时间对4-(4′-丙基环己基)苯丙醛缩乙二醇顺反异构体含量的影响，结果列于表2-1中[59]。研究发现，100℃反应2h，顺反异构体转型结果最好。

表2-1 顺反异构体转型条件的影响

温度/℃	反应时间/h	顺反异构体比例(反式：顺式)
25	>12	44：55
120	2	57：29
100	2	82：10

碱催化苯基环己烷液晶中间体顺反异构体转型的可能机理如图2-22所示。叔丁氧基负离子作为强碱夺取化合物**231**中与苯环相连的叔氢，生成碳负离子化合物**232**。接下来，碳负离子可以从面上、面下两个方向夺取叔醇中的活性氢，从面上夺取活性氢，位阻较小，易形成稳定性高的反式异构体，从面下夺取活性氢时会受到环己基2,6位直立氢的空间位阻影响，因此仅可以形成少量顺式异构体。

2. 环己烷衍生物酸催化顺反异构体转型

下面以2,3-二氟-4-顺式/反式-4′-[2-(4″-正戊基环己基)乙基]环己基苯乙醚化合物的顺反异构体转型为例，介绍环己烷衍生物酸催化顺反异构体转型的过程。在加氢还原后不可避免地产生了2,3-二氟-4-顺式-4′-[2-(反式-4″-正戊基环己基)乙基]

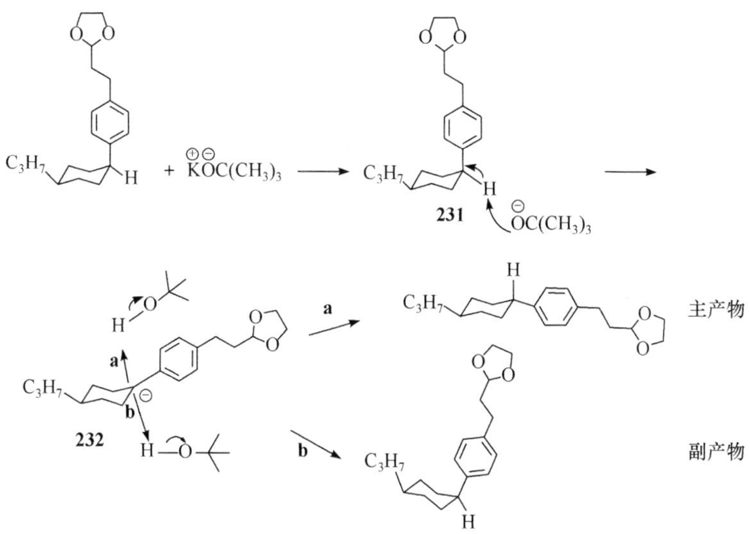

图 2-22　碱催化苯基环己烷液晶中间体顺反异构体转型可能机理

环己基苯酚与 2,3-二氟-4-反式-4′-[2-(反式-4″-正戊基环己基)乙基]环己基苯酚两种立体异构体。将该苯酚衍生物与溴乙烷反应后，得到含顺式与反式异构体混合的醚类化合物，顺反式异构体比例为 64：35。

这两种顺反异构体很难通过柱层析、重结晶等方法实现分离，代红琼等[22]探索了以下几种顺反异构体转型方法：①碱催化法，以氢氧化钠为碱催化剂，在甲醇溶剂中回流，转型后顺反异构体比例为 70：30[60]。②甲醇钠和 *N*-甲基吡咯烷酮剧烈搅拌下加热回流，转型后顺反异构体比例为 70：30[61,62]。③以干燥的二氯甲烷为溶剂，使用路易斯酸 $AlCl_3$ 在低温下转型，转型后顺反异构体比例为 65：35。④以二氯甲烷为溶剂，用有机酸 CF_3SO_3H、双环[2.2.1]庚烷-1-醇低温转型，转型后顺反异构体比例为 2：98。可以看出，最后一种酸催化转型方法效果最佳。

2.4　典型环己烷类液晶的合成

环己烷类液晶常用于 TFT-LCD 混合液晶配方，其大多可以通过环己酮法制备。在介绍环己烷类液晶的合成之前，先介绍两种重要环己酮类液晶中间体的合成方法，分别是 4-(反式-4′-正丙基环己基)环己酮(**233**)和 4-[2-(反式-4′-正丙基环己基)乙基]环己酮(**234**)。根据图 2-1 中典型 TFT 用环己烷类液晶的分子结构及其分类，这里选取五种典型的液晶化合物及两种中间体(图 2-23)，详细介绍其合成方法，同时简要介绍苯基环己烷液晶、双环己烷液晶、含桥键环己烷液晶和其他环己烷液晶的合成研究进展。

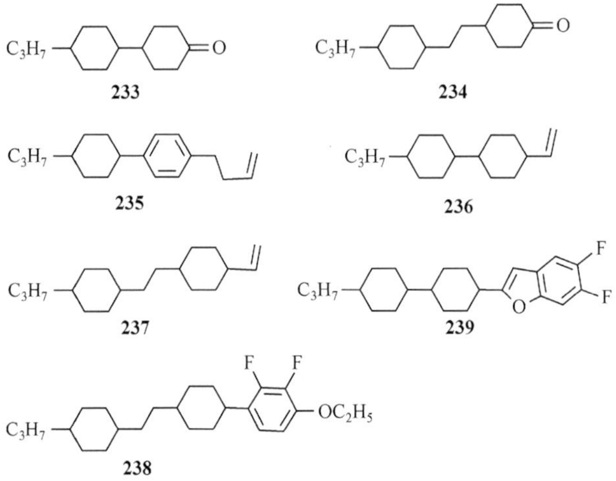

C_3H_7 233　C_3H_7 234　C_3H_7 235　C_3H_7 236　C_3H_7 237　C_3H_7 F F O 239　F F C_3H_7 OC_2H_5 238

图 2-23　典型环己烷类液晶及其中间体

2.4.1　典型环己烷液晶中间体的合成

1. 4-(反式-4′-正丙基环己基)环己酮

Sugimori 等[46]以 4-(反式-4′-正丙基环己基)苯酚为原料，通过骨架 Ni 催化加氢、三氧化铬氧化制得 4-(反式-4′-正丙基环己基)环己酮(**233**)，合成路线如图 2-24 所示。

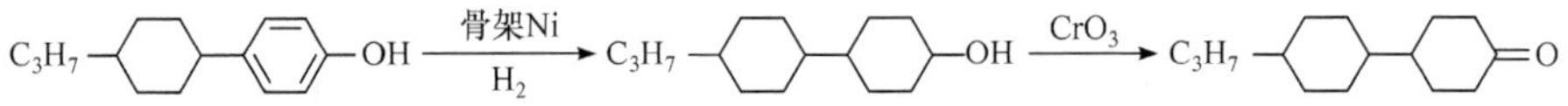

C_3H_7 OH 骨架Ni H_2 C_3H_7 OH CrO_3 C_3H_7 O 233

图 2-24　化合物 **233** 的合成路线

在高压反应釜中，分别加入骨架 Ni 催化剂、4-(反式-4′-正丙基环己基)苯酚和乙醇。在 100～120℃和 3～4MPa 的氢气压力下搅拌反应 8h，用 GC 监测反应进程。等到加氢完成后，过滤掉催化剂，蒸除乙醇后得到白色固体(收率为 80.7%)。在−3～0℃搅拌下，将上述白色固体加入丙酮中配制成悬浮液。向其滴加由铬酸酐、浓硫酸和水组成的混合溶液，滴加时间超过 2h。等到氧化反应完成后，后处理得到产物晶体 **233**(收率为 80.7%)。

2. 4-[2-(反式-4′-正丙基环己基)乙基]环己酮

化合物 4-[2-(反式-4′-正丙基环己基)乙基]环己酮(**234**)的合成路线如图 2-25 所示[63]。以反式-4-正丙基环己基甲酸为原料，经过氯代、亲核取代、脱水、格氏试剂与 **240** 的亲核加成、黄鸣龙还原、傅-克酰基化、贝耶尔韦林格氧化、酯水解、高压催化加氢、氧化等反应合成 **234**。

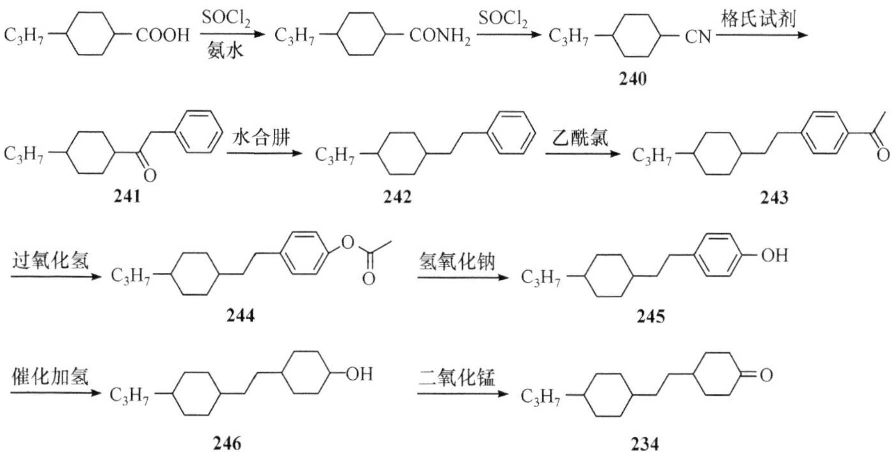

图 2-25　化合物 **234** 的合成路线

反式-4-正丙基环己基甲酸和二氯亚砜于室温搅拌反应 0.5h 后，在 80℃反应至尾气接收瓶中无气泡产生，将反应装置改为蒸馏装置，除去二氯亚砜得到黄色液体。将该黄色液体缓慢倒入机械搅拌的质量分数为 5%的冰氨水中，搅拌 4h 后经过滤、水洗和干燥得到白色固体(收率为 90%)。将上述白色固体和二氯亚砜室温搅拌反应 0.5h 后在 80℃反应至尾气接收瓶中无气泡产生，将反应装置改为蒸馏装置，蒸出二氯亚砜后收集 140～162℃/–10MPa 的馏分，得到无色液体 **240**(收率为 85%)。在氮气氛围，镁粉和苄氯在 34℃和无水乙醚溶剂中制备格氏试剂。再缓慢滴加 **240**，继续反应 8h 后自然冷却，用 10%的盐酸溶液使反应体系呈现酸性，加热回流 1h 后停止反应，后处理得到白色晶体 **241**(收率为 80%)。化合物 **241**、水合肼、二甘醇和氢氧化钾在 130℃搅拌反应 3h，装上分水器后在 200℃继续反应至分水器中无水滴产生，自然冷却至室温，反应液经萃取、有机相分离、浓缩后得到无色液体 **242**(收率为 90%)。

在 0℃向化合物 **242** 和无水三氯化铝中，缓慢滴加乙酰氯，滴完后继续反应 0.5h。将反应液倒入含有冰块的超纯水中，剧烈搅拌至体系中固体由黄色变为白色，反应液经萃取、有机相分离、浓缩得到砖黄色固体 **243**(收率为 98%)。在 0℃向冰醋酸和邻苯二甲酸酐体系中，缓慢滴加过氧化氢，搅拌 10～15min 后加入 **243**。滴完后在室温继续反应 5h。待反应完后处理得到黄色固体 **244**(收率为 76%)。化合物 **244**、氢氧化钠水溶液、四丁基溴化铵(tetrabutyl ammonium bromide，TBAB)和四氢呋喃在 70℃反应 2h 后，反应液冷却至室温，经萃取、有机相分离、浓缩得到白色片状固体 **245**(收率为 86%)。经高压催化加氢后制得 **246**，再经过氧化最终得到化合物 **234**。

2.4.2　苯基环己烷液晶的合成

苯基环己烷液晶化合物大多采用 Eidenschink 等[64]报道的方法合成，即格氏试剂与对烷基环己酮的亲核加成反应，经脱水、加氢后实现环己烷和苯的连接，该方法副产物少、易控制、条件成熟；但该路线原材料较贵，合成路线长，反应产物为顺反式异构体混合物，反式异构体分离收率低[65]。日本 Ito 等[66]采用反式-4-(反式-4′-烷基环己基)环己醇磺酸酯和溴代物偶联的方法，得到苯基环己烷化合物，可使反应步骤由五步减少为三步，因而受到人们青睐。日本 Keizo 等[43]和 Nagashima 等[44]采用路易斯酸或强碱将苯基双环己烷顺式产物转化为反式产物，提高了合成的收率，降低了成本。该系列液晶多数是以双环己基酮为原料，与卤代芳烃的格氏试剂发生亲核加成反应，再经脱水、催化加氢、顺反异构体转型等步骤来制备，其合成路线见图 2-26。

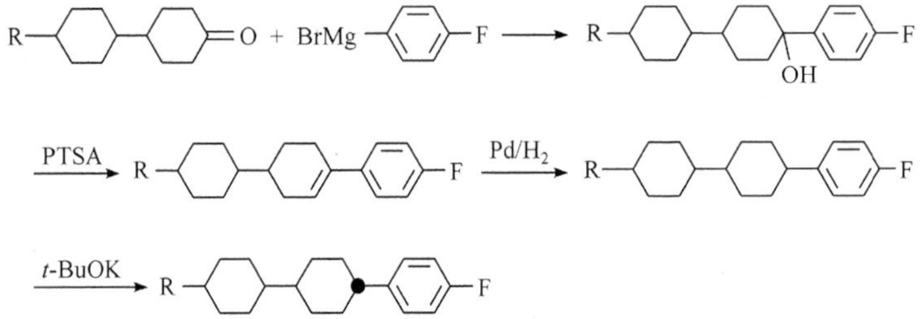

图 2-26　苯基环己烷液晶的合成路线

PTSA-对甲苯磺酸；*t*-BuOK-叔丁醇钾

杜渭松等[67,68]报道了两种反式-1,4-二芳基环己烷化合物的合成方法。一种方法是以 4-苯基苯酚为原料，首先和丙酰氯合成 4′-丙酰基-4-联苯酚丙酸酯，再经过一系列反应生成 4-(4′-正丙基苯基)环己酮后，与格氏试剂经亲核加成反应生成叔醇结构化合物，经脱水后高压催化加氢得到 4-(4′-对正丙基苯基-环己基)-氟苯(顺反异构体比例为 3∶2)，进一步使用叔丁醇钾催化其发生顺反异构体转型反应，最终得到反式-4-(4′-对正丙基苯基-环己基)-氟苯(顺反异构体比例为 1∶90)，反应总收率为 11%左右。另一种方法是以 4-苯基环己酮为原料，与格氏试剂经亲核加成反应，再经脱水后常压催化加氢制备 1-(4′-苯基)-环己基-3-氟苯(顺反异构体比例为 60∶40)，然后依次通过氢化钠催化顺反异构体转型、酰化和还原反应制备系列苯基环己烷液晶，其总收率为 16%～27%，较第一种方法显著提高。

下面以 1-(丁-3-烯基)-4-(4-反式-正丙基环己基)苯(**235**)的合成为例，介绍苯基环己烷液晶的合成方法。其合成路线如图 2-27 所示，以 3-(4-溴苯)丙醛缩乙二醇为原料，采用格氏试剂与酮的亲核加成、羟基消除、催化加氢、顺反异构体转型、醛基脱保护和维蒂希反应等步骤来合成[59]。

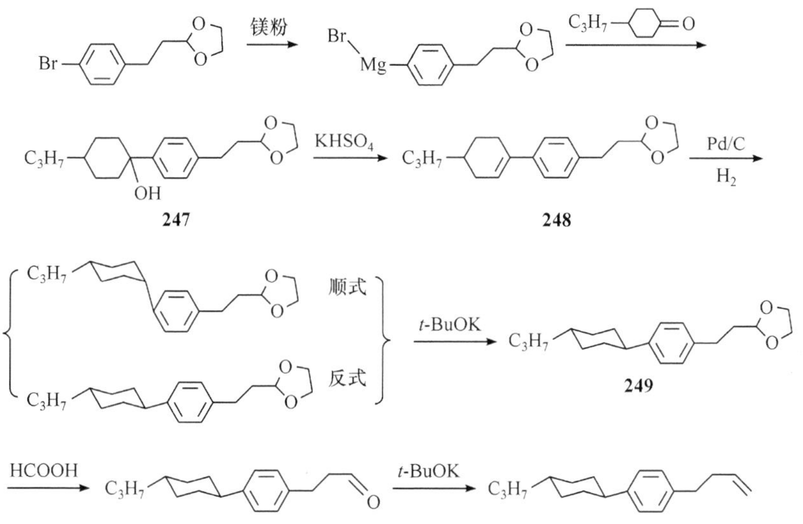

图 2-27　苯基环己烷液晶 **235** 的合成路线

在氮气保护下，向装有温度计、磁力搅拌和恒压滴液漏斗的三口瓶里加入镁粉、碘粒和干燥四氢呋喃，在 60℃反应 15min 后，向三口瓶中滴加少量含有 3-(4-溴苯)丙醛缩乙二醇的四氢呋喃溶液，等到格氏反应引发后继续滴完剩余溶液，并在 60℃反应 1h。滴加含有 4-丙基环己酮的四氢呋喃溶液后，在 60℃反应 1.5h，待反应结束后冷却至室温，加入冷的稀盐酸，反应液经萃取、有机相分离、干燥、浓缩、柱层析分离纯化，得到深黄色稠状液体 **247**(收率为 60%)。化合物 **247**、硫酸氢钾和甲苯在 100℃搅拌反应 6h 后，经后处理得白色固体 **248**(收率为 80%)。化合物 **248**、四氢呋喃、无水乙醇和含 5%质量分数的 Pd/C 在氢气氛围中，室温催化加氢反应 2h(GC 监测反应进展)。等到加氢完成后，过滤掉催化剂，蒸除乙醇后得到粗品，再经柱层析分离纯化获得无色透明液体(收率为 88%)。

在氮气保护下，将上述无色透明液体、叔丁醇钾和干燥的 *N*,*N*-二甲基甲酰胺在 100℃搅拌反应，用 GC 监测顺式异构体含量小于 10%时，停止反应。反应液经萃取、水洗、有机相分离、干燥、浓缩后得粗品，再经柱层析分离纯化得到白色固体，最后用乙醇重结晶得到白色固体 **249**(收率为 42%)。在氮气保护下，化合物 **249**、四氢呋喃和甲酸在 55℃搅拌反应 5h，反应液冷却至室温，经萃取、水洗、有机相分离、浓缩后得粗品，再用乙酸乙酯重结晶得到黄色固体 **250**(收率为 90%)。在氮气保护下，溴甲烷三苯基膦盐、叔丁醇钾和四氢呋喃在−15℃搅拌反应 30min 后，滴加含 **250** 的四氢呋喃溶液，继续反应 2h 后升温至室温，加蒸馏水淬灭反应，反应液经萃取、水洗、有机相分离、干燥、浓缩、柱层析分离纯化后得到无色透明液体 **235**(收率为 82%)。

化合物 **235** 的熔点为–31.2℃，虽然不具有液晶相，但其极低的熔点、良好的相容性，使得 **235** 可作为液晶稀释剂应用于混合液晶配方中。

2.4.3 双环己烷液晶的合成

杨燕等以 4-正丙基双环己基-4′-甲酸为原料，通过氯化、酰胺化、还原、顺反异构体转型、格氏试剂与醛的亲核加成、氧化、氟代等一系列反应得到反式-4-丙基-4′-(1,1-二氟乙基)双环己烷和反式-4-(1,1,1-三氟乙基)-4′-丙基双环己烷[69,70]。该方法步骤简单，条件温和且收率高。4′-正丙基-4-乙烯基-1,1′-双反式环己烷(**236**)作为一类双环己烷液晶的典型代表，其合成方法主要有四种：①以反式-4-(反式-4′-正丙基环己基)-环己基甲腈为起始原料，通过超低温还原、两步 Wittig 及酸解反应制备 **236**[71]，该合成路线中使用价格昂贵的磷配体和 2-异丁基氢化铝，合成成本较高。②以 4-(反-4′-正丙基环己基)-环己基甲酸为起始原料，经酰化、还原、异构体转型和 Wittig 反应，得到 **236**[72]，该合成路线较长，总收率偏低，合成成本较高。③以反式-4-(反式-4′-正丙基环己基)-1-氯环己烷为起始原料，通过与氯乙烯镁的一步偶联反应来制备 **236**，该合成路线中偶联反应过程中有大量的副产物生成，导致纯化较困难，最终合成收率偏低。④以 4-(反式-4′-正丙基环己基)-环己基甲酸为起始原料，经还原、氧化和 Wittig 反应得到 **236**[73]，该方法反应步骤简单，总收率较高。

下面以化合物 **236** 的合成为例，详细介绍双环己烷液晶的合成方法。其合成路线如图 2-28 所示，采用上述方法④制备。

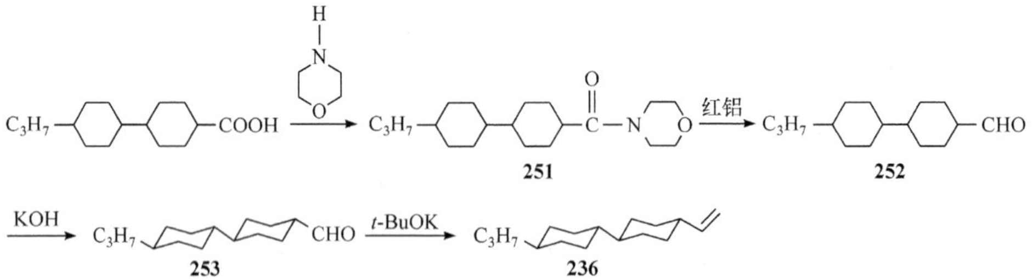

图 2-28 双环己烷液晶 **236** 的合成路线

在 43～47℃向 4′-正丙基-(1,1′-双环己基)-4-甲酸、甲苯和吡啶组成的体系中滴加二氯亚砜，滴完继续反应 1h 后备用。降温至 10～15℃，将上述备用体系滴加到吗啉和甲苯组成的混合体系中，继续反应 1h 后停止反应，反应液经过滤、水洗、干燥、浓缩后得白色固体 **251**(收率为 100%)。在氩气保护下，于 50℃向 **251**、四氢呋喃和叔丁醇钾组成的反应体系中滴加红铝与四氢呋喃的混合溶液，滴加过程控温 10～15℃，滴完后反应 1h，随后向体系中滴加稀盐酸，滴加过程控温 10～30℃，滴完后反应液经水洗、萃取、干燥、浓缩后得到无色液体 **252**(收率为 99.9%)。

在氩气保护下，向 0～5℃的悬浮液(甲醇和氢氧化钾)中滴加含 **252** 的二氯甲烷溶液，滴完后继续反应 1h，将反应液倒入二氯甲烷、水及浓盐酸的混合溶液中，水洗至中性后用无水硫酸钠干燥、过滤、浓缩得无色液体 **253**(收率为 99.9%)。在氩气保护下，在−5～0℃向四氢呋喃和溴甲烷三苯基膦盐体系中分三批加入叔丁醇钾，反应 3h 后滴加含 **253** 的四氢呋喃溶液，滴完反应 1h 后停止反应，反应液经水洗、萃取、干燥、浓缩后得粗品，再经柱层析分离纯化后得到产物，最后用乙醇重结晶得白色固体 **236**(收率为 75%)。

化合物 **236** 的熔点为 34℃，清亮点为 48℃，向列相区间为 14℃。该液晶化合物常作为液晶稀释剂应用于混合液晶配方中。

2.4.4 含桥键环己烷液晶的合成

含酯基桥键的环己烷液晶主要有两种合成方法，一种是取代苯甲酸或环己基甲酸与酰化试剂反应制备苯甲酰氯或者环己基甲酰氯，进一步与取代苯酚或环己醇反应生成酯类液晶[74,75]，该方法因收率较高、成本低廉而被广泛用于酯类液晶的合成。另一种是采用二环己基碳二亚胺/4-(二甲氨基)吡啶(DCC/DMAP)的反应体系，直接脱去一分子的水而得到酯类液晶[76,77]，该方法反应条件温和，对于环上含有不稳定基团的酯类化合物合成有重要借鉴意义。

在环己烷类液晶分子结构中插入乙撑桥键的方法较多。下面分别以双环和三环液晶合成为例，介绍含桥键环己烷液晶的制备方法。双环液晶[59]**237** 的合成步骤如图 2-29 所示。

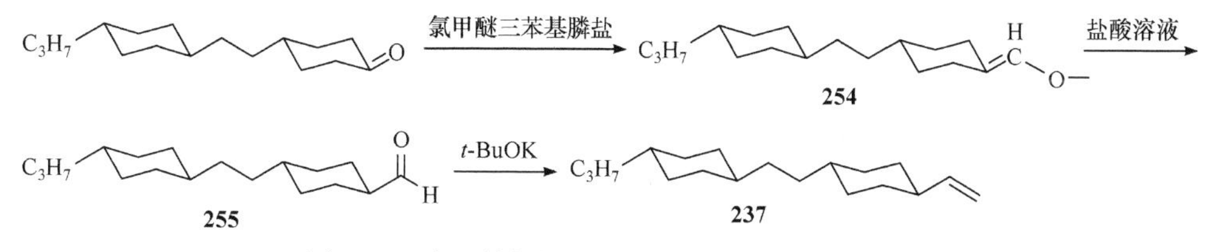

图 2-29　含乙撑桥键环己烷液晶 **237** 的合成步骤

在氮气保护下，向氯甲醚三苯基膦盐和四氢呋喃组成的悬浮液(−15℃)中加入叔丁醇钾，反应 45min 后滴加含反式-3-[4-(4′-正丙基环己基)乙基]环己酮的四氢呋喃溶液，继续反应 2h 后停止反应，经萃取、水洗、干燥、浓缩、柱层析分离纯化后得到无色透明液体 **254**(收率为 60%)。在氮气保护下，在 30℃向含 **254** 的四氢呋喃溶液中滴加盐酸溶液，滴完后继续反应 1.5h 停止反应，反应液经水洗、有机相分离、干燥、浓缩得白色固体。在 0～5℃，将白色固体溶于二氯甲烷中配成溶液，将其滴加到含有无水甲醇和氢氧化钾的三口瓶中，搅拌反应 3h 后停止反应。反应液经水洗、萃取、浓缩后得粗品，用石油醚重结晶得到白色固体 **255**(收率为

50%)。在氮气保护下，在–15℃向溴甲烷三苯基膦盐和四氢呋喃组成的悬浮液中加入叔丁醇钾，反应30min后滴加含**255**的四氢呋喃溶液，滴完后在室温反应1.5h。反应液经萃取、有机相分离、干燥、浓缩后得粗品，再经柱层析分离纯化、无水乙醇重结晶得到蜡状固体**237**(收率为70.5%)。

化合物**237**的熔点为36.2℃，清亮点为45.9℃，液晶相区间为9.7℃。与**236**相比，熔点略有升高，液晶相区间变窄。

三环液晶含乙撑桥键环己烷液晶**238**的合成路线如图2-30所示[23]。以2,3-二氟-4-溴-苯酚为原料，经威廉姆逊醚化反应保护酚羟基后，与镁粉反应得到格氏试剂，再与4-[2-(反式-4′-正戊基环己基)乙基]环己酮发生亲核加成反应，经过脱水、催化加氢及解保护后，利用CF_3SO_3H对**258**进行顺反异构体转型，再与溴乙烷发生亲核取代反应即可得到化合物**238**。该方法工艺简单，有推广应用价值。

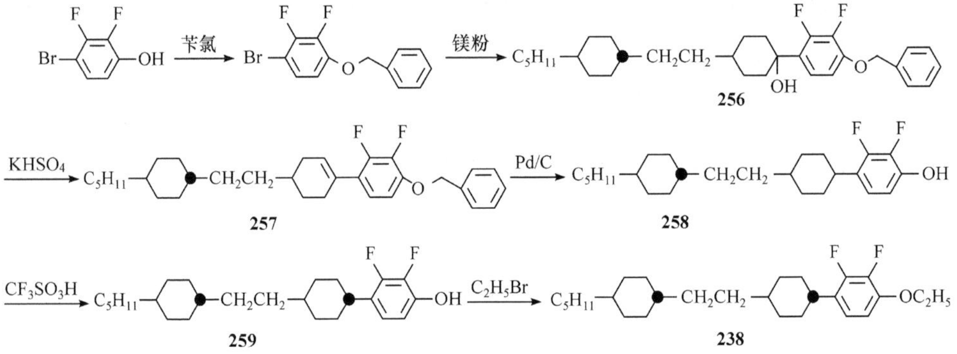

(a) 合成路线一

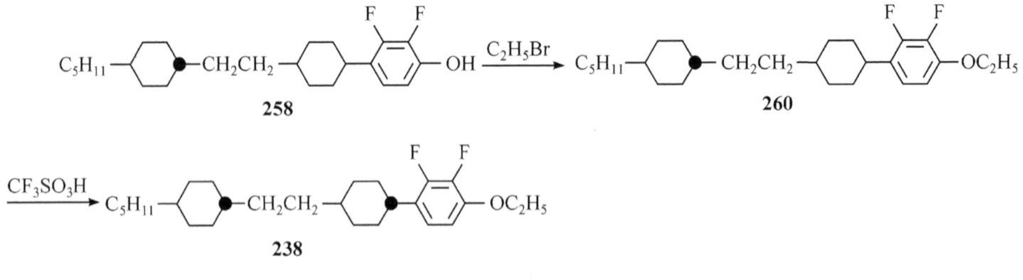

(b) 合成路线二

图2-30　含乙撑桥键环己烷液晶**238**的合成路线

含乙撑桥键环己烷液晶**238**的合成过程如下：

2,3-二氟-4-溴-苯酚、碳酸钾、四丁基溴化铵和*N*,*N*-二甲基甲酰胺(DMF)在70℃搅拌反应1h，滴加含苄氯的DMF溶液，滴完在100℃搅拌反应8h后停止反应。反应液经萃取、有机相分离、浓缩和重结晶后得到白色片状固体(收率为85%)。在氮气保护下，在70℃向镁粉、碘粒和干燥四氢呋喃中滴加少量含1-苄氧基-4-溴-2,3-二氟苯的四氢呋喃溶液，待格氏反应引发后缓慢滴加剩余的溶液，继续反应 1.5h。降温至 60℃，缓慢滴加含 4-[2-(反式-4′-戊基环己基)乙基]环己酮的四氢呋喃溶液，继续反应 3h 后，向反应体系中加入盐酸溶液(5%)，反应 0.5h 后停止反应。反应液经萃取、有机相分离、干燥、浓缩后得深红色液体 **256**。将 **256**、硫酸氢钾和甲苯在 120℃反应 8h 停止反应。反应液经水洗、萃取、有机相分离、干燥、浓缩、乙醇重结晶后得浅黄色固体 **257**，与上一步合并收率为 72%。再将 **257**、Pd/C、四氢呋喃在氢气氛围中，室温反应 1h 后停止反应。反应液经水洗、萃取、有机相分离、干燥、浓缩、柱层析分离纯化后得白色固体 **258**(收率为 82%)。在氮气氛围中，在−25℃向 **258** 和干燥二氯甲烷组成的溶液中加入三氟甲磺酸，继续反应 0.5h 后加入双环[2.2.1]庚烷-1-醇，继续反应 5h 后停止反应。反应液经水洗、萃取、有机相分离、干燥，浓缩后得到黄色固体 **259**。将化合物 **259**、碳酸钾、四丁基溴化铵和四氢呋喃在 50℃反应 1h 后加入溴乙烷，在 70℃搅拌反应 8h。反应液经萃取、有机相分离、浓缩、重结晶、柱层析分离纯化后得到白色片状固体 **238**，与上一步合并收率为 78%。

环己烷顺反异构体转型也可以在醚化反应之后进行，即通过化合物 **260** 实现顺反异构体转化，如图 2.30(b)所示。化合物 **238** 的熔点为 47.3℃，近晶 A 相温度转变点为 109.4℃，清亮点为 150.4℃，液晶相区间为 103.1℃。

2.4.5　其他环己烷液晶的合成

其他环己烷液晶主要是含杂环的环己烷类液晶。下面以 4-(5,6-二氟取代苯并呋喃基)-4′-正丙基-1,1′-双环己烷化合物 **239** 为例[29]，其合成路线如图 2-31 所示。采用 3,4-二氟苯酚为原料，碘代后得到 2-碘-4,5-二氟苯酚 **261**。同时，化合物 **236** 与液溴发生亲电加成反应后，再消除两分子溴化氢制得末端炔 **263**。最后，**263** 与 **261** 经过钯催化 Sonogashira 偶联、分子内环化反应制备得到化合物 **239**。

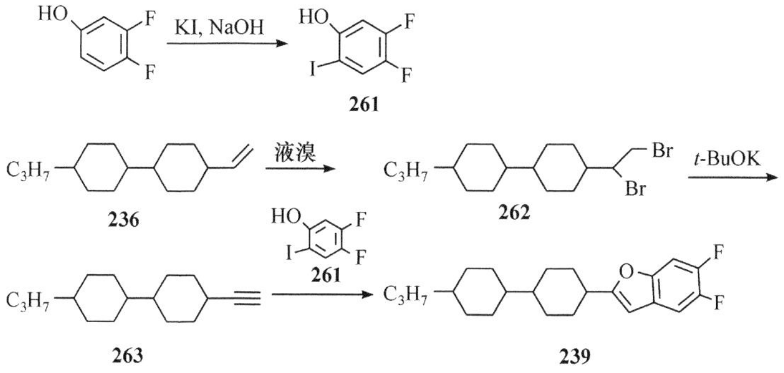

图 2-31　环己烷液晶化合物 **239** 的合成路线

在 5℃向 3,4-二氟苯酚、超纯水、碘化钾和氢氧化钠组成的体系中滴加浓度为 0.1mol/L 次氯酸钠水溶液，反应 1h 后停止反应。反应液经萃取、水洗、有机相分离、干燥、浓缩、柱层析分离纯化后得到淡黄色油状物 **261**(收率为 82%)。在 0℃向含有 **236** 的四氯化碳溶液中滴加含有液溴的四氯化碳溶液，反应 30min 后加入质量浓度 5%的亚硫酸氢钠水溶液淬灭反应。反应液经水洗、干燥、过滤、浓缩后得到白色固体 **262**，直接用于下步反应。将 **262**、叔丁醇钾、干燥四氢呋喃在 40℃反应 2h。待反应完成后，反应液经萃取、水洗、有机相分离、干燥、浓缩和乙醇重结晶后得到白色晶体 **263**(收率为 87%)。在氮气保护下，室温向三乙胺、二甲基甲酰胺、**261**、双三苯基膦二氯化钯、碘化亚铜组成的体系中滴加含有 **263** 的三乙胺溶液，继续反应 1h 后，在 80℃搅拌 16h 后停止反应。反应液经萃取、水洗、有机相分离、干燥、浓缩、柱层析分离纯化后，得到白色晶体 **239**(收率为 76%)。

化合物 **239** 的熔点为 118℃，清亮点为 202℃，向列相区间为 84℃。通过外推法计算，该液晶化合物双折射率为 0.1302，介电各向异性为 12.6，旋转黏度为 420mPa · s。

2.5　环己烷类液晶的构性关系

液晶显示器在人们日常生活中的应用越来越普及，目前，智能手机、笔记本电脑和液晶电视等对液晶显示器的响应速度提出了更高的要求。液晶显示器的核心之一就是液晶材料，由于单一液晶不能满足液晶显示的性能要求，因此应用于液晶显示的液晶材料都是由多种液晶化合物组合而成的混合液晶，其中低黏度组分决定着液晶材料的整体黏度，并影响显示器的响应速度。

反式双环己烷[78]液晶化合物具有低黏度、优良的互溶性和良好的化学、光稳定性等特点，广泛应用于高性能 TFT-LCD 液晶显示材料，以实现液晶显示器的快速响应[79]。表 2-2 中列出了一些目前应用于混合液晶配方的反式双环己烷液晶化合物结构及其相关性能数据。

表 2-2　一些反式双环己烷液晶化合物的结构及其性能

代号	分子结构	相变温度/℃	γ/(mPa·s)
264	C_5H_{11}–(环己基)–(环己基)–CN	Cr 31 N 55 I	199
265	C_5H_{11}–(环己基)–(环己基)–OC_2H_5	Cr 49 I	46
266	C_5H_{11}–(环己基)–(环己基)–C_3H_7	Cr 22 S_B 98 I	31
267	C_5H_{11}–(环己基)–(环己基)–CF_3	Cr 35 I	99
268	C_5H_{11}–(环己基)–(环己基)–CH=CH₂	Cr 52 N 63 I	39
236	C_3H_7–(环己基)–(环己基)–CH=CH₂	Cr 34 N 48 I	5

注：S_B 表示近晶 B 相。

由表 2-2 可知，以反式双环己烷结构为致晶单元的液晶化合物，含非极性末端基的液晶化合物，其黏度显著低于含极性末端基的化合物，尤其是乙烯端基，表现出极低的黏度[80,81]。表 2-2 中化合物 **236** 的黏度最低，与 **264** 相比黏度降低了 97%，此液晶化合物于 20 世纪末由日本 Takeuchi 研究室应用于液晶显示器件，目前仍广泛应用于高性能液晶显示材料配方。该化合物具有低温溶解性好、黏度低等特性，在混合液晶配方中的比例可达 10%～50%，是迄今为止性能最好的液晶稀释剂和低黏度组分。

下面从两个方面介绍一下环己烷类液晶化合物的构性关系。

2.5.1　环己烷结构对液晶热性能的影响

1. 致晶单元结构的影响

液晶分子结构中用反式环己烷替换苯环作为致晶单元，会改变液晶分子的几何构型，对液晶化合物的熔点、清亮点、液晶相区间和相变性能有显著的影响[82]。反式环己烷对液晶分子相变性能的影响如图 2-32 所示，图 2-32(b)中 Cr 代表熔点，S 代表近晶相，N 代表向列相。

从图 2-32 分析可知，对比化合物 **269** 和 **270**，反式环己烷替换苯环使得化合物 **270** 具有较高的清亮点和较宽的相变区间；比较具有负介电各向异性的液晶化合物 **271** 和 **272**，含反式环己烷致晶单元的化合物 **272** 熔点较低，清亮点较高且液晶相区间较宽。将化合物 **273** 中的苯环替换为环己烷，不仅可以降低熔点，还能诱导产生向列相。对比化合物 **275** 和 **276**，环己烷替换苯环后，可以抑制近晶

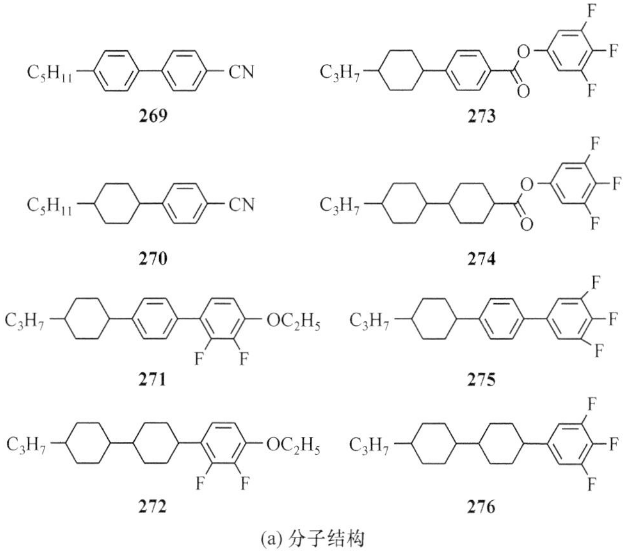

269　**273**

270　**274**

271　**275**

272　**276**

(a) 分子结构

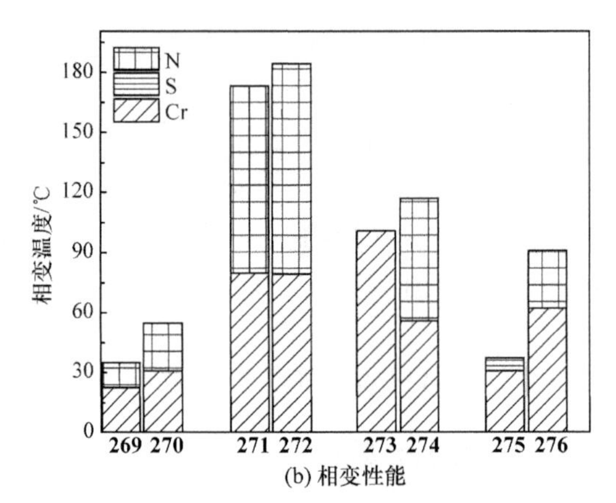

(b) 相变性能

图 2-32　反式环己烷对液晶分子相变性能的影响

相的产生。但其清亮点却有增加趋势，这可能是环己烷反式构型几何排列协调，相互交错重叠，形成紧密堆积所致。

将反式-1,4-环己烷引入三环氰基衍生物分子的致晶单元[83]，得到的系列液晶化合物，其热性能数据如图 2-33 所示。

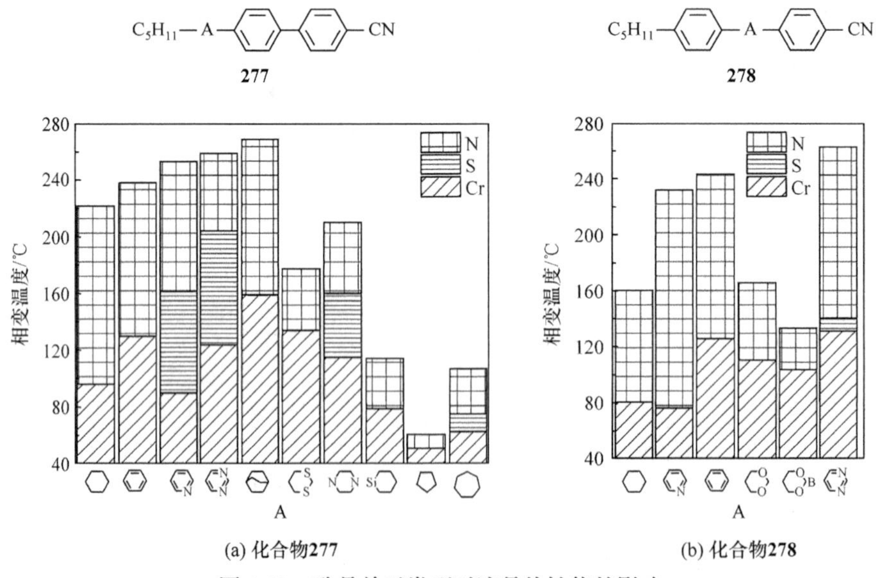

(a) 化合物277　(b) 化合物278

图 2-33　致晶单元类型对液晶热性能的影响

对于具有氰基联苯结构的液晶化合物 **277**，引入不同环骨架 A 对其清亮点和向列相区间增加的顺序依次如下：

清亮点：

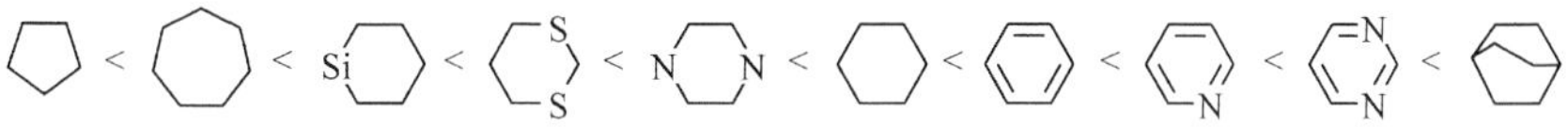

液晶相区间：

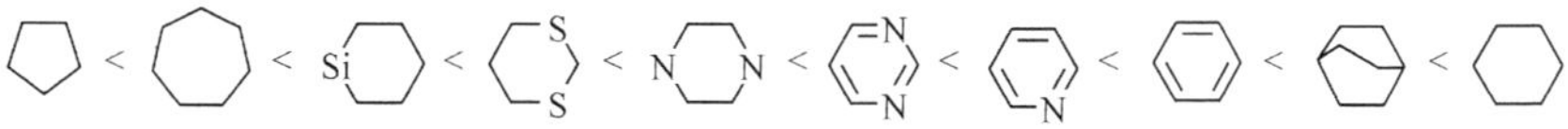

以上数据表明，与其他衍生物相比，反式-1,4-环己烷引入后，液晶的向列相区间最宽，向列相热稳定性适中，双折射率和介电各向异性比其他含不饱和致晶单元的衍生物小一些。

在三环氰基衍生物 **278** 的致晶单元中引入反式-1,4-环己烷作为中间环，得到的化合物具有适中的向列相区间和热稳定性。对于 **278** 而言，引入不同环骨架 A 对其清亮点和向列相区间增加的顺序依次如下：

清亮点：

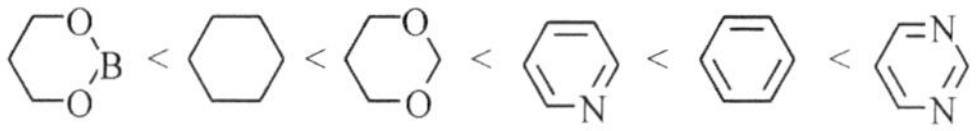

液晶相区间：

含不同致晶单元的苯甲酸衍生物 **279**～**282** 分子结构如图 2-34 和表 2-3 所示，含反式-2,5-二氧杂环己烷的 4-烷基苯甲酸酯衍生物 **279a** 和 **279b** 没有液晶相，而 4-烷氧基苯甲酸酯衍生物大多在降温过程中可观察到液晶相。用反式-2,5-二硫六环替换反式-2,5-二氧杂环己烷后，4-烷基苯甲酸酯或 4-烷氧基苯甲酸酯衍生物(**280a**～**280i**)在升降温过程中，都没有液晶相。当选择环己烷骨架(**281a**～**281i**)时，相应的苯甲酸酯衍生物大多具有液晶相，如化合物 **281e**～**281h** 在升温过程中出现向列相。进一步选择苯环作为致晶单元(**282a**～**282i**)时，相应的苯甲酸酯衍生物均出现液晶相，且液晶相区间进一步拓宽。这说明苯甲酸酯衍生物的液晶相区间较大程度依赖于致晶单元环结构的类型。

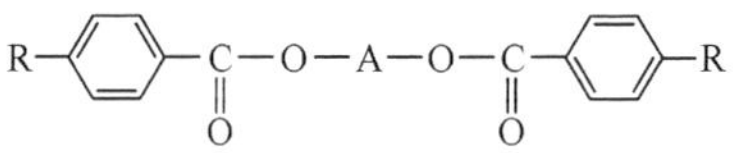

图 2-34　含不同致晶单元的苯甲酸衍生物 **279**～**282**

表 2-3　含不同致晶单元的苯甲酸衍生物及其相变温度[84]　　(单位：℃)

代号	R	A			
		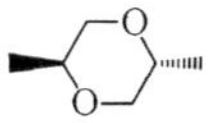 **279**	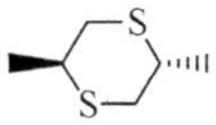 **280**	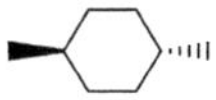 **281**	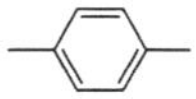 **282**
a	—CH_3	Cr 204.5 I	—	Cr 173.5 (N 137) I	Cr 236 (N 231.5) I
b	—C_5H_{11}	Cr 99 I	Cr 123 I	Cr 136 (N 102) I	Cr 125 N 188 I
c	—C_8H_{17}	—	—	Cr 118.5 I	Cr 115 N 156 I

续表

代号	R	A			
		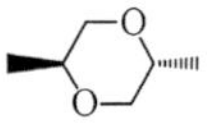 279	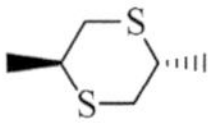 280	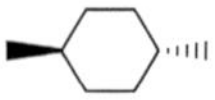 281	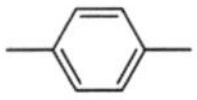 282
d	H_3CO—	Cr 206 I	Cr 200 I	Cr 199.5 (N 197.5) I	Cr 217 S 178 N 301 I
e	H_5C_2O—	Cr 193 (S 103 N 119) I	Cr 209 I	Cr 178.5 N 200.5 I	Cr 226 N 287 I
f	H_9C_4O—	Cr 155 (N 97) I	—	Cr 129 N 157 I	Cr 153 N 241 I
g	$H_{13}C_6O$—	Cr 112 (N 83) I	Cr 129 I	Cr 122 N 136 I	Cr 124.4 N 212.9 I
h	$H_{25}C_{12}O$—	Cr 114 I	—	Cr 112 N 113 I	Cr 109 S 116 N 172 I
i	$H_{33}C_{16}O$—	Cr 117 (S_C 85) I	—	Cr 108 (S_C 106) I	Cr 108.1 S 156.4 I

注：S_C表示近晶 C 相。

2. 环己烷位置的影响

苯基环己烷液晶化合物 **283**～**286** 分子结构如图 2-35 所示。表 2-4 列出了一系列苯基环己烷衍生物液晶化合物相变温度，其中 **283b** 具有较大向列相区间，而 **286b** 具有最低的熔点和最宽的液晶相区间。从表 2-4 不难看出，环己烷在致晶单元中的位置影响液晶的熔点、清亮点和液晶相区间。化合物 **283a** 的环己酮与苯环能形成共轭结构，这有利于增加近晶相的稳定性，同时增加了化合物的熔点。分别对比化合物 **284a**、**285a**、**286a** 和 **284b**、**285b**、**286b**，发现在环己烷上引入侧向取代基后，化合物的液晶相区间可能变窄，这可能是由于侧向取代基增加了分子间的相互作用，改变了液晶相的稳定性。

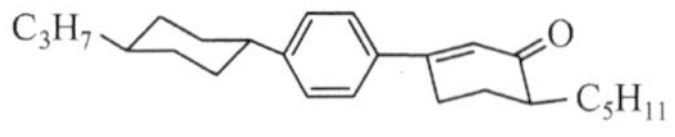

283a

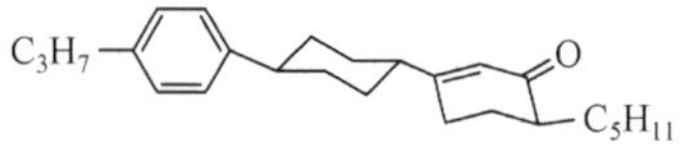

283b

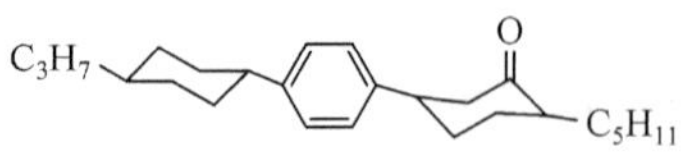

284a

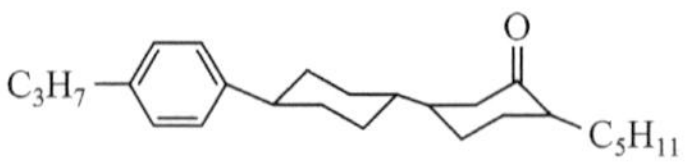

284b

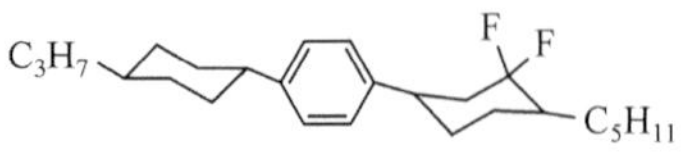

285a

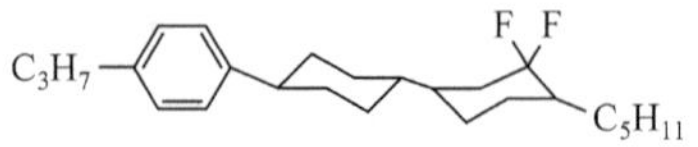

285b

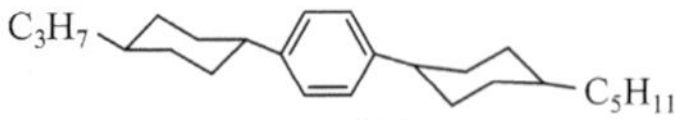

286a

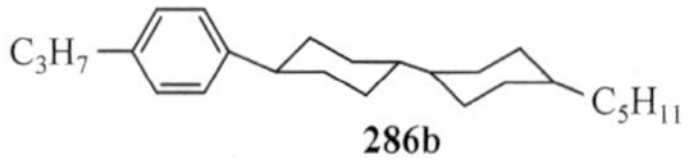

286b

图 2-35　苯基环己烷液晶化合物 **283**～**286**

表 2-4　苯基环己烷液晶化合物相变温度[85]

代号	相变温度/℃	代号	相变温度/℃
283a	Cr 77 S_A 149 N 157 I	**283b**	Cr 58.5 S_A 65.7 N 118 I
284a	Cr 99 S_B 142.5 N 151.5 I	**284b**	Cr 44 S_B 148 N 166 I
285a	Cr 66 S_B 97 N 108.5 I	**285b**	Cr 124 S_B 133 N 142.5 I
286a	Cr 35 S_B 151 N 159 I	**286b**	Cr 13 S_B 187 I

注：S_A 表示近晶 A 相。

丙烯酸酯液晶化合物 **287**～**290** 分子结构及其相变温度如图 2-36 和表 2-5 所示，将化合物 **287** 分子结构中心苯环替换为环己烷，双丙烯酸酯 **288** 液晶相消失，清亮点降低。若将化合物 **287** 分子结构中第一个苯环替换为环己烷，双丙烯酸酯 **289** 表现出复杂的相变行为，呈现出向列相和两种近晶相。此外，**289** 分子结构不对称，导致其熔点较低(57℃)。将化合物 **287** 分子结构中苯环全部替换为环己烷，双丙烯酸酯 **290** 没有向列相，只表现出近晶相，且液晶相区间变窄。

图 2-36　丙烯酸酯液晶化合物 **287**～**290**

表 2-5　丙烯酸酯液晶化合物及其相变温度[86]

代号	X_1	X_2	X_3	相变温度/℃
287	Ph	Ph	Ph	Cr 115 N 155 I
288	Ph	Cyc	Ph	Cr 123 I
289	Cyc	Ph	Ph	Cr 57 S_X 102 S_A 106 N 121 I
290	Cyc	Cyc	Cyc	Cr 72 S_X 106 I

注：Ph 表示；Cyc 表示；S_X 表示近晶 X 相。

3. 环己烷数量的影响

由于具有较低或适中的双折射率、高清亮点和低黏度等特点，苯基环己烷液晶化合物常被用作各类显示用混合液晶的主要成分。如表 2-6 所示，在苯基环己烷液晶化合物中，进一步引入反式环己烷，得到苯基双环己烷液晶化合物，其具有较高的熔点和清亮点及宽的液晶相区间。双环结构的苯基环己烷液晶化合物可用作混合液晶中的稀释剂，三环结构的苯基双环己烷液晶化合物可用作混合液晶材料中提高清亮点和拓宽液晶相区间的组分。

表 2-6　苯基环己烷液晶的分子结构及其相变温度[87]

代号	分子结构	相变温度/℃
291	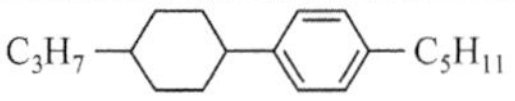 C_3H_7 — C_5H_{11}	Cr 8.7 (N – 30) I
291a	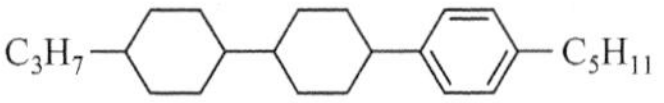 C_3H_7 — C_5H_{11}	Cr 10.6 S_B 172.2 I
292	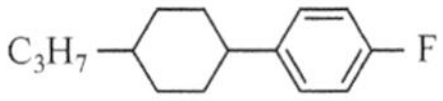 C_3H_7 — F	Cr 31.0 (N – 54) I
292a	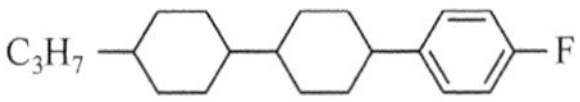 C_3H_7 — F	Cr 90 N 158 I
293	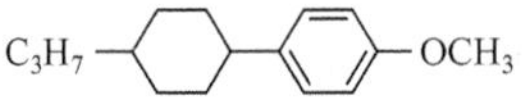 C_3H_7 — OCH_3	Cr 32 (N 10) I
293a	 C_3H_7 — OCH_3	Cr 64.2 S_B 142.6 N 202 I
294	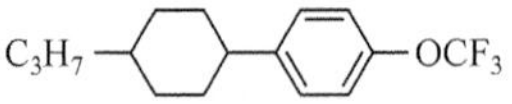 C_3H_7 — OCF_3	Cr 14.0 (N – 80) I
294a	 C_3H_7 — OCF_3	Cr 39 S_B 68 N 159 I
295	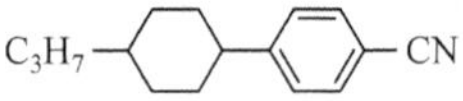 C_3H_7 — CN	Cr 36 N 46 I
295a	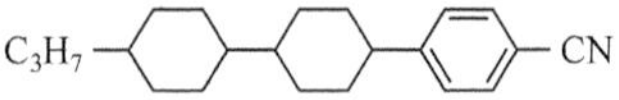 C_3H_7 — CN	Cr_1 74 Cr 80 N 243 I
296	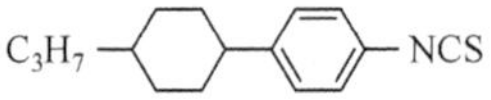 C_3H_7 — NCS	Cr 38.5 N 41.5 I
296a	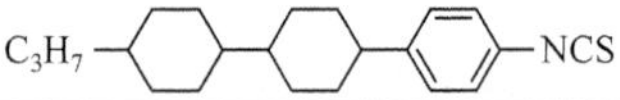 C_3H_7 — NCS	Cr 76.5 N 248.7 I

注：括号内数值为降温过程数据。

2.5.2　环己烷结构对液晶光电性能的影响

反式环己烷对液晶光电性能的影响如表 2-7 所示，从表 2-7 的数据可知，环己烷替换苯环后，π 电子体系减少，电荷分布密度降低，极化减弱，因而液晶的介电各向异性、双折射率和旋转黏度均有所降低。

表 2-7　反式环己烷对液晶光电性能的影响

代号	分子结构	$\Delta\varepsilon$	γ/(mPa · s)	Δn
269	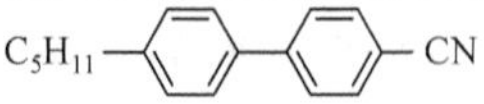 C_5H_{11} — CN	21.6	—	—
270	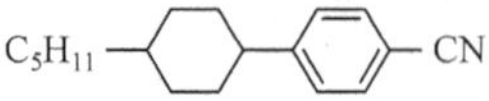 C_5H_{11} — CN	18.0	—	—
271	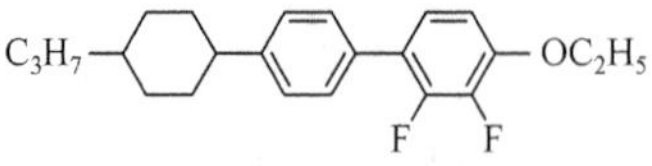 C_3H_7 — OC_2H_5 (F F)	–5.9	—	—
272	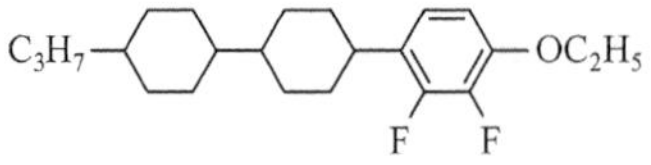 C_3H_7 — OC_2H_5 (F F)	–5.9	—	—

续表

代号	分子结构	Δε	γ/(mPa · s)	Δn
273	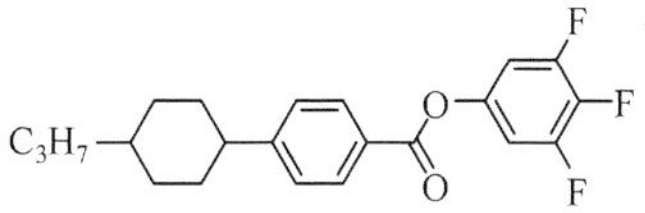 C_3H_7-环己基-苯基-COO-(3,4,5-三氟苯基)	21.4	216	0.129
274	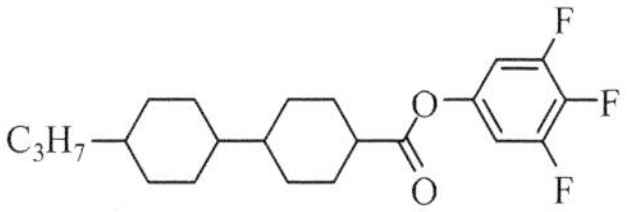 C_3H_7-环己基-环己基-COO-(3,4,5-三氟苯基)	11.1	175	0.067
275	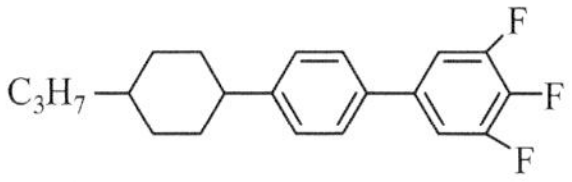 C_3H_7-环己基-苯基-(3,4,5-三氟苯基)	9.0	—	0.139
276	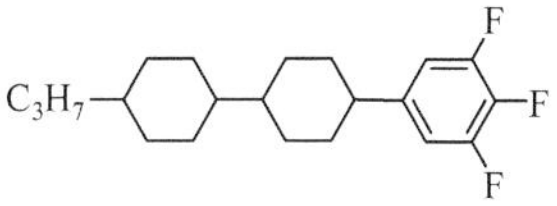 C_3H_7-环己基-环己基-(3,4,5-三氟苯基)	8.0	—	0.080

表 2-8 中列出了致晶单元类型对液晶光电性能的影响。对比饱和五元环、六元环和七元环的性能可以发现，随着环张力增大，介电各向异性依次增大，含环己烷结构的液晶化合物，其双折射率最大，这可能是由于环己烷与苯环形成的二面角较小，有利于分子间 π-π 堆积。当不饱和六元环作为致晶单元时，液晶的介电各向异性和双折射率均会增加，含六元芳杂环的液晶化合物，其介电各向异性更大。

表 2-8　致晶单元类型对液晶光电性能的影响

代号	分子结构	Δε	Δn
297	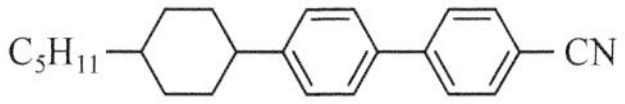 C_5H_{11}-环己基-苯基-苯基-CN	9.1	0.114
297a	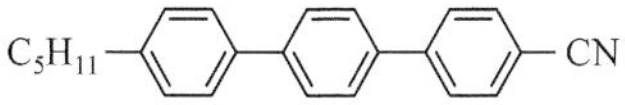 C_5H_{11}-苯基-苯基-苯基-CN	13.5	0.356
297b	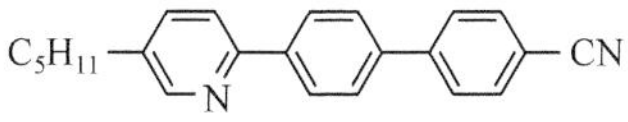 C_5H_{11}-吡啶基(N)-苯基-苯基-CN	21.4	0.344
297c	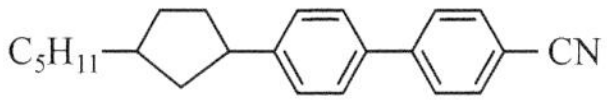 C_5H_{11}-环戊基-苯基-苯基-CN	10.1	0.075
297d	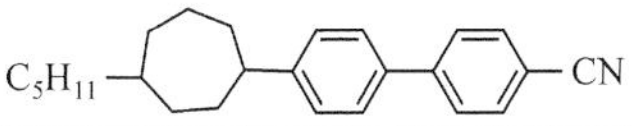 C_5H_{11}-环庚基-苯基-苯基-CN	6.5	0.110

参 考 文 献

[1] EJODENSCHINK R, ERDMANN D, KRAUSE J, et al. Substituted phenylcyclohexanes-a new class of liquid crystalline compounds[J]. Angewandte Chemie, 1977, 16(2): 100.

[2] 李建, 安忠维, 杨毅. TFT-LCD 用液晶显示材料进展[J]. 液晶与显示, 2002, 17 (2): 104-113.

[3] WAN D, GU X, LI J, et al. Synthesis and properties of isothiocyanate liquid crystals containing cyclohexene unit[J]. Liquid Crystals, 2021, 48(10): 1392-1401.

[4] FINKENZELLER U, POETSCH E. Liquid crystal media, their use for electrooptical applications, and displays employing them: DE4109285A[P]. 1991-10-10.

[5] 杨阳, 柳万利, 柴鸿兴, 等. 一种(反, 反)-4-烷基-4′-烷基-1,1′-双环己烷的合成方法: CN 111233605A[P]. 2020-06-05.

[6] SHIBATA K, MATSUI S, TEKEUCHI H, et al. Cyclohexane derivatives, liquid crystal compositions comprising the same and liquid crystal display devices: US6500503B[P]. 2002-12-31.

[7] BARTMANN E, FINKENZELLER U. Preparation of 1,2,2,2-tetrafluoroethyloxy group-containing liquid crystals and liquid crystal media containing them: DE4308028A[P]. 1994-09-15.

[8] REIFFENRATH V, PLACH H. Preparation of trifluoroalkyl- and -alkenyl ethers: DE4104126A[P]. 1992-08-13.

[9] SASADA Y, MATSUI S, TAKEUCHI H, et al. Preparation of 1-cyclohexyloxy difluoromethyl-2,3-difluorobenzene liquid crystals having negative dielectricanisotropy, liquid crystal compositions containing them, and liquid crystal display devices using them: EP1081123A[P]. 2001-03-07.

[10] KIYOSHI K, SADAO T, TAMEJIRO H. A facile synthesis of novel liquid crystalline materials having a trifluoromethoxy group and their electro-optical properties[J]. Bulletin of the Chemical Society of Japan, 2000, 73(8): 1875-1892.

[11] POEYSCH E, BINDER W, KRAUSE J, et al. Mesogen vinyl compound for liquid crystalline composition and liquid crystal display: DE19959721A[P]. 2000-06-29.

[12] TACHIBANA T, KOYAMA T. Liquid crystal composition containing trifluoroethylene compound and liquid crystal optical device: JP2000080366A[P]. 2000-03-21.

[13] GOTO Y, SUGIMORI S. Liquid crystal compositions containing cyclohexyl ether derivatives: JP60161941A[P]. 1985-08-23.

[14] GOTO Y, SUGIMORI S. Bicyclohexyl alkyl ethers in liquid crystalline compositions: JP60054333A[P]. 1985-03-28.

[15] TANAKA Y, TAKEUCHI K, TAKATSU H. Bicyclohexylyl crotyl ethers as nematic liquid crystals for displays: JP62286941 A[P]. 1987-12-12.

[16] WAECHTLER A , KRAUSE J, EIDENSCHINK R, et al. Vinylene compounds for liquid-crystal phases: DE3601452 A[P]. 1987-07-23.

[17] KORISHIMA T, TAKEI R. Liquid-crystal compositions containingtrans-ethylene derivatives: JP61257935 A[P]. 1986-11-15.

[18] 赵慧敏, 裴学锋, 王良御. 4-烷基-1-(4′-氯苯基)-环已烷液晶的合成[J]. 清华大学学报, 1986, 26(4): 99-105.

[19] BELYAEV B A, DROKIN N A, SHABANOV V F. Dielectric relaxation of trans-4-propyl-(4-cyanophenyl)-cyclohexane liquid crystals[J]. Physics of the Solid State, 2004, 46(3): 579-583.

[20] 赵敏, 蒯乃功. 多环苯基环已烷类液晶的合成[J]. 华东理工大学学报, 1996, 22(2): 217-220.

[21] 杜渭松, 安忠维, 冯凯. 反式-1,4-二芳基环已烷类液晶的性能研究[J]. 液晶与显示, 2003, 18(2): 89-92.

[22] 代红琼, 卢玲玲, 陈新兵, 等. 双环已烷邻二氟苯液晶化合物的制备与研究[J]. 化学试剂, 2013, 35(10): 887-893.

[23] 李建, 杜渭松, 胡明刚, 等. 新颖的含乙炔桥键液晶分子设计与合成[J]. 化学学报, 2008, 66(23): 2631-2636.

[24] REIFFENRATH V, KRAUSE J, WAECHTLER A, et al. Difluorobenzoic acid esters, their preparation, and

liquid-crystal phases and display devices containing them: DE3807823A[P]. 1989-09-21.

[25] EIDENSCHINK R, SCHEUBLE B. Cyclohexane derivatives for use in liquid-crystal compositions for electrooptical display devices: DE3617431 A[P]. 1987-11-26.

[26] HASEBA Y, MATSUI S, TAKEUCHI H, et al. Ester compounds, liquid crystal compositions and liquid crystal display devices: WO 9935118 A[P]. 1999-07-15.

[27] KELLY S M, FÜNFSCHILLING J. Synthesis, transition temperatures, some physical properties and the influence of linkages, outboard dipoles and double bonds on smectic C formation in cyclohexylphenylpyrimidines[J]. Journal of Materials Chemistry, 1994, 4(11): 1673-1688.

[28] GEIVANDOV R C, MEZHNEV V, GEIVANDOVA T. Synthesis of new liquid crystals with 2,3,4,9-tetrahydro-1H-fluorene moiety[J]. Molecular Crystals and Liquid Crystals, 2011, 542: 141-148.

[29] 李建, 车昭毅, 莫玲超, 等. 5, 6-二氟苯并呋喃：新的核结构用于液晶分子设计[J]. 液晶与显示, 2020, 35(10): 1000-1005.

[30] KRIEG R, DEUTSCHER H-J, BAUMEISTER U, et al. Liquid crystalline 4-(4-cyanocyclohexyl)-cyclohexyl esters. Crystal and molecular structure of smectogenic trans-4-(cis-4-cyanocyclohexyl)cyclohexyl trans-4-n-heptylcyclohexanoate[J]. Molecular Crystals and Liquid Crystals, 1989, 166: 109-122.

[31] SCHAFER W, ALTMANN K, ZASCHKE H, et al. Liquid crystalline 6-n-alkyl-naphthalene-2- and 6-n-alkyl-trans-decalin-2-carboxylates[J]. Molecular Crystals and Liquid Crystals, 1983, 95: 63-70.

[32] SZCZUCIŇSKI T, DÁBROWSKI R. A convenient synthesis of 4-(trans-4′-n-alkylcyclohexyl)benzoic acids[J]. Molecular Crystals and Liquid Crystals, 1982, 88: 55-64.

[33] KELLY S M, GERMANN A, BUCHECKER R, et al. Polar nematic methyl (E)-[trans-4- cyclohexyl-substituted]allyl ethers: synthesis, liquid crystal transition temperatures and some physical properties[J]. Liquid Crystals, 1994, 16: 67-93.

[34] KELLY S M, GERMANN A, SCHADT M. The synthesis and liquid crystal transition temperatures of some weakly polar nematic methyl (E)-[trans-4-substituted-cyclohexyl]-allyl ethers[J]. Liquid Crystals, 1994, 16: 491-507.

[35] BEZBORODOV V S, BUBEL O N, KONOVALOV V A, et al. Synthesis of trans-4-alkyl-1-phenylcyclohexanes and their derivatives[J]. Zhurnal Organicheskoi Khimi, 1983, 19(8): 1669-1674.

[36] 徐培强. 苯加氢制环己烷催化剂研究[D]. 大庆: 东北石油大学, 2015.

[37] 安忠维, 杜渭松, 李建, 等. 四环液晶化合物: CN 101280196 B [P]. 2011-01-26.

[38] 钱贤苗, 蒯乃功, 华曦. 对烷基环己基乙烷类液晶的合成和性能研究[J]. 华东理工大学学报, 1994, 20(5): 688-692.

[39] DU W, AN Z, XU M, et al. Regio and stereoselective reactin of 1-acyl-4-chlorocyclohexane with substituted aromatics[J]. Chinese Journal of Synthetic Chemistry, 1997, 5(2): 205-208.

[40] AN Z, XU M, DU W, et al. A new convenient synthesis of 4′-(trans-4- pentylcyclohexyl)-4-cyanobiphenyl[J]. Molecular Crystals and Liquid Crystals, 1998, 309: 9-13.

[41] LI Y, PADIAS A B, HALL JR H K. Evidence for 2-hexene-1,6-diyl diradicals accompanying the concerted diels-alder cycloaddition of acrylonitrile with nonpolar 1,3-dienes[J]. Journal of Organic Chemistry, 1993, 58: 7049-7058.

[42] DEHMLOW E V, SCHMIDT S. Synthesis of stereoisomeric 3-substituted cyclobutanecarboxylic acid derivatives[J]. Liebigs Annalen der Chemie, 1990, (5): 411-414.

[43] KEIZO I, SHIGERU Y, MASASHI A, et al. Method for rearranging cyclic compound: JP5201881A[P]. 1993-01-01.

[44] NAGASHIMA Y, TAKEHARA S, NEGISHI M, et al. Preparation of hydrogenated naphthalene derivatives as intermediates for decahydro-or tetrahydronaphthalene liquid crystals: JP2001039916A[P]. 2001-02-13.
[45] 夏永涛, 何仁, 王继华, 等. 二苯基膦乙酸钯催化 Suzuki 偶联反应合成联苯类含氟液晶[J]. 应用化学, 2007, 24(5): 489-493.
[46] SUGIMORI S, KOJIMA T, TSUJI M. Liquid-crystalline halogenobenzene derivatives: US 4405488 [P]. 1983-09-20.
[47] 杨永忠, 刘鸿, 高仁孝, 等. 反-4-(反-4′-正丙基环己基)环己醇的合成与表征[J]. 化学研究与应用, 2005, 17(2): 235-236.
[48] 段迎春. 反-4-(反-4′-正丙基环己基)环己醇的合成及顺反异构化研究[D]. 西安: 西安建筑科技大学, 2012.
[49] 高丰琴, 何汉江, 郭强, 等. 反-4-(反-4-正丙基环己基)-环己基甲醛的合成新方法[J]. 精细石油化工, 2013, 30(2): 30-33.
[50] 施娜娜. 含环己烷结构液晶化合物的异构化研究[D]. 石家庄: 河北科技大学, 2016.
[51] 王小明, 何汉江, 郭强, 等. 反-4-(反-4′-正丙基环己基)-环己基甲醛的合成与表征[J]. 精细化工, 2014, 31(1): 113-116.
[52] 杨长安, 张海望, 俞峰, 等. (1R, 2R)-反式环己烷二甲酸的合成工艺[J]. 精细化工, 2013, 30(9): 1046-1051.
[53] 杨永忠, 刘鸿, 高仁孝, 等. 反-4-乙基环己烷甲酸的合成[J]. 精细化工, 2004, 21(4): 307-308.
[54] 杨永忠, 高仁孝, 刘鸿. 反-4-(反-4′-丙基环己基)环己基甲酸的新合成方法[J]. 应用化学, 2004, 21(9): 971-972.
[55] 张越, 牛玉环, 王荣耕, 等. cis, trans-4-戊基环己基甲酸的合成及异构体转位[J]. 河北工业科技, 2006, 23(1): 24-26.
[56] 徐顺意, 马换平. 4-(反-4-正丙基环己基)环己基甲酸的研制[J]. 精细与专用化学品, 2010, 18(3): 31-38.
[57] 曹秀英. 新型含氟液晶的合成及性能研究[D]. 上海: 华东理工大学, 2014.
[58] WEN J, TIAN R, DAI X. Synthesis and mesomorphic properties of four-ring fluorinated liquid crystals with trifluoromethyl group[J]. Liquid Crystals, 2017, 5(1): 1-7.
[59] WENG Q, ZHAO L, CHEN R, et al. Syntheses of new diluents for medium birefringence liquid crystals materials[J]. Liquid Crystals, 2019, 46(5): 700-707.
[60] 李耀华. 4-(4′-烷基反式环己基)溴苯的合成研究[J]. 辽宁化工, 2003, 32(3): 98-100.
[61] 吴为民, 徐寿颐. 4-(4′-烷基-反-环己基)-反-环己烷羧酸的转位和分离[J]. 化学试剂, 1995, 17(4): 226-227.
[62] 徐寿颐, 胡宏. R/S 构型双环己基酯类手性液晶的合成与性质[J]. 功能材料, 1998, 29(2): 212-215.
[63] 李建, 杨波, 杜宏章. 液晶中间体环己酮衍生物合成及应用进展[J]. 应用化工, 2007, 36(12): 1233-1236.
[64] EIDENSCHINK R, KRAUSE J, POHL L. Cyclohexane derivatives: US4130502[P]. 1978-02-16.
[65] LIANG J C, KUMAR S. The synthesis and liquid crystal behavior of *p*-benzotrifluoride compounds[J]. Molecular Crystals and Liquid Crystals, 1987, 142: 77-84.
[66] ITO S, FUJIWARA Y, NAKAMURA E, et al. Iron-catalyzed cross-coupling of alkyl sulfonates with arylzinc reagents[J]. Organic Letters, 2009, 11(19): 4306-4309.
[67] 杜渭松, 安忠维, 冯凯, 等. 反式-1,4-二芳基环己烷类液晶的合成及性能研究[J]. 合成化学, 2003, 11(1): 56-60.
[68] 杜渭松, 安忠维. 含氟反式-1,4-二芳基环己烷类液晶化合物的合成[J]. 精细化工, 2003, 20(5): 262-264.
[69] 杨燕. 新型偕氟烷基的双环己烷液晶材料的合成及性能评价[D]. 西安: 西安建筑科技大学, 2011.
[70] 施娜娜, 赵雄燕, 仲锡军. 液晶化合物的研究进展[J]. 应用化工, 2016, 45(4): 768-792.
[71] KITANO K, USHIODA M, UCHIDA M, et al. Difluoroalkene derivatives and liquid-crystal compositions containing them: EP325796[P]. 1989-08-02.
[72] 郭强, 毛涛, 张芬, 等. 反-4-(反-4′-正丙基环己基)-环己基乙烯的合成[J]. 精细化工, 2012, 29 (10): 1032-1035.

[73] 张安, 官贵文, 王晓光, 等. 反-4-(反-4'-烷基环己基)环己基甲醛的合成方法: CN 101671242B[P]. 2013-06-05.

[74] TETSUHIKO K, SHIGERU S, MASAKAZU T. Trans-4-(trans-4-Alkylcyclohexyl)cyclo-hexyl trans-4-alkylcyclohexanecarboxylates: JP57070839 A[P]. 1982-05-01.

[75] REIFFENRATH V, HITTICH R, KOMPTER M, et al. Preparation of cyclohexanecarboxylic acid 4-trifluoromethylcyclohexyl esters, alkylcyclohexyl esters, alkylcyclohexyl (trifluoromethyl) cyclohexyl ethers, and related compounds as liquid crystals: DE3930119 A[P]. 1990-10-11.

[76] FELDMAN K S, LAWLOR M D. Ellagitannin chemistry. The first total synthesis of a dimeric ellagitannin, coriariin A[J]. Journal of the American Chemical Society, 2000, 122(30): 7396-7397.

[77] CHEN X, LI H, Chen Z, et al. 2,3-Difluorinated phenyl and cyclohexane units in the design and synthesis of liquid crystals having negative dielectric anisotropy[J]. Liquid Crystals, 1999, 26(12): 1743-1747.

[78] YAMAGUCHI R, SATO S. Peculiar alignment properties of nematic liquid crystals with a bicyclohexane core[J]. Liquid Crystals, 1997, 301(1): 67-72.

[79] CAO X, ZHAO M, WEN X, et al. Synthesis and application of fluorinated diphenyl acetylene negative liquid crystals containing dicyclohexyl[J]. Chinese Journal of Liquid Crystals and Displays, 2013, 28(6): 843-848.

[80] LI Y. Study on the structure and liquid crystal behavior of cyclohexane liquid crystal monomer[J]. Advanced Materials, 2012, 482-484: 855-858.

[81] LI Y, ZHANG G C, SHAO S Y. Study on the properties of mesogenic monomer exhibiting blue phase and synthesis of side-chain liquid-crystalline polysiloxanes[J]. Advanced Materials, 2011, 399-401: 1071-1074.

[82] SMITH M B, MARCH J. Advanced Organic Chemistry: Reactions, Mechanisms, and Structure[M]. New York: Wiley-Interscience, 2001.

[83] PETROV V F, TORGOVA S I, KARAMYSHEVA L A, et al. The trans-1,4-cyclohexylene group as a structural fragment in liquid crystals[J]. Liquid Crystals, 1999, 26(8): 1141-1162.

[84] THIEM J, VILL V, FISCHER F. Synthesis, properties and conformations of liquid crystalline 1, 4-dioxanes and comparison with the corresponding 1,4-dithiane, cyclohexane, and benzene derivatives[J]. Molecular Crystals and Liquid Crystals, 1989, 170: 43-51.

[85] TYKARSKI W, DZIADUSZEK J, DÁBROWSKI R, et al. Synthesis and mesogenic properties of compounds with lateral substituted cyclohexane and cyclohexene ring[J]. Proceedings of SPIE, 1998, 3319: 31-34.

[86] LUB J, VAN DER VEEN J H, TEN HOEVE W. The synthesis of liquid-crystalline diacrylates derived from cyclohexane units[J]. Recueil des Travaux Chimiques des Pays-Bas, 1996, 115: 321-328.

[87] DÁBROWSKI R, DZIADUSZEK J, SASNOUSKI G, et al. Synthesis of liquid crystalline compounds containing cyclohexylphenyl or bicyclohexyl units[J]. Proceedings of SPIE, 2000, 4147: 8-22.

第3章　萘衍生物液晶材料

1978年，英国化学家Gary等关于萘环骨架类液晶化合物的专利公开之后[1]，萘环衍生物液晶的设计及合成研究逐步受到大家关注。1999 年，日本研究人员Takehara 等开发了系列新型的反式十氢萘液晶化合物，研究发现该类化合物作为混合液晶材料的组分，可以拓宽混合液晶材料的使用温度范围、降低其凝固点和黏度等，且效果显著[2]。此后，因萘环衍生物液晶的性能优势，该类化合物的设计、合成及应用研究取得了快速发展。

3.1　萘衍生物液晶材料的类型

萘环具有比苯环更大的π电子体系，是非常重要的一种致晶单元结构。萘衍生物液晶材料具有液晶相区间宽、光热稳定性好等优势，因而受到广泛关注。萘衍生物液晶的结构，一般由萘环、反式十氢萘、四氢萘与苯环之间组合作为致晶单元骨架，以酯基、二氟乙烯、二氟甲氧基作为桥键，烷基链和极性基团作为末端取代基构建而成，其化学结构通式如图 3-1 所示。根据其致晶单元结构的差异，萘衍生物液晶材料可以分为萘环液晶、反式十氢萘液晶和四氢萘液晶三类。

$$S_1 — K_1 — Z — K_2 — S_2$$

Z = （萘环、四氢萘、十氢萘结构，各带取代基 W_n，W_n），

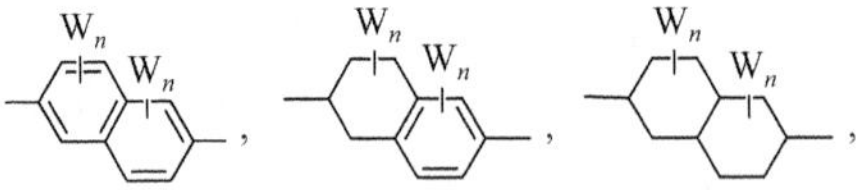

$n = 0\sim4$,

W = — H, — F, — Cl, — CF_3, — OCF_3, — CN, — CH_3;

$K_{1\sim2}$ = — COO —, — OCO —, — CH_2O —, — OCH_2 —, — OCF_2O —, — OCF_2 —, — $O(CH_2)_3O$ —, — $O(CH_2)_3$ —, — CH=CH —, — CF=CF —, — C≡C —, — CH_2CH_2 —, — $CH_2(CH_2)_2CH_2$ —, — $CH(CH_3)CH_2$ —, — $CH_2CH(CH_3)$ —, — $CH=CH(CH_2)_2$ —, — $(CH_2)_2$ — CH=CH —, — CH=N, — CH=N — N=CH —, — N(O)=N —;

$S_{1\sim2}$ = — C_nH_{2n+1} —, — C_nH_{2n-1} —, — $C_nH_{2n+1}O$ —, — $C_nH_{2n+1}S$ —, — $C_nH_{2n+1}CO$ —, — $C_nH_{2n+1}COO$ —, — $C_nH_{2n+1}OCO$ —, — $C_nH_{2n+1}OCOO$ —, — $C_nH_{2n}F$ —, — $C_nH_{2n}Cl$ —, — $C_nH_{2n}CN$ —, — $C_nH_{2n}CH_3$ —, — $C_nH_{2n}CF_3$ —, — $C_nH_{2n+1}CH=CH(CH_2)_n$ —, — C_6H_4W, C_6H_3XW —, — $C_6H_2X_2W$ —, — $C_4H_2N_2W$ —, — $C_6H_{10}W$ —, — $C_{10}H_8W$ —, — $C_{10}H_6W$—, — $C_{10}H_5FW$ —, — $C_{10}H_4F_2W$ —, — $C_{10}H_{16}W$ —, — $C_{10}H_{10}W$ —, — $C_{10}H_9FW$ —, — $C_{10}H_8F_2W$—

图 3-1　萘衍生物液晶的分子结构通式

(1) 萘环液晶：以萘环作为刚性骨架的液晶化合物与非萘环结构的液晶化合

物相比，分子长径比和共轭体系有显著差异，因而液晶性能会有明显改善。该类液晶化合物早期研究报道较多，如图 3-2 所示[3-5]。

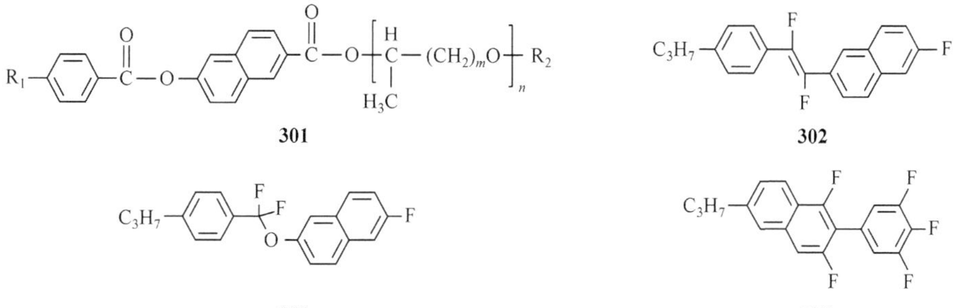

301

302

303

304

图 3-2　含不同桥键的萘环液晶

(2) 反式十氢萘液晶：将反式十氢萘引入液晶分子结构就可以获得系列反式十氢萘新型液晶化合物，如图 3-3 所示。与萘环及经典苯环类液晶相比，反式十氢萘液晶的相区进一步拓宽，响应速度明显提高，其在 TFT 液晶显示领域具有一定的优势[6]。

305

306

图 3-3　典型反式十氢萘液晶结构

(3) 四氢萘液晶：萘衍生物体系中，四氢萘结构相比于萘降低了共轭，但是保留了其刚性，因此也是构建液晶分子的常见致晶单元之一[7,8]，如图 3-4 所示。虽然相关报道较早，但是其合成实例较少。

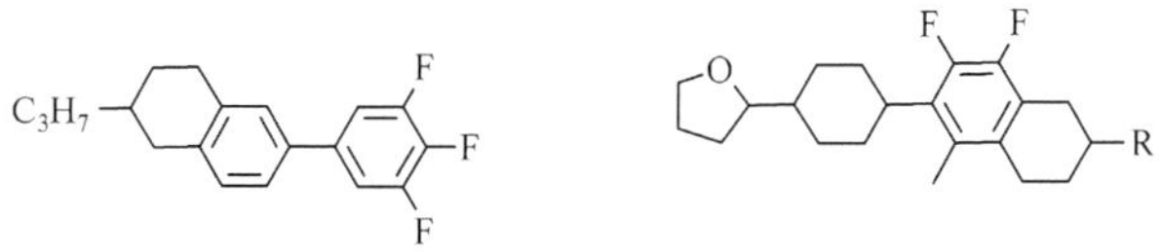

307

308

图 3-4　典型的四氢萘液晶分子结构

3.2　萘衍生物骨架的构建

3.2.1　萘骨架的构建

萘骨架构建的经典方法是环化策略，即联苯环衍生物和 2-甲基丁酸氯经三氯化铝($AlCl_3$)催化 Friedel-Crafts 酰基化反应获得中间体 **309**，进而使用硼酸氢钠催化剂将其还原为羟基化合物 **310**。羟基中间产物 **310** 经过酸催化剂(acid catalyst)催化脱水得到中间体 **311**。这一步中酸催化剂可以是对甲苯磺酸、盐酸和二甲亚砜(液相反应)或者氧化铝(气相反应)。中间体 **311** 经气相热反应获得萘衍生物 **312**，其催化剂可选用氧化铝钾/铬钾(potassium alumina/potassium chromina)载体。萘衍生物的环化制备过程如图 3-5 所示[9]。

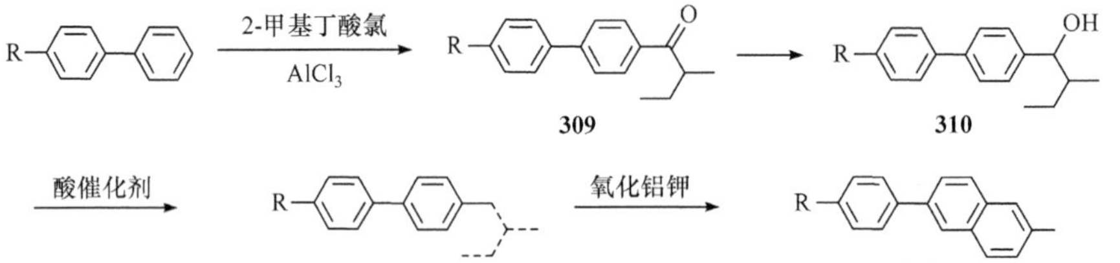

2-甲基丁酸氯
$AlCl_3$
309
310
酸催化剂
氧化铝钾
311
312

图 3-5　萘衍生物的环化制备过程

311 中虚线所示的 4 条键有 1 条为双键，其余为单键

此外，通过四氢萘的氧化脱氢也可以构建萘环骨架，稠环催化脱氢合成液晶 **313** 如图 3-6 所示。Linstead 等研究发现了氢化萘骨架结构催化脱氢反应的一些规律[10]：①含四氢萘结构的稠环化合物可以采用铂和钯过渡金属催化定量脱氢；②环结构上的取代基不受催化脱氢反应的影响；③角甲基存在时，200℃催化脱氢或歧化反应不会发生，而在 300℃时可以发生催化脱氢反应，且催化剂不同，可能导致角甲基发生消除或迁移。Ogawa 等也发现了饱和及部分饱和的稠脂环化合物通过偶氮二异丁腈(azodiisobutyronitrile，AIBN)引发的 *N*-溴代琥珀酰亚胺(*N*-Bromosuccinimide，NBS)溴代反应，铂碳(Pt/C)催化脱氢可以转化成相应的稠环 **313**[11]，这是催化氢化的逆反应。因此，催化氢化所用的催化剂也可用于催化脱氢反应，常见的催化剂为二氯二氰基醌(DDQ)[12]和溴化铜/溴化锂混合物[13]等。

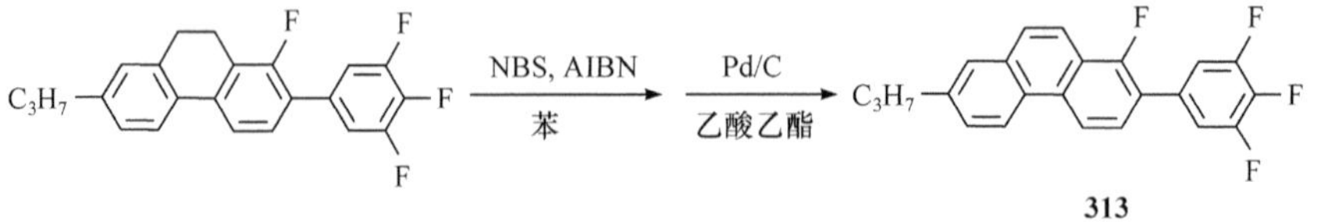

NBS, AIBN
苯
Pd/C
乙酸乙酯
313

图 3-6　稠环催化脱氢合成液晶 **313**

3.2.2　十氢萘骨架的构建

十氢萘是萘的全加氢产物，结构上属于桥环，即二环[4.4.0]癸烷，其存在顺式、反式两种构型。顺式十氢萘与反式十氢萘互为构型异构体，它们在室温下不能相互转变。但在 530℃、Pd/C 催化条件下，两者可达到动态平衡。顺式十氢萘

的空间结构中一个六元环与另一个六元环存在排斥作用力，因此其稳定性低于反式十氢萘。液晶化合物结构中的十氢萘主要是反式构型，以保证液晶分子的线性结构。

1. 不饱和环的催化加氢

首先，萘酚结构催化加氢可构建反式十氢萘[14]。采用过渡金属二氧化铷(RuO_2)催化加氢的方法可以将萘酚环还原成十氢萘结构，如图 3-7 所示。

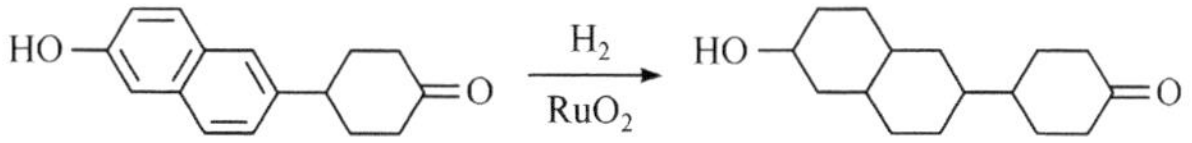

图 3-7　过渡金属催化萘酚加氢制备十氢萘

其次，桥环烯(酮)的选择性加氢也可以合成十氢萘。例如，桥环烯化合物 **314** 加氢可以获得化合物 **316**。同样，**314** 也可以选择性加氢构建反式十氢萘 **315**[15]，如图 3-8 所示。桥环烯(酮)类化合物 **317** 已被广泛地用作合成反式十氢萘(**318**)和顺式十氢萘(**319**)骨架，这两种过程均具有良好的立体选择性，可用于不对称十氢萘衍生物的合成。

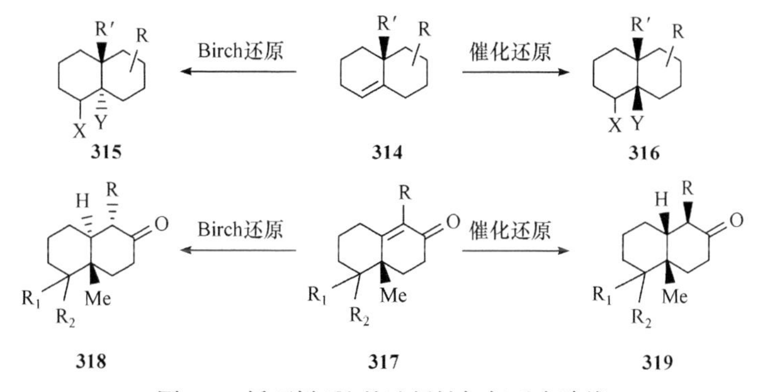

图 3-8　桥环烯(酮)的选择性加氢反应路线

Me 表示—CH_3

2. Diels-Alder 反应

Diels-Alder 反应可以用于合成十氢萘骨架。通常分子内 Diels-Alder 反应可以获得顺式或反式异构体，而分子间 Diels-Alder 反应只能够合成顺式异构体。如图 3-9 所示，环己基三烯结构经过分子内 Diels-Alder 反应得到反式十碳烯 **320** 和顺式十碳烯 **321**，但是其原料不易得[16]。

顺式十氢萘的分子间 Diels-Alder 反应合成方法，有两种过程，如图 3-10 所示。其一是选用 1-乙烯基环己烯衍生物与烯烃加成得到十碳烯 **322**，再经过催化

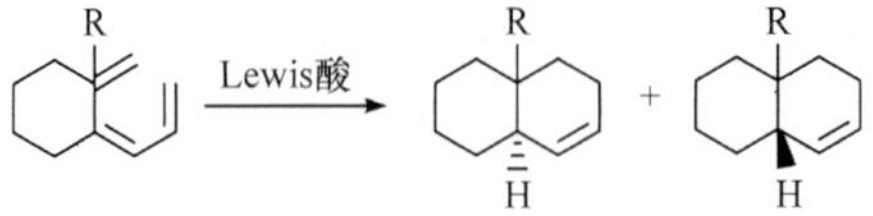

320　321

图 3-9　分子内 Diels-Alder 反应获得顺式和反式异构体

加氢就可以得到顺式十氢萘 **323**。其二是通过环烯酮与二烯类化合物发生 Diels-Alder 反应合成顺式碳烯化合物 **324**[15]。

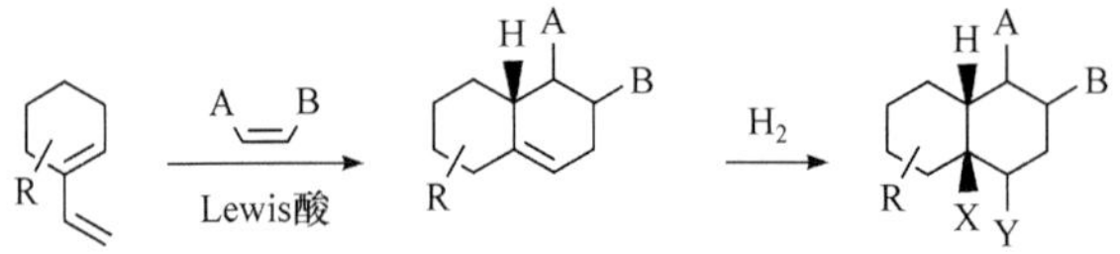

322　323

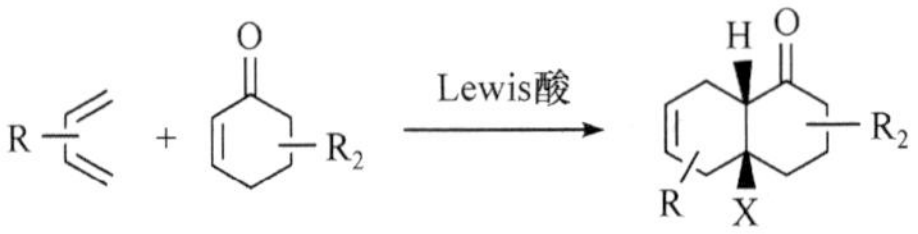

324

图 3-10　顺式十氢萘的构建

分子间 Diels-Alder 反应生成的顺式异构体可以通过异构化反应得到反式异构体。例如，Woodward 发现苯醌衍生物与 1,3-丁二烯通过 Diels-Alder 反应合成的顺式十氢萘 **325**，其在碱性环境下，可以转型成为热力学稳定的反式十氢萘异构体 **326**[17]，其转型机理与环己烷的顺反异构体转型机理类似(图 3-11)。

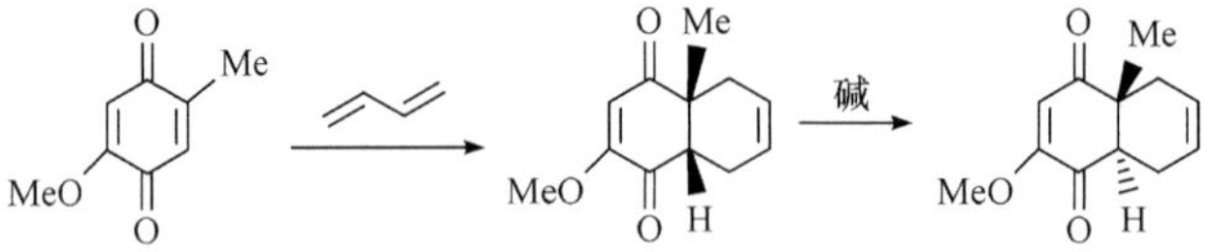

325　326

图 3-11　十氢萘顺反异构体的转型

3. Robinson 环化法

Robinson 环化法是合成稠环的经典方法[18]。该方法的第一步是一个 Michael 反应过程得到加成产物 **327**，其后经分子内羟醛缩合过程进行闭环，得到顺式双环酮化合物 **328**，再经过消除脱水后得到双环烯酮化合物 **329**，如图 3-12 所示。

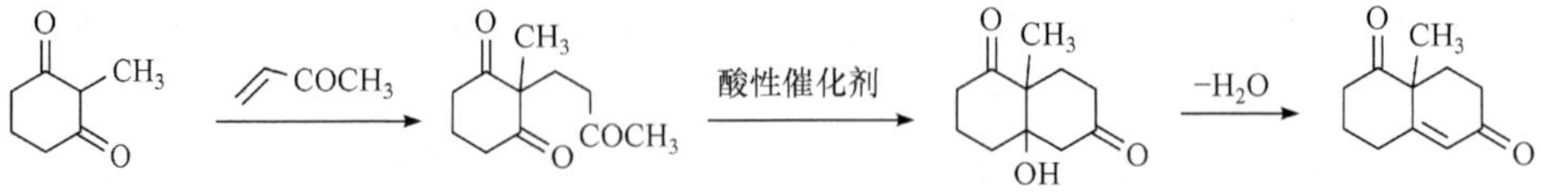

327　328　329

图 3-12　Robinson 环化法合成双环烯酮化合物 **329**

4. Cope 重排

合成顺式十氢萘的另一个方法是烯酮的 Cope 重排，如图 3-13 所示。Evans 等[19]研究发现，乙烯基溴化镁与化合物 **333** 通过亲核加成反应，水解后生成双环[2.2.2]辛烯醇 **334**，其再经过 Cope 重排就可以得到顺式十氢萘衍生物 **335**，水解后得到化合物 **336**。

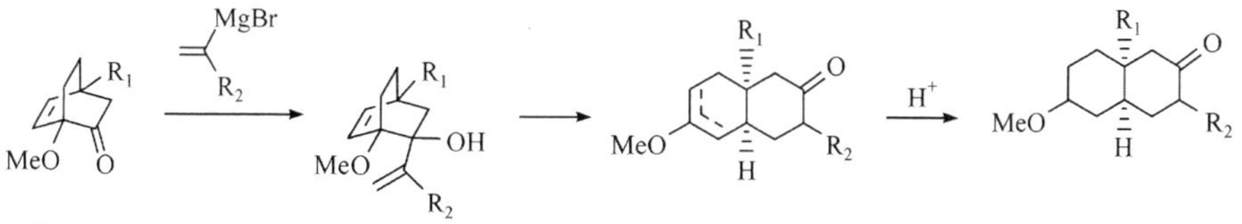

图 3-13 Cope 重排构建十氢萘结构

335 中虚线表示三个 C 原子间形成一个双键和一个单键

3.2.3 四氢萘骨架的构建

催化加氢是将不饱和稠环转化为饱和或部分饱和稠环衍生物的重要方法，四氢萘骨架主要通过萘的催化加氢来获得[20]，如图 3-14 所示。

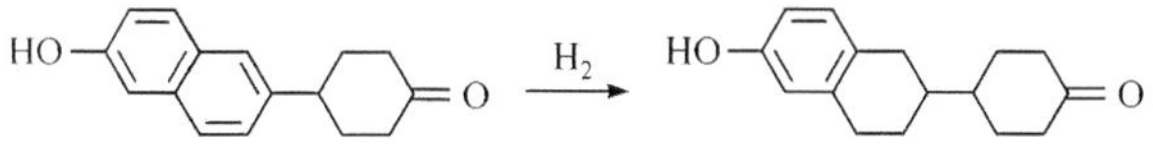

图 3-14 萘催化加氢合成四氢萘骨架

另外，在吡咯烷催化作用下，1,4-环己二酮单缩乙二醇与甲基乙烯酮发生 Michael 加成及羟醛缩合反应合成得到化合物 **337**。化合物 **337** 与有机金属卤化物(R′-Mtl′)发生亲核加成反应后再脱去 1 分子水得到中间体 **338**，中间体 **338** 采用铂等金属催化或 DDQ 脱氢反应得到烷基取代四氢萘酮缩乙二醇 **339**，再经过水解后可转化为四氢萘酮 **340**[21]，如图 3-15 所示。

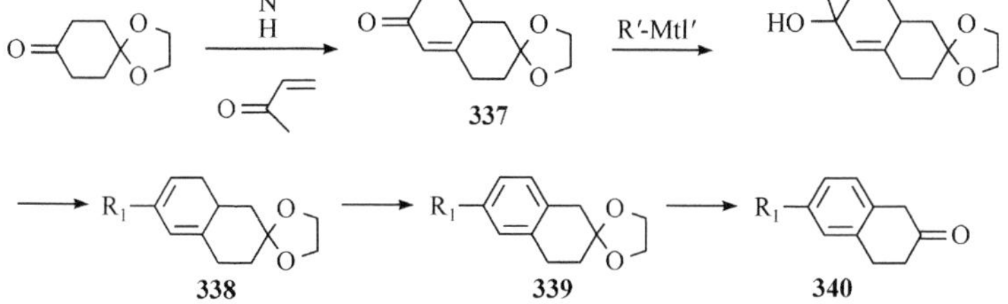

图 3-15 四氢萘酮 **340** 的合成

3.3 典型萘衍生物液晶的合成

3.3.1 萘环液晶的合成

经典的萘环液晶，以线型棒状萘环液晶为主，也有不少弯曲型萘环液晶的报道。其结构主要是通过桥键和苯环与不同位置的萘环连接而成，常见的酯基、醚键和乙炔桥键等，主要通过酯化反应、醚化反应和 Sonogashira 偶联等经典反应来合成。

1. 线型萘环液晶

Iskandar 等[22]合成了由联苯及萘为致晶单元、酯基为桥键的萘环液晶化合物，如图 3-16 所示。4′-羟基-4-联苯甲酸在体积比为 9∶1 的乙醇(C_2H_5OH)水溶液中，在氢氧化钾(KOH)的存在下与溴代烷烃($C_nH_{2n+1}Br$)发生亲核取代反应。回流 16h 后，混合物在室温下蒸发，并将混合物倒入蒸馏水中，用冰醋酸酸化(pH 为 2～3)。所得的白色固体经过滤收集，用蒸馏水和乙醚洗涤两次。用冰醋酸重结晶得到所需产品得到 4′-烷氧基-4-联苯甲酸 **341**。化合物 **341** 与 2,6-萘二酚溶于二氯甲烷(DCM)和 4-二甲氨基吡啶(DMAP)中，在低温脱水剂二环己基碳二亚胺(DCC)作用下脱去一分子水，发生酯化反应合成萘酯液晶化合物 **342**。烷基链较短时该类化合物呈现宽向列相区间。

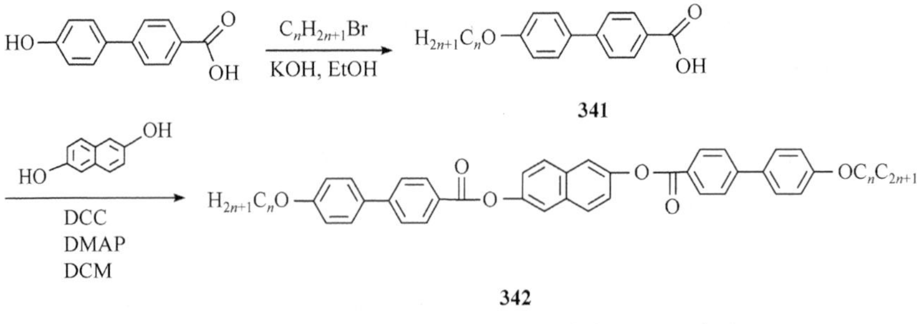

HO—联苯—COOH —($C_nH_{2n+1}Br$; KOH, EtOH)→ $H_{2n+1}C_nO$—联苯—COOH **341**

341 —(2,6-萘二酚; DCC, DMAP, DCM)→ **342**

图 3-16 酯基为桥键的萘环液晶化合物 **342** 的合成

Seed 等[23]将 6-溴-2-萘酚、饱和的亚硫酸铵[$(NH_4)_2SO_3$]和一水合氨($NH_3 \cdot H_2O$)的混合物加热至 150℃，再密封反应 24h。将冷却后的反应混合物倒入二氯甲烷中，用蒸馏水和氢氧化钾依次洗涤后干燥，减压去除溶剂。得到 Bucherer 反应产物，中间体 6-溴-2-萘胺 **343**。化合物 **343** 在氮气保护下乙二醇二甲醚(DME)与芳基硼酸 **344** 经四(三苯基膦)-钯(0)[$Pd(PPh_3)_4$]碳酸钠(Na_2CO_3)催化发生 Suzuki-Miyaura 偶联反应。也可以和芳基端炔 **345** 在四氢呋喃(THF)正丁基锂(*n*-BuLi)、无水氯化锌($ZnCl_2$)和四(三苯基膦)-钯(0)作用下发生 Negishi 偶联反应。两种反应够分别得到新型萘胺化合物 **346** 和 **347**。化合物 **346** 和 **347** 在碳酸钙($CaCO_3$)存在下与二氯硫化碳($CSCl_2$)在三氯甲烷($CHCl_3$)中反应，分别得到异硫氰基萘衍生物液晶 **348** 和 **349**，如图 3-17 所示。异硫氰基萘衍生物液晶具有宽的向列相区和较低的熔点。

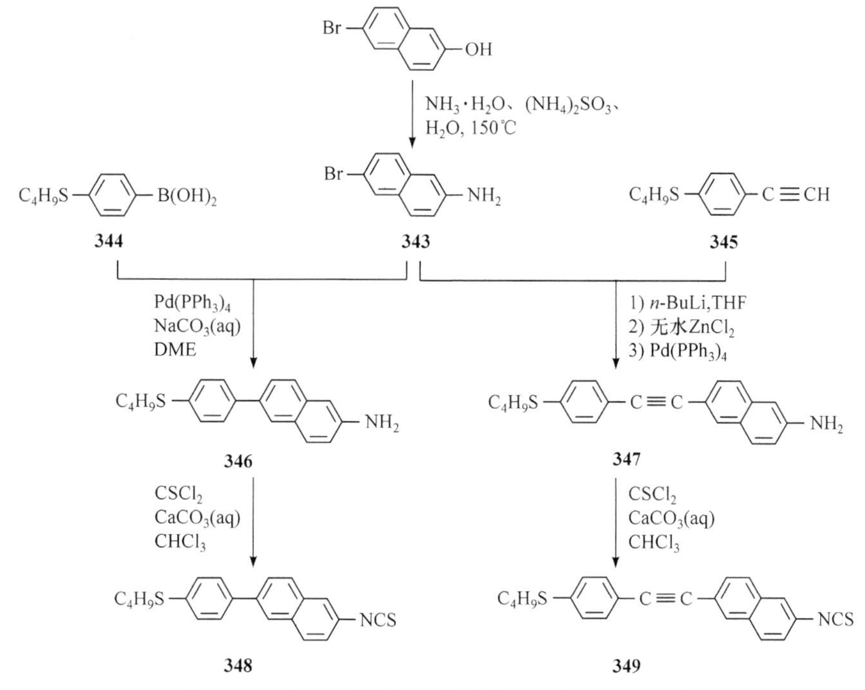

图 3-17 异硫氰基萘衍生物液晶 **348** 和 **349** 的合成

Chen 等[24]同样以 6-溴-2-萘酚为原料，氟化钾作用下，在四氢呋喃溶液中，经四(三苯基膦)-钯(0)催化发生 Suzuki 偶联反应获得中间体 **350**。接着在氮气保护下，将三氟甲磺酸酐低温滴加入中间体 **350** 的吡啶溶液中，室温反应 12h，然后倒入水中。产物经乙醚萃取，依次用水、10%盐酸和水洗涤，减压除去溶剂，得到一种灰白色的固体 **351**。

氮气保护下，将含氟硼酸滴入化合物 **351**、无水氯化锂、无水碳酸钠和四(三苯基膦)钯(0)的水和 DME 的混合溶液中，再次发生 Suzuki 偶联反应获得含氟萘环液晶化合物 **352**，具体合成路线如图 3-18 所示。该类液晶化合物双折射率较高(0.27～0.35)，可用于提高混合液晶的双折射率。

2. 弯曲型萘环液晶

1996 年，弯曲型液晶首次发现以来，这类液晶就以其独特的弯曲分子结构引

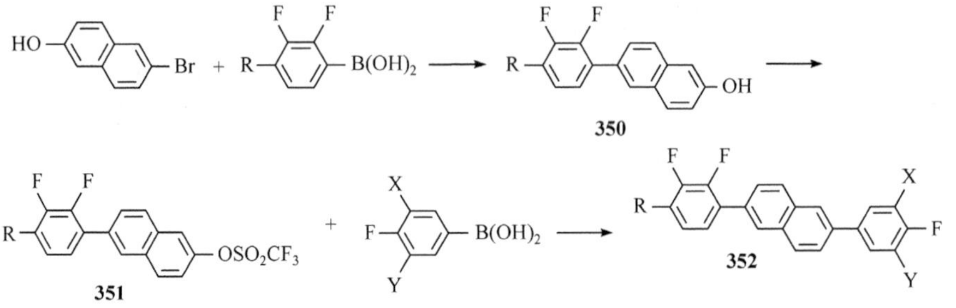

HO Br + R F F $B(OH)_2$ → R F F OH →
350

R F F OSO_2CF_3 **351** + X F Y $B(OH)_2$ → R F F X F Y **352**

图 3-18　高双折射率含氟萘环液晶化合物 **352** 的合成

起了很大关注[25]。一般来说，一个弯曲的分子由三部分组成：弯曲的核、侧臂和末端链。萘环结构作为弯曲液晶分子结构的核，受到了广泛研究[26]。Zhang 等合成了 1,7-二取代萘核液晶化合物，如图 3-19 所示[27]。选择 1,7-二羟基萘为底物，在 4-二甲基氨基吡啶的催化下与 4-醛基苯甲酸发生酯化反应，得到中间体 **353**。

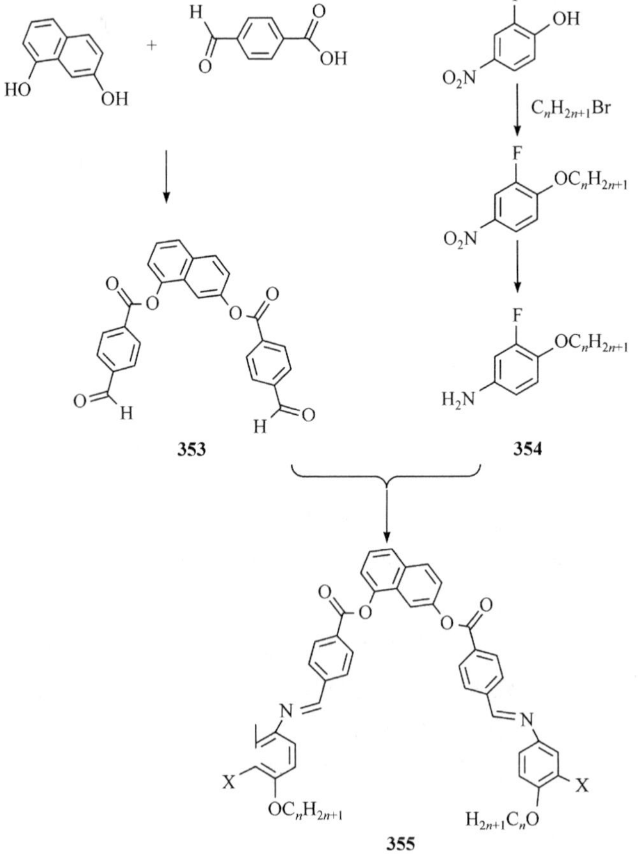

HO OH + H O O OH

F OH O_2N ↓ $C_nH_{2n+1}Br$ F OC_nH_{2n+1} O_2N ↓ F OC_nH_{2n+1} H_2N

O O O O O H H O

353 **354**

O O O O N N X OC_nH_{2n+1} X $H_{2n+1}C_nO$

355

图 3-19　弯曲型萘环液晶化合物 **355** 的合成

2-氟-4-硝基苯酚与 1-溴代烷发生 Sonogashira 偶联，再将硝基还原得到中间体 4-烷氧基-3-氟苯胺 **354**。中间体 **353** 和 **354** 发生亲核加成反应，即可得到席夫碱结构的弯曲型萘环液晶化合物 **355**。

Srinivase 等[28]通过芳基羧酸 **356** 与双酚化合物在二氯甲烷(CH_2Cl_2)中，经 4-二甲氨基吡啶(DAMP)和二环己基碳二亚胺(DCC)的酯化反应，合成了弯曲型化合物 **357**。该化合物在 1,4-二氧杂环己烷(1,4-dioxane)中经铂碳(Pt/C)催化水解后得到弯曲型双酚 **358**。其与 6-烷氧基-2-萘酸 **359** 在二环己基碳二亚胺(DCC)催化下发生酯化反应，得到以 1,3-二取代苯环为核心和以 1,6-二取代萘环为核心的弯曲型萘环液晶化合物 **360** 和 **361**，如图 3-20 所示。通过比较液晶化合物 **360** 和 **361**，发现弯曲型 1,6-二取代萘环液晶化合物 **361** 的向列相区间比 1,3-二取代苯环液晶化合物 **360** 显著拓宽。

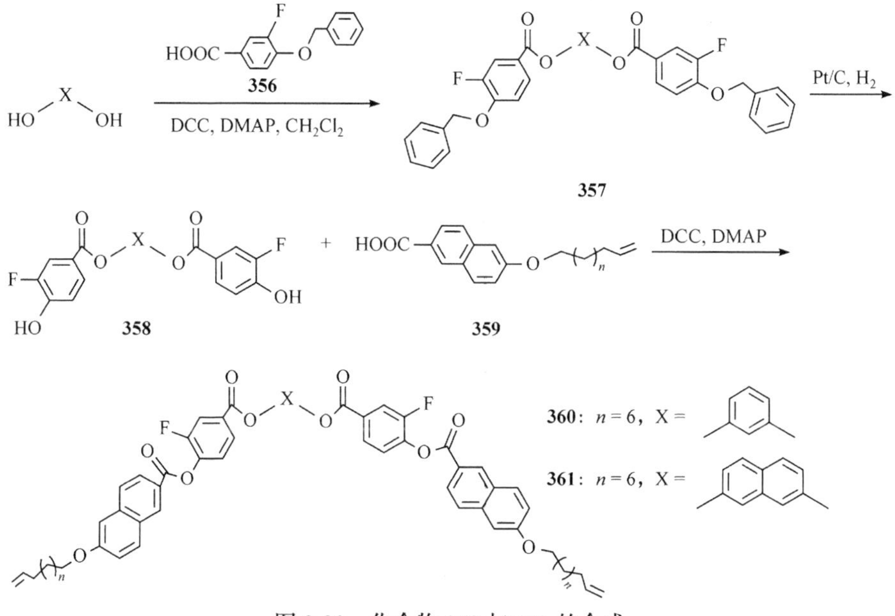

图 3-20　化合物 **360** 与 **361** 的合成

3.3.2　十氢萘液晶的合成

十氢萘液晶的合成主要是以反式十氢萘酮或反式十氢萘醛为原料，利用其羰基结构与亲核试剂的加成反应引入所需基团，再经过官能团转换，进而得到十氢萘液晶化合物。

1. 酯基桥键十氢萘液晶

Wittig 缩合反应是十氢萘液晶常见的桥接方式之一[29,30]。其优点在于反应条件温和、产率高，不易发生副反应且立体选择性的产物(如反式)不发生重排，因此在反式十氢萘衍生物液晶的合成中应用非常广泛。Wittig 缩合反应中重要的是 Ylide 试剂的选择。Yutaka 等采用α-烷氧基磷(PPh_3-$CHOCH_3$)Ylide 试剂这种强烈的亲核试剂与反式十氢萘酮发生 Wittig 反应，酸性水解后三苯基氧膦离去，再经多次洗涤得到中间体乙烯醚 **362**。乙烯醚进一步水解得到醛 **363**。醛 **363** 经高锰酸钾($KMnO_4$)氧化得到对应的酸 **364**。酸与酚在氯化亚砜($SOCl_2$)中发生酯化反应得到酯基桥键十氢萘液晶 **365**(图 3-21)。

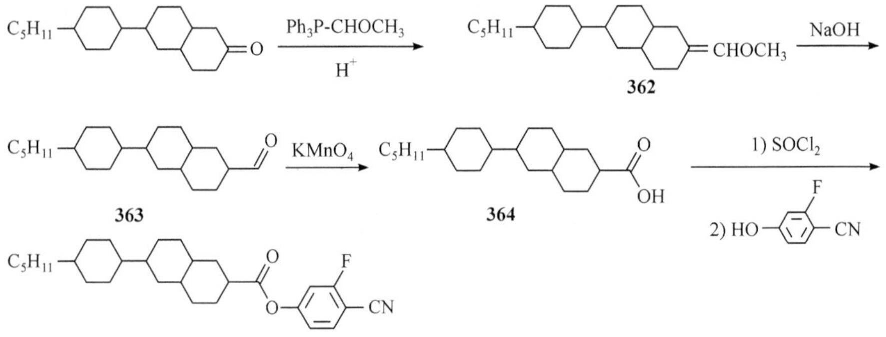

C_5H_{11} O Ph_3P-$CHOCH_3$ H^+ C_5H_{11} $CHOCH_3$ NaOH
362
C_5H_{11} O $KMnO_4$ C_5H_{11} O OH 1) $SOCl_2$ 2) HO F CN
363 **364**
C_5H_{11} O O F CN
365

图 3-21 Wittig 反应合成酯基桥键十氢萘液晶 **365**

2. 无桥键十氢萘液晶中间体

采用格氏试剂十氢萘酮反应，是延长液晶单体链长常见的反应之一。如图 3-22 所示，小川真治等[31]以 4-(6-氧反八氢萘-2-基)环已酮单亚乙基缩醛与二氟溴苯的格氏试剂发生亲核加成反应，再经水解并在乙二醇中脱去一个水分子后得到中间体含烯烃的缩醛 **366**。采用铂碳(Pt/C)催化加氢还原烯烃即可得到淡黄色中间体 4-[6-(3,5-二氟苯基)-反十氢萘-2-基]环已酮亚乙基缩醛固体 **367**。中间体经甲酸(HCOOH)脱缩醛化能够得到含酮基的中间体 **368**，并可继续通过 Wittig 反应等方法延长分子长度或与相应的 Wittig 试剂反应得到端烯型化合物 **369**。

3. 乙炔桥键十氢萘液晶

如图 3-23 所示，Yutaka 等[32]还采用反式十氢萘酮与格氏试剂偶联反应，经水解、叔丁醇钾(*t*-BuOK)催化加氢等反应获得中间体 1-苯基-4-丙基十氢萘 **370**。采用高碘酸(HIO_4)和碘(I_2)单质在苯环 4′位引入碘元素得到中间体 **371**。中间体 **371** 和端炔在四三苯基膦合钯[$Pd(PPh_3)_4$]的催化下发生 Sonogashira 偶联反应得到具有乙炔桥键的十氢萘液晶 **372**。

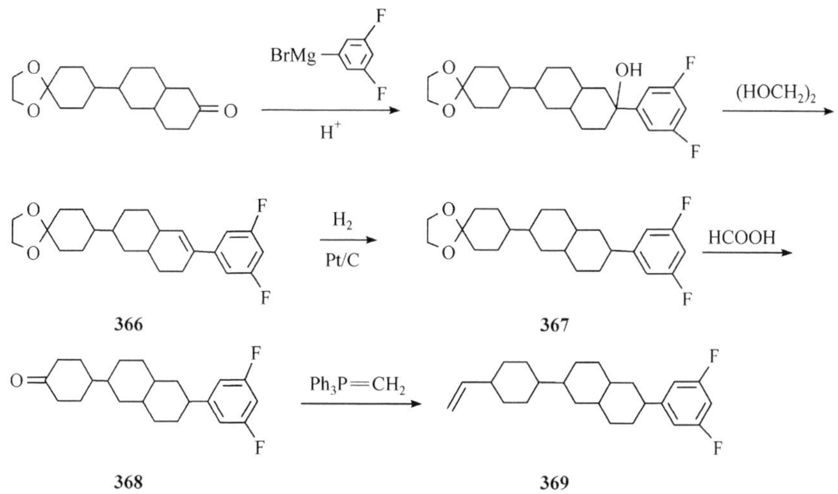

图 3-22　反式十氢萘液晶中间体 **368** 和 **369** 的合成

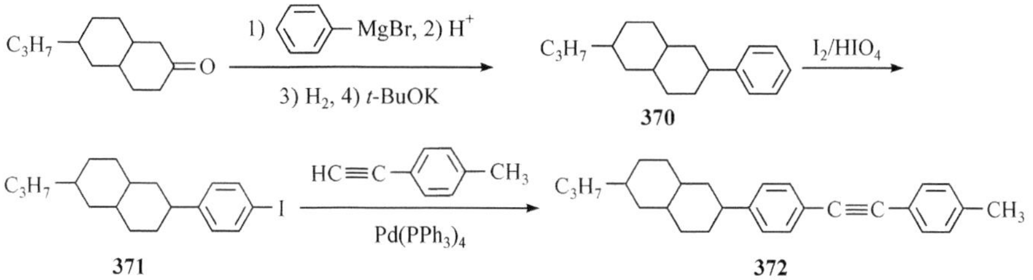

图 3-23　乙炔桥键十氢萘液晶 **372** 的合成

3.3.3　四氢萘液晶

氟取代四氢萘液晶材料可用于有源矩阵显示模式，典型的氟取代四氢萘液晶化合物结构如图 3-24 中的 **373**～**376** 所示[33]。选择 4-丙基环己酮为原料，吡咯烷催化甲基乙烯酮与烷基环己酮的 Robinson 环化反应可以制得烷基取代八氢萘酮。其再与氟取代苯基溴化镁反应后，经对甲苯磺酸脱水反应，得到两种六氢萘混合物。最后，对混合物进行芳构化，得到氟取代四氢萘液晶化合物 **373**。

采用 6-丙基-2-萘酚为原料，与 *N,N'*-二氟-2,2'-联吡啶双四氟硼酸盐反应制备 1-氟-6-丙基-2-萘酚。其与乙酰氯(AcCl)反应，接着选择性催化加氢，然后水解得到 5-氟-1,2,3,4-四氢-2-萘酚，其与三氟甲磺酸酐(Tf_2O)反应，再与 3,4,5-三氟苯硼酸发生 Suzuki 偶联反应，得到氟取代四氢萘液晶化合物 **374**。

3,5-二氟苯乙酸在 Lewis 酸三氯化铝($AlCl_3$)的催化下与乙烯发生亲电加成反应得到 3,5-二氟四氢萘酮。紧接着与格氏试剂烯丙基溴化镁发生反生亲核加成反应，再经脱水、催化加氢反应后，得到 1,3-二氟-6-丙基四氢萘。1,3-二氟-6-丙基四氢萘在正丁基锂(BuLi)催化碘代后与硼酸发生 Suzuki 偶联得到四氢萘液晶化合

物 **375**。

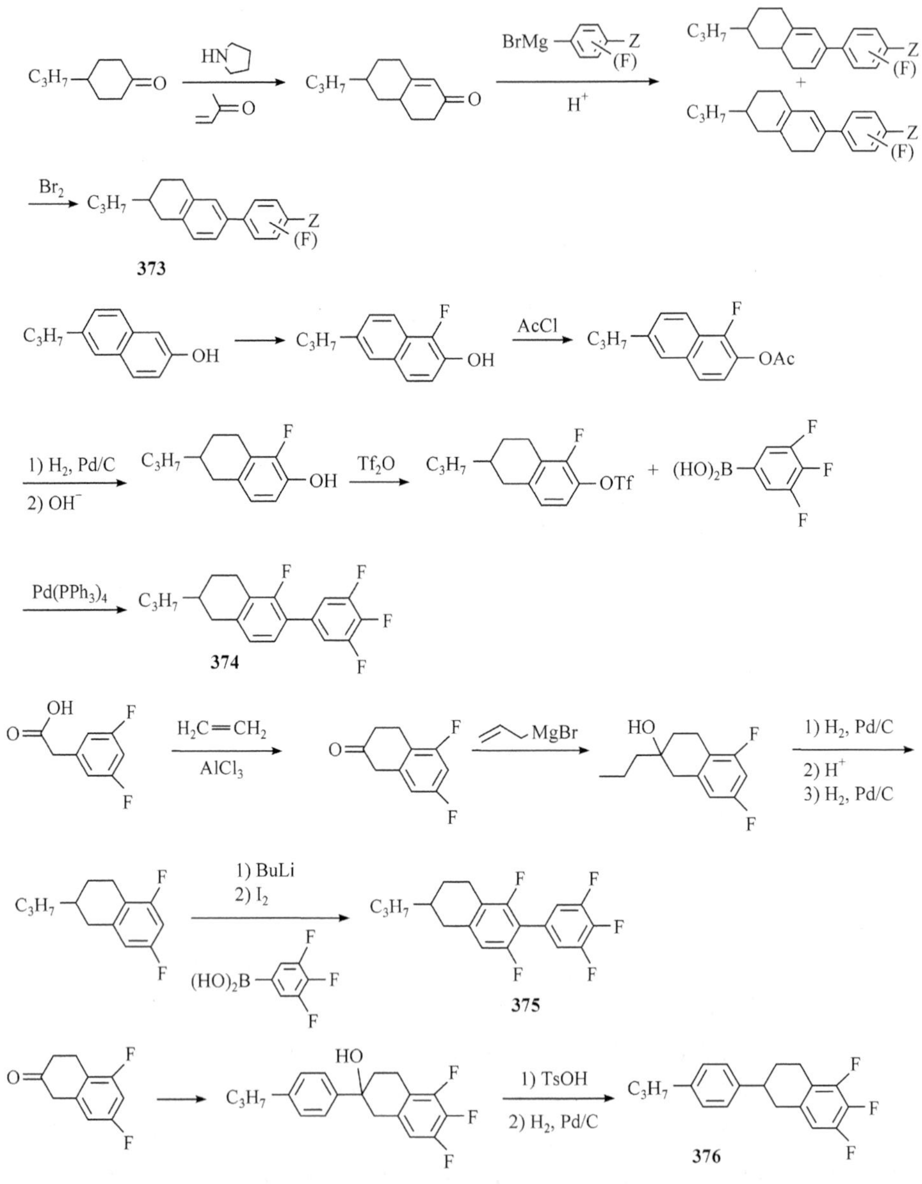

图 3-24　氟取代四氢萘液晶化合物 **373**～**376** 的合成

氟取代的四氢萘酮发生亲核加成，再经过对甲苯磺酸(TsOH)脱水和催化加氢后得到四氢萘液晶化合物 **376**。

这些氟取代四氢萘液晶化合物具有较宽的向列相区、较低的熔点和较高的介电各向异性。

3.4　萘衍生物液晶的性能

3.4.1　萘衍生物液晶化合物的性能

萘衍生物液晶化合物具有良好的稳定性。安忠维等[34]对比了表3-1所示化合物5CB和5PCNP两种化合物的热性能，发现用萘环替代苯环结构后，液晶的清亮点明显提升，液晶相区间也有较大增长。这可能与萘环的大共轭体系有关，萘环增加了分子间的π-π堆积作用力，因而化合物的清亮点升高，液晶相区间相应加宽。

表3-1　萘环液晶与联苯液晶的热性能比较

代号	分子结构	$T_{Cr\text{-}N}$/℃	$T_{N\text{-}I}$/℃	液晶相区间/℃
5CB	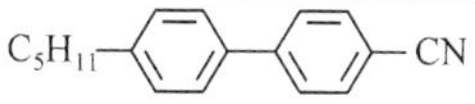 C_5H_{11}—(苯环)—(苯环)—CN	24.0	35.0	11.0
5PCNP	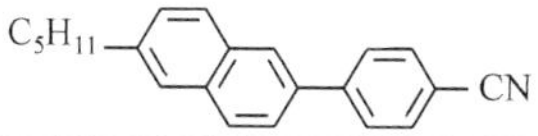 C_5H_{11}—(萘环)—(苯环)—CN	84.0	126.5	42.5

注：$T_{Cr\text{-}N}$表示熔点到向列相温度转变点；$T_{N\text{-}I}$表示向列相到清亮点温度转变点。

安忠维等还通过对比图3-25所示液晶化合物**377**～**380**的相变行为，发现使用反式十氢萘替代环己烷会导致清亮点和熔点同时提升。其原因是反式十氢萘的大刚性结构对液晶分子旋转造成更多限制，化合物环骨架相互交错垒叠，分子堆积更紧密，进而化合物熔点升高。反式十氢萘取代环己烷骨架后，分子宽度增加，抑制了近晶相的形成，从而有助于向列相的产生和稳定。

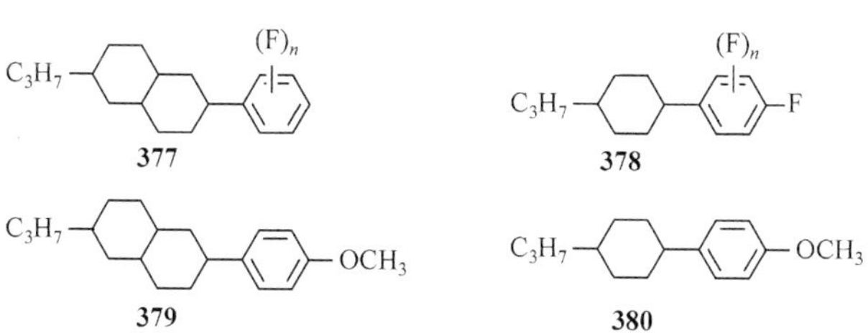

C_3H_7　$(F)_n$　**377**　C_3H_7　$(F)_n$　F　**378**　C_3H_7　OCH_3　**379**　C_3H_7　OCH_3　**380**

图3-25　化合物**377**～**380**的分子结构

进一步研究发现，十氢萘替换苯环后，化合物的性能变化较为复杂。一般而言，化合物π电子体系减少，电荷密度分布降低，极化减弱，熔点会降低；但由于反式十氢萘构型特殊的空间排列，使得分子极性增大，部分化合物的熔点升高[35,36]。

Hird等[37]使用萘环代替苯环得到的系列异硫氰基炔类萘环液晶化合物**381**(图3-26)，在分子长度变化不大的情况下，其双折射率(Δ*n*)显著提升，达到0.63。

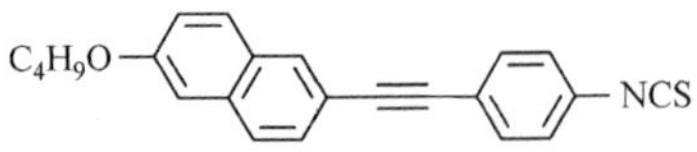

图 3-26　异硫氰基炔类萘环液晶化合物 **381** 的分子结构

Zhang 等[38]和 Arakawa 等[39]研究发现，炔类液晶分子结构中引入萘环后(图 3-27)，有助于增加其 Δn(大于 0.5)。化合物 **382** 虽然在两个萘环中间引入了两个炔键和一个带有烯丙基的苯环，共轭体系加大，但是由于其分子长径比减小，影响了分子间堆积，其 Δn 小于化合物 **383**。

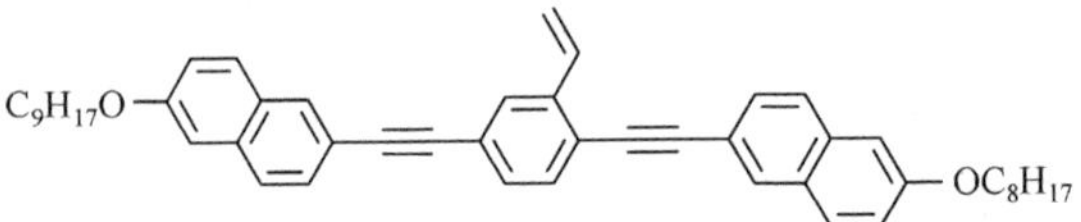

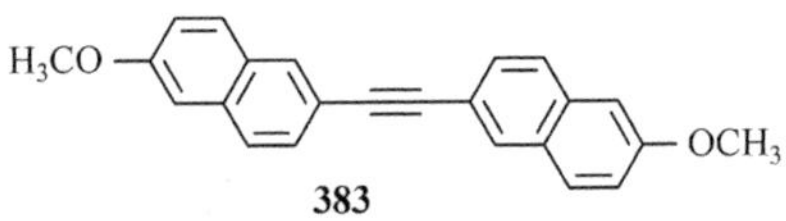

图 3-27　双萘环大Δn 液晶化合物 **382** 和 **383** 的分子结构

3.4.2　萘衍生物混合液晶的性能

萘衍生物液晶不仅与常用混合液晶基础配方的相容性好，而且添加后，既能降低混合液晶的熔点，又可以提高清亮点。高嫒嫒等[40]发现将 80%(质量分数)的混合液晶基础配方 1(表 3-2)与 20%(质量分数)的化合物 **384** 或 **385** 混配后(图 3-28)，发现得到的混合液晶熔点明显降低，液晶相区间也有所拓宽。

表 3-2　混合液晶基础配方 1

分子结构	质量分数/%
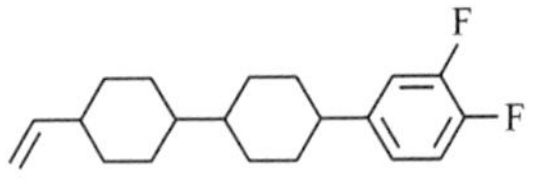	50
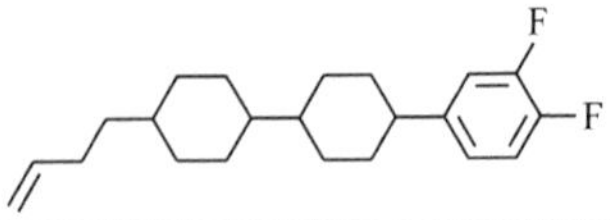	50

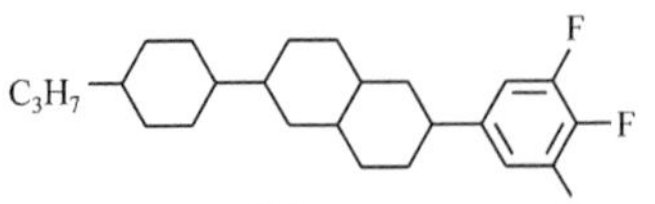

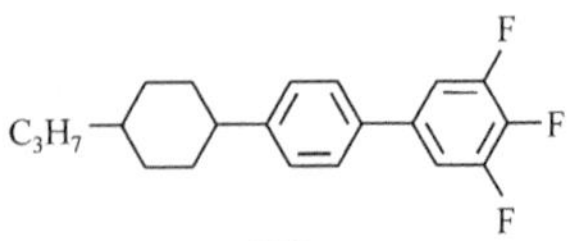

图 3-28　化合物 **384** 和 **385** 的分子结构

如表 3-3～表 3-5 所示，进一步对比环己烷类混合液晶基础配方(配方 2)与萘衍生物类混合液晶基础配方(配方 3 和配方 4)[41]。相较于配方 2，配方 3 和配方 4

的熔点降低了 20℃，均为–70℃。其清亮点由配方 2 的 88℃增至 111℃和 113℃。液晶相区间由 135℃增加至 181℃和 183℃。萘衍生物液晶加入混合液晶配方中替代相应的环已烷类液晶，既可以降低混合液晶配方的凝固点，又可以提高清亮点，从而为扩大液晶显示器的工作温度范围提供了可能。萘衍生物液晶具有较为优异的光电性能，将此类化合物添加到混合液晶中，可以有效降低混合液晶的阈值电压(V_{th})，增大介电各向异性($\Delta\varepsilon$)，降低双折射率(Δn)，降低黏度(γ)等，使其达到了高端显示用液晶材料的要求。

表 3-3　混合液晶基础配方 2

分子结构	质量分数/%
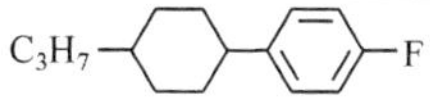 C_3H_7—F	5
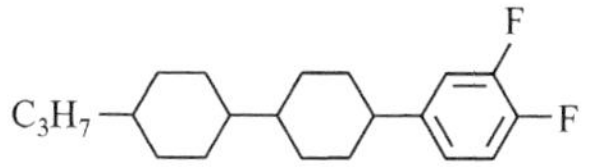 C_3H_7—F, F	10
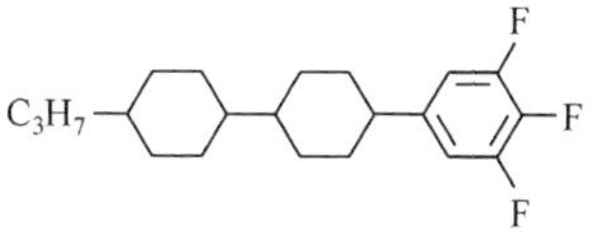 C_3H_7—F, F, F	10
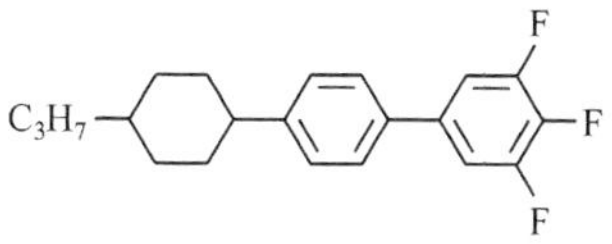 C_3H_7—F, F, F	10
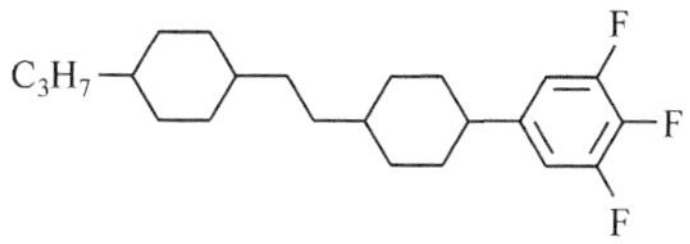 C_3H_7—F, F, F	10
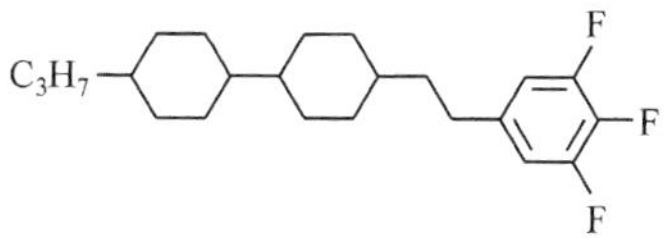 C_3H_7—F, F, F	10
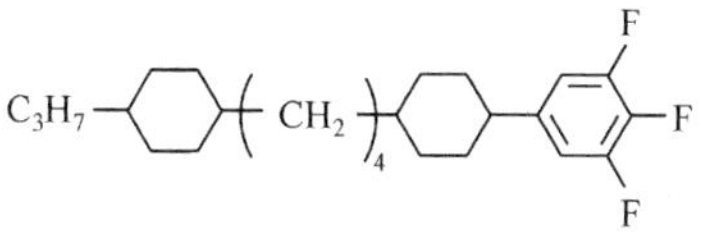 C_3H_7—$(CH_2)_4$—F, F, F	10
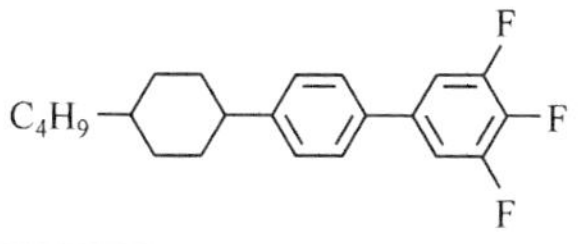 C_4H_9—F, F, F	10

续表

分子结构	质量分数/%
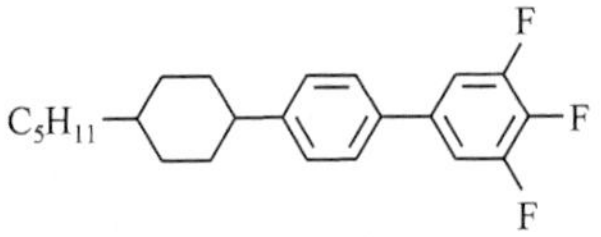 C_5H_{11} F F F	10
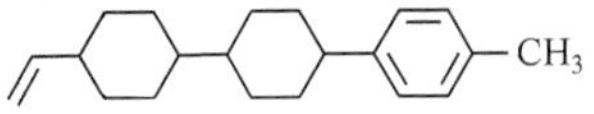 CH_3	10
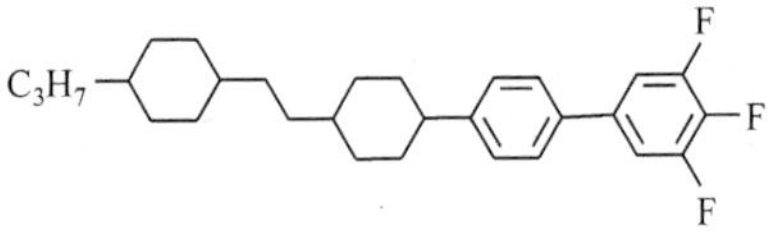 C_3H_7 F F F	5

表 3-4　混合液晶基础配方 3

分子结构	质量分数/%
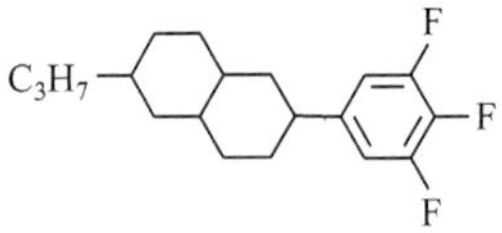 C_3H_7 F F F	5
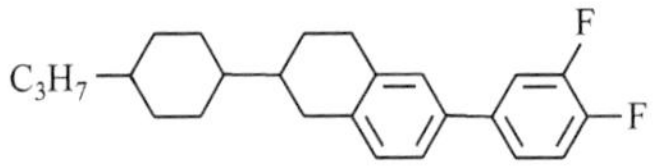 C_3H_7 F F	10
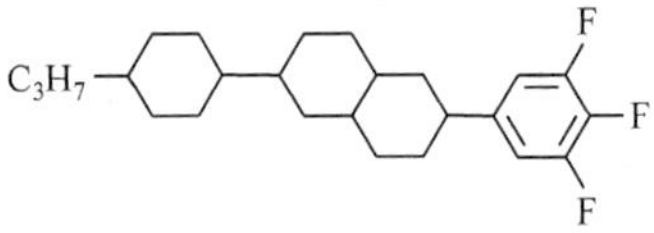 C_3H_7 F F F	10
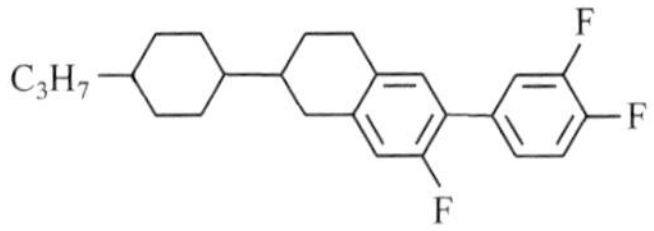 C_3H_7 F F F	10
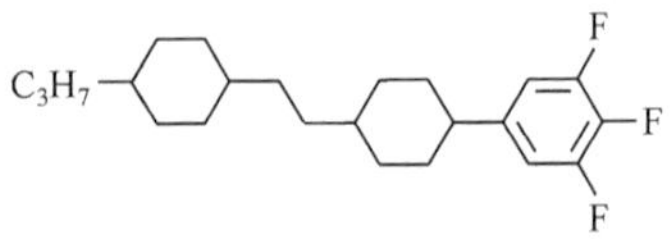 C_3H_7 F F F	10
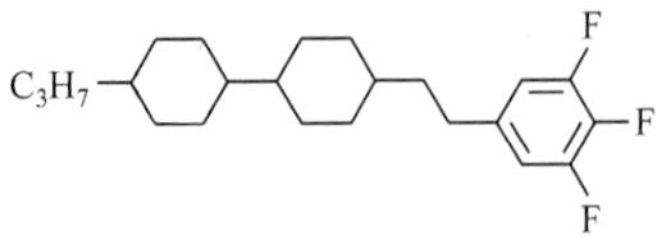 C_3H_7 F F F	10
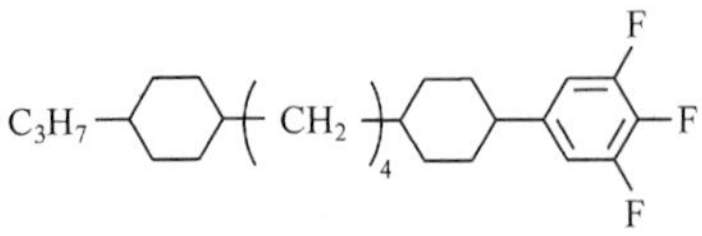 C_3H_7 $(CH_2)_4$ F F F	10

续表

分子结构	质量分数/%
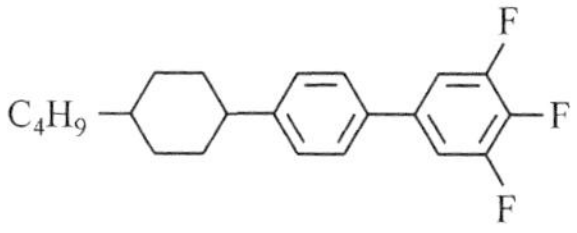 C_4H_9 F F F	10
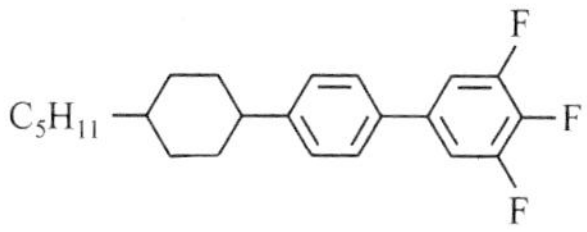 C_5H_{11} F F F	10
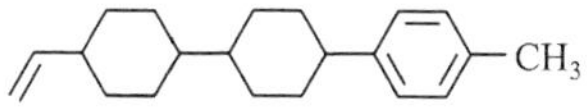 CH_3	10
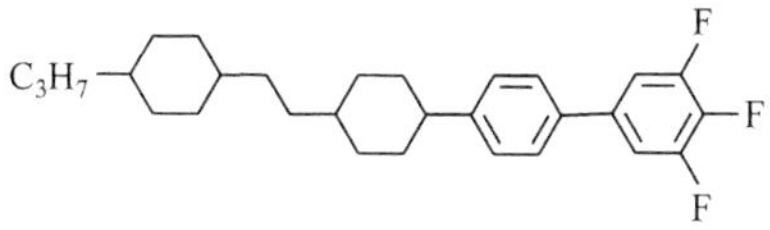 C_3H_7 F F F	5

表 3-5　混合液晶基础配方 4

分子结构	质量分数/%
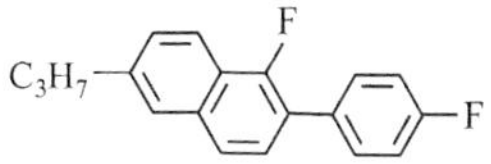 C_3H_7 F F	5
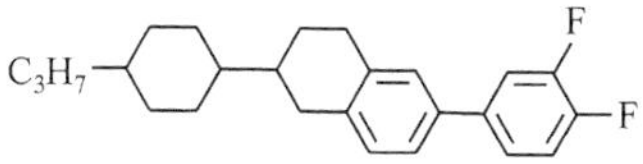 C_3H_7 F F	10
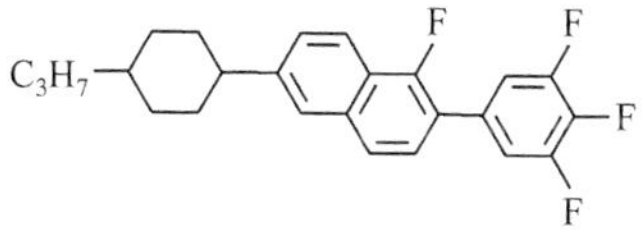 C_3H_7 F F F F	10
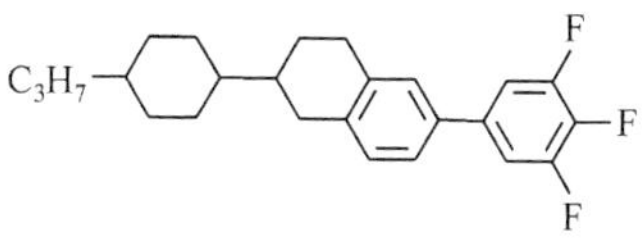 C_3H_7 F F F	10
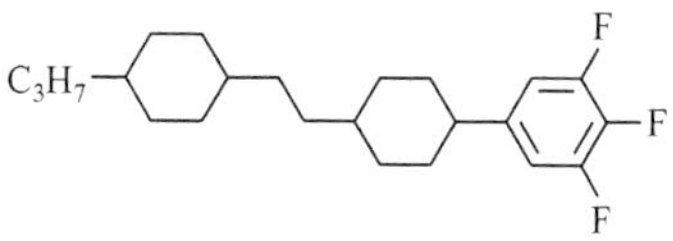 C_3H_7 F F F	10
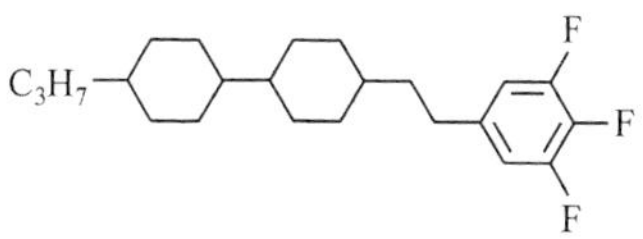 C_3H_7 F F F	10

续表

分子结构	质量分数/%
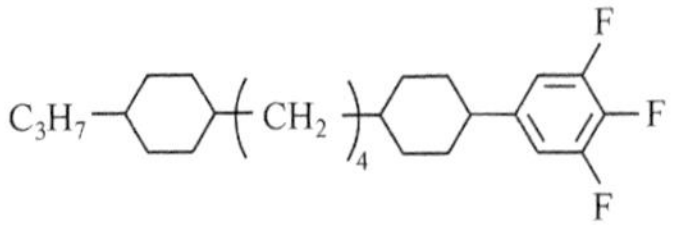 C_3H_7, $(CH_2)_4$, F, F, F	10
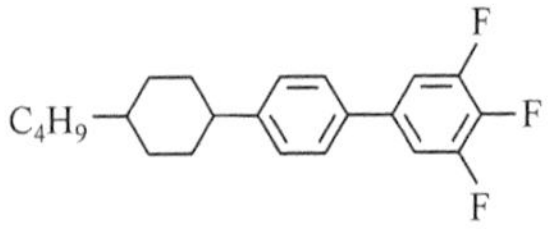 C_4H_9, F, F, F	10
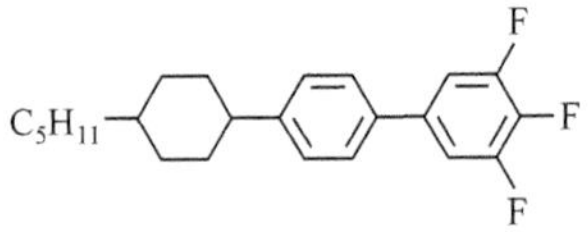 C_5H_{11}, F, F, F	10
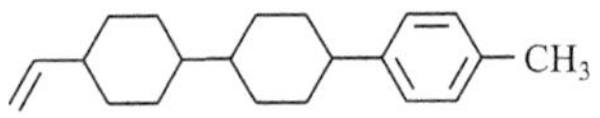 CH_3	10
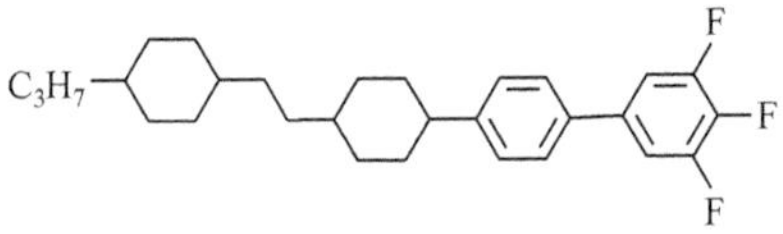 C_3H_7, F, F, F	5

液晶材料的介电各向异性是影响液晶电光特性的重要因素之一，根据 $\Delta\varepsilon$ 与响应时间 τ、V_{th} 等的函数关系得知，采用大 $\Delta\varepsilon$ 的材料有助于提高器件响应速度、降低 V_{th} 并改善液晶分子取向。例如，在表 3-6 所示基础配方 5 中，分别加入 20%的化合物 **386** 和 **387**[34](图 3-29)，发现其在液晶盒厚 8μm 的扭曲向列型液晶显示器件(twisted nematic-liquid crystal display，TN-LCD)中，25℃时的介电各向异性均有大幅度增加。引入 **387** 后混合液晶的 $\Delta\varepsilon$ 较引入 **386** 所得的混合液晶增大约 0.5。这是由于化合物 **386** 和 **387** 引入后，混合液晶中液晶分子更容易在电场中定向排列，增强有序性，降低了显示功耗。同时，由于萘衍生物分子的大共轭体系，这种效果更加明显。

表 3-6　混合液晶基础配方 5

分子结构	质量分数/%
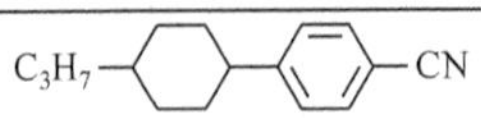 C_3H_7, CN	20
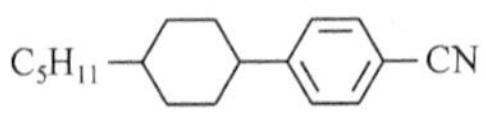 C_5H_{11}, CN	16
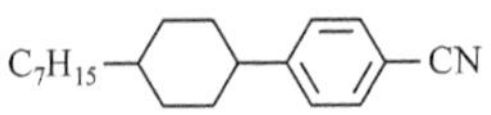 C_7H_{15}, CN	16
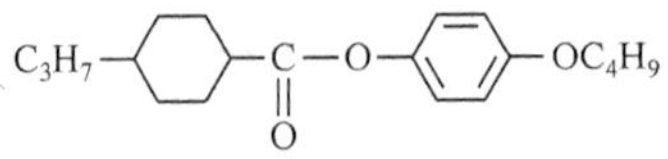 C_3H_7, C(=O), O, OC_4H_9	8

续表

分子结构	质量分数/%
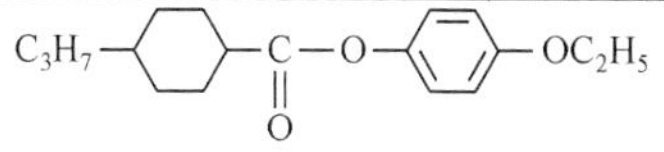 C_3H_7—C(=O)—O—OC_2H_5	8
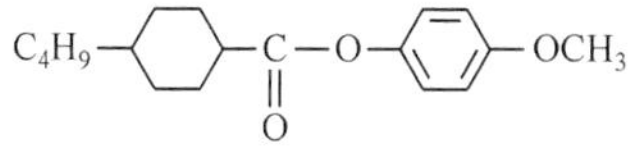 C_4H_9—C(=O)—O—OCH_3	8
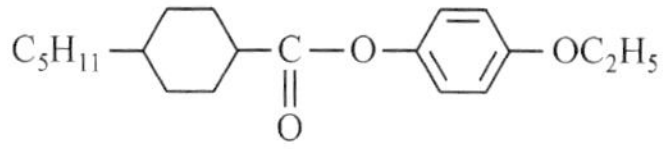 C_5H_{11}—C(=O)—O—OC_2H_5	8
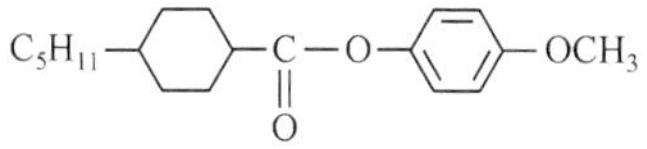 C_5H_{11}—C(=O)—O—OCH_3	8
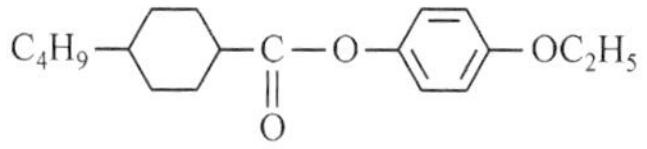 C_4H_9—C(=O)—O—OC_2H_5	8

C_3H_7　CN　C_3H_7　CN

386　**387**

图 3-29　化合物 **386** 和 **387** 的分子结构

阈值电压 V_{th} 是指 LCD 显示部分的电光变化达到最大变化量的 10%时，驱动电压的有效值，也是液晶电光效应起辉的标志。V_{th} 越小表示液晶显示起辉电压越低，是评价电光效应优劣的一个重要指标。将 80%(质量分数)的配方 1 与 20%(质量分数)的化合物 **388**、**389** 和 **390**(图 3-30)分别混合后[3,42]，发现在液晶盒厚 6μm 的 TN-LCD 条件下，25℃时混配入化合物 **388** 和 **389**，V_{th} 分别降低了 0.18V 和 0.5V；液晶盒厚 4.5μm，混配入化合物 **390**，V_{th} 降低了 0.39V。这说明萘衍生物液晶的添加可以极大地降低混合液晶的 V_{th}，有利于液晶材料的应用。

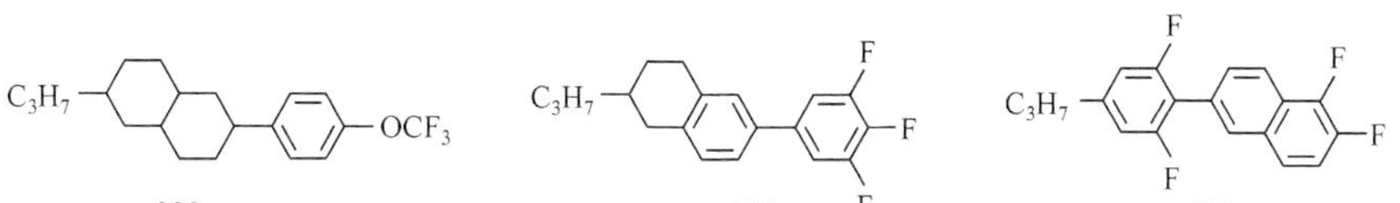

C_3H_7　OCF_3　C_3H_7　F　F　F　C_3H_7　F　F　F　F

388　**389**　**390**

图 3-30　萘衍生物液晶化合物 **388**～**390** 的分子结构

液晶显示中，液晶的黏度 γ 和液晶盒厚 d 对注入面内转换液晶显示器(in-plane switching liquid crystal display，IPS-LCD)时的响应时间 τ 影响很大，降低 γ 是提高 τ 的主要途径。向混合液晶中加入萘衍生物液晶化合物，可降低γ，改善 τ。例如，将基础配方 6(表 3-7)部分液晶化合物的中心骨架 1,4-反式环已烷用萘衍生物替换后，得到混合液晶基础配方 7(表 3-8)，其响应时间 τ 由 65ms 降低至 60ms。

基于此研究发现，萘衍生物液晶引入后能够降低混合液晶的黏度，提高响应速度，有利于提高显示品质[43]。

表 3-7　混合液晶基础配方 6

分子结构	质量分数/%
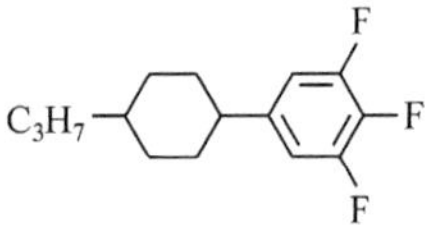 C_3H_7–(环己基)–(3,4,5-三氟苯基)	8
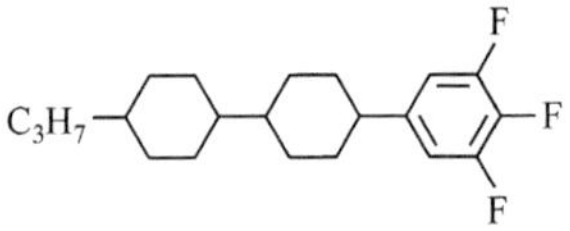 C_3H_7–(环己基)–(环己基)–(3,4,5-三氟苯基)	14
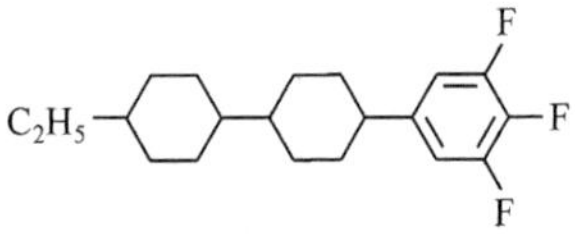 C_2H_5–(环己基)–(环己基)–(3,4,5-三氟苯基)	14
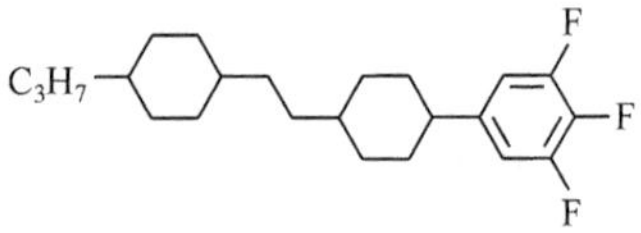 C_3H_7–(环己基)–CH_2CH_2–(环己基)–(3,4,5-三氟苯基)	14
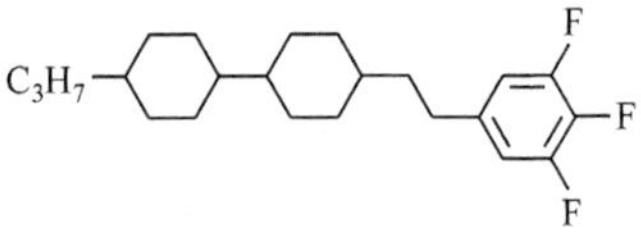 C_3H_7–(环己基)–(环己基)–CH_2CH_2–(3,4,5-三氟苯基)	14
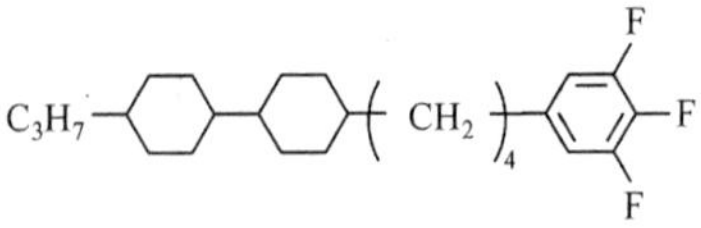 C_3H_7–(环己基)–(环己基)–$(CH_2)_4$–(3,4,5-三氟苯基)	14
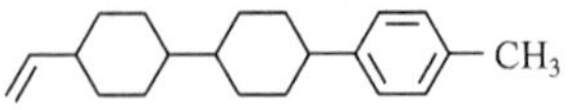 CH_2=CH–(环己基)–(环己基)–(苯基)–CH_3	7
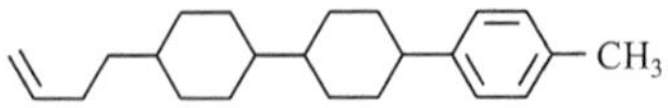 CH_2=CH–CH_2CH_2–(环己基)–(环己基)–(苯基)–CH_3	7
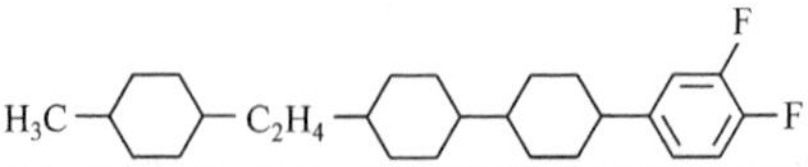 H_3C–(环己基)–C_2H_4–(环己基)–(环己基)–(3,4-二氟苯基)	8

表 3-8　混合液晶基础配方 7

分子结构	质量分数/%
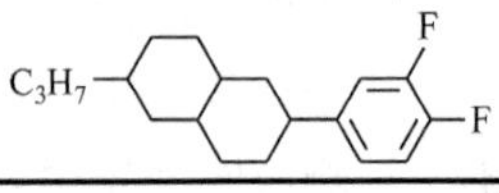 C_3H_7–(十氢萘基)–(3,4-二氟苯基)	8

续表

分子结构	质量分数/%
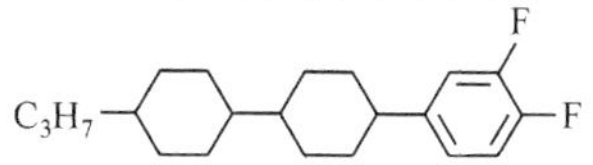 C_3H_7, F, F	14
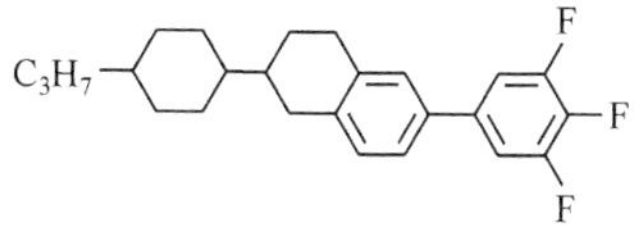 C_3H_7, F, F, F	14
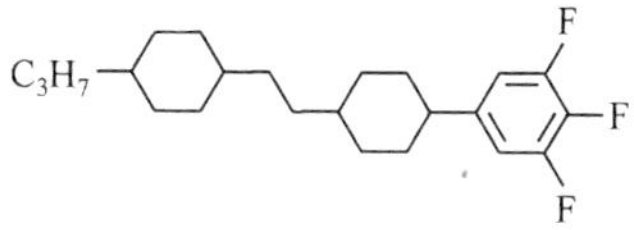 C_3H_7, F, F, F	14
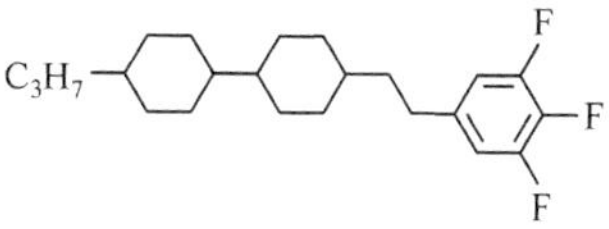 C_3H_7, F, F, F	14
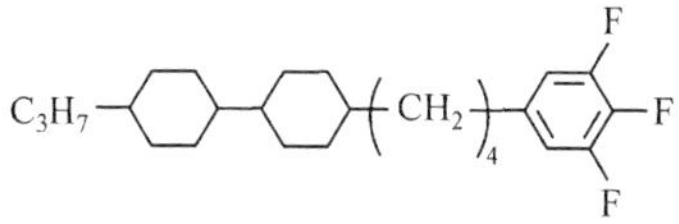 C_3H_7, $(CH_2)_4$, F, F, F	14
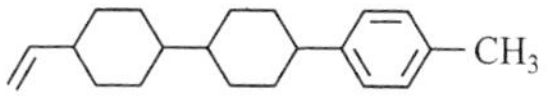 CH_3	7
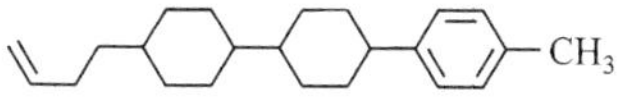 CH_3	7
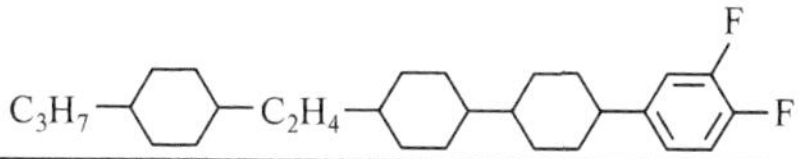 C_3H_7, C_2H_4, F, F	8

将质量分数为 8%的液晶化合物 391 和质量分数为 6%的液晶化合物 **392**(图 3-31)加入混合液晶基础配方 8(表 3-9)后，发现其在 80℃的电压保持率高达 99%。可见萘衍生物液晶的引入能够维持较高的电压保持率，以保证显示过程中高的对比度，这有利于其在大屏幕显示器件中的应用[44]。

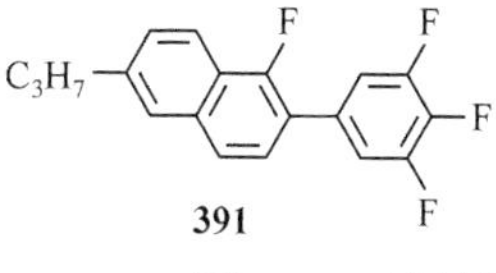

C_3H_7　F　F　F　F　**391**

C_3H_7　F　F　F　F　**392**

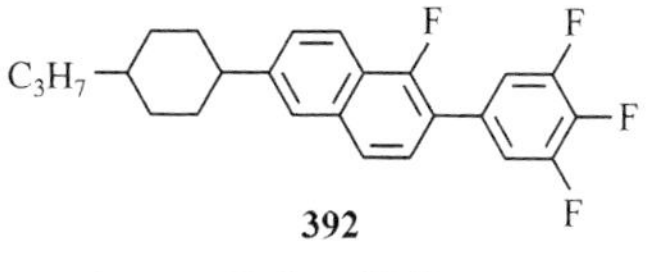

图 3-31　液晶化合物 **391** 和 **392** 的分子结构

表 3-9　混合液晶基础配方 8

分子结构/代号	质量分数/%
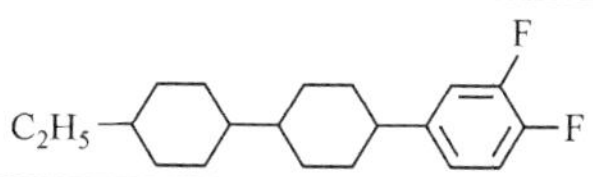 C_2H_5, F, F	10

续表

分子结构/代号	质量分数/%
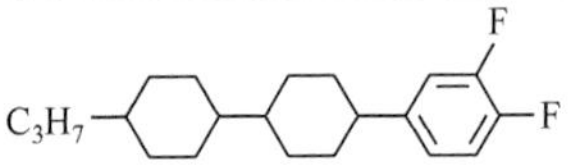 C_3H_7 F F	10
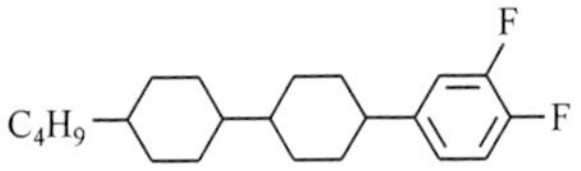 C_4H_9 F F	6
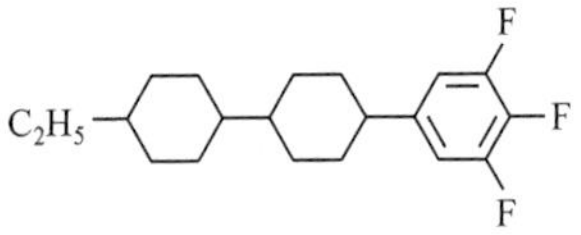 C_2H_5 F F F	6
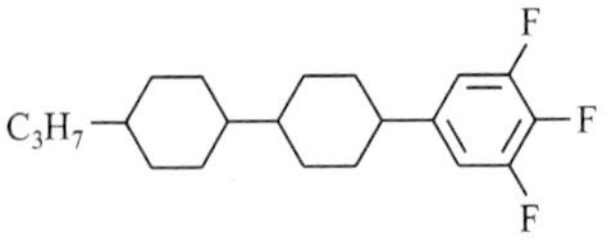 C_3H_7 F F F	5
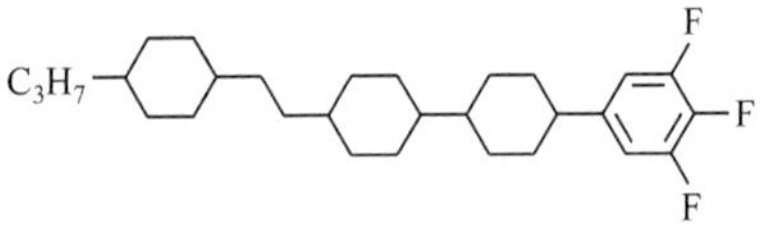 C_3H_7 F F F	3
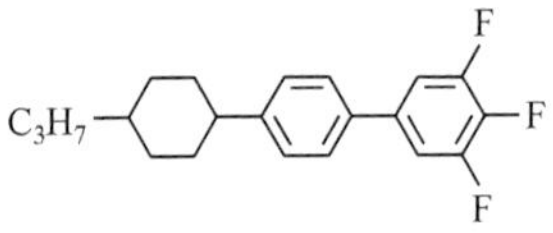 C_3H_7 F F F	5
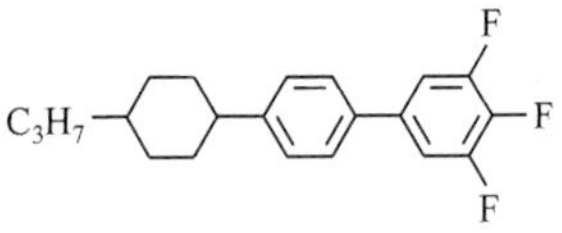 C_3H_7 F F F	5
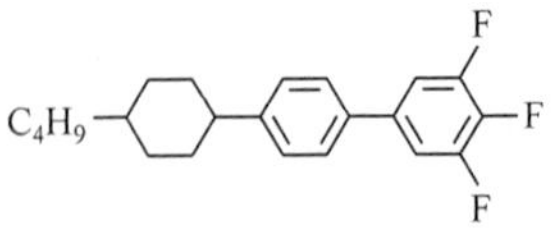 C_4H_9 F F F	5
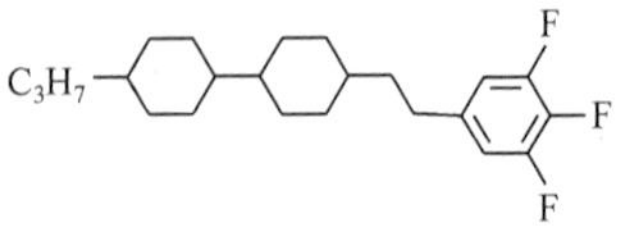 C_3H_7 F F F	5
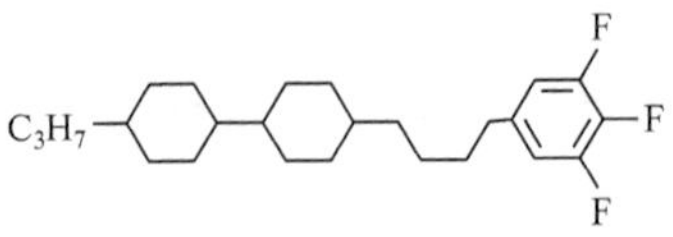 C_3H_7 F F F	5
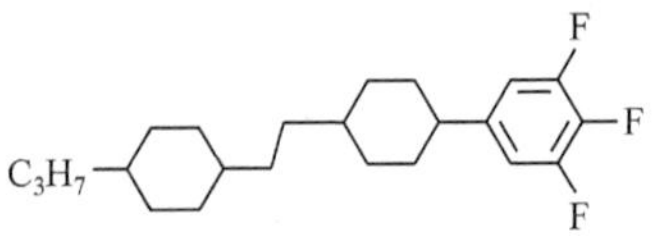 C_3H_7 F F F	5

续表

分子结构/代号	质量分数/%
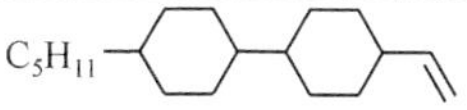 C_5H_{11}–(环己基)–(环己基)–CH=CH$_2$	11
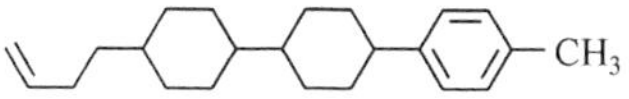 CH$_2$=CH–CH$_2$CH$_2$–(环己基)–(环己基)–(苯基)–CH_3	5
391	8
392	6

液晶的双折射率(Δn)是液晶主要的一种光学现象，与偏振、旋光、折射、干涉等引起的电光效应有直接关系[45]。将 80%混合液晶基础配方 1 与 20%化合物 **393** 和 **394**(图 3-32)分别混合后，发现其 Δn 比基础配方 1[34]分别降低了 0.01 和 0.09。由此可见萘衍生物液晶对 Δn 的调节幅度大于传统环己烷液晶。

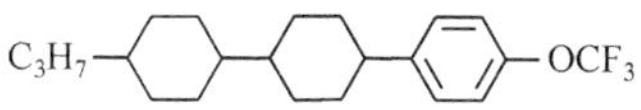

C_3H_7 OCF_3 **393**　　C_3H_7 CF_3 **394**

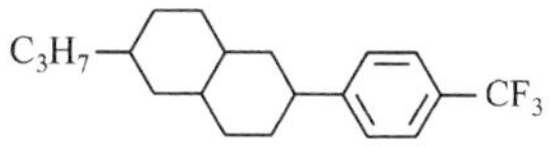

图 3-32　液晶化合物 **393** 和 **394** 的分子结构

参 考 文 献

[1] COATES D, GRAY G. Liquid crystal materials: ZA774755B[P]. 1978-06-28.

[2] SADAO T, MASASHI O, HARUYOSHI T, et al. Naphthalene derivative and liquid crystals composition comparison the same: EP0952135A[P]. 1999-10-27.

[3] AKEHARA S D, NEGISHI M T, KATATSU H Y. New liquid crystal compound, 6-fluoro-naphthalene derivative and liquid crystal composition containing the same: JP2001019649A[P]. 2001-01-23.

[4] SADAO T, MAKOTO N. New liquid crystal compound comprising naphthalene derivative and liquid crystal composition containing the same: JP2001026560A[P]. 2001-01-30.

[5] 阮群奇，房元飞，谭玉东，等. 新型二氧杂饱和萘环类液晶化合物及其组合物和应用：CN102898414A[P]. 2013-01-30.

[6] RAINER B F, GRAHE G. Decahydronaphthalene derivative: WO001095A[P]. 2001-06-20.

[7] YOSHITAKA S, KUNIHIKO K, SHINJI O. Benzene derivative: JP2001316346A[P]. 2001-11-03.

[8] 杭德余. 一种 7,8-二氟-5-甲基-1,2,3,4-四氢萘类液晶化合物及其制备方法与应用：CN106479514A[P]. 2017-03-08.

[9] TAKESHI K, TAKEFUMI A. Naphthalene compounds: US5151549 A[P]. 1992-09-29.

[10] LINSTEAD R P, MILLIDGE A F, THOMAS S L S, et al. Dehydrogenation. Part I. The catalytic dehydrogenation of hydronaphthalenes with and without an angular methyl group[J]. Journal of the Chemical Society, 1937, 1146-1157.

[11] SHINJI O, SADAO T, HIROYUKI O. Condensed ring compound: JP2001106645P[P]. 2001-04-17.

[12] BRUNO F R, GERWALD G, CORNELIA P, et al. Compound having tetrahydronaphthalene skeleton and liquid crystal composition containing the same: WO0100548P[P]. 2001-01-04.

[13] YUTAKA N, SADAO T, HARUYOSHI T. 5-fluoro-1,2,3,4-Tetrahy dronaphthalene derivative: JP2001302577 P[P].

2001-10-31.

[14] YUTAKA N, SADAO T. Decahydronaphthalene derivative: JP2001002619A[P]. 2001-01-09.

[15] SINGH V, IYER S R, PAL S. Recent approaches towards synthesis of cis-decalins[J]. Tetrahedron, 2005, 61(39): 9197-9231.

[16] VARNER M A , GROSSMAN R B . Annulation routes to trans-decalins[J]. Tetrahedron, 1999, 55(49): 13867-13886.

[17] WOODWARD R B, SONDHEIMER F, TAUB D, et al. The total synthesis of steroids[J]. Journal of the American Chemical Society, 1952, 74(17): 4223-4251.

[18] GAWLEY R E, ROBERT E. The robinson annelation and related reactions[J]. Synthesis, 1976, (12): 777-794.

[19] EVANS D A, SCOTT W L, TRUESDALE L K. Evaluation of ketene equivalents in the synthesis of bicyclo[2.2.2]octene derivatives[J]. Tetrahedron Letters, 1972, 13(2): 121-124.

[20] YUTAKA N, SADAO T. Decahydronaphthalene derivative: JP2 001002619[P]. 2001-01-09.

[21] 楠本哲生，齐藤佳孝，根岸真，等. 具有四氢化萘骨架的化合物及含有它的液晶组合物：CN1356969[P]. 2002-07-03.

[22] ISKANDER N A J T N, YEAP G Y, MAETA N, et al. Enhancement of nematic and smectic C phases in soft condensed matter cored by 2, 6-disubstituted naphthalene with varying terminal chains[J]. Soft Materials, 2019, 18(4): 1-7.

[23] SEED A J, PANTALONE K, SHARMA U M, et al. A new synthesis of alkylsulphanylnaphthalenes and the synthesis and mesomorphic properties of novel naphthylisothiocyanates[J]. Liquid Crystals, 2009, 36(3): 329-338.

[24] CHEN Q, HIRD M. Synthesis, mesomorphic behaviour and optical anisotropy of some novel liquid crystals with lateral and terminal fluoro substituents and a 2,6-disubstituted naphthalene core[J]. Liquid Crystals, 2015, 42(5-6), 877-886.

[25] NIORI T, SEKINE T, WATANABE J, et al. 1Distinct ferroelectric smectic liquid crystals consisting of banana shaped achiral molecules [J]. Journal of Materials Chemistry, 1996, 6(7): 1231-1233.

[26] REDDY R A, RAGHUNATHAN V A, SADASHIVA B K. Novel ferroelectric and antiferroelectric Smectic and Columnar in fluorinated symmetrical bent-core compounds[J]. Chemistry of Materials, 2004, 17(2): 274-283.

[27] LI X, ZHAN M, WANG K, et al. Effect of lateral fluorine substituent on mesophase behavior of bent-shaped molecules with asymmetric central naphthalene core[J]. Chemistry Letters, 2011, 40(8): 820-821.

[28] SRINIVASE H T, PRUTHA N, PRATIBHA R. Nematic and switchable intercalated phases in polymerizable bent-core monomers with naphthalene moiety in the side arms of the aromatic core[J]. Journal of Molecular Structure, 2020, 1199: 126971-126979.

[29] YUTAKA N, SADAO T. Phehyldecahydronaphthalene derivative: JP2001002597A[P]. 2001-01-09.

[30] 田宗全. 含萘环结构液晶聚合物的合成及性质研究[D]. 上海：华工理工大学, 2013.

[31] 小川真治, 大西博之, 长岛丰, 等. Decahydronaphthalene derivative: CN100448824P[P]. 2009-01-07.

[32] YUTAKA N, SADAO T. Decahydronaphthalene derivative: JP2000355558A[P]. 2000-12-26.

[33] KUSUMOTO T, SAITO Y, NAGASHIMA Y, et al. Design, Synthesis and physical properties of new liquid crystal materials having a fluoro-substituted tetrahydronaphthalene structure for active matrix LCD[J]. Molecular Crystals and Liquid Crystals, 2004, 411(1): 155-161.

[34] 安忠维, 高嫒嫒, 刘建群. 新型萘环衍生物类液晶的研究进展[J]. 化学世界, 2004, 4: 202-218.

[35] 安忠维, 高嫒嫒, 王户生. 反式十氢萘类液晶的合成[J]. 有机化学, 2005, (2): 50-55.

[36] 安忠维, 高嫒嫒, 陈新兵, 等. 新型反式十氢萘类液晶的合成[J]. 化学学报, 2004, 62(20): 2073-2080.

[37] HIRD M, TOYNE K J, GOODBY J W, et al. Synthesis, mesomorphic behaviour and optical anisotropy of some novel materials for nematic mixtures of high birefringence[J]. Journal of Materials Chemistry, 2004, 14(11): 1731-1743.

[38] ZHANG L, GUAN X, ZHANG Z, et al. Preparation and properties of highly birefringent liquid crystalline materials: styrene monomers with acetylenes, naphthyl, and isothiocyanate groups[J]. Liquid Crystals, 2010, 37(4): 453-462.

[39] ARAKAWA Y, NAKAJIMASUPA S, KANGSUPA S, et al. Synthesis and evaluation of dinaphthylacetylene nematic liquid crystals for high-birefringence materials[J]. Liquid Crystals, 2012, 39(9): 1063-1069.

[40] 高媛媛, 刘建群, 安忠维. 新型反式十氢萘衍生物液晶的研究进展[J]. 液晶与显示, 2004, 19(6): 440-445.

[41] ONISHI H Y, OGAWA S J. Liquid crystal medium and liquid crystal display element comprising the same liquid crystal medium:JP2001019962A[P]. 1999-07-08.

[42] NAGASHIMA Y K, TAKEHARA S D, TAKATSU H Y. 5-Fluoro-1, 2, 3, 4-tetraphdronaphthalene derivative: JP2001302577A[P]. 2001-10-31.

[43] ONISHI H Y, OGAWA S J. Liquid crystal display element: JP2001019963A[P]. 2001-01-23.

[44] OGAWA S J, ONISHI H Y. Nematic liquid crystal composition with excellent properties for liquid crystal display: JP2001192658A[P]. 2001-07-17.

[45] OSAWA M S, TAKEHARA S D, TAKETSU H Y. Phenyl-naphthalene derivative and its production: JP2000128849A[P]. 2000-05-09.

第 4 章　桥键类液晶材料

棒状液晶分子结构中，除了关键的刚性致晶单元和柔性链之外，为了调整液晶分子的柔性、共轭程度、极化度等，经常会向致晶单元结构中引入不同的连接基团作为桥键。桥键的引入会增加分子的长度和长径比，有助于改善液晶分子间的作用力，进而增加液晶相稳定性，同时也会对液晶材料的光学、电学各向异性、黏度、弹性常数等产生影响。目前，已经报道的桥键数量众多，且桥键引入有助于液晶材料综合性能的优化，因此本章将介绍含各种桥键类液晶化合物。

4.1　桥键类液晶材料的类型

桥键类液晶是指致晶单元结构中含有桥键结构的液晶化合物。早期的液晶，其桥键多为偶氮(—N═N—)和亚胺(—CH═N—)。后期液晶分子结构中常见的桥键多为乙撑($—CH_2CH_2—$)、亚乙烯基(—CH═CH—，又称“乙烯桥键”)、亚甲氧基($—CH_2O—$)、酯基(—COO—)、1,2-取代乙炔(—C≡C—，简称“乙炔桥键”)和二氟甲醚($—CF_2O—$)等桥键。随着研究深入，酰胺(—CONH—)、1, 1, 2, 2-四氟代乙撑($—CF_2CF_2—$)、1, 2-二氟代乙烯(—CF=CF—)、硫酚酯基(—COS—)、甲基乙撑[$—CH(CH_3)CH_2—$]、二氟硫醚基($—CF_2S—$)等桥键类液晶化合物也被报道。常见桥键化学结构及名称如表 4-1 所示。

表 4-1　常见桥键化学结构及名称

类型	桥键化学结构及名称		
早期桥键	X—N═N—Y 偶氮桥键	X(H)C═N—Y 亚胺桥键	
常见桥键	X—CH₂CH₂—Y 乙撑桥键	X—C(═O)—O—Y 酯基桥键	X—CH₂—O—Y 亚甲氧基桥键
	X—C≡C—Y 乙炔桥键	X—CF₂—O—Y 二氟甲醚桥键	X(H)C═C(H)Y 乙烯桥键

续表

类型	桥键化学结构及名称		
其他	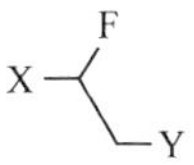 1-氟代乙撑桥键	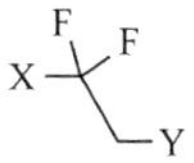 1,1-二氟代乙撑桥键	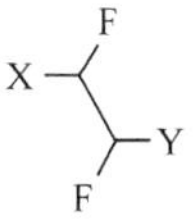 1,2-二氟代乙撑桥键
	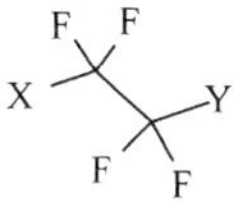 1,1,2,2-四氟代乙撑桥键	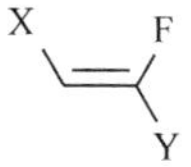 1-氟代乙烯桥键	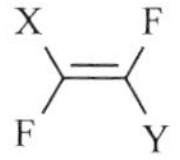 1,2-二氟代乙烯桥键
	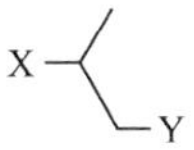 甲基乙撑桥键	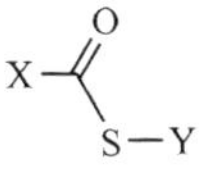 硫酚酯基桥键	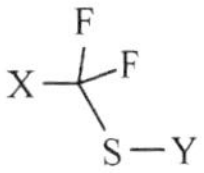 二氟硫醚基桥键
	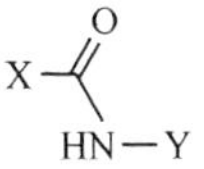 酰胺桥键		

注：X 和 Y 代表液晶的取代致晶单元，包括取代苯环、环己烷、萘环嘧啶等。

4.2　桥键的构建

4.2.1　乙炔桥键的构建

1975 年，Jacques 首次报道了含乙炔桥键(—C≡C—)的液晶化合物。由于含乙炔桥键液晶化合物的热稳定性、化学稳定性良好，在液晶显示和液晶光学材料中应用广泛。乙炔桥键的合成主要包括经典方法[即二芳基取代乙烯的溴加成及消除(脱溴化氢)]、薗头(Sonogashira)偶联反应和其他方法等三种。

1. 经典方法

二芳基取代乙烯的溴加成及消除，是早期制备乙炔桥键液晶化合物的经典方法[1]。①以烷基苯为原料，与乙酰氯发生酰基化反应，得到甲基芳酮化合物；②将其与硫黄和吗啉反应(即 Willgerodt-Kindler 反应)，酸化后生成烷基苯乙酸；③烷基苯乙酸与三氯氧磷反应得到烷基苯乙酰氯；④在三氯化铝作用下与取代芳烃发生酰基化反应，得到烷基取代二芳酮；⑤经过氢化铝锂还原成醇及酸性条件下的消除(脱水)反应得到二芳基取代乙烯；⑥与溴加成生成 1,2-二芳基取代-1,2 二溴乙烷；⑦经碱性条件下消除(脱溴化氢)即得到目标化合物，经典方法合成乙炔桥键液晶化合物如图 4-1 所示。

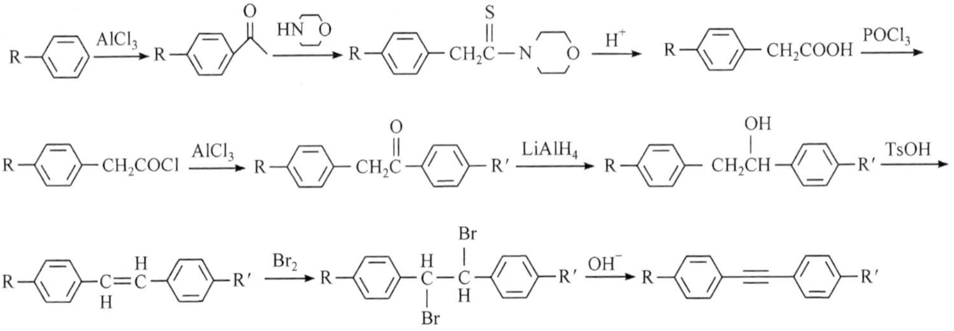

图 4-1　经典方法合成乙炔桥键液晶化合物

虽然该方法原料易得，反应经典，但是其步骤比较长，收率较低。因此，研究人员对该合成方法进行了改进，衍生了五氯化磷法、格氏试剂偶联法、氯化锌/二氧化硅法、Wittig 反应和 Heck 偶联反应五种改进方法。

1) 五氯化磷法

以烷基取代的二苯乙酮为原料，与五氯化磷反应后得到芳基偕二氯代化合物，再在乙醇中用氢氧化钾使其脱去氯化氢，得到目标化合物。五氯化磷法合成乙炔类化合物如图 4-2 所示[2]。

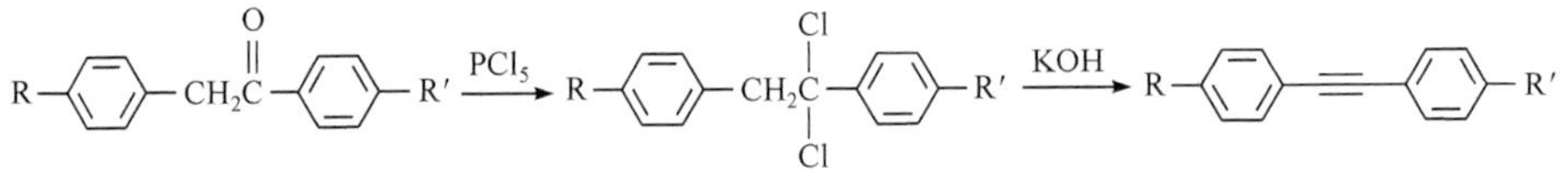

图 4-2　五氯化磷法合成乙炔类化合物

2) 格氏试剂偶联法

4-烷基卤代苯与镁粉反应制备格氏试剂后，再与 4-烷基苯乙酰氯发生亲核取代反应，制备得到烷基取代二苯乙酮。剩余步骤与图 4-1 所述经典方法相同，格氏试剂偶联法合成烷基取代二苯乙酮如图 4-3 所示[3,4]。

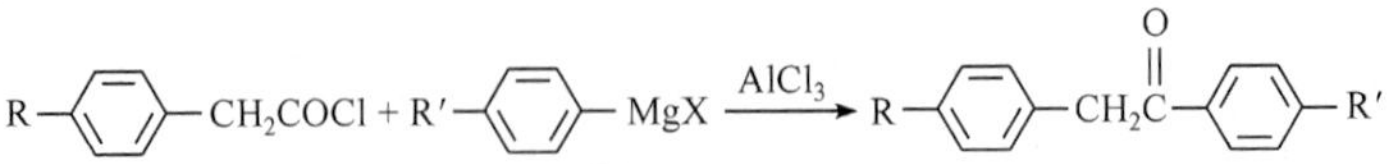

图 4-3　格氏试剂偶联法合成烷基取代二苯乙酮

图 4-4 为格氏试剂偶联法合成烷基取代二苯乙醇的制备路线，通过 4-烷基苯甲醛与苄基格氏试剂亲核加成反应制备。

上述方法中格氏试剂与羰基的亲核加成步骤均需要在氮气保护下的无水四氢

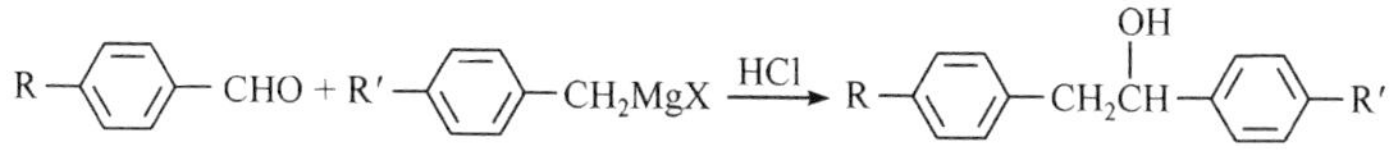

$$R-C_6H_4-CHO + R'-C_6H_4-CH_2MgX \xrightarrow{HCl} R-C_6H_4-CH_2CH(OH)-C_6H_4-R'$$

图 4-4　格氏试剂偶联法合成烷基取代二苯乙醇

呋喃或无水乙醚溶剂中进行。

3) 氯化锌/二氧化硅法

氯化锌/二氧化硅法是采用氯化锌和二氧化硅催化乙酰氯与烷基取代二苯乙酮的羰基进行亲核加成反应，再在强碱(氢氧化钾)作用下脱去氯化氢制备二苯乙炔类化合物，氯化锌/二氧化硅法合成烷基取代二苯乙炔的路线如图 4-5 所示[5,6]。

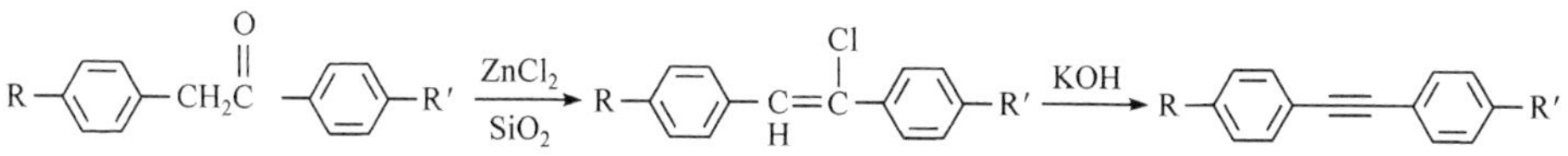

$$R-C_6H_4-CH_2C(=O)-C_6H_4-R' \xrightarrow[SiO_2]{ZnCl_2} R-C_6H_4-CH{=}C(Cl)-C_6H_4-R' \xrightarrow{KOH} R-C_6H_4-C\equiv C-C_6H_4-R'$$

图 4-5　氯化锌/二氧化硅法合成烷基取代二苯乙炔

4) Wittig 反应

Wittig 反应是利用卤代烃与三苯基膦作用生成磷叶立德(又称“Wittig 试剂”)，再与醛或酮在–78℃低温下发生亲核加成反应，然后在 0℃分解生成烯烃和三苯基氧膦，是烯烃合成的经典方法[7]。以卤代甲基苯为原料，与三苯基膦在叔丁醇钾(*t*-BuOK)作用下反应制备磷叶立德，再与 4-烷基苯甲醛发生 Wittig 反应制备烷基取代二苯乙烯。该方法在制备磷叶立德时，需要大量使用有机磷试剂和叔丁醇钾，使得制备成本增加，Wittig 反应合成烷基取代二苯乙烯的路线如图 4-6 所示。

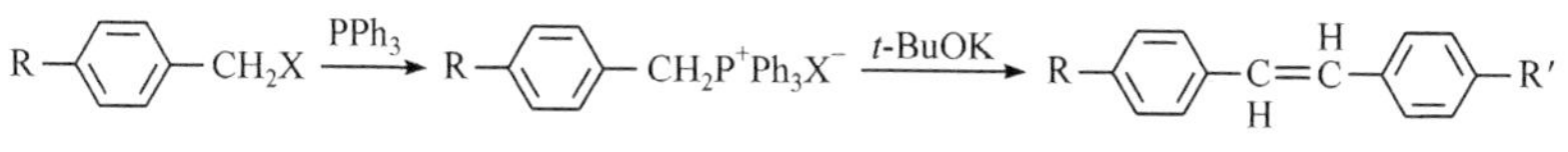

$$R-C_6H_4-CH_2X \xrightarrow{PPh_3} R-C_6H_4-CH_2P^+Ph_3X^- \xrightarrow{t\text{-BuOK}} R-C_6H_4-CH{=}CH-C_6H_4-R'$$

图 4-6　Wittig 反应合成烷基取代二苯乙烯

5) Heck 偶联反应

卤代芳烃或烯烃与乙烯基化合物在过渡金属催化下形成碳碳双键的偶联反应称为 Heck 偶联反应[8]。以芳基端烯为原料，与卤代芳烃发生 Heck 偶联反应，可以制备烷基取代二苯乙烯类化合物(图 4-7)，再经过溴加成和消除(脱溴化氢)反应即可得到二苯乙炔类化合物。

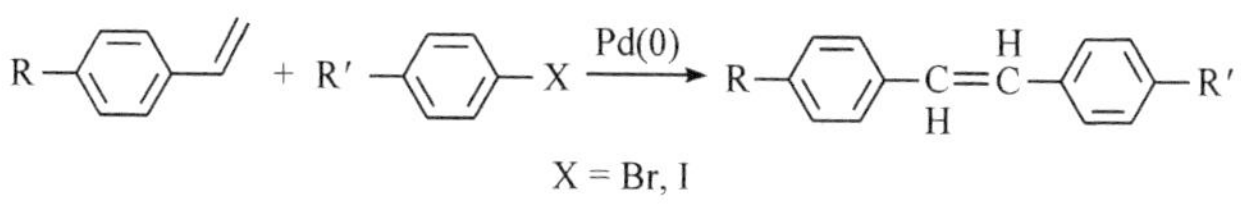

$$R-C_6H_4-CH{=}CH_2 + R'-C_6H_4-X \xrightarrow{Pd(0)} R-C_6H_4-CH{=}CH-C_6H_4-R'$$

X = Br, I

图 4-7　Heck 偶联反应合成烷基取代二苯乙烯

2. Sonogashira 偶联反应

卤代芳烃或卤代烯烃与末端炔烃的钯催化偶联反应被称为 Sonogashira 偶联

反应(图 4-8)，该反应是目前合成二苯乙炔类化合物的常用方法，其缺点是端炔易发生自偶联。在卤代芳烃中，碘代芳烃的反应活性最高。

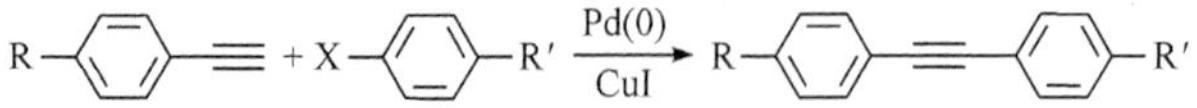

图 4-8　Sonogashira 偶联反应合成取代二苯乙炔

芳基端炔是 Sonogashira 偶联反应的关键原料，可以通过芳基卤代乙烯或芳基卤代乙烷来制备。此外，三甲基硅乙炔和 2-甲基-3-丁炔-2-醇也可以用来合成芳基端炔化合物，具体如下。

1) 钯催化卤代芳烃与炔基试剂合成芳基端炔

卤代芳烃与 2-甲基-3-丁炔-2-醇在钯催化下进行偶联反应，得到芳基炔醇，该中间产物在强碱性(KOH 或 NaOH)条件下发生消除反应脱去丙酮，得到相应的芳基端炔(图 4-9)[9]。该方法中消除反应需要在强碱及加热条件下进行，因此容易产生端炔偶联副产物，其优点是 2-甲基-3-丁炔-2-醇廉价易得，是工业化合成优先选择的方法之一。

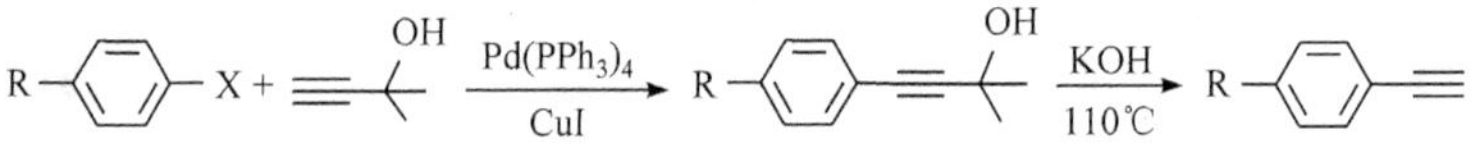

图 4-9　通过芳基炔醇合成取代苯乙炔

除 2-甲基-3-丁炔-2-醇外，卤代芳烃也可以与三甲基硅基乙炔在 $PdCl_2(PPh_3)_2$/CuI/PPh_3 催化下进行偶联反应，再通过碱性(氢氧化钠)条件下的消除反应，获得相应的芳基端炔(图 4-10)[10-12]。与上述 2-甲基-3-丁炔-2-醇相比，三甲基硅基乙炔价格高，因此该方法并未大规模应用。

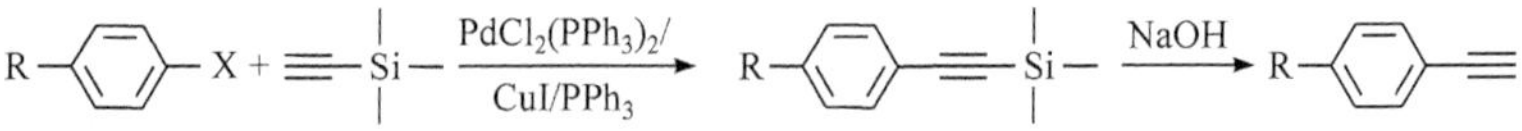

图 4-10　通过芳基硅炔合成取代苯乙炔

此外，1997 年 Negishi 等[13]使用碘代苯与含镁、锌、锡的乙炔基金属试剂在 $Pd(PPh_3)_4$ 催化作用下直接进行偶联，室温反应 3h，即可得到芳基端炔化合物(图 4-11)，其收率>95%，该反应需要在无水无氧条件下进行。

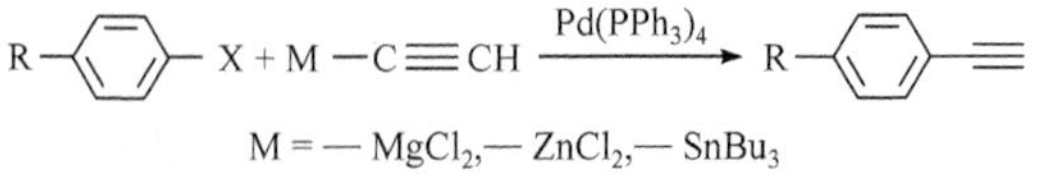

$M = —MgCl_2, —ZnCl_2, —SnBu_3$

图 4-11　乙炔基金属试剂合成取代苯乙炔

2004 年，Vasilevsky 等[14]利用卤代芳烃与乙炔气体直接进行偶联反应，制备芳基端炔化合物(图 4-12)。即先向含有 K_2CO_3、$PdCl_2(PPh_3)_2$ 和 CuI 的 *N*,*N*-二甲基甲酰胺(DMF)溶剂中，通入乙炔气体并使其饱和，升温至 50℃；然后逐滴加入含有卤代芳烃的 DMF 溶液，在 50～60℃反应即可。该方法步骤短，但乙炔气体易燃，实验过程较为危险，且收率为 10%～76%。

$$\text{R}-\text{C}_6\text{H}_4-\text{X} + \text{HC}\equiv\text{CH} \xrightarrow[\text{CuI、K}_2\text{CO}_3]{\text{PdCl}_2(\text{PPh}_3)_2} \text{R}-\text{C}_6\text{H}_4-\text{C}\equiv\text{CH}$$

图 4-12　卤代芳烃与乙炔气体偶联合成取代苯乙炔

2008 年，Tietze 等[15]利用卤代芳烃为原料，与丙炔醇在 $PdCl_2(PPh_3)_2$/CuI 催化作用下直接进行偶联反应，然后将所得化合物在强碱性条件下消除得到芳基端炔(图 4-13)。根据卤代芳烃活性的差异，收率为 12%～90%。

$$\text{R}-\text{C}_6\text{H}_4-\text{X} + \text{HC}\equiv\text{C}-\text{CH}_2\text{OH} \xrightarrow[\text{CuI}]{\text{PdCl}_2(\text{PPh}_3)_2} \text{R}-\text{C}_6\text{H}_4-\text{C}\equiv\text{C}-\text{CH}_2\text{OH} \xrightarrow[\text{MnO}_2]{\text{KOH}} \text{R}-\text{C}_6\text{H}_4-\text{C}\equiv\text{CH}$$

图 4-13　通过芳基丙炔醇合成取代苯乙炔

2) 芳醛亲核加成合成芳基端炔

Pianetti 等[16]以碘化甲基三苯基膦在叔丁醇钾作用下制备的 Wittig 试剂为原料，与 4-烷基苯甲醛发生反应(Wittig 反应)，合成 4-烷基苯乙烯，然后低温下与液溴发生加成反应得到芳基取代的 1,2-二溴乙烷，最后在碱性条件下脱去溴化氢，得到芳基端炔化合物(图 4-14)。该方法中，Wittig 反应需在−78℃条件下进行，条件较苛刻，反应步骤较多，收率偏低。

$$\text{R}-\text{C}_6\text{H}_4-\text{CHO} \xrightarrow[t\text{-BuOK}]{\text{PPh}_3} \text{R}-\text{C}_6\text{H}_4-\text{CH}=\text{CH}_2 \xrightarrow{\text{Br}_2} \text{R}-\text{C}_6\text{H}_4-\text{CHBr}-\text{CH}_2\text{Br} \xrightarrow{\text{KOH}} \text{R}-\text{C}_6\text{H}_4-\text{C}\equiv\text{CH}$$

图 4-14　芳醛的 Wittig 反应合成芳基端炔化合物

除 Wittig 反应外，Corey-Fuchs 反应也是利用芳醛合成芳基端炔化合物的常见方法之一。陈兵等[17]以 4-烷基苯甲醛为原料，与四溴化碳(CBr_4)和三苯基膦(PPh_3)反应生成芳基取代的二溴烯烃，再在−78℃低温下使用强碱(正丁基锂，*n*-BuLi)发生消除反应(脱去溴化氢)，得到芳基端炔化合物(图 4-15)。该方法需使用四溴化碳，反应成本较高。此外，需在低温下使用正丁基锂试剂，条件较为苛刻。

$$\text{R}-\text{C}_6\text{H}_4-\text{CHO} \xrightarrow[\text{PPh}_3]{\text{CBr}_4} \text{R}-\text{C}_6\text{H}_4-\underset{\text{H}}{\text{C}}=\text{CBr}_2 \xrightarrow{n\text{-BuLi}} \text{R}-\text{C}_6\text{H}_4-\text{C}\equiv\text{CH}$$

图 4-15　芳醛的 Corey-Fuchs 反应合成取代苯乙炔

此外，刘林等[18]以 4-烷基苯甲醛为原料，在哌啶和吡啶溶剂中与丙二酸反应得到 4-烷基肉桂酸，进一步与溴加成得到 2-烷基苯基-2,3-二溴丙酸，然后在弱碱性($NaHCO_3$)条件下消除一分子溴化氢并发生脱羧，得到芳基取代的溴代烯烃，最后在强碱(NaOH)条件下消除一分子溴化氢得到芳基端炔化合物(图 4-16)。该方法的关键步骤在于 4-烷基肉桂酸的合成，此外，反式 2,3-二溴代烯烃比顺式结构消除困难，一般需要在强碱条件下进行。

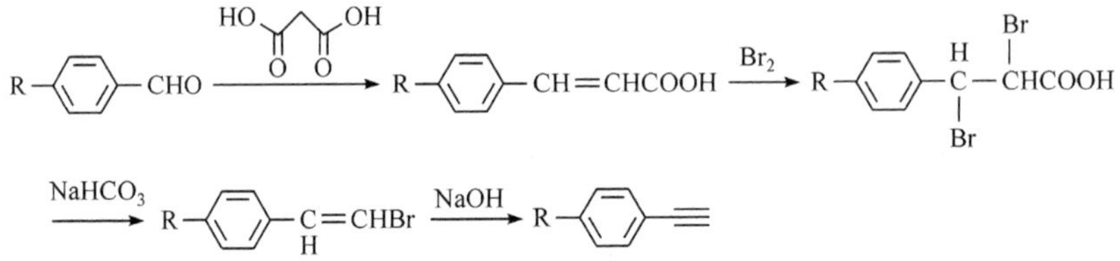

HO OH O O
R—CHO → R—CH=CHCOOH Br_2 → R—CH(Br)—CH(Br)COOH
$NaHCO_3$ → R—C(H)=CHBr NaOH → R—C≡CH

图 4-16 肉桂酸法合成取代苯乙炔

3) 二溴代物脱溴化氢合成芳基端炔

将芳基甲基酮用氢化铝锂还原后，再用硫酸氢钾脱水制备芳基端烯，进而利用溴加成得到芳基取代的 1,2-二溴乙烷，最后在碱性条件下进行脱溴化氢反应，得到芳基端炔化合物(图 4-17)。该方法步骤较长，中间体端烯易聚合，致使收率不高[19]。

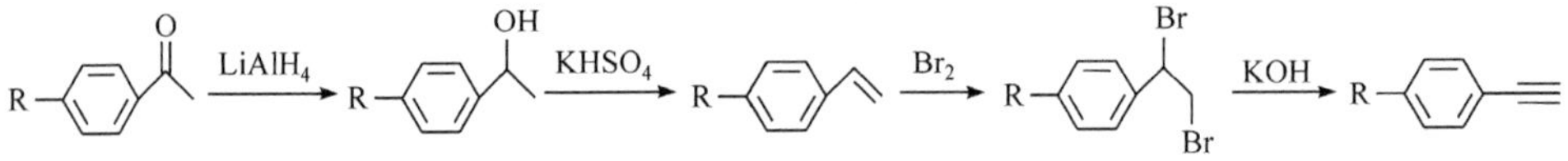

R—COCH₃ $LiAlH_4$ → R—CH(OH)CH₃ $KHSO_4$ → R—CH=CH₂ Br_2 → R—CHBrCH₂Br KOH → R—C≡CH

图 4-17 二溴代物脱溴化氢合成取代苯乙炔

4) Vilsmeier 反应合成芳基端炔

Vilsmeier 反应是以烷基取代芳基甲基酮作为原料，在 DMF/$POCl_3$ 作用下制备β-氯代丙烯醛，进而在 NaOH/1,4-二氧杂环已烷混合体系中进行回流反应，最终得到芳基端炔化合物(图 4-18)。该方法的缺点是中间体 β-氯代丙烯醛衍生物化学性质活泼，容易与其他物质发生副反应[20]。

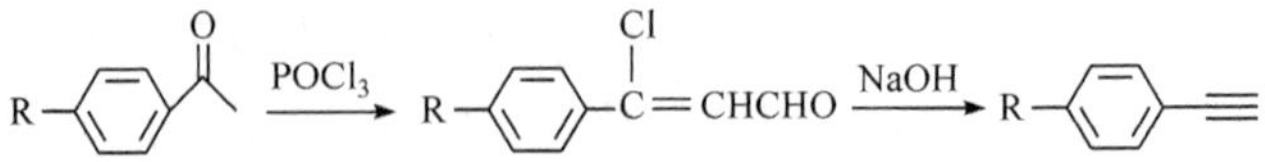

R—COCH₃ $POCl_3$ → R—C(Cl)=CHCHO NaOH → R—C≡CH

图 4-18 Vilsmeier 反应合成芳基端炔化合物

5) 五氯化磷法合成芳基端炔

以烷基取代芳基甲基酮作为原料，在喹啉或吡啶溶剂中与五氯化磷(PCl_5)于微波条件下反应可直接合成芳基端炔化合物(图 4-19)。该方法虽然反应步骤少，避免了多步反应和复杂的后处理过程，但容易形成氯代烯烃副产物，致使分离纯化困难[21]。

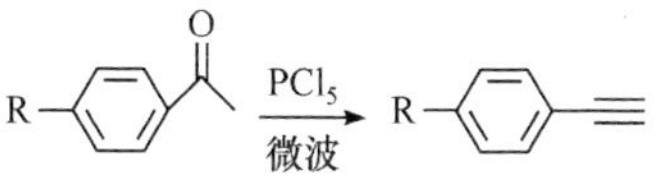

图 4-19　五氯化磷法合成芳基端炔化合物

3. 其他方法

除了上述经典方法和 Sonogashira 偶联方法之外，二芳基乙炔类化合物还可以通过 Fristch-Buttenberg-Wiechell 重排反应方法、一锅法等合成[22-25]。

Krauch 等[26]以 4-烷基苯基甲基酮为原料，与 4-烷基苯基卤化镁进行亲核加成反应得到叔醇，再在对甲苯磺酸(TsOH)作用下发生消除反应(脱水)得到 1,1-二芳基乙烯，进而经溴代反应得到 1-溴-2,2-二芳基乙烯，最后利用 1-溴-2,2-二芳基乙烯在低温强碱性液氨溶液中发生 Fristch-Buttenberg-Wiechell 重排反应，得到二芳基乙炔化合物(图 4-20)。该合成路线较短，但是重排需在低温液氨中进行，条件比较苛刻。安忠维等[22]对该反应进行了优化改进，以氢氧化钾取代液氨，在二甲苯中进行重排反应，收率较高。

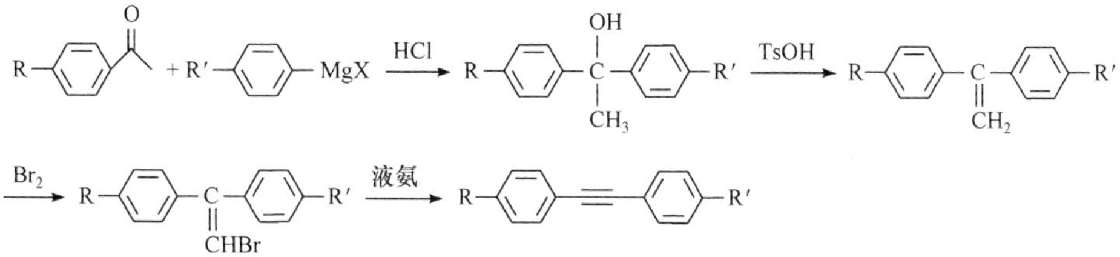

图 4-20　4-烷基苯基甲基酮合成二芳基乙炔化合物

2011 年，Umeda 等[23]对 Fristch-Buttenberg-Wiechell 重排反应进行优化，使用镧粉(La)和碘单质(I_2)为催化剂，避免了使用强碱性液氨溶液(图 4-21)。改进后的反应条件较为温和，收率较高。

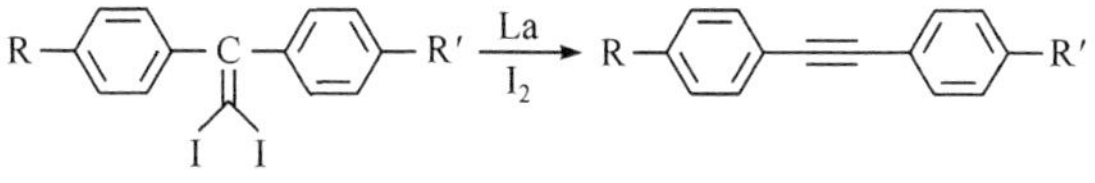

图 4-21　1,1-二碘-2,2-二芳基取代乙烯合成二芳基乙炔化合物

虽然 Sonogashira 偶联反应是卤代芳烃与芳基端炔在钯催化作用下合成二芳基乙炔化合物的常用方法，但是该方法容易产生芳基端炔的自偶联副产物，不易分离纯化。因此，研究人员尝试将卤代芳烃与芳基炔醇作为原料一锅反应来合成二芳基乙炔化合物，即在强碱作用下芳基炔醇脱去丙酮得到芳基端炔，进而生成的芳基端炔原位在钯催化作用下与卤代芳烃进行 Sonogashira 偶联反应以合成二芳基乙炔化合物(图 4-22)[24]。一锅法有效避免了芳基端炔自偶联副产物的生成，

反应步骤减少，收率提高。

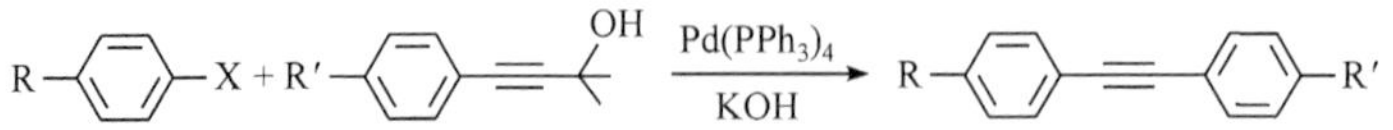

图 4-22　芳基炔醇与卤代芳烃一锅法合成二芳基乙炔化合物

2002 年，Mio 等[25]研究发现，以 1,8-二氮杂二环[5.4.0]十一碳-7-烯(DBU)为碱，在一定量水存在的条件下，部分卤代芳烃在 $PdCl_2(PPh_3)_2$/CuI 催化作用下，可以与三甲基乙炔基硅烷发生 Sonogashira 偶联反应，一锅法合成的对称二芳基乙炔产率较高(图 4-23)。

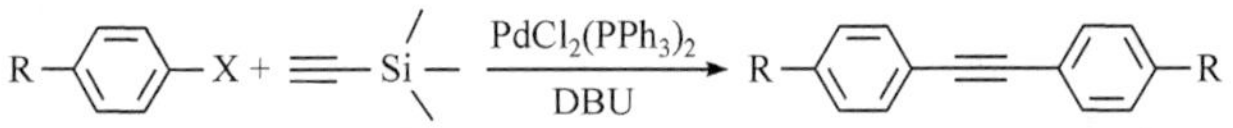

图 4-23　三甲基乙炔基硅烷与卤代芳烃一锅法合成对称二芳基乙炔

此外，德国报道了一种通过芳基甲醛的亲核加成反应来合成二芳基乙炔化合物的方法(图 4-24)[27]。即以 4-烷基苯甲醛为原料，在 *N*-甲基 2-吡咯烷酮(*N*-methyl-2-pyrrolidone，NMP)中，叔丁醇钾作为碱，以苄基苯基砜作为亲核试剂，反应得到二芳基乙烯化合物，进而在叔丁醇钾作用下发生消除反应，得到二芳基乙炔化合物。

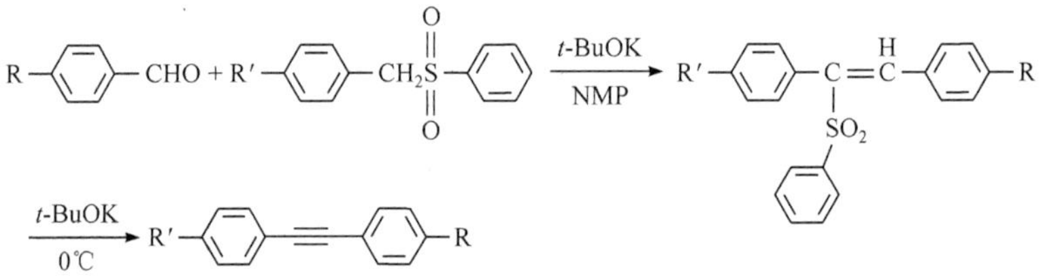

图 4-24　芳基甲醛合成二芳基乙炔化合物

4.2.2　乙撑桥键的构建

1979 年，Gray 等率先报道了乙撑桥键液晶。该类液晶具有黏度低、响应速度快、与其他液晶相容好和光/热稳定性高等优点，可用于降低混合液晶黏度、调制混合液晶双折射率等。目前，乙撑桥键的合成方法有 Friedel-Crafts 反应与黄鸣龙还原法、格氏试剂的亲核加成取代、Wittig 反应法、Sonogashira 反应法等。

1. Friedel-Crafts 反应与黄鸣龙还原法

Friedel-Crafts 反应与黄鸣龙还原法先通过芳基乙酰氯与芳烃在 Lewis 酸(通常用无水三氯化铝)的催化作用下发生 Friedel-Crafts 酰基化反应得到芳酮，再经过黄鸣龙还原将羰基还原生成乙撑桥键(图 4-25)[28]。该方法的缺点是芳基乙酰氯的合成路线较长。此外，羰基还原除了黄鸣龙还原方法之外，也可以采用克莱门森还原和三乙基硅烷-三氟乙酸还原。

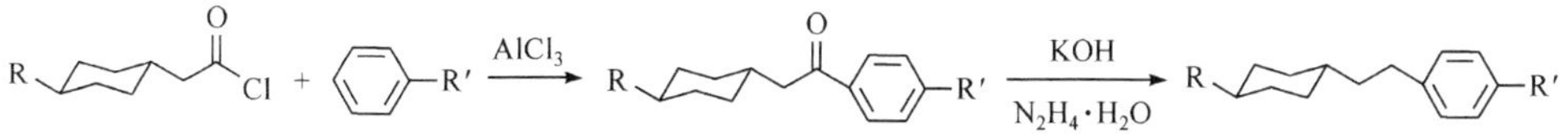

图 4-25　Friedel-Crafts 反应与黄鸣龙还原法构建乙撑桥键

2. 格氏试剂的亲核加成取代

通过格氏试剂与不同类型碳基化合物的亲核加成与消除(亲核取代反应)或者与卤代烃的亲核取代反应(偶联反应)，可以在致晶单元之间构建乙酰或乙撑结构，进而合成含乙撑桥键的化合物。

在铂、钯、镍等过渡金属催化下，格氏试剂与卤代烃可以发生亲核取代反应(或者交叉偶联反应)，被称为 Fouquet-Schlosser 偶联[29]。Fouquet-Schlosser 偶联法构建乙撑桥键如图 4-26 所示，通过 4-烷基环己基甲基氯与 4-烷基苄基溴化镁在 Li_2CuCl_4 或 Li_2CuBr_4 催化作用下的交叉偶联，可以合成含乙撑桥键的化合物。

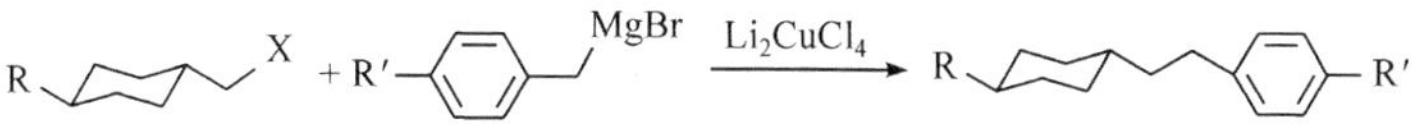

X = — Br, — I, — OSO_2CH_3

图 4-26　Fouquet-Schlosser 偶联法构建乙撑桥键

通过 4-烷基环己基乙酰氯与 4-烷基苯基溴化镁的亲核加成与消除，可以在苯环与环己烷中间引入乙酰基，进而通过黄鸣龙还原法，即可合成目标化合物(图 4-27)[30]。

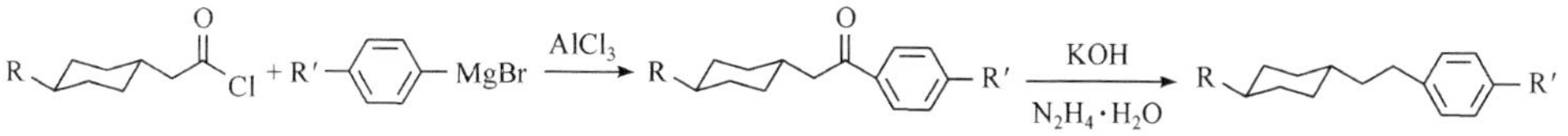

图 4-27　格氏试剂与酰氯反应构建乙撑桥键

通过 4-烷基环己酮与 4-烷基环己基乙基溴化镁的亲核加成得到叔醇，再经过 $KHSO_3$ 消除、Pd/C 催化常压加氢，可以合成目标化合物(图 4-28)[3]。

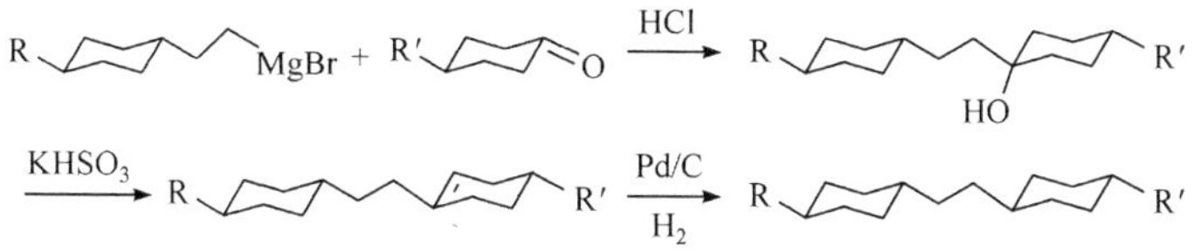

图 4-28　格氏试剂与环己酮反应构建乙撑桥键

类似地，通过 4-烷基苯甲醛与 4-烷基环己基甲基溴化镁的亲核加成得到叔醇，再经过 $KHSO_3$ 消除、骨架 Ni 或 Pd/C 催化常压加氢，也可以合成目标化合物(图 4-29)[31]。

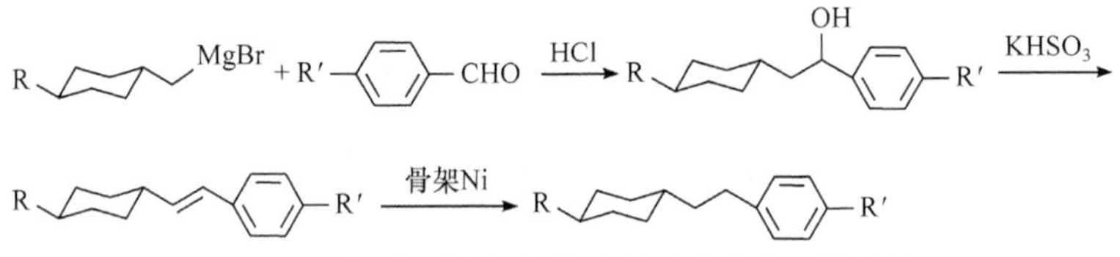

图 4-29　格氏试剂与芳基甲醛反应构建乙撑桥键

此外，通过 4-烷基环己基甲腈与 4-烷基苄基溴化镁的亲核加成也可以得到环己基苄基酮，再经过水合肼还原(黄鸣龙还原法)或 Zn(Hg)/HCl 酸性还原[克莱门森(Clemmensen)还原]，可以合成目标化合物(图 4-30)[4]。

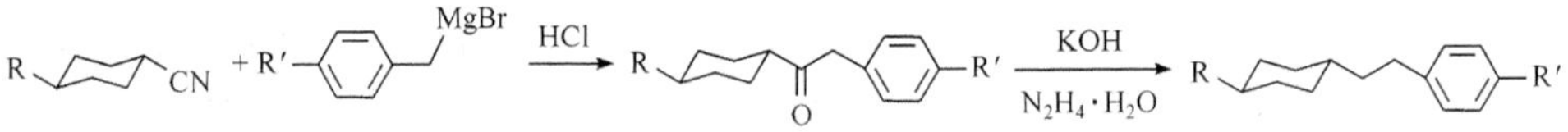

图 4-30　格氏试剂与环己基甲腈反应构建乙撑桥键

3. Wittig 反应法

通过 Wittig 反应法制备得到烯烃化合物，再经过骨架 Ni 或 Pd/C 催化常压加氢还原反应可以合成含乙撑桥键的化合物(图 4-31)[32]。

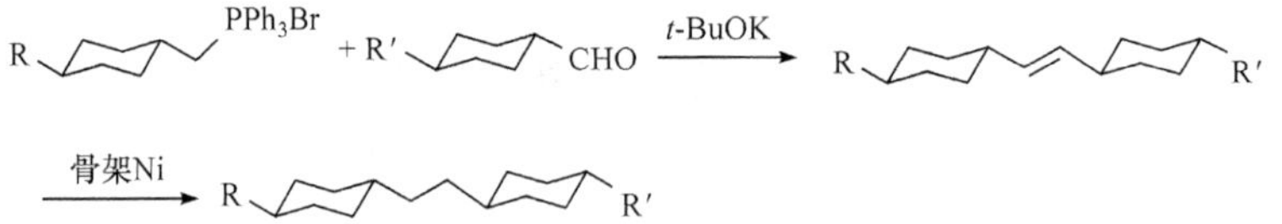

图 4-31　Wittig 反应法构建乙撑桥键

4. Sonogashira 反应法

通过 Sonogashira 反应法制备得到炔烃化合物，再经过 Pd/C 催化常压加氢还原反应，可以合成含乙撑桥键的化合物(图 4-32)[33]。

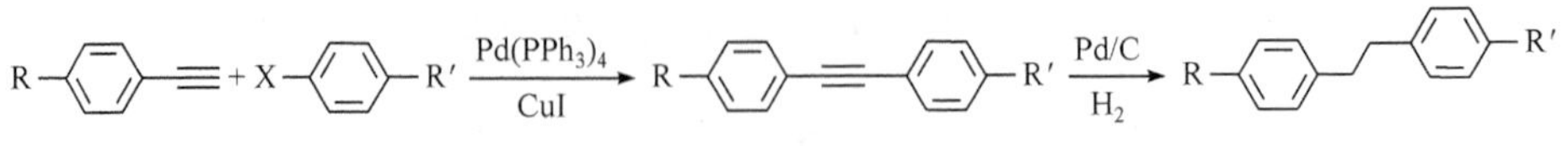

图 4-32　Sonogashira 反应法构建乙撑桥键

4.2.3　二氟甲醚桥键的构建

1990 年，Bunnelle 等[34]报道了一类含二氟甲醚桥键(—CF_2O—)的新型液晶化合物。该类化合物结构中的二氟甲醚桥键增加了液晶分子长轴方向的偶极矩，改变液晶分子之间偶极-偶极作用力，有助于提升液晶的介电各向异性、降低液晶的黏度，并且改善液晶的低温性能。如今，含二氟甲醚桥键的液晶化合物常被用于调配高介电、低黏度、低温性能良好的混合液晶。

二氟甲醚桥键的合成方法主要包括亲核取代(威廉姆森醚化)方法、酯基 DAST 氟化方法、三氟甲磺酸环硫鎓盐的亲核加成方法。

1. 亲核取代(威廉姆森醚化)方法

Hiraoka 等[35]通过间二氟取代的烷基环己基苯与正丁基锂在−78℃低温反应夺取氢后，再与二氟二溴甲烷发生亲核取代反应，成功引入二氟苄溴基团，然后再在碱性条件下与 3,4,5-三氟苯酚进行亲核取代(威廉姆森醚化)反应，得到含二氟甲醚桥键的目标化合物(图 4-33)。该合成方法虽然需要低温、无水无氧等较苛刻的条件，但是反应步骤简单、成本较低。值得注意的是，该方法所用的氟化试剂二氟二溴甲烷的沸点为 24.5℃，常温下为气体，因此反应投料时操作难度较大。

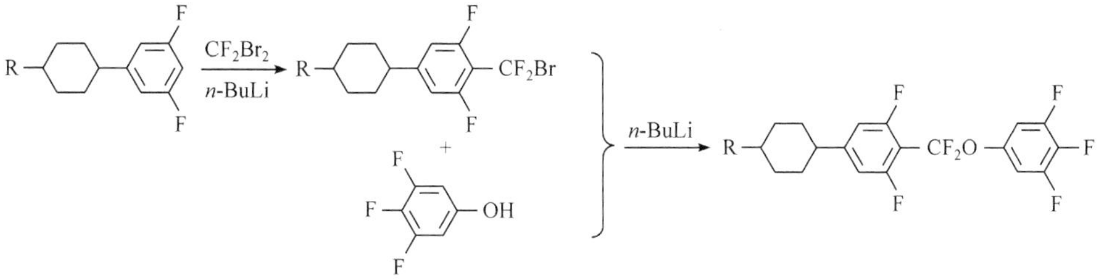

图 4-33 二氟甲醚桥键的构建(一)

Bartmann 等[36]以 4-烷基苯甲醛为原料，在镍高压釜中与氟化试剂 SF_4 和少量水反应合成 4-烷基二氟甲基苯，其在汞蒸气灯照射条件下，与液溴在四氯化碳中发生二氟甲基上的自由基取代反应，得到 4-烷基二氟溴甲基苯，然后在碱性(叔丁醇钾)条件下与 4-烷基苯酚进行亲核取代(威廉姆森醚化)反应，得到含二氟甲醚桥键的目标化合物(图 4-34)。该合成方法反应步骤较多，总收率较低，尤其是使用毒性大且腐蚀性强的 SF_4 氟化试剂，影响了该方法的推广应用。

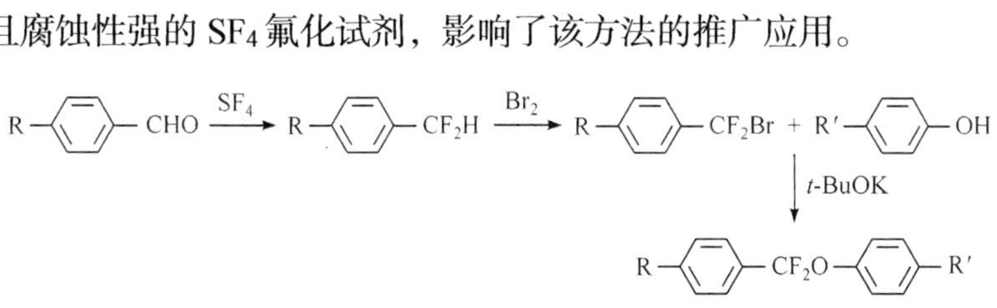

图 4-34 二氟甲醚桥键的构建(二)

Kondo 等[37]采用二氟二溴甲烷与六乙基亚磷酸胺[$P(NEt_2)_3$]反应制备的磷酸酯，在碱性条件下形成 Wittig-Horner 试剂，再与 4-烷基环己酮发生 Wittig-Horner

反应，得到 4-烷基环己基二氟乙烯化合物，其经溴加成反应后，再在碱性(K_2CO_3)条件下与 4-烷基苯酚衍生物进行亲核取代(威廉姆森醚化)反应，然后消除溴化氢得到含二氟甲醚桥键的环己烯衍生物(图 4-35)。该方法仅适用于制备—CF_2O—桥键与环己烷直接相连的化合物，不适于向联苯结构中引入—CF_2O—桥键。

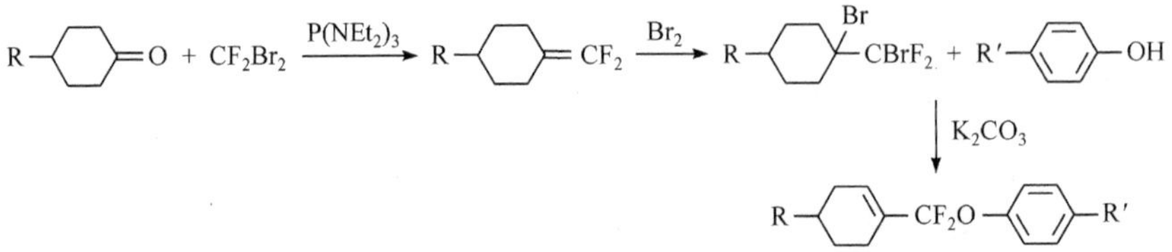

图 4-35 二氟甲醚桥键的构建(三)

2. 酯基 DAST 氟化方法

以芳基甲酸酯为原料，在氯苯溶剂中与劳森试剂或五硫化二磷(P_2S_5)作用下得到硫代羧酸酯，再与氟化试剂二乙胺基三氟化硫(diethylaminosulfur trifluoride，DAST)在二氯甲烷中室温反应制备含二氟甲醚桥键的化合物(图 4-36)。虽然该方法合成步骤少、反应简单，但是使用的氟化试剂 DAST 和劳森试剂价格昂贵，有毒性且污染较大，不利于实现规模化生产[38]。

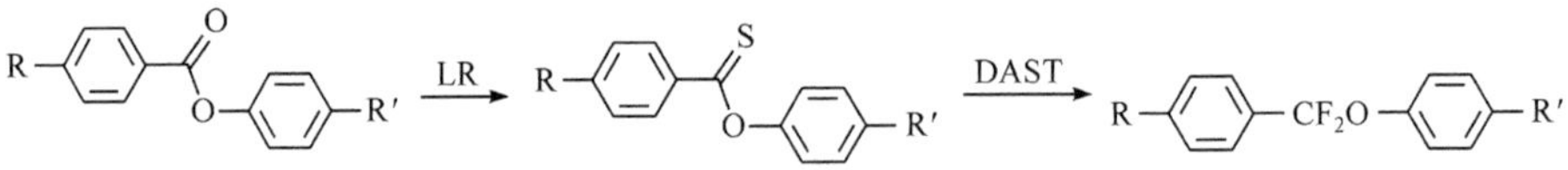

图 4-36 酯基 DAST 氟化方法构建二氟甲醚桥键

LR-劳森试剂

3. 三氟甲磺酸环硫鎓盐的亲核加成方法

1) 以酮为原料

Kirsch 等[39]采用 4-(4′-烷基环己基)环己酮为原料，其与 2-三甲基硅基-1,3-二噻烷反应生成烯醛缩 1,3-丙二硫醇，再与三氟甲磺酸加成得到三氟甲磺酸环硫鎓盐，然后在碱性(三乙胺)条件下与 4-烷基苯酚发生亲核加成反应，得到 2-(4-烷基双环己基)-2-酚氧基-1,3-二噻烷，进而在低温(−20℃)加入三乙胺氟化氢络合物和 2,5-二叔丁基对苯二酚(2,5-di-tert-butylhydroquinone，DBH)进行氧化氟化脱硫反应，得到含二氟甲醚桥键的目标化合物(图 4-37)。该方法使用价格昂贵的 2-三甲基硅基-1,3-二噻烷为原料，且反应步骤较多，多步反应在低温(−70℃)条件下进行，操作难度较高，不利于规模化生产。该方法仅适用于制备—CF_2O—桥键与环己烷直接相连的化合物，不适于向联苯结构中引入—CF_2O—桥键。

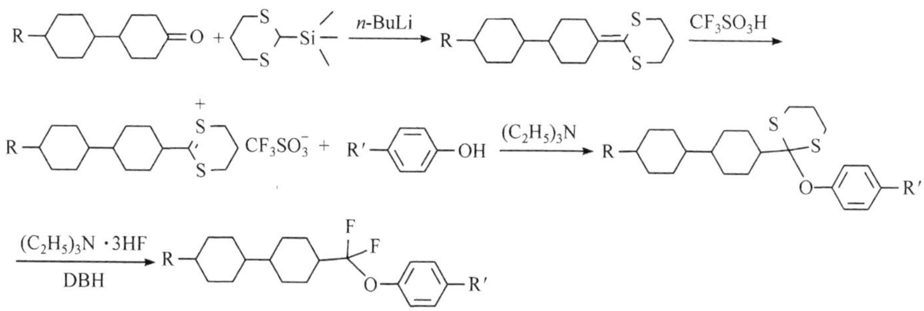

图 4-37　以 4-(4′-烷基环己基)环己酮为原料构建二氟甲醚桥键

2) 以羧酸为原料

Kirsch 等[40]采用 4-烷基双环己基甲酸为原料，在三氟甲磺酸催化下，与 1,3-丙二硫醇反应生成中间体三氟甲磺酸环硫鎓盐，再在碱性条件下与 4-烷基苯酚发生亲核加成反应，得到 2-(4-烷基双环己基)-2-酚氧基-1,3-二噻烷，然后在液溴作用下进行脱硫反应，最后在氟化剂三乙胺氟化氢络合物作用下，得到含二氟甲醚桥键的目标化合物(图 4-38)。该方法适用性好，环己基甲酸和芳基甲酸都可以作为原料，反应产率较高，成本较低。但氟化-脱硫反应在−70℃低温条件下进行，且使用液溴，实验操作上要注意安全防护。

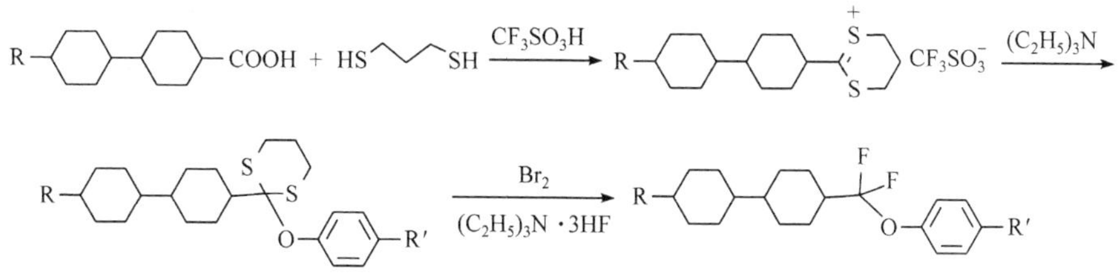

图 4-38　以 4-烷基双环己基甲酸为原料构建二氟甲醚桥键

4.2.4　酯基桥键的构建

酯基桥键(—COO—)是液晶化合物结构中常见的连接基团。酯类液晶具有介电各向异性大、易于制备的特点，因此在 STN 显示领域得到了广泛应用。酯类液晶的合成主要可分为两种：碱催化下酰氯与酚的亲核取代，以及 Lewis 酸或有机催化剂催化下羧酸与酚的亲核取代[41,42]。

图 4-39 是碱催化下酰氯与苯酚衍生物发生亲核取代合成酯类化合物的路线。以芳基羧酸为原料，与二氯亚砜反应制备酰氯衍生物，再与苯酚衍生物进行酯化反应得到含酯基桥键的化合物。反应过程中可加入 DMF 或吡啶作为缚酸剂，以加快反应进行。

在无机催化剂(Lewis 酸)或有机催化剂(二环己基碳二亚胺，dicyclohexyl carbodiimide，DCC)作用下，羧酸和苯酚衍生物可以通过酯化反应制备含酯基桥

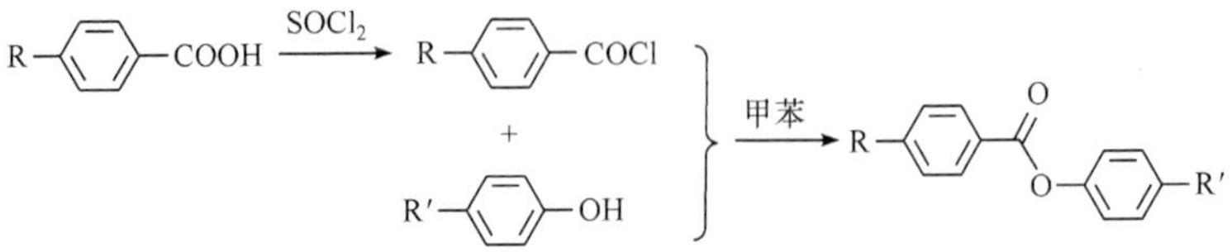

图 4-39　酰氯与苯酚衍生物亲核取代构建酯基桥键

键的化合物(图 4-40)。

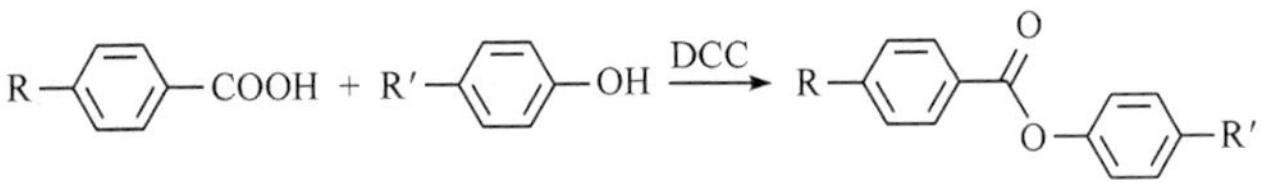

图 4-40　DCC 催化构建酯基桥键

4.2.5　亚甲氧基桥键的构建

含亚甲氧基桥键(—CH_2O—)结构的液晶化合物黏度较低，介电各向异性适中，且与其他液晶化合物的相容性较好，因此应用广泛[43]。含亚甲氧基桥键液晶化合物，通常是由苄基溴代物、苄基氯代物或苯磺酸酯与苯酚衍生物在碱性条件下的亲核取代(威廉姆森醚化)反应制备(图 4-41)。使用卤代物为原料时，往往不可避免地会引入卤素负离子(Cl^-或者 Br^-)，从而使得液晶化合物的电阻率及电荷保持率下降，进而会影响液晶显示器的显示性能。使用苯磺酸酯为原料时，可以有效避免卤素负离子的引入。

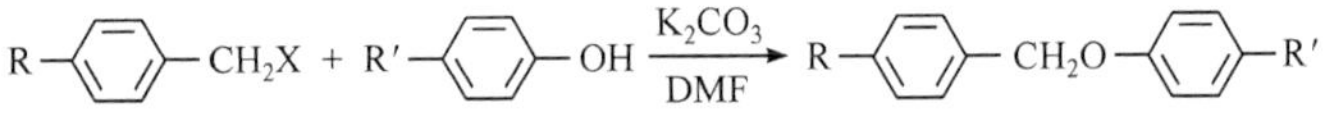

X = — Br, — Cl, — OTs

图 4-41　亚甲氧基桥键的构建

Ts 表示对甲苯磺酰基

4.2.6　乙烯桥键的构建

分子结构中引入反式乙烯桥键(—C═C—)，可以提高液晶化合物的弹性常数，降低其黏度，从而提高液晶显示器的响应速度并增大视角，因而得到广泛关注。乙烯桥键的合成主要包括羟基脱水法、Wittig 反应法和 Heck 偶联反应法。

1. 羟基脱水法

以烷基取代二苯乙酮为原料，在硼氢化钠或氢化铝锂的作用下将羰基还原为羟基，再在硫酸氢钾或对甲苯磺酸(TsOH)催化条件下进行消除反应，即可获得含乙烯桥键的化合物(图 4-42)。该方法涉及的反应经典，但步骤较多，总收率较低[44]。

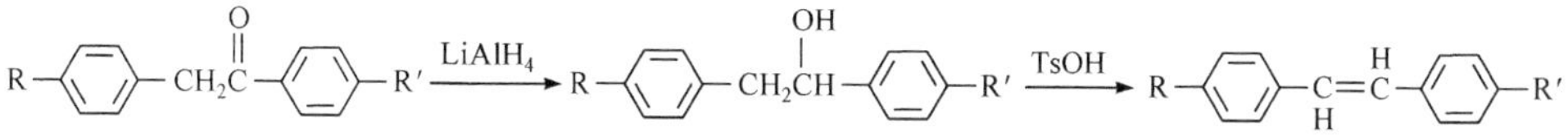

R—C₆H₄—CH₂C(=O)—C₆H₄—R′ —LiAlH₄→ R—C₆H₄—CH₂CH(OH)—C₆H₄—R′ —TsOH→ R—C₆H₄—CH=CH—C₆H₄—R′

图 4-42　以烷基取代二苯乙酮为原料构建乙烯桥键

也可以利用格氏试剂与芳基甲醛的亲核加成反应直接制得羟基衍生物，进而通过消除反应构建乙烯桥键(图 4-43)。此合成路线避免了使用氢化铝锂，提高了实验操作过程中的安全性。

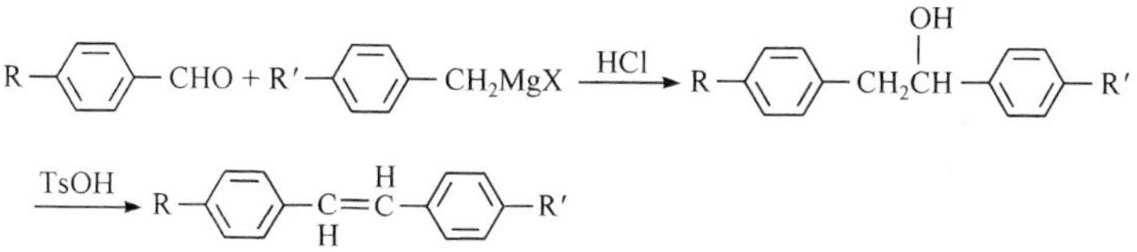

R—C₆H₄—CHO + R′—C₆H₄—CH₂MgX —HCl→ R—C₆H₄—CH₂CH(OH)—C₆H₄—R′ —TsOH→ R—C₆H₄—CH=CH—C₆H₄—R′

图 4-43　以芳基甲醛为原料构建乙烯桥键

2. Wittig 反应法

以苄基溴代物或者苄基氯代物为原料，与三苯基膦在叔丁醇钾作用下反应生成磷叶立德,再与 4-烷基苯甲醛发生 Wittig 反应制备含乙烯桥键的化合物(图 4-44)。该方法需要低温和无水无氧条件，实验操作难度较大[7]。同时使用大量的有机磷试剂和叔丁醇钾，实验成本较高。

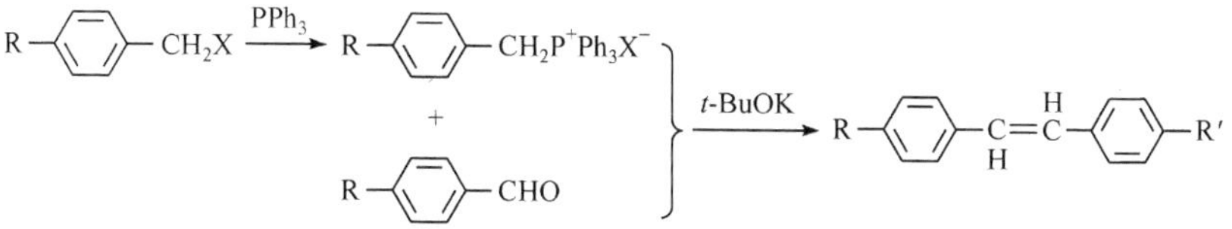

R—C₆H₄—CH₂X —PPh₃→ R—C₆H₄—CH₂P⁺Ph₃X⁻ + R—C₆H₄—CHO —t-BuOK→ R—C₆H₄—CH=CH—C₆H₄—R′

图 4-44　Wittig 反应法构建乙烯桥键

3. Heck 偶联反应法

Heck 偶联反应常用于制备含碳碳双键的芳烃化合物[8]。以 4-烷基苯乙烯为原料，与卤代芳烃在钯催化作用下进行 Heck 偶联反应，即可制备含乙烯桥键的化合物(图 4-45)。该方法反应步骤短，收率高。

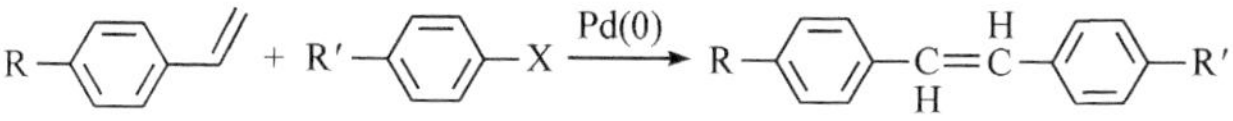

R—C₆H₄—CH=CH₂ + R′—C₆H₄—X —Pd(0)→ R—C₆H₄—CH=CH—C₆H₄—R′

X = —Br, —I

图 4-45　Heck 偶联反应法构建乙烯桥键

4.2.7　氟代乙撑桥键的构建

含氟代乙撑桥键的液晶化合物具有黏度低、相容性好、光/热稳定性高等优点，主要用作混合液晶的添加剂，可以降低混合液晶的黏度，提高响应速度。氟代乙撑桥键主要包括1-氟代乙撑桥键、1,1-二氟代乙撑桥键、1,2-二氟代乙撑桥键和1,1,2,2-四氟代乙撑桥键。

1. 1-氟代乙撑桥键

1993年，Seiji报道了含1-氟代乙撑桥键的液晶化合物[45]。以二芳基酮为原料，用氢化铝锂或硼氢化钠还原得到相应的仲醇，再与氟化试剂DAST进行氟化反应，即可得到含1-氟代乙撑桥键的目标化合物(图4-46)。该方法中虽然使用了昂贵的DAST氟化试剂，但是氟化反应收率较高。

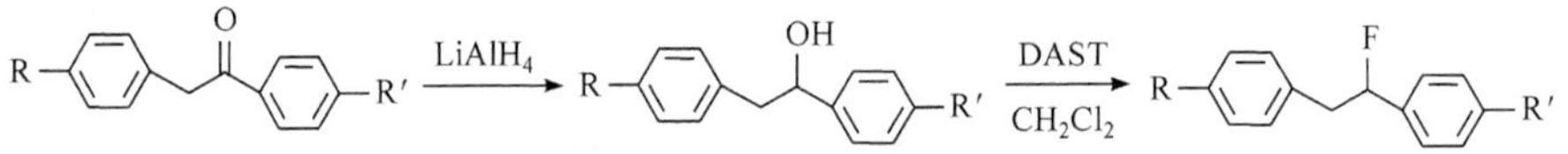

R　O　R′　$LiAlH_4$　R　OH　R′　DAST　CH_2Cl_2　R　F　R′

图4-46　1-氟代乙撑桥键的构建

2. 1,1-二氟代乙撑桥键

以4-烷基苯甲醛为原料，与1,3-丙二硫醇进行羰基的亲核加成反应，得到4-烷基苯甲醛缩1,3-丙二硫醇，再在强碱性(正丁基锂)环境下，与苄基溴代物或者苄基氯代物低温(−78℃)发生亲核取代反应，最后利用*N*-碘代丁二酰亚胺(NIS)和四丁基氟化铵−氟化氢络合物进行低温(−78～−30℃)氧化氟化脱硫反应，得到含1,1-二氟代乙撑桥键的化合物(图4-47)。该方法中后两步反应均需在低温下进行，反应条件较为苛刻[46]。

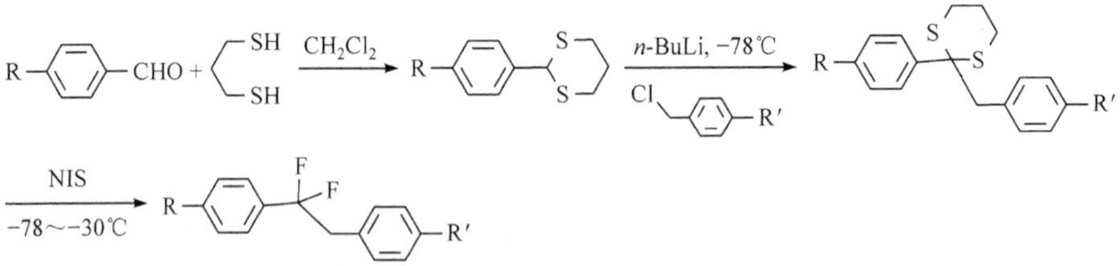

R　CHO +　SH　SH　CH_2Cl_2　R　S　S　*n*-BuLi, −78℃　Cl　R′　R　S　S　R′

NIS　−78～−30℃　R　F　F　R′

图4-47　以4-烷基苯甲醛为原料构建1,1-二氟代乙撑桥键

以二芳基酮为原料，与氟化试剂DAST进行氟化反应，直接制备含1,1-二氟代乙撑桥键的化合物(图4-48)。该方法步骤简单，收率适中。

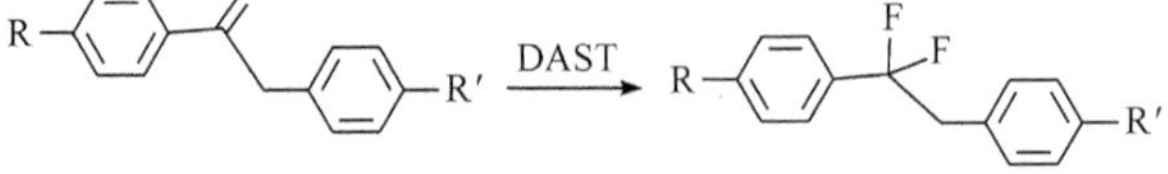

R　O　R′　DAST　R　F　F　R′

图4-48　以二芳基酮为原料构建1,1-二氟代乙撑桥键

为了提高氟化反应收率，可以先将二芳基酮还原为芳基腙，再进行氟化反应，

进而得到含 1,1-二氟代乙撑桥键的化合物(图 4-49)。该方法虽然收率高，但是反应时间长，且需要在−75℃低温下进行，条件苛刻。

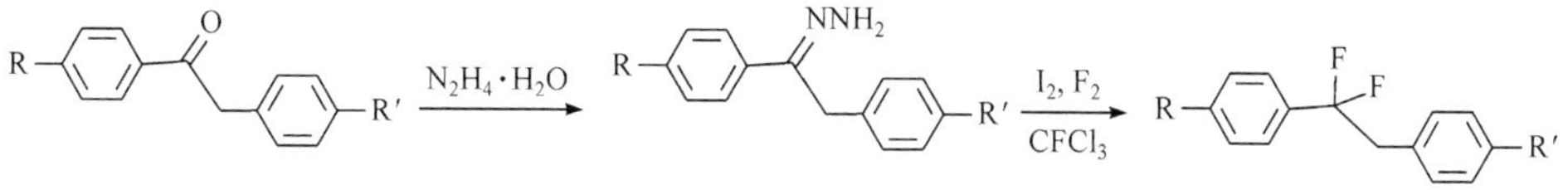

图 4-49 以二芳基酮和水合肼为原料构建 1,1-二氟代乙撑桥键

此外，通过合适的氟化试剂可以将乙炔桥键转化为 1,1-二氟代乙撑桥键(图 4-50)。以二苯乙炔衍生物为原料，选用 70%氟化氢的吡啶络合物(pyridine hydrofluoride，PPHF)进行氟化氢亲电加成反应，可以得到含 1,1-二氟代乙撑桥键的化合物。该方法步骤少，收率适中，但亲电加成反应存在一定量的异构化副产物。

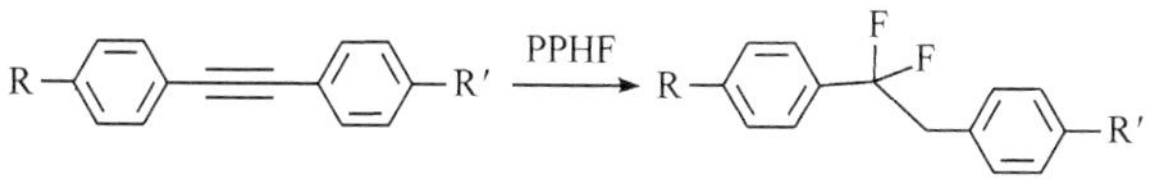

图 4-50 以二苯乙炔衍生物为原料构建 1,1-二氟代乙撑桥键

3. 1,2-二氟代乙撑桥键

1) 邻二醇氟化

以二苯乙烯衍生物为原料，经四氧化锇(OsO_4)氧化，制得 1,2-二芳基-1,2-邻二醇化合物，然后在冰浴(0～5℃)中与六氟丙烯(hexafluoropropylene，HFP)氟化试剂进行氟取代反应，得到含 1,2-二氟代乙撑桥键的目标化合物(图 4-51)[47]。

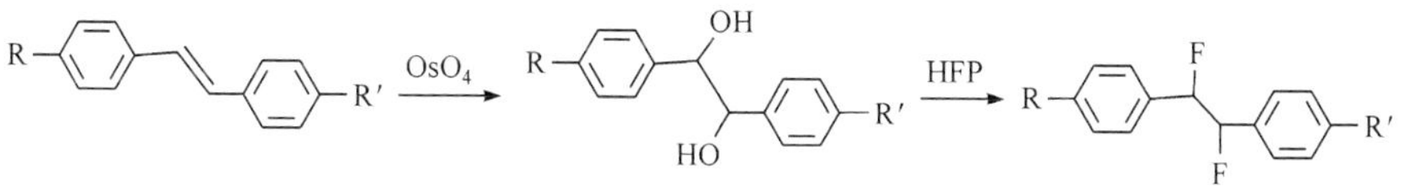

图 4-51 邻二醇氟化法构建 1,2-二氟代乙撑桥键

2) 烯的氟化加成

以二苯乙烯衍生物为原料，与过量的氟化碘溶液发生氟化加成反应，得到含 1,2-二氟代乙撑桥键的化合物(图 4-52)。该方法步骤简单，收率较高，但氟化碘的制备需要−75℃低温条件，且需使用危险的氟气，反应条件较为苛刻。

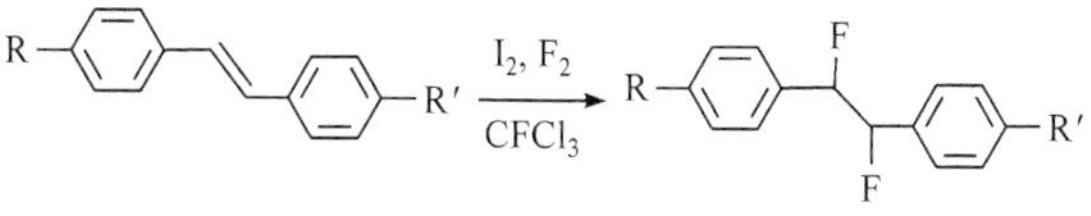

图 4-52 烯的氟化加成构建 1,2-二氟代乙撑桥键

3) 烯的氟溴化加成

以二苯乙烯衍生物为原料，先用氟溴化试剂(PPHF/NBS，即氟化氢的吡啶络合物/*N*-溴代琥珀酰亚胺)在室温下进行氟溴加成反应，然后再与氟化银进行取代反应，得到含1,2-二氟代乙撑桥键的化合物(图4-53)。

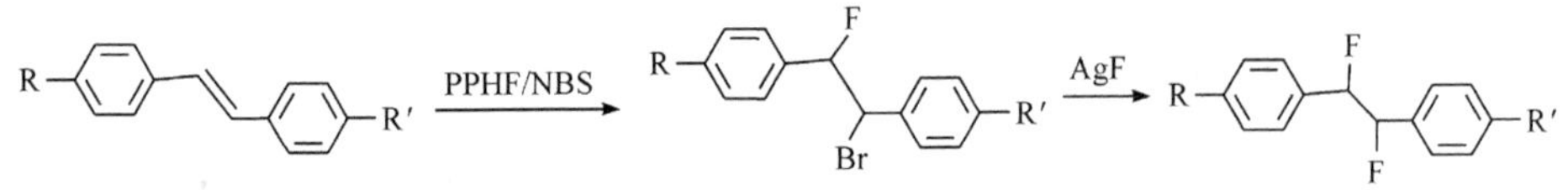

图4-53 烯的氟溴化加成构建1,2-二氟代乙撑桥键

4. 1,1,2,2-四氟代乙撑桥键

以二苯乙烯衍生物为原料，经过四氧化锇(OsO_4)氧化，制得1,2-二芳基-1,2-邻二醇化合物，然后再通过斯文(Swern)氧化[−50℃，三氟乙酸酐(trifluoroacetic anhydride，TFAA)]与二甲基亚砜(dimethyl sulfoxide，DMSO)制备得到三氟乙酰氧二甲硫鎓三氟乙酸盐，该盐再与三乙胺组合后可以迅速氧化伯醇和仲醇，得到相应的醛和酮，因此可将邻二醇氧化成1,2-二芳基乙二酮。最后，在哈氏合金高压釜中与氟化剂SF_4反应，制备含1,1,2,2-四氟代乙撑桥键的化合物[48](图4-54)。

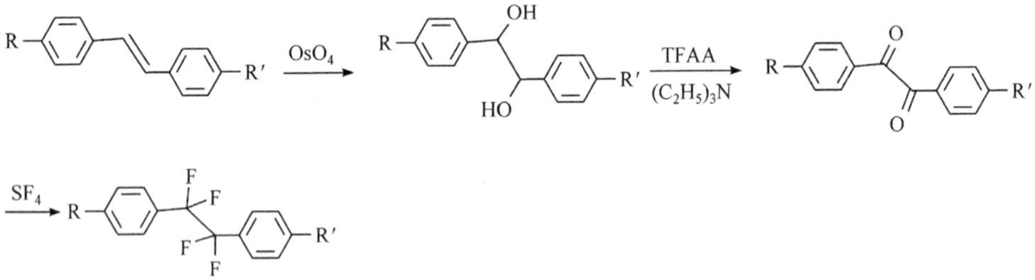

图4-54 1,1,2,2-四氟代乙撑桥键的构建

4.2.8 氟代乙烯桥键的构建

氟代乙烯桥键主要包括1-氟代乙烯桥键和1,2-二氟代乙烯桥键两种。含氟代乙烯桥键的液晶化合物具有双折射率大、黏度低、与其他液晶相容性好等优点，作为混合液晶的添加剂，可以降低混合液晶黏度，提高响应速度，降低驱动电压。

1. 1-氟代乙烯桥键

1993年，Seiji报道了含1-氟代乙烯桥键的液晶化合物[46]。以1,1-二氟代乙撑类化合物为原料，在碱性环境下消除一分子氟化氢，即可得到含1-氟代乙烯桥键类化合物。该方法步骤简单，反应收率高，1-氟代乙烯桥键的构建如图4-55所示。

图 4-55　1-氟代乙烯桥键的构建

2. 1,2-二氟代乙烯桥键

以 1,1,2-三氟-2-氯乙烯为原料，与正丁基锂反应后生成相应的锂试剂，进而先后与碘及锌反应，得到 1,1,2-三氟-2-碘乙烯的锌试剂，再与芳基卤代烃在四(三苯基膦)钯催化下发生偶联反应，得到芳基取代的全氟乙烯，进一步与芳基锂衍生物反应可以制备含 1,2-二氟代乙烯桥键的化合物[49](图 4-56)。

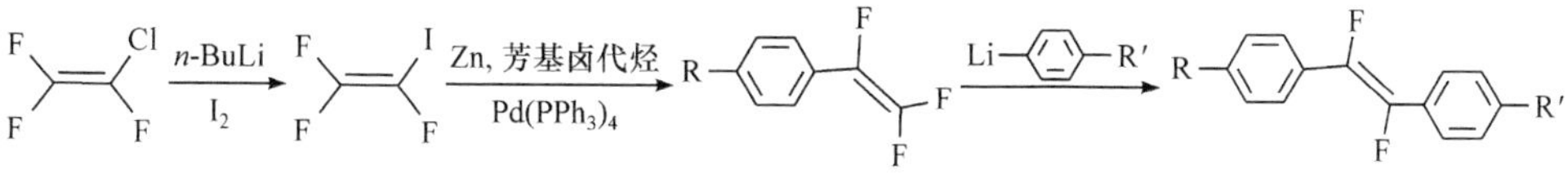

图 4-56　锌试剂偶联法构建 1,2-二氟代乙烯桥键

图 4-57 的合成路线也可以构建 1,2-二氟代乙烯桥键。该路线以 1,1,2-三氟-2-氯乙烯为原料，与正丁基锂(*n*-BuLi)反应后生成相应的锂试剂，再与三甲基氯化硅反应制得相应的硅试剂，然后在碱性条件(氟化钾，KF)下消除三甲基硅烷，得到含 1,2-二氟取代的芳基乙烯化合物。最后在锂试剂(*n*-BuLi)作用下，与卤代烃反应制备得到含 1,2-二氟代乙烯桥键的化合物[46]。该路线步骤较多，且多步实验需要低温操作和使用锂试剂，因此合成条件较为苛刻。

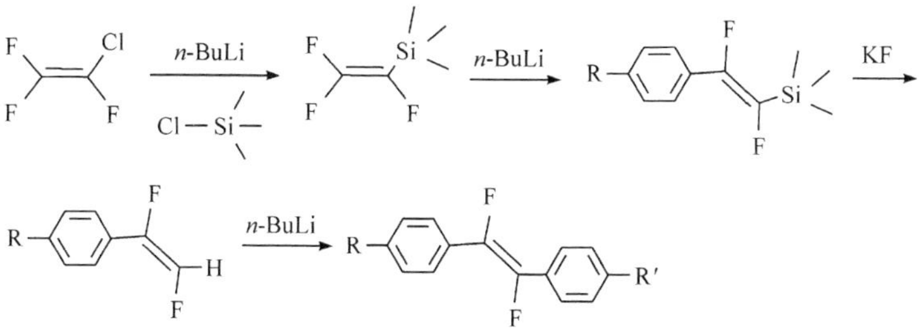

图 4-57　硅试剂法构建 1,2-二氟代乙烯桥键

此外，以芳醛为原料，与 CF_2Br_2 的磷叶立德反应得到含 1,1-二氟取代芳基乙烯化合物，再与氟化钴在含有少量水的三氟三氯乙烷(CCl_2FCClF_2)溶剂中发生氟化反应，然后在低温(−78℃)碱性(异丁基锂，*i*-BuLi)条件下消除 1 分子氟化氢，得到芳基取代的全氟乙烯，再与卤代芳烃的锂试剂发生偶联反应，即可得到含 1,2-二氟代乙烯桥键的化合物(图 4-58)[50]。该方法步骤较多，需要低温、无水、无氧条件，多步反应条件苛刻。

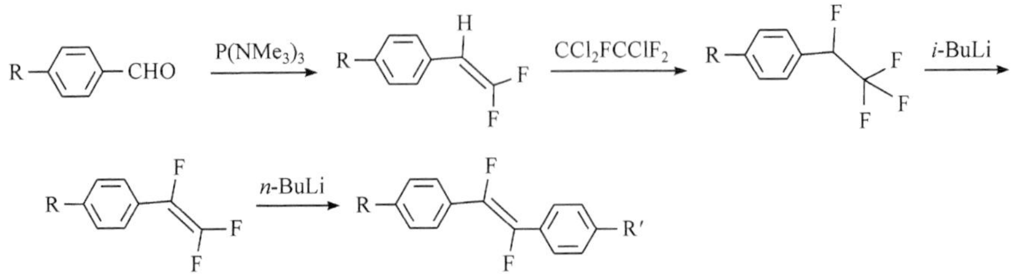

图 4-58　Wittig 反应方法构建 1,2-二氟代乙烯桥键

4.2.9　其他桥键的构建

偶氮桥键、亚胺桥键、酰胺桥键、硫酚酯基桥键、二氟硫醚基桥键、甲基乙撑桥键等常被用于构建液晶化合物，下面简要介绍其合成方法。

1. 偶氮桥键

偶氮桥键在弯曲型液晶和光敏性功能液晶材料中应用广泛，其可以通过重氮盐与芳烃的亲电取代反应来合成[51]。以芳胺为原料，在亚硝酸钠和稀盐酸的作用下生成芳基重氮盐，然后再与苯酚发生亲电取代反应，即可得到含偶氮桥键的化合物(图 4-59)。

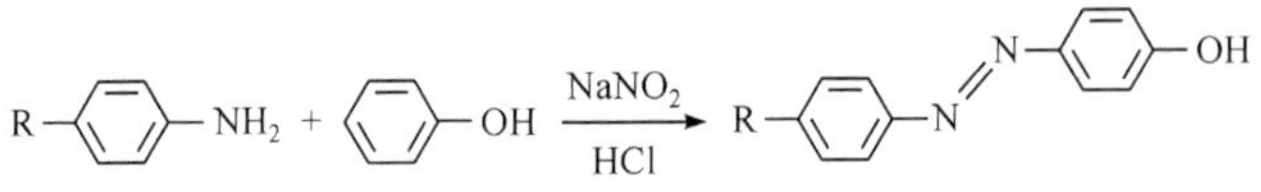

图 4-59　偶氮桥键的构建

2. 亚胺桥键

含亚胺桥键的液晶化合物又称为席夫碱液晶，其可以通过芳香胺和芳香醛经亲核加成反应制得，亚胺桥键的构建如图 4-60 所示[52]。

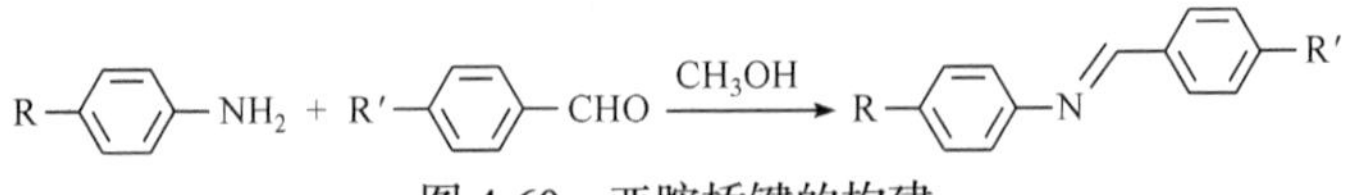

图 4-60　亚胺桥键的构建

3. 酰胺桥键

与酯基桥键的合成类似，酰胺桥键可以通过亲核取代反应来合成[53]。以芳基甲酸为原料，与二氯亚砜反应制备芳基酰氯，再与芳胺反应得到含酰胺桥键的化合物(图 4-61)。

以芳基甲酸和芳胺为原料，在三苯基膦和六氯乙烷存在下，直接进行亲核加成及消除反应，可以制备含酰胺桥键的化合物(图 4-62)。

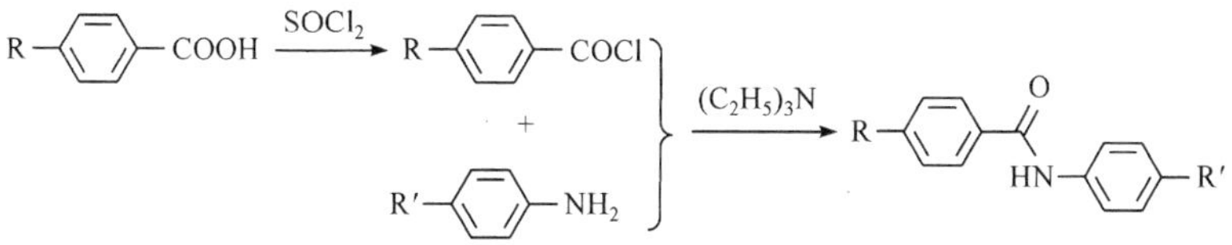

图 4-61　芳基酰氯与芳胺反应构建亚胺桥键

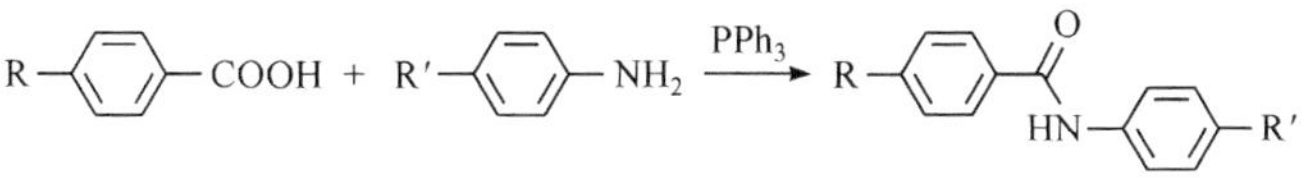

图 4-62　芳基甲酸与芳胺反应构建亚胺桥键

4. 硫酚酯基桥键

与酯基桥键类似，硫酚酯基桥键引入液晶分子结构中也可以优化液晶性能[54]。以芳基甲酸为原料，与二氯亚砜反应制备芳基酰氯，再与芳硫醇酯化后得到含硫酚酯基桥键的化合物(图 4-63)。

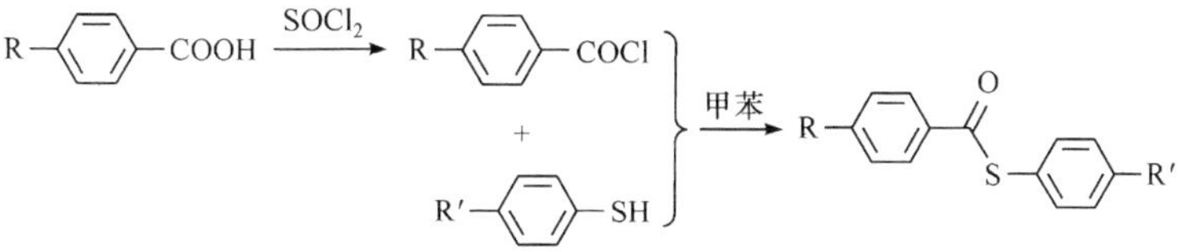

图 4-63　硫酚酯基桥键的构建

5. 二氟硫醚基桥键

3,5-二氟取代的芳烃与丁基锂反应制备有机锂试剂，再与二氟二溴甲烷发生亲核取代反应，生成相应的二氟溴苄化合物，然后与芳硫醇化合物在碱性条件下进行亲核取代(威廉姆森醚化)反应，得到含二氟硫醚基桥键的化合物(图 4-64)[55]。

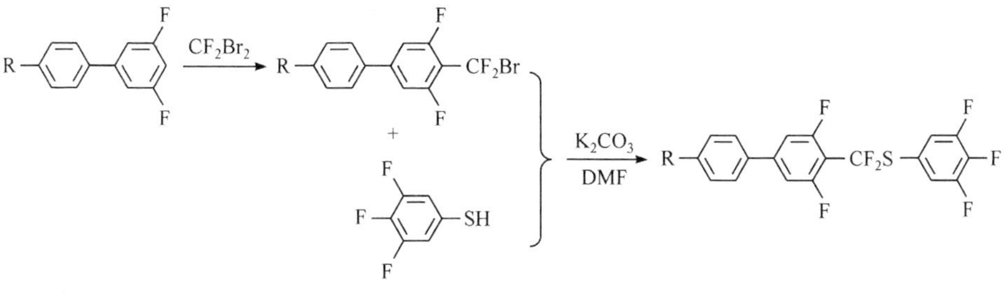

图 4-64　二氟硫醚基桥键的构建

6. 甲基乙撑桥键

以芳香酮为原料，先与溴甲烷的膦盐在碱性条件下通过 Wittig 反应得到烯结构，然后在钯/碳催化作用下加氢还原，即可得到含甲基乙撑桥键的化合物

(图 4-65)[56]。

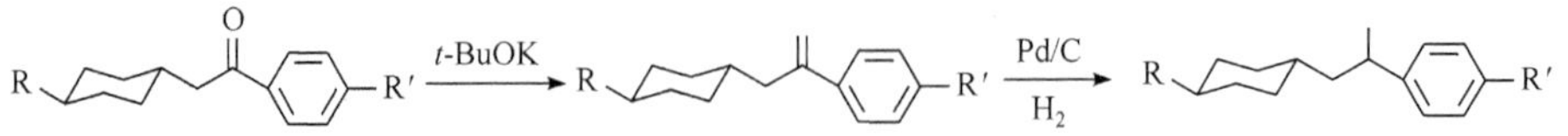

图 4-65　甲基乙撑桥键的构建

4.3　典型桥键类液晶的合成

4.3.1　乙炔桥键液晶的合成

下面以乙炔桥键液晶 **404** 的合成为例，其合成步骤如图 4-66 所示[57]。

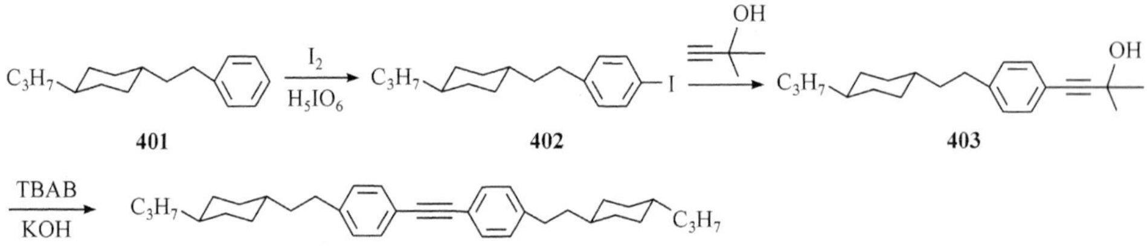

图 4-66　乙炔桥键液晶 **404** 的合成

化合物 **401**、碘、高碘酸、二氯甲烷、冰醋酸、质量分数为 15%的硫酸水溶液组成的体系，在搅拌下回流反应 5h，自然降至室温。反应液经萃取、水洗后，用无水硫酸镁干燥有机相，经浓缩后重结晶，得到白色针状晶体 **402**(收率为 50%)。氮气保护下，化合物 **402**、2-甲基-3-丁炔-2-醇、四(三苯基膦)钯、碘化亚铜、三苯基膦、三乙胺和 DMF 在 88℃反应 12h，再冷却至室温，反应液经萃取、水洗后，用无水硫酸镁干燥有机相，经浓缩后重结晶，得到淡黄色固体 **403**(收率为 70%)。氮气保护下，化合物 **402**、化合物 **403**、四(三苯基膦)钯、四丁基溴化铵、KOH 和甲苯在 80℃搅拌反应 12h，再冷却至室温，反应液经萃取、水洗后，用无水硫酸镁干燥有机相，经浓缩后柱分离纯化，经重结晶后得到白色晶体 **404**(收率为 41%)。

化合物 **404** 的熔点为 89.40℃，清亮点为 140.50℃，向列相区间为 51.10℃，双折射率为 0.3278。

4.3.2　乙撑桥键液晶的合成

下面以化合物 **412** 的合成为例，其合成步骤如图 4-67 所示[58,59]。

在氮气保护下，在 34℃将镁粉在无水乙醚(Et_2O)中搅拌。向恒压滴液漏斗中加入含间氟苄氯的乙醚溶液，将少量卤化物溶液滴加到镁粉体系中引发反应后，

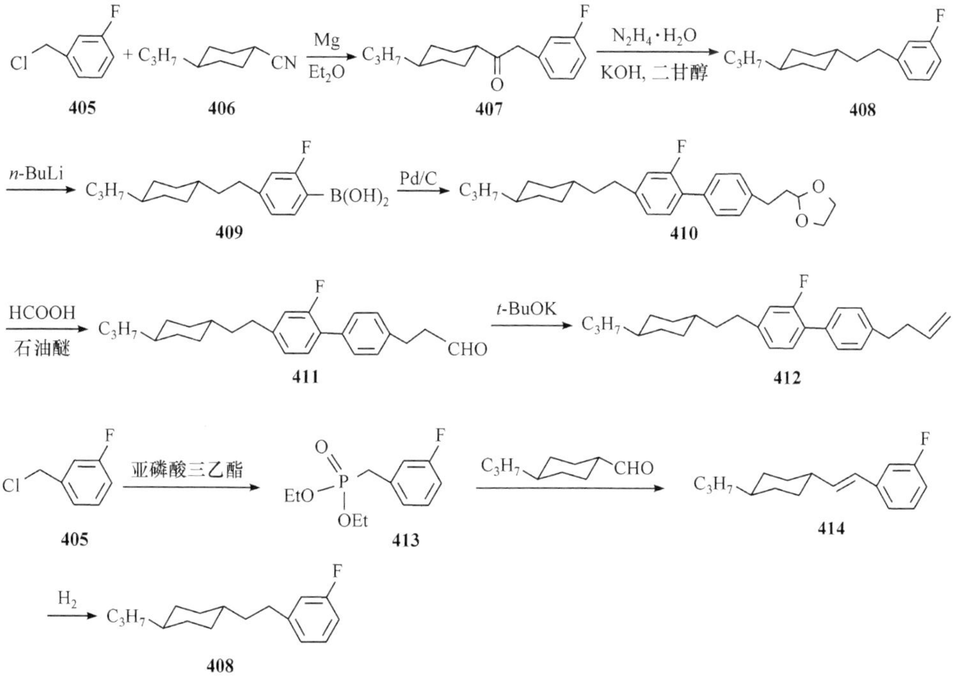

405　406　407　408
409　410
411　412
405　413　414
408

图 4-67　乙撑桥键液晶 **412** 的合成

再在 2h 内将剩余的卤化物溶液缓慢滴入，混合物在 34℃反应 3h 后制得格氏试剂。然后逐滴加入化合物 **406**，继续搅拌反应 5h。在 1h 内向上述反应体系中滴加 5mol/L HCl，在 70℃反应 2h。待反应完成后处理得到白色晶体 **407**(收率为 70%)。将化合物 **407**、水合肼、二甘醇、氢氧化钾在 130℃反应 2h，加分水装置，升温至 180℃，反应 5h 后停止反应，加石油醚稀释，分出石油醚层，回收石油醚，减压蒸馏收集 160℃/20Pa 馏分，得无色液体 **408**(收率为 80%)。在氮气保护下，于−75℃向化合物 **408**、叔丁醇钾、无水四氢呋喃组成的反应体系滴加正丁基锂溶液，滴完后继续反应 1.5h，再加入含硼酸三正丁酯的四氢呋喃溶液，加完后继续反应 1h，自然升温至室温，反应 12h，生成黏稠白色浑浊物。滴加 20%的盐酸调节反应溶液呈酸性，继续在 40℃搅拌 1h，停止反应后处理得到白色晶体 **409**(收率为 25%)。

在氮气保护下，将化合物 **409**、4-溴苯丙醛缩醛、四正丁基溴化铵、碳酸钾、Pd/C 催化剂加入 *N*,*N*-二甲基甲酰胺与蒸馏水(体积比为 3 : 1)的混合溶剂中，在 80℃反应 2h，待反应停止后滤除 Pd/C，处理后得白色固体 **410**(收率为 65%)。在氮气保护下，化合物 **410**、甲酸、石油醚组成的混合物在 50℃反应 5h，待反应结束后，经萃取、有机相分离、水洗、干燥、浓缩可以得到白色固体 **411**(收率为 95%)。进一步在氮气保护下，溴甲基三苯基膦、叔丁醇钾与四氢呋喃的混合物在−10℃

反应 30min 后，滴加含化合物 **411** 的四氢呋喃溶液，加完后室温反应 10h，经萃取、有机相分离、水洗、干燥、浓缩、柱层析分离纯化、重结晶后得白色晶体 **412**(收率为 62%)。化合物 **412** 熔点为 48.70℃，清亮点为 117.30℃，向列相区间为 68.60℃。

分析发现，黄鸣龙还原反应在强碱和高温条件下进行，容易生成脱氟副产物和异构体，导致下一步硼酸化反应收率降低，最终产物分离提纯的难度加大。针对以上问题，化合物 **408** 的合成也可以选择另外一条路线(图 4-67)，该路线避免了环己烷的顺反异构化且无脱氟副产物产生。化合物 **405** 和亚磷酸三乙酯在 157℃反应 7h，除去过量亚磷酸三乙酯后得到无色透明液体 **413**(收率为 96%)。随后，在氮气保护下，向含化合物 **413** 的四氢呋喃溶液中分批加入叔丁醇钾，加完后于室温反应 1h，再向体系滴加含反式-4-正丙基环己基甲醛的四氢呋喃溶液，然后继续反应 2h，经后处理得到无色透明液体 **414**(收率为 89.70%)。化合物 **414** 经常温常压加氢反应即可得到化合物 **408**(收率为 93%)。

4.3.3 二氟甲醚桥键液晶的合成

下面以化合物 **425** 的合成为例，介绍二氟甲醚桥键液晶的合成，其合成步骤如图 4-68 所示[60]。

苄氯(BnCl)、3,5-二氟苯酚(**415**)和碳酸钾加入乙醇溶液中，回流反应 5h，后处理得到浅黄色油状物 **416**(收率为 97%)。在氮气保护下，在−80℃向含有化合物 **416** 的无水 THF 溶液中滴加 2.0mol/L 正丁基锂，滴加完成后继续反应 1h，再加入含硼酸三丁酯的无水 THF 溶液，加完后室温反应 12h。继续加入 6mol/L 的盐酸溶液并搅拌 1h，停止反应，将有机层分离并用水洗几次。除去溶剂，所得粗品用石油醚重结晶，得到白色晶体 **417**(收率为 65%)。然后在 10℃向含化合物 **417** 的乙醇溶液中滴加质量分数为 30%的双氧水，滴完后继续反应 5h，反应液经萃取、有机相分离、水洗、干燥、浓缩、重结晶后得到白色固体 **418**(收率为 68%)。化合物 **418**、2,2,2-三氟乙基甲磺酸酯 (MsO╱—CF_3)和 K_2CO_3 在氮气保护下加入 DMF 中，120℃反应 8h。反应液经萃取、水洗、干燥、过滤、浓缩、柱层析分离纯化后得白色固体 **419**(收率为 71%)。化合物 **419** 和 5%Pd/C 在无水乙醇中常压室温加氢 8h，反应结束后过滤催化剂，并蒸发除去溶剂后，得到白色固体 **420**(收率为 96%)。同时，在 50℃向化合物 **421**、甲苯、异辛烷和 1,3-丙二硫醇组成的体系中滴加三氟甲磺酸，加完后升温至 102℃反应 2h，将生成的水分出。然后降温至 90℃，并在 20min 内向反应体系滴加甲基叔丁基醚，将得到的悬浮液冷却至 0℃，并在干燥的氮气气氛下过滤。用甲基叔丁基醚洗涤固体，过滤得到浅黄色粉末 **422**(收率为 82%)。

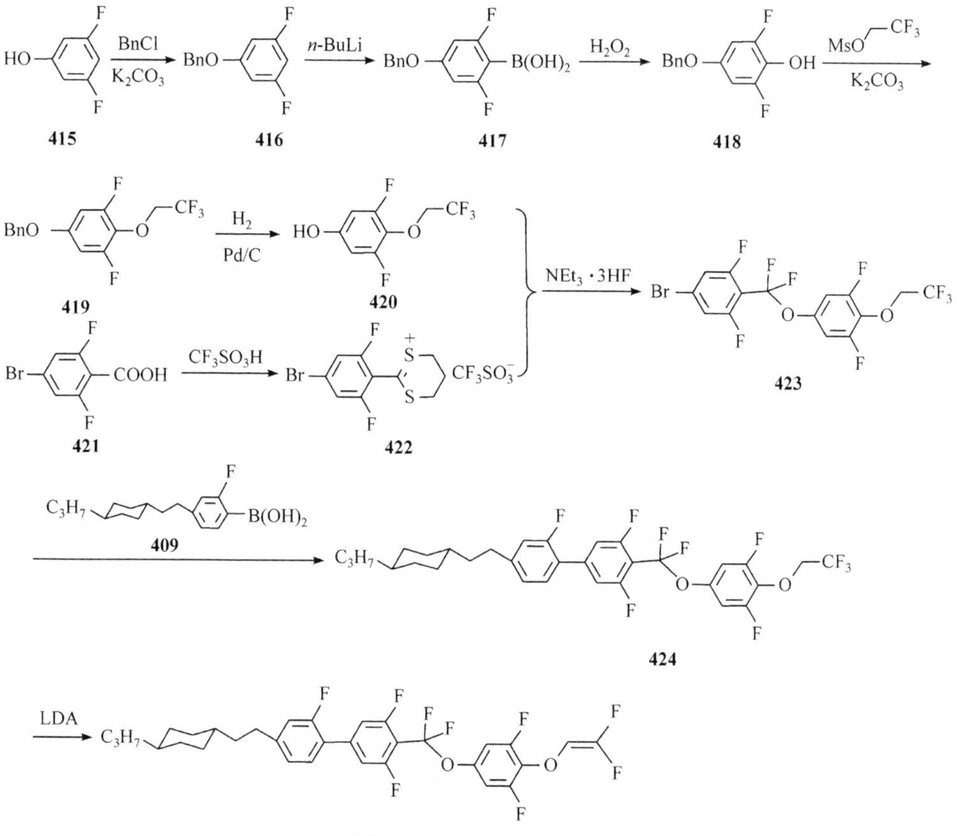

HO–(3,5-二氟苯基) **415** —BnCl, K_2CO_3→ BnO–(3,5-二氟苯基) **416** —*n*-BuLi→ BnO–(3,5-二氟苯基)–$B(OH)_2$ **417** —H_2O_2→ BnO–(3,5-二氟苯基)–OH **418** —$MsOCH_2CF_3$, K_2CO_3→

BnO–(3,5-二氟苯基)–OCH_2CF_3 **419** —H_2, Pd/C→ HO–(3,5-二氟苯基)–OCH_2CF_3 **420**

Br–(3,5-二氟苯基)–COOH **421** —CF_3SO_3H→ Br–(3,5-二氟苯基)–(1,3-二噻烷鎓) $CF_3SO_3^-$ **422**

420 + **422** —$NEt_3 \cdot 3HF$→ Br–(3,5-二氟苯基)–CF_2–O–(3,5-二氟苯基)–OCH_2CF_3 **423**

C_3H_7–(环己基)–CH_2CH_2–(3-氟苯基)–$B(OH)_2$ **409**

→ C_3H_7–(环己基)–CH_2CH_2–(3-氟苯基)–(3,5-二氟苯基)–CF_2–O–(3,5-二氟苯基)–OCH_2CF_3 **424**

—LDA→ C_3H_7–(环己基)–CH_2CH_2–(3-氟苯基)–(3,5-二氟苯基)–CF_2–O–(3,5-二氟苯基)–O–CH=CF_2 **425**

图 4-68　二氟甲醚桥键液晶 **425** 的合成

在氮气保护下，在–70℃向化合物 **422** 和二氯甲烷的体系中滴加含化合物 **420** 和三乙胺的二氯甲烷溶液，加完后反应 1h，在 10min 内滴加 $NEt_3 \cdot 3HF$ 后，再加入含溴的二氯甲烷溶液，继续反应 1h，将反应液升温至 0℃后倒入含质量分数为 30%NaOH 的冰水混合物中，调节 pH 至 7～8。然后经萃取、有机相分离、水洗、干燥、浓缩、柱层析分离纯化后得到白色晶体 **423**(收率为 82%)。进而，在氮气保护下，将化合物 **423**、化合物 **409**、K_2CO_3、四(三苯基膦)钯、THF 和水组成的混合物回流反应 8h，经后处理得到白色晶体 **424**(收率为 75%)。最后，在氮气保护下，将 2.0mol/L 的二异丙基氨基锂(lithium diisopropylamide，LDA)滴加到–80℃含化合物 **424** 的 THF 溶液中继续反应 3h。反应液经萃取、有机相分离、水洗、干燥、浓缩、柱层析分离纯化、重结晶后得到无色晶体 **425**(收率为 82%)。

化合物 **425** 熔点为 50.60℃，清亮点为 130.90℃，向列相区间为 80.30℃。

4.3.4　酯基桥键液晶的合成

下面以化合物 **429** 的合成为例，介绍酯基桥键液晶的合成，其合成步骤如图 4-69 所示[61]。

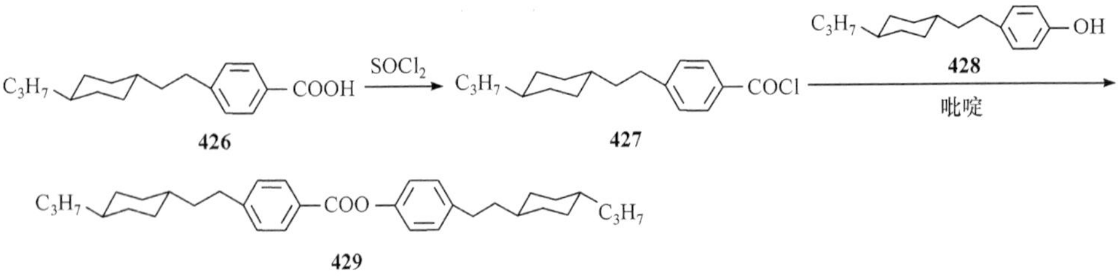

C_3H_7–C₆H₁₀–CH_2CH_2–C₆H₄–COOH (**426**) $\xrightarrow{SOCl_2}$ C_3H_7–C₆H₁₀–CH_2CH_2–C₆H₄–COCl (**427**) $\xrightarrow[\text{吡啶}]{\mathbf{428}}$ **429**

428: C_3H_7–C₆H₁₀–CH_2CH_2–C₆H₄–OH

429: C_3H_7–C₆H₁₀–CH_2CH_2–C₆H₄–COO–C₆H₄–CH_2CH_2–C₆H₁₀–C_3H_7

图 4-69　酯基桥键液晶 **429** 的合成

化合物 **426** 和二氯亚砜在 80℃反应 8h，蒸发除去过量的二氯亚砜后得到黄色液体 **427**(收率为 95%)。将化合物 **427** 和 **428** 及少量吡啶加入甲苯中，回流反应 4h，反应液经水洗、有机相分离、干燥、浓缩、重结晶后得到白色晶体 **429**(收率为 68%)。

化合物 **429** 熔点为 137.70℃，清亮点为 236.20℃，向列相区间为 98.50℃。

4.3.5　亚甲氧基桥键液晶的合成

下面以化合物 **437** 的合成为例，介绍亚甲氧基桥键液晶的合成，其合成步骤如图 4-70 所示[62]。

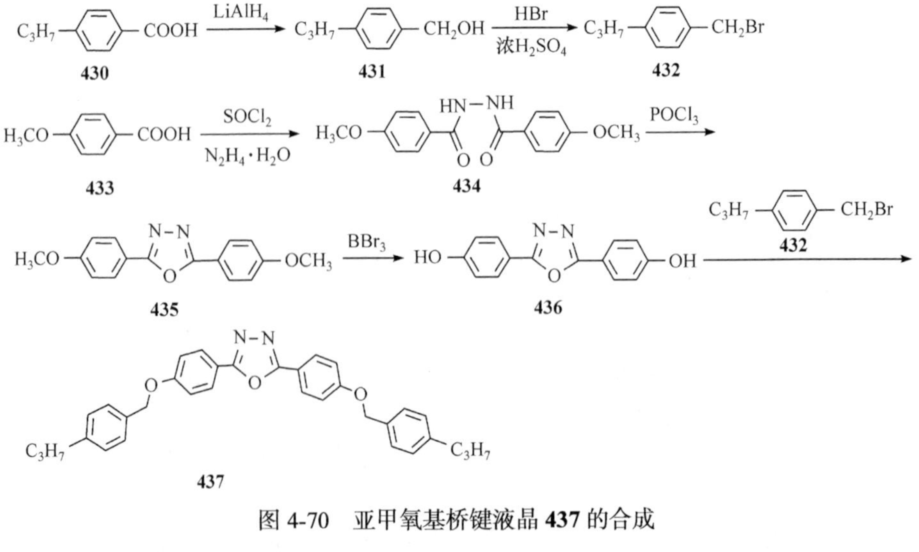

C_3H_7–C₆H₄–COOH (**430**) $\xrightarrow{LiAlH_4}$ C_3H_7–C₆H₄–CH_2OH (**431**) $\xrightarrow[\text{浓}H_2SO_4]{HBr}$ C_3H_7–C₆H₄–CH_2Br (**432**)

H_3CO–C₆H₄–COOH (**433**) $\xrightarrow[N_2H_4\cdot H_2O]{SOCl_2}$ H_3CO–C₆H₄–CO–NH–NH–CO–C₆H₄–OCH_3 (**434**) $\xrightarrow{POCl_3}$

H_3CO–C₆H₄–(1,3,4-噁二唑)–C₆H₄–OCH_3 (**435**) $\xrightarrow{BBr_3}$ HO–C₆H₄–(1,3,4-噁二唑)–C₆H₄–OH (**436**) $\xrightarrow{\mathbf{432}}$ **437**

437: C_3H_7–C₆H₄–CH_2O–C₆H₄–(1,3,4-噁二唑)–C₆H₄–OCH_2–C₆H₄–C_3H_7

图 4-70　亚甲氧基桥键液晶 **437** 的合成

向氢化铝锂和无水乙醚形成悬浮液中缓慢滴加含化合物 **430** 的无水 THF 溶

液，加完后回流反应 3h。冷却至室温，依次缓慢滴加乙酸乙酯和质量分数为 15%的 NaOH 水溶液，加完后继续搅拌 0.5h，反应液经过滤、干燥、浓缩后得无色液体 **431**(收率为 96%)。向含化合物 **431** 的甲苯溶液中滴加 40%氢溴酸和质量分数为 98%的浓硫酸，然后回流 10h，反应液经萃取、有机相分离、水洗、干燥、浓缩、柱层析分离纯化后得到无色液体 **432**(收率为 93%)。化合物 **433** 和二氯亚砜回流反应 6h，蒸发除去过量的二氯亚砜后降温至 0℃，再加入干燥的二氯甲烷，并缓慢滴加 80%水合肼，加完后室温反应 20min，加水继续反应 30min 后处理得到白色粉末状固体 **434**。化合物 **434** 和三氯氧磷加热回流反应 10h，蒸发除去三氯氧磷，趁热将反应液缓慢倒入碎冰中，充分搅拌水解后，过滤、水洗并重结晶，得到白色固体 **435**(收率为 86%)。向含化合物 **435** 的无水二氯甲烷溶液中滴加三溴化硼，在 0℃反应 1h，然后升温至室温反应 8h，经萃取、有机相分离、水洗、浓缩、重结晶后得到白色固体 **436**(收率为 84%)。向化合物 **436**、四丁基溴化铵、无水乙醇和 2%的 NaOH 溶液组成的反应体系中，滴加含化合物 **432** 的 DMF 溶液，加完后于室温反应 8h，升温至 78℃回流反应 12h，待反应停止后，经后处理得到白色针状晶体 **437**(收率为 42%)。

化合物 **437** 熔点为 96.67℃，清亮点为 110.87℃，近晶相区间为 14.20℃。

4.3.6　乙烯桥键液晶的合成

下面以化合物 **441** 的合成为例，介绍乙烯桥键液晶的合成，其合成步骤如图 4-71 所示[63]。

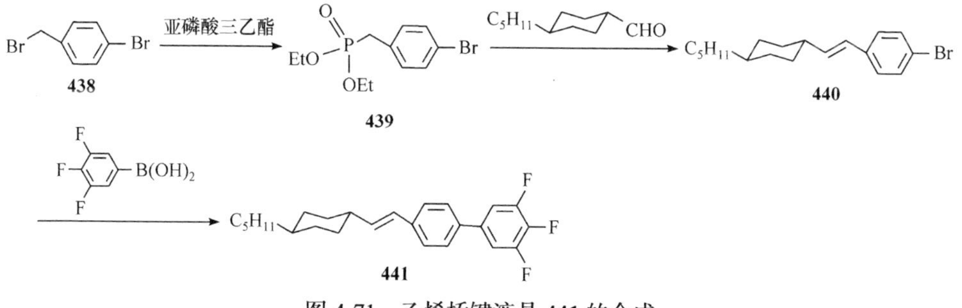

图 4-71　乙烯桥键液晶 **441** 的合成

化合物 **438** 和亚磷酸三乙酯在 100℃反应 3h，至无馏分流出后，改为减压蒸馏，蒸除亚磷酸三乙酯后得到油状液体 **439**(收率为 99%)。在氮气保护下，向含化合物 **439** 的 *N*,*N*-二甲基甲酰胺溶液中加入甲醇钠，在 60℃反应 1h。向上述反应体系中滴加含反式-4-正戊基环己基甲醛的 DMF 溶液，加完后搅拌 2h，反应液经萃取、有机相分离、水洗、干燥、浓缩、重结晶后得白色固体 **440**(收率为 63%)。然后，在氮气保护下，化合物 **440**、3,4,5-三氟苯硼酸、四(三苯基膦)钯、碳酸钾、甲苯、乙醇和水组成的反应体系搅拌回流 4h。冷却后，加入甲苯和水，分出有机层。经水洗、浓缩、重结晶后得到无色晶体 **441**(收率为 71%)。

化合物 **441** 的熔点为 73.90℃，清亮点为 132.70℃，向列相区间为 58.80℃。

4.3.7　1,1-二氟乙撑桥键液晶的合成

下面以化合物 **448** 的合成为例，介绍 1,1-二氟乙撑桥键液晶的合成，其合成步骤如图 4-72 所示[64]。

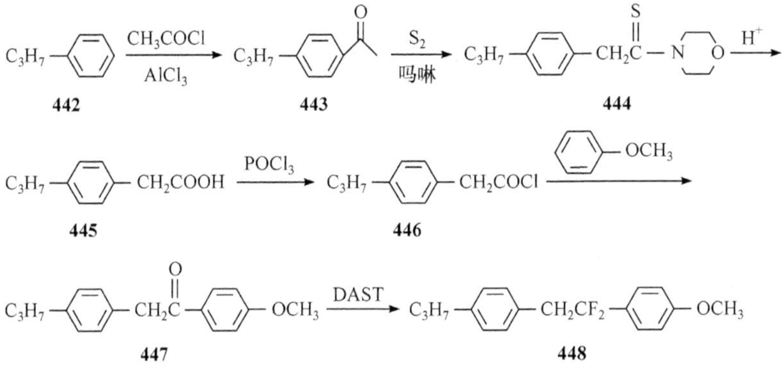

C_3H_7—Ph (**442**) —[CH_3COCl, $AlCl_3$]→ C_3H_7—Ph—$COCH_3$ (**443**) —[S_2, 吗啉]→ C_3H_7—Ph—$CH_2C(=S)$—N(吗啉基) (**444**) —[H^+]→

C_3H_7—Ph—CH_2COOH (**445**) —[$POCl_3$]→ C_3H_7—Ph—CH_2COCl (**446**) —[Ph—OCH_3]→

C_3H_7—Ph—$CH_2C(=O)$—Ph—OCH_3 (**447**) —[DAST]→ C_3H_7—Ph—CH_2CF_2—Ph—OCH_3 (**448**)

图 4-72　1,1-二氟乙撑桥键液晶 **448** 的合成

向二氯甲烷和三氯化铝体系(5℃)中滴加乙酰氯，加完后在 2℃以下加入化合物 **442**，反应 40min 后，水洗至中性，采用无水硫酸镁干燥有机相，过滤后经减压蒸馏得到淡黄色液体 **443**(收率为 90%)。化合物 **443**、吗啉和硫黄组成的反应体系在 112℃搅拌反应 12h，然后将反应液倒入乙醇中，冷冻后析出红褐色固体，过滤得到浅黄色固体 **444**(收率为 95%)。化合物 **444**、冰醋酸、浓硫酸和水组成的反应体系在 110℃反应 5h，再将反应液倒入水中，析出黄色固体，用 15%氢氧化钠溶液溶解后滤掉不溶物，滤液用浓盐酸酸化，过滤得到浅黄色固体 **445**(收率为 80%)。化合物 **445** 和三氯氧磷在 100℃反应 1h 即可得到化合物 **446**。在 5℃，化合物 **446**、无水三氯化铝和苯甲醚反应 1h，反应液经萃取、水洗、干燥、过滤、浓缩、重结晶后得淡黄色片状晶体 **447**(收率为 70%)。化合物 **447**、DAST 和乙二醇二甲醚在 75℃反应 24h，反应液经萃取、有机相分离、水洗、干燥、浓缩、柱层析分离纯化、重结晶后得到淡黄色固体 **448**(收率为 48%)。

4.3.8　亚胺桥键液晶的合成

下面以化合物 **452** 的合成为例，介绍亚胺桥键液晶的合成，其合成步骤如图 4-73 所示[65]。

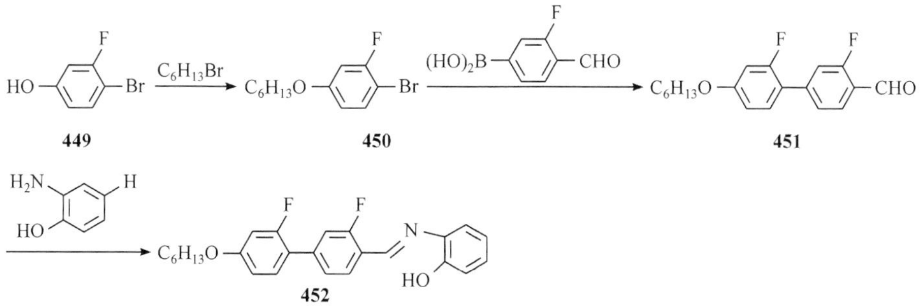

HO—(F)—Br $\xrightarrow{C_6H_{13}Br}$ $C_6H_{13}O$—(F)—Br $\xrightarrow{(HO)_2B—(F)—CHO}$ $C_6H_{13}O$—(F)—(F)—CHO

449　450　451

$\xrightarrow{H_2N,\ HO,\ H}$ $C_6H_{13}O$—(F)—(F)—CH=N—(HO)

452

图 4-73　亚胺桥键液晶 **452** 的合成

在氮气保护下，化合物 **449**、无水碳酸钾、碘化钾、溴代正己烷和干燥的 DMF 在 80℃反应 4h。待冷却至室温后，再加入 3-氟-4-甲酰基苯硼酸、四丁基溴化铵、无水碳酸钾和蒸馏水，室温反应 1h 后升温至 60℃，再加入四(三苯基膦)钯，继续反应 5h。待反应液冷却至室温，经萃取、有机相分离、水洗、干燥、过滤、浓缩、柱层析分离纯化后得到淡黄色液体 **451**(收率为 91%)。化合物 **451**、2-氨基苯酚和甲醇在 70℃反应 6h。待反应完成后经后处理得到黄色固体 **452**(收率为 54%)。

化合物 **452** 熔点为 99.30℃，清亮点为 120.70℃，向列相区间为 21.40℃。

4.3.9　偶氮桥键液晶的合成

下面以化合物 **456** 的合成为例，介绍偶氮桥键液晶的合成，其合成步骤如图 4-74 所示[66]。

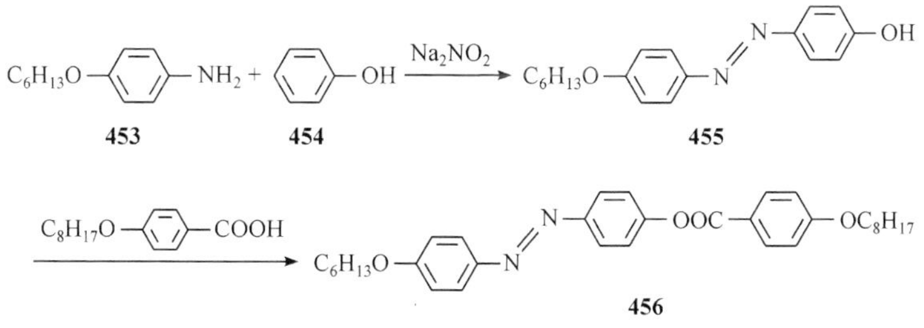

$C_6H_{13}O$—⟨⟩—NH_2 + ⟨⟩—OH $\xrightarrow{Na_2NO_2}$ $C_6H_{13}O$—⟨⟩—N=N—⟨⟩—OH

453　454　455

$\xrightarrow{C_8H_{17}O—⟨⟩—COOH}$ $C_6H_{13}O$—⟨⟩—N=N—⟨⟩—OOC—⟨⟩—OC_8H_{17}

456

图 4-74　偶氮桥键液晶 **456** 的合成

在 0℃将亚硝酸钠缓慢地加入含化合物 **453** 的稀盐酸溶液中，然后将所得的重氮盐溶液缓慢加入含化合物 **454** 的质量分数为 10%的氢氧化钠水溶液中反应，得到棕色固体 **455**(收率为 80%)。将化合物 **455** 和 4-正辛氧基苯甲酸溶解在干燥的二氯甲烷中，再加入二环己基碳二亚胺和 4-(二甲基氨基)-吡啶作为催化剂，在室温反应 72h。然后将分离得到的固体用乙酸重结晶两次，再用乙醇重结晶两次，得到白色固体 **456**(收率为 60%)。

化合物 **456** 熔点为 113.60℃，清亮点为 214.80℃，向列相区间为 101.20℃。

4.4　桥键类液晶的构性关系

中心桥键的引入不仅改善了液晶化合物的柔性，而且可以调节液晶分子致晶单元的长度和极化度，进而改变分子间相互作用力，以获得较宽的液晶相区间、适中的双折射率(Δn)、大介电各向异性($\Delta\varepsilon$)和较低的旋转黏度(γ)。本节旨在讨论桥键结构与液晶性能之间的关系，以期为新型高性能液晶化合物结构设计与合成提供参考。

4.4.1　桥键对液晶热性能的影响

1. 桥键类型对液晶热性能的影响

正戊基联苯氰(化合物 **457**，代号 5CB)因其室温表现出液晶态，因而被广泛研究。这里，以 **457** 为参比结构，向其联苯结构中分别引入亚胺、偶氮、酯基、亚甲氧基或乙撑等桥键得到化合物 **458**～**462**(表 4-2)，其分子结构如图 4-75 所示。对比发现，在联苯中引入以上桥键均使得化合物的熔点增加，可能是桥键的引入增加了液晶分子的极性或长径比，使得分子间作用力增加，因而熔点上升。并且，除含亚胺桥键化合物 **458** 之外，其他化合物均变成了单致向列相液晶。这说明偶氮、酯基、亚甲氧基或乙撑等桥键的引入不利于液晶相的稳定。其中，亚甲氧基和乙撑桥键的引入使得化合物 **461** 和 **462** 在降温过程中具有更宽的向列相区间。同样，亚胺桥键的引入有助于拓宽液晶相区间(化合物 **458**)。

C_5H_{11}—⟨苯环⟩—X—⟨苯环⟩—CN

图 4-75　化合物 **458**～**462** 的分子结构

表 4-2　桥键类型对液晶 **457**～**462** 热性能的影响[67]

代号	X	相变温度/℃	液晶相区间/℃
457	—	Cr 24 N 35 I	11
458	—CH═N—	Cr 46.4 N 75 I	28.6
459	—N═N—	I 89 (N 86.5) Cr	—
460	—COO—	I 64.5 (N 55.5) Cr	—
461	—CH_2O—	I 49 (N – 20) Cr	—
462	—CH_2CH_2—	I 62 (N – 24) Cr	—

以对称结构的化合物 **463** 为参比(表 4-3)，向其中心联苯结构中引入反式乙烯

桥键、乙撑桥键和正丁烷桥键可分别得到化合物 **464**～**466**，其分子结构如图 4-76 所示。化合物 **463** 具有高熔点(266℃)，其表现为向列相纹影织构，向列相区间大于 124℃。与化合物 **463** 相比，引入反式乙烯桥键(**464**)后熔点降低，向列相区间相当。用乙撑桥键替换反式乙烯桥键后，增加了分子的柔性，使得化合物 **465** 具有更低的熔点，向列相区相当。由乙撑桥键变为正丁烷桥键(**466**)时，化合物熔点、清亮点均有所降低，向列相区间变窄。这说明在分子结构中引入过长的中心桥键会导致分子刚性降低，不利于液晶相的稳定性。

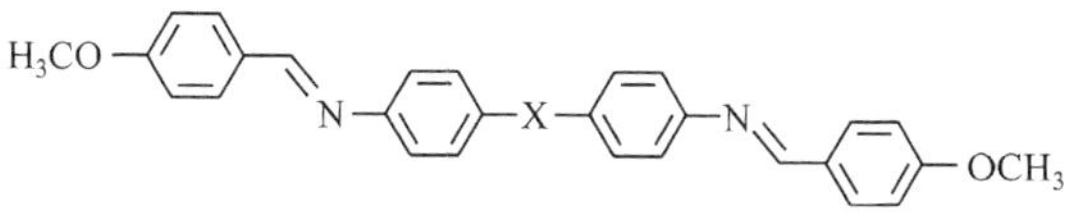

图 4-76　化合物 **463**～**466** 的分子结构

表 4-3　桥键类型对液晶 463～466 性能的影响[68]

代号	X	相变温度/℃	液晶相区间/℃
463	—	Cr 266 N dec 390 I	>124
464	—C═C—	Cr 238 N dec 360 I	>122
465	—CH_2CH_2—	Cr 171 N 312 I	141
466	—$(CH_2)_4$—	Cr 156 N 270 I	114

注：dec 表示分解温度。

相比于联苯类液晶化合物，含反式环己基和苯基的液晶化合物在液晶显示领域中应用广泛。化合物 **467**～**470** 的分子结构如图 4-77 所示。以化合物 **467** 为参比(表 4-4)，在反式环己烷基和苯环之间引入乙撑桥键或亚甲氧基桥键，不仅会使得液晶相区间变窄，也会形成近晶相(**468** 和 **469**)。相对于乙撑桥键，亚甲氧基桥键增加了分子的极性，有利于产生更宽的近晶相区间，也增加了化合物的熔点。将酯基桥键引入反式环己烷和苯环之间，使得分子成了阶梯状结构[69]，增加了分子宽度，因而降低了向列相的稳定性。同时由于酯基桥键增加了分子的极性，使得化合物 **470** 的熔点升高。

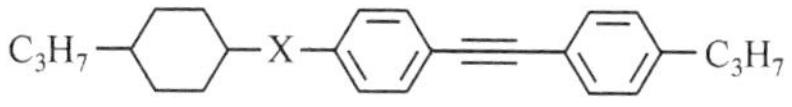

图 4-77　化合物 **467**～**470** 的分子结构

表 4-4　桥键类型对液晶 467～470 性能的影响[69]

代号	X	相变温度/℃	液晶相区间/℃
467	—	Cr 96.0 N 213.0 I	117
468	—CH_2CH_2—	Cr 67.1 S 77.6 N 166.6I	99.5

续表

代号	X	相变温度/℃	液晶相区间/℃
469	—CH_2O—	Cr 148.2 S 179.4 N 210.3I	62.1
470	—COO—	Cr 110.4 N 133.5 I	23.1

注：S 表示近晶相。

由于亚胺和偶氮桥键类液晶材料化学、光稳定性差，几乎没有实用价值。具有高电压保持率的乙撑桥键、亚甲氧基桥键和酯基桥键等在 TFT-LCD 液晶中应用较多，为了增加液晶化合物的介电各向异性，同时保持高电压保持率，1,1,2,2-四氟乙撑桥键、含氟甲氧基桥键和二氟甲醚桥键逐渐被开发并应用于新型液晶材料的设计合成(表 4-5)。化合物 **471**～**477** 的分子结构如图 4-78 所示。如前文所述，在反式环已烷和苯环中间插入乙撑桥键，增加了分子柔性，因而化合物 **472** 熔点降低。将乙撑桥键上的氢全部用氟取代，所得化合物 **473** 的近晶相区间增加。这说明 1,1,2,2-四氟乙撑桥键增加了分子的极性，即增加了分子间偶极–偶极作用力，不利于向列相的稳定。亚甲氧基桥键的引入使得化合物 **474** 成为单致向列相液晶。对亚甲氧基桥键上氢原子进行氟化后，化合物 **475** 的熔点降低，向列相区间得到拓宽。进一步氟化后，含二氟甲醚桥键的化合物 **476** 具有相近的熔点、更宽的向列相区间。酯基桥键作为共轭且共面的基团，引入化合物 **471** 分子结构中，向列相区间可得到拓宽。

图 4-78　化合物 **471**～**477** 的分子结构

表 4-5　桥键类型对液晶 471～477 性能的影响[70-72]

代号	X	相变温度/℃	$\Delta\varepsilon$	Δn	γ/(mPa·s)
471	—	Cr 64.7 N 93.7 I	8.3	0.073	171
472	—CH_2CH_2—	Cr 35 S_B 42 N 100.8 I	9.3	—	214
473	—CF_2CF_2—	Cr 74 S_B 102 N 114.9 I	8.1	—	150
474	—CH_2O—	I 84 N 78.5 Cr	8.3	—	357
475	—CHFO—	Cr 43 N 88 I	8.0	—	300
476	—CF_2O—	Cr 44 N 105.3 I	10.5	0.066	145
477	—COO—	Cr 56 N 117.2 I	11.1	0.067	175

化合物 **478**～**483** 的分子结构如图 4-79 所示。从表 4-6 可以看出，引入反式乙烯桥键，可以提高分子极化度，延长分子长度而保持分子线性，结果使得化合物 **479** 熔点很高，液晶相消失。相比于化合物 **479**，乙炔桥键化合物 **480** 的熔点大幅度降低，但仍未出现液晶相。随着中心桥键的增加，化合物的分子长径比随之增加，促使得到更宽的液晶相区间。虽然联乙炔桥键(—C≡C—C≡C—)、乙烯-乙炔桥键(—C═C—C≡C—)和乙炔-乙烯-乙炔桥键(—C≡C—C═C—C≡C—)能够拓宽向列相区间，增加双折射率，但是这些桥键的光稳定性较差，且合成过程较复杂，在液晶实际应用过程中较少使用这些液晶化合物。

C_3H_7—⟨苯环⟩—X—⟨苯环⟩—C_5H_{11}

图 4-79　化合物 **478**～**483** 的分子结构

表 4-6　不同共轭程度桥键对液晶性能的影响[73]

代号	X	相变温度/℃	液晶相区间/℃	Δn
478	—	Cr – 18 S_B 47.8 I	65.8	—
479	—C═C—	Cr 107.8 I	—	—
480	—C≡C—	Cr 39.0 I	—	0.272
481	—C═C—C≡C—	Cr 62.5 N 112.3I	49.8	0.366
482	—C≡C—C≡C—	Cr 62.0 N 115.3I	53.3	0.402
483	—C≡C—C═C—C≡C—	Cr 64.1 N 146.0 I	81.9	0.421

2. 桥键位置对液晶热性能的影响

分子结构中桥键引入位置的差异也会带来液晶性能的变化。如表 4-7 所示，以化合物 **484** 为参比，在反式环己烷与苯环之间插入乙撑桥键，化合物 **485** 出现近晶 B 相，液晶相区间得到拓宽。与之不同的是，在两个反式环己烷之间引入乙撑桥键，化合物 **486** 的液晶相态没有发生变化，液晶相区间变窄。这说明在分子结构中恰当的位置引入乙撑桥键，可以降低熔点，拓宽向列相区间。以化合物 **471** 为基准，在反式环己烷与苯环之间插入 1,1,2,2-四氟乙撑桥键，化合物 **473** 出现近晶 B 相，熔点和清亮点均增加。若在两个反式环己烷之间引入 1,1,2,2-四氟乙撑桥键，化合物 **487** 呈现出更为丰富的近晶相态，液晶相区间得以大幅拓宽。

表 4-7　桥键位置对液晶性能的影响[74,75]

代号	分子结构	相变温度/℃	液晶相区间/℃
484	C_3H_7—⟨环己烷⟩—⟨环己烷⟩—⟨苯环(3-F)⟩—F	Cr 46.0 N 124.3 I	78.3

续表

代号	分子结构	相变温度/℃	液晶相区间/℃
485	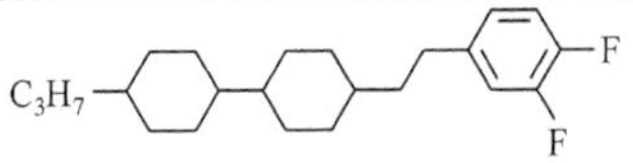 C_3H_7 F F	Cr 25.0 S_B 53.0 N 119.1 I	94.1
486	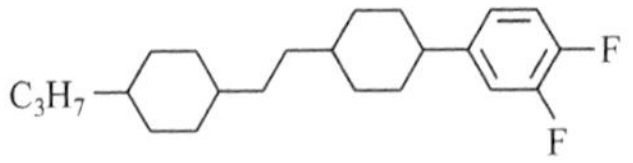 C_3H_7 F F	Cr 39.0 N 104.3 I	65.3
471	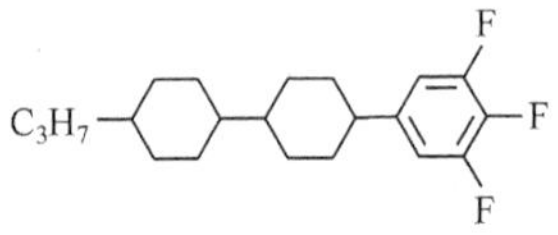 C_3H_7 F F F	Cr 64.7 N 93.7 I	29.0
473	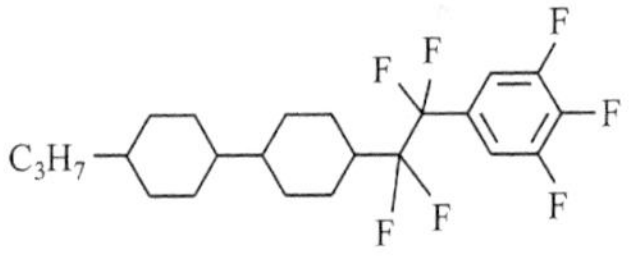 C_3H_7 F F F F F F F	Cr 74 S_B 102 N 114.9 I	40.9
487	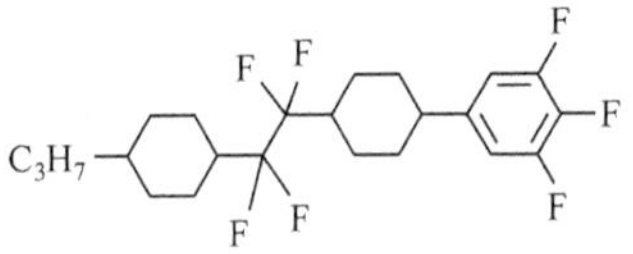 C_3H_7 F F F F F F F	Cr 70 S_C 95 S_B 102 N 168.6 I	98.6

注：S_C 表示近晶 C 相。

4.4.2　桥键对液晶光电性能的影响

在表 4-5 中，对比化合物 **471** 和 **472**，乙撑桥键的引入使得长轴方向上的偶极矩增大，分子长径比增大，因而正介电各向异性和旋转黏度均变大。将乙撑桥键上的氢全部用氟取代，化合物 **473** 的正介电各向异性和旋转黏度均稍有减小。亚甲氧基桥键的引入使得化合物 **474** 的正介电各向异性几乎没有变化，但旋转黏度却急剧增加。亚甲氧基桥键氟取代后，化合物 **475** 的旋转黏度稍有降低。进一步氟化后，含二氟甲醚桥键的化合物 **476** 具有更大的正介电各向异性和最低的旋转黏度。酯基桥键作为共轭且共面的基团引入化合物 **471** 的分子结构中，正介电各向异性增加，旋转黏度几乎不变。

近年来，随着新兴显示技术的快速发展，如 3D 显示技术、虚拟现实/增强现实显示技术等，大双折射率液晶材料的研究得到广泛的关注。引入不饱和桥键(如反式乙烯桥键、乙炔桥键等)是提高液晶材料双折射率的有效方法之一，以化合物 **478** 为参比(表 4-6)，分别引入 π-共轭程度递增的桥键，可以得到化合物 **479**～**483**。正如期望的一样，随着桥键 π-共轭程度递增，所得对应化合物的双折射率依次增大。

综上所述，对于热致液晶而言，中心桥键并不是液晶的必须结构，由于有些桥键稳定性不高，不能被实际应用。乙撑、酯基、二氟甲醚和乙炔桥键是液晶化合物分子结构中较为常用的桥键类型，这些桥键类液晶化合物已经在液晶显示和液晶光学领域中得到广泛的应用。将中心桥键引入液晶分子结构中，可以为液晶化合物的合成提供反应的连接点，丰富液晶化合物的类型，改善液晶的物理性能。因此，通过引入中心桥键来降低液晶熔点、调整液晶相态、拓宽液晶相区间和改善液晶其他的物理性能，是常见的获得性能优异液晶化合物的策略。例如，在液晶分子结构中引入二氟甲醚桥键，可以降低熔点、消除近晶相，拓宽向列相区间，提高正介电各向异性和降低旋转黏度，因此二氟甲醚桥键液晶材料作为提升混合液晶正介电各向异性并降低其黏度的重要材料，得到广泛应用。

参考文献

[1] GOTO Y, OGAWA T. Tolan derivative and a liquid crystal mixture containing the same: US4778620[P]. 1988-10-18.

[2] 刘林, 刘智勇, 余俊梅, 等. 苯乙炔衍生物的合成[J]. 四川化工, 1995, 4: 2-6.

[3] 代红琼，卢玲玲，陈新兵，等. 双环己烷邻二氟苯液晶化合物的制备与研究[J]. 化学试剂，2013，35(10): 887-893.

[4] 陈然, 陈新兵, 陈沛, 等. 格氏反应脱碘回收液晶中间体 2-(反-4-烷基环己基)苯乙烷[J]. 精细化工中间体, 2014, 44(1): 44-46.

[5] KODOMARI M, NAGAOKA T, FURUSAWA Y. Convenient synthesis of aryl-substituted halo olefins from aromatic ketones and acetyl halides in the presence of silica gel-supported zinc halides[J]. Tetrahedron Letters, 2001, 42(17): 3105-3107.

[6] 陈新兵, 贾林, 安忠维. 含氟二芳基取代乙炔的合成[J]. 应用化学, 2005, 22(2): 210-212.

[7] UCHIDA M, GOTO Y, OGAWA T. Dicyclohexylethylene derivatives: US5055220[P]. 1991-10-08.

[8] CABRI W, CANDIANI I. Recent developments and new perspectives in the Heck reaction[J]. Accounts of Chemical Research, 1995, 28(1): 2-7.

[9] HSIEH C J, HSIUE G H. Synthesis and thermotropic behaviour of liquid crystals containing tolane-based mesogenic units[J]. Liquid Crystals, 1994, 16(3): 469-477.

[10] AUSTIN W B, BILOW N, KELLEGHAN W J, et al. Facile synthesis of ethynylated benzoic acid derivatives and aromatic compounds via ethynyltrimethylsilane[J]. Journal of Organic Chemistry, 1981, 46(11): 2280-2286.

[11] FRIXA C, MAHON M F, THOMPSON A S, et al. Synthesis of meso-substituted porphyrins carrying carboranes and oligo (ethylene glycol) units for potential applications in boron neutron capture therapy[J]. Organic & Biomolecular Chemistry, 2003, 1(2): 306-317.

[12] RANGANATHAN A, HEISEN B C, DIX I, et al. A triazine-based three-directional rigid-rod tecton forms a novel 1D channel structure[J]. Chemical Communications, 2007, (35): 3637-3639.

[13] NEGISHI E I, KOTORA M, XU C. Direct synthesis of terminal alkynes *via* Pd-catalyzed cross coupling of Aryl and Alkenyl halides with ethynylmetals containing Zn, Mg, and Sn. Critical comparison of countercations[J]. Journal of Organic Chemistry, 1997, 62(25): 8957-8960.

[14] VASILEVSKY S F, KLYATSKAYA S V, ELGUERO J. One-pot synthesis of monosubstituted aryl (hetaryl) acetylenes by direct introduction of the C≡CH residue into arenes and hetarenes[J]. Tetrahedron, 2004, 60(31):

6685-6688.

[15] TIETZE L F, VOCK C A, KRIMMELBEIN I K, et al. Synthesis of novel structurally simplified estrogen analogues[J]. Chemistry-A European Journal, 2008, 14(12): 3670-3679.

[16] PIANETTI P, ROLLIN P, POUGNY J R. Optically active propargylic alcohols from D-xylose useful precursors for LTB4 synthesis[J]. Tetrahedron Letters, 1986, 27(48): 5853-5856.

[17] 陈兵, 徐寿颐. 一种烷基环己基炔类液晶及其生产方法: CN1436761[P]. 2003-08-20.

[18] 刘林, 刘智勇, 余俊梅, 等. 取代苯乙炔的简便合成方法[J]. 化学试剂, 1996, 18(6): 370-371.

[19] 王小伟, 刘骞峰, 高仁孝, 等. 二苯乙炔类液晶的合成[J]. 合成化学, 2002, 10(4): 362-365.

[20] YANG Z, LIU H B, LEE C M, et al. Regioselective introduction of carbon-3 substituents to 5-alkyl-7-methoxy-2-phenylbenzo[*b*]furans: synthesis of a novel adenosine A_1 receptor ligand and its derivatives[J]. Journal of Organic Chemistry, 1992, 57(26): 7248-7257.

[21] GHAFFARZADEH M, BOLOURTCHIAN M, FARD Z H, et al. One-step synthesis of aromatic terminal alkynes from their corresponding ketones under microwave irradiation[J]. Synthetic Communications, 2006, 36(14): 1973-1981.

[22] 安忠维, 陈新兵, 陈沛. 1,2-二芳基乙炔液晶的制备方法: CN101503625[P]. 2009-08-12.

[23] UMEDA R, YUASA T, ANAHARA N, et al. Fritsch-Buttenberg-Wiechell rearrangement to alkynes from gem-dihaloalkenes with lanthanum metal[J]. Journal of Organometallic Chemistry, 2011, 696(9): 1916-1919.

[24] CHOW H F, WAN C W, LOW K H, et al. A highly selective synthesis of diarylethynes and their oligomers by a palladium-catalyzed Sonogashira coupling reaction under phase transfer conditions[J]. Journal of Organic Chemistry, 2001, 66(5): 1910-1913.

[25] MIO M J, KOPEL L C, BRAUN J B, et al. One-pot synthesis of symmetrical and unsymmetrical bisarylethynes by a modification of the Sonogashira coupling reaction[J]. Organic Letters, 2002, 4: 3199-3202.

[26] KRAUCH H, KUNZ W. Organic Name Reactions[M]. New York: John Wiley & Sons, Incorporated, 1964.

[27] KLUG R, PAULUTH D, REIFFENRATH V, et al. Preparation of benzyl aryl sulfanes as intermediates for tolane liquid crystal components: DE4105743[P]. 1991-02-23.

[28] GRAY G W, MCDONNELL D. Optically active liquid crystal mixtures and liquid crystal devices containing them: US4149413[P]. 1979-04-17.

[29] 郑远洋, 芦兴森, 林建民. 1,2-二取代的乙烷类液晶[J]. 液晶与显示, 1997, 12(4): 278-289.

[30] HIRD M, GRAY G W, TOYNE K J. The synthesis and transition temperatures of some trans-4-alkylcyclohexylethyl-substituted 2, 3-difluorobiphenyls[J]. Liquid Crystals, 1992, 11(4): 531-546.

[31] 徐寿颐, 唐洪, 司炜. 苯基环己基乙烷类液晶的合成及其性质[J]. 清华大学学报(自然科学版), 1994, 34(3): 33-40.

[32] MANTINE P. 2-Cyclohexyl ethyl-cyclohexyl-nitriles and their use in liquid crystal compositions: GB2102000[P]. 1983-01-26.

[33] 戴修文, 蔡良珍, 闻建勋. 含有2,3,5,6-四氟亚苯基的负性液晶合成及液晶性研究[J]. 液晶与显示, 2013, 28(3): 464-466.

[34] BUNNELLE W H, MCKINNIS B R, NARAYANAN B A. Difluorination of esters. Preparation of α, α-difluoro ethers[J]. Journal of Organic Chemistry, 1990, 55(2): 768-770.

[35] HIRAOKA T, FUJITA A, KUBO Y, et al. Novel liquid crystalline four ring chain difluoromethyleneoxy compounds for quicker response LC mixtures[J]. Molecular Crystals and Liquid Crystals, 2009, 509(1): 89-95.

[36] BARTMANN E, HITTICH R, KURMEIER H A, et al. Difluoromethylene compounds: US5045229 [P]. 1991-09-03.
[37] KONDO T, SAGOU K, TAKEUCHI H, et al. Difluoromethyl ether derivative and process for producing the same: US0463616[P]. 2003-06-18.
[38] SHUICHI M, KAZUTOSHI M, NORIYUKI O, et al. Liquid crystal composition and liquid crystal display: EP0786509[P]. 1995-10-13.
[39] KIRSCH P, TAUGERBECK A, HAHN A. 制备含 CF_2O 桥的化合物的方法: CN100430345C[P]. 2008-11-05.
[40] KIRSCH P, BREMER M, TAUGERBECK A, et al. Difluorooxymethylene-bridged liquid crystals: a novel synthesis based on the oxidative alkoxydifluorodesulfuration of dithianylium salts[J]. Angewandte Chemie-International Edition, 2001, 40(8): 1480-1484.
[41] VADODARIA M S, LADVA K D, DOSHI A V, et al. Synthesis of novel ester series and study of its mesomorphism dependence on terminal end group with lateral—OCH_3 group[J]. Molecular Crystals and Liquid Crystals, 2016, 624(1): 59-68.
[42] TŮMA J, KOHOUT M, SVOBODA J, et al. Bent-shaped liquid crystals based on 4-substituted 3-hydroxybenzoic acid central core—Part Ⅱ[J]. Liquid Crystals, 2016, 43(4): 547-563.
[43] CARR N, GRAY G W. The properties of liquid crystal materials incorporating the —CH_2O— inter-ring linkage[J]. Molecular Crystals and Liquid Crystals, 1985, 124(1): 27-43.
[44] PETRZILKA M. Polar acetylenic liquid crystals with broad mesomorphic ranges. The positional influence of different C, C-elements on the transition temperatures[J]. Molecular Crystals and Liquid Crystals, 1984, 111(3-4): 329-346.
[45] SEIJI S. Monofluoroalkane derivative and liquid crystal composition: JP5170679 [P]. 1993-07-09.
[46] 陈新兵, 安忠维. C_2 桥键类液晶的合成进展[J]. 合成化学, 2003, 11: 19-26.
[47] TAKAOKA A, IWAKIRI H, ISHIKAWA N. *F*-propene-dialkylamine reaction products as fluorinating agents[J]. Bulletin of the Chemical Society of Japan, 1979, 52(11): 3377-3380.
[48] KIRSCH P, BREMER M, HUBER F, et al. Nematic liquid crystals with a tetrafluoroethylene bridge in the mesogenic core structure[J]. Journal of American Chemical Society, 2001, 123(23): 5414-5417.
[49] HEINZE P L, BURTON D J. Palladium-catalyzed cross-coupling of perfluoroalkenylzinc reagents with aryl iodides. A new, simple synthesis of alpha., beta., beta.-trifluorostyrenes and the stereoselective preparation of 1-arylperfluoropropenes[J]. Journal of Organic Chemistry, 1988, 53(12): 2714-2720.
[50] OSAMU Y. Difluoroethylene derivative compound and liquid crystal composition containing the compound: JP7165635[P]. 1995-06-27.
[51] ALAASAR M. Azobenzene-containing bent-core liquid crystals: an overview[J]. Liquid Crystals, 2016, 43(13-15): 2208-2243.
[52] 韩相恩, 燕莉. 席夫碱液晶的研究与进展[J]. 化学试剂, 2009, 31(7): 515-518.
[53] 商永嘉, 李茂国, 陆婉芳, 等. 新型含酰胺键的噻二唑类液晶的合成[J]. 高等学校化学学报, 2002, 23(4): 576-580.
[54] 杜渭松, 安忠维, 冯凯. 3, 4-二氟硫酚酯类液晶化合物的合成及性能[J]. 合成化学, 2003, 11(4): 341-345.
[55] 宋瑞娟, 杨学军. 一种含有 CF_2S 桥键的液晶单体化合物的合成[J]. 应用化工, 2015, 44(2): 383-385.
[56] 杭德余, 班全志, 姜天孟, 等. 一种异丙烷桥键液晶材料的合成与性能[J]. 精细化工, 2013, 30(11): 1204-1207.
[57] 陈然, 安忠维, 陈新兵, 等. 含乙撑桥键二苯炔四环液晶的合成及性能[J]. 高等学校化学学报, 2014, 35(7): 1433-1438.

[58] 李建, 胡明刚, 李娟利, 等. 含氟丁烯联苯类液晶新方法合成及性能[J]. 应用化学, 2014, 32(3): 255-260.

[59] JIANG Y, AN Z, CHEN P, et al. Synthesis and mesomorphic properties of but-3-enyl-based fluorinated biphenyl liquid crystals[J]. Liquid Crystals, 2012, 39(4): 457-465.

[60] HU M, LI J, LI J, et al. Synthesis and properties of difluoromethyleneoxy-bridged liquid crystals terminated by 2,2-difluorovinyloxy group[J]. Liquid Crystals, 2015, 42(3): 383-389.

[61] 李建, 安忠维, 马方生, 等. 四环酯类液晶化合物: CN1786110[P]. 2006-06-14.

[62] 王勇丽, 杜琼, 王国华, 等. 亚甲氧基桥键弯曲型液晶合成与性能研究[J]. 有机化学, 2013, 33(9): 2010-2015.

[63] 李建, 李娟利, 胡明刚, 等. 新型乙烯桥键含氟液晶化合物的合成及性能研究[J]. 液晶与显示, 2014, 29(2): 183-188.

[64] 陈新兵, 安忠维. 含 1,1-二氟乙撑基和乙炔基的 C_2 桥键类液晶的合成[J]. 液晶与显示, 2003, 18(3): 161-163.

[65] DUAN L, SHI D, CHEN P, et al. Preparation and properties of laterally multifluorinated benzoxazole-based nematic mesogens[J]. Liquid Crystals, 2017, 44(11): 1686-1694.

[66] AHMED H A, NAOUM M M, SAAD G R. Effect of alkoxy-chain length proportionation on the mesophase behaviour of terminally di-substituted phenylazo phenyl benzoates[J]. Liquid Crystals, 2013, 40(7): 914-921.

[67] 高鸿锦. 液晶化学[M]. 北京: 清华大学出版社, 2011.

[68] MARTINEZ-FELIPE A, COOK A G, ABBERLEY J P, et al. An FT-IR spectroscopic study of the role of hydrogen bonding in the formation of liquid crystallinity for mixtures containing bipyridines and 4-pentoxybenzoic acid[J]. RSC Advances, 2016, 6(110): 108164-108179.

[69] GOTO Y, KITANO K, OGAWA T. Liquid crystals of some new tolane derivatives containing a 1,2-ethylene linkage[J]. Liquid Crystals, 1989, 5(1): 225-232.

[70] PAULUTH D, TARUMI K. Advanced liquid crystals for television[J]. Journal of Materials Chemistry, 2004, 14(8): 1219-1227.

[71] KIRSCH P, BREMER M. Understanding fluorine effects in liquid crystals[J]. ChemPhysChem. 2010, 11(2): 357-360.

[72] KIRSCH P, HUBER F, LENGES M, et al. Liquid crystals with multiple fluorinated bridges in the mesogenic core structure[J]. Journal of Fluorine Chemistry, 2001, 112(1): 69-72.

[73] GOTO Y, INUKAI T, FUJITA A, et al. New nematics with high birefringence[J]. Molecular Crystals and Liquid Crystals, 1995, 260(1): 23-38.

[74] KIRSCH P. Fluorine in liquid crystal design for display applications[J]. Journal of Fluorine Chemistry, 2015, 177: 29-36.

[75] OH-E M, KONDO K. Electro-optical characteristics and switching behavior of the in-plane switching mode[J]. Applied Physics Letters, 1995, 67(26): 3895-3897.

第 5 章　含氟液晶材料

含氟液晶主要是指分子结构中存在氟原子的液晶化合物。该类液晶应用非常广泛，可以满足高端显示器件对液晶材料性能的需求，同时也引领了液晶材料的发展趋势[1]。液晶分子结构中引入氟原子，可以改善液晶材料的综合性能，如提升介电各向异性、降低黏度、拓宽液晶相区间等。含氟液晶自报道以来，就备受关注与重视，主要原因是：①氟原子范德华半径位于氢与氧原子之间[2](表 5-1)，其取代氢原子对分子整体大小影响很小，即氟原子取代氢原子后引起的立体效应最小，这有利于保持液晶分子原有的液晶相稳定性[3]；②氟原子范德华半径稍大于氢原子半径，引入两个共轭环之间可以破坏其共轭程度，降低液晶熔点和黏度，减小Δn，消除近晶相而稳定向列相[3]；③由于元素周期表中氟原子的电负性最大，所以 C—F 的偶极矩比较大，这有利于构建 VA-TFT 液晶显示所需要的负介电各向异性液晶化合物；④C—F 的键能较大，这对液晶分子的光和热稳定性有一定的改善。

表 5-1　一些常见元素 Y 及其与碳成键后的属性[3]

属性	H	F	O	N	C	Cl	Br
范德华半径/Å	1.20	1.47	1.52	1.55	1.70	1.75	1.85
电负性	2.1	4.0	3.5	3.0	2.5	3.2	2.8
Y—C 的键长/Å	1.09	1.40	1.43	1.47	1.54	1.77	1.97
Y—C 的键能/(kcal/mol)	98	105	84	70	83	77	66

5.1　含氟液晶材料的类型

根据含氟原子或基团的位置和种类，通常将含氟液晶分为四类[1,4-7]。①侧氟液晶，指在液晶分子侧向引入氟原子或氟取代基团，如—F、—OCF_3、—CF_3等。侧向氟原子或基团通常会导致介电各向异性的变化，有时$\Delta\varepsilon$值的正负也会改变。根据$\Delta\varepsilon$值的正负，可以分为正性和负性液晶两类。②端氟液晶，指在液晶分子末端引入氟原子或基团，如—F、—OCF_3、—CF_2H、—CF_3、—SF_5等。末端氟原子或基团的主要作用是增大分子的极性，进而提高液晶化合物的介电各向异性[1]，通常这类液晶的介电各向异性为正，黏度很低。③桥键氟液晶，指在液晶分子结构的中心桥键上引入氟原子，常见的氟取代桥键有—CHF═CHF—、—CF_2CF_2—、—CF_2O—等。④超级氟液晶，指在液晶分子结构中引入多个氟原子，这类液晶通常具有超大正介电各向异性，有助于提高混合液晶的介电各向异性。

5.2　致晶单元中氟原子的构建

致晶单元中氟原子构建的方法有直接法和间接法。直接法是通过氟化试剂将含氟官能团引入液晶分子的致晶单元中，常用氟化试剂包括 SF_4、Et_3N·3HF、SbF_3、SbF_5、FBr_3、MoF_6、DAST 和 CF_2Br_2 等，致晶单元包括苯环、环己烷、1,3-二氧杂环己烷、四氢吡喃环和芳杂环等。间接法是将含侧氟的致晶单元引入液晶分子结构。本节通过介绍四氟环己烷液晶(**5001**)[8]、二氟环己烷液晶(**5002**)[9]、1,3-二氧- 5-氟己环液晶(**5003**)[10]、2,2-二氟苯并四氢吡喃液晶(**5004**)[11]、含氟茚液晶(**5005**)[12]和六氟代菲液晶(**5006**)[13]等化合物的合成方法，具体阐述如何在致晶单元中利用氟化试剂直接引入氟原子。间接法在 5.3 节中介绍。

5.2.1　环己烷致晶单元中氟原子的构建

环己烷致晶单元中氟原子的构建可以通过氟化试剂 Et_3N·3HF 与环氧乙烷结构的亲核开环和取代反应来实现，如四氟环己烷液晶 **5001** 的合成路线(图 5-1)。

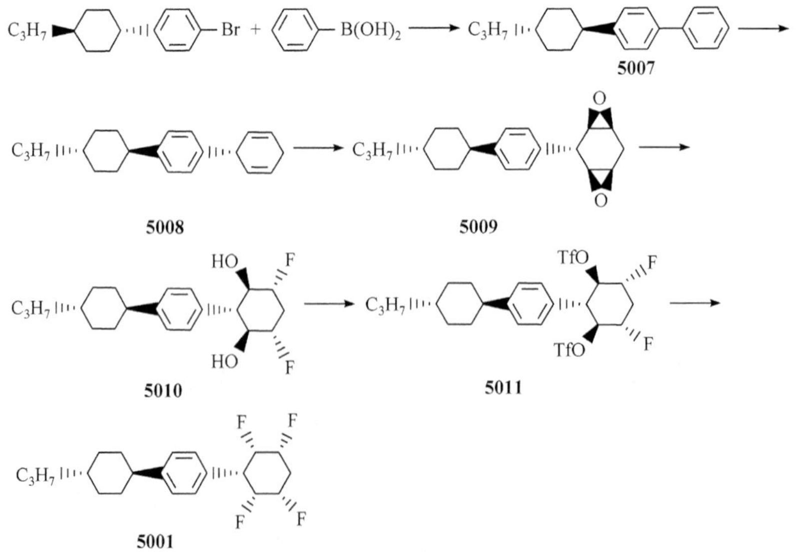

图 5-1　四氟环己烷液晶 **5001** 的合成

Tf 表示—SO_2CF_3

苯硼酸和 4-(反-4′-正丙基环己基)溴苯经钯催化 Suzuki 偶联反应制备化合物 **5007**。**5007** 与过量的间氯过氧苯甲酸通过 Birch 还原反应得到产物 **5008**。**5008** 经氧化得到顺式二环氧化物 **5009**。环氧化物 **5009** 与氟化试剂 $Et_3N \cdot 3HF$ 发生亲核开环生成氟代醇 **5010**，其进一步通过亲核取代反应得到相应的化合物 **5011**，然后用过量的 $Et_3N \cdot 3HF$ 处理，生成四氟环己烷化合物 **5001**。化合物 **5001** 熔点为 214℃，没有液晶相。

环己烷致晶单元中氟原子的构建也可以通过氟化试剂氟化氢-吡啶与环己酮缩乙二硫醇反应来完成，如二氟环己烷液晶 **5002** 的合成路线(图 5-2)。

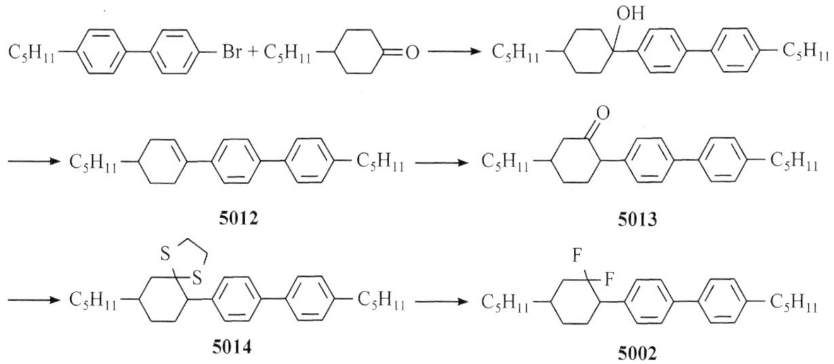

图 5-2　二氟环己烷液晶 **5002** 的合成

4-溴-4′-戊基-1,1′-联苯与镁粉在无水四氢呋喃中制备格氏试剂，然后与 4-戊基环己酮发生亲核加成反应制备含羟基的衍生物，再在酸性条件下脱水生成化合物 **5012**。化合物 **5012**、硼氢化锂和三氟化硼乙醚在无水四氢呋喃溶剂中于 35℃反应 3.5h，然后滴加铬酸溶液回流反应 16h，后处理得 **5013**。**5013** 与 1,2-乙二硫醇在三氟化硼乙酸作用下反应生成缩硫醇 **5014**。在−78℃的干燥二氯甲烷中，化合物 **5014**、氟化试剂氟化氢-吡啶和 1,3-二溴-5,5-二甲基乙内酰脲反应得到二氟环己烷化合物 **5002**。化合物 **5002** 熔点为 68.5℃，清亮点为 122.0℃，液晶相区间为 53.5℃。

5.2.2　含氧杂环致晶单元中氟原子的构建

1,3-二氧-5-氟己环致晶单元可以通过先用氟化试剂得到氟化官能团再构建含氟环结构来制备，例如 1,3-二氧-5-氟己环液晶 **5003** 的合成(图 5-3)。

化合物 **5015** 与氟化试剂 1-氯甲基-4-氟-1,4-二氮杂双环[2.2.2]辛烷双(四氟硼酸)盐发生亲电取代反应得到 **5016**。**5016** 被氢化铝锂还原成 **5017**，接着与 Me_3SiCl 反应成双(三甲基硅烷基)醚 **5018**。以三甲基硅烷基三氟甲烷磺酸酯为催化剂，**5018** 与反式-4-丙基环己基甲醛在−70℃进行缩合反应，经后处理得到 **5003**。化合物 **5003** 熔点为 109℃，近晶 B 相区间大于 91℃，在 200℃以上分解。

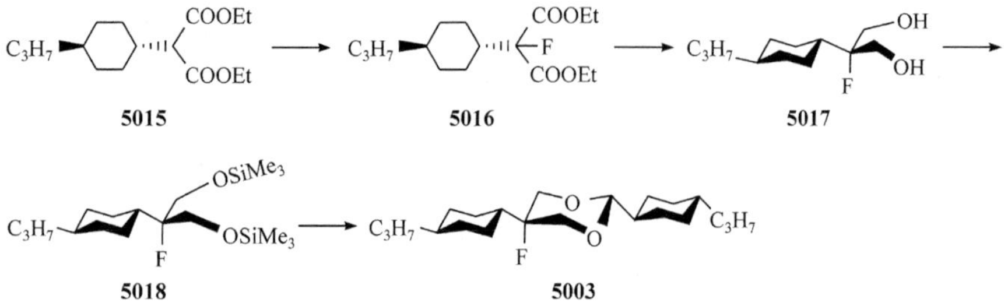

图 5-3　1,3-二氧-5-氟己环液晶 **5003** 的合成

Et-—C_2H_5；Me-—CH_3

苯并四氢吡喃致晶单元中氟原子的构建也可以通过氟化试剂氟化氢-吡啶与环己酮缩乙二硫醇的反应来完成，如 2,2-二氟苯并四氢吡喃液晶 **5004** 的合成(图 5-4)。

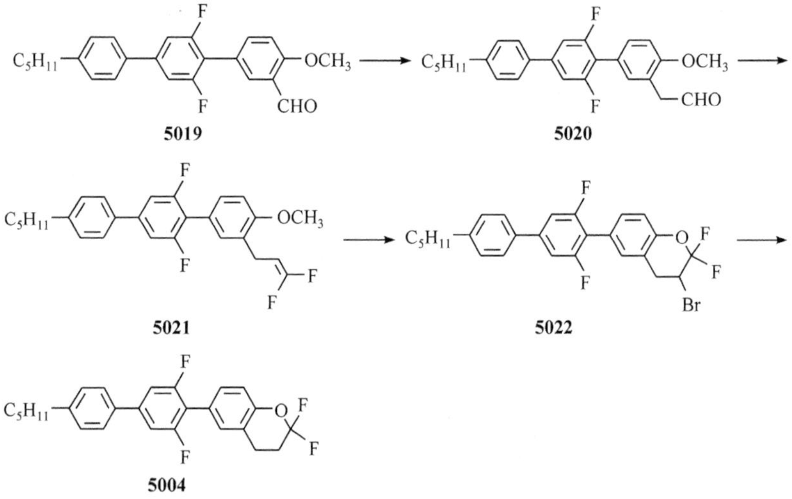

图 5-4　2,2-二氟苯并四氢吡喃液晶 **5004** 的合成

化合物 **5019** 和 $MeOCH_2PPh_3Cl$ 在叔丁醇钾作用下发生 Wittig 反应，再经脱保护得到 **5020**，然后在氟化试剂 CF_2Br_2 作用下转化为二氟乙烯衍生物 **5021**。接着在液溴作用下发生醚化反应得到 **5022**。最后，**5022** 在碱性条件下用钯催化加氢得到 **5004**。化合物 **5004** 熔点为 90.4℃，外推法计算得到的双折射率为 0.177，介电各向异性为 18.6。

5.2.3　芴环/菲环致晶单元中氟原子的构建

芴环致晶单元中氟原子的构建可以通过氟化试剂氟化氢-吡啶与环酮缩-1,3-丙二硫醇的反应来完成，如含氟芴液晶 **5005** 的合成(图 5-5)。

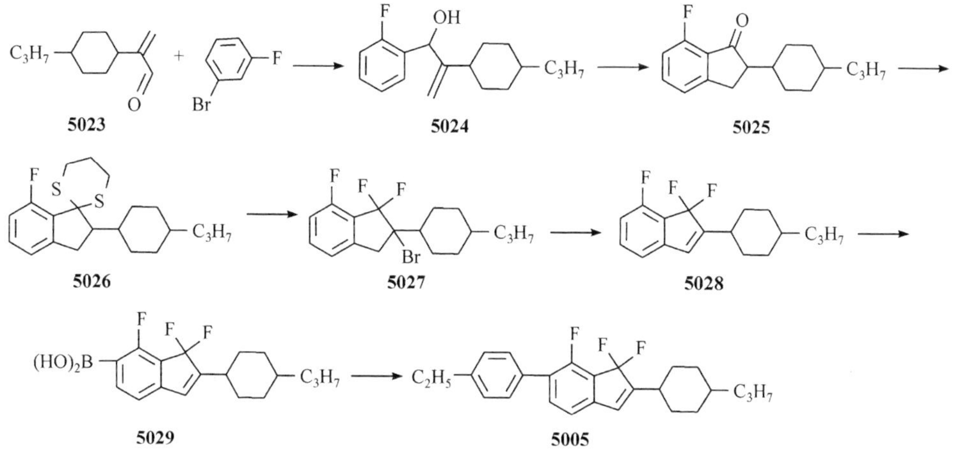

C_3H_7 + Br F F OH C_3H_7 → F O C_3H_7 →

5023　**5024**　**5025**

F S S C_3H_7 → F F F Br C_3H_7 → F F F C_3H_7 →

5026　**5027**　**5028**

$(HO)_2B$ F F F C_3H_7 → C_2H_5 F F F C_3H_7

5029　**5005**

图 5-5　含氟茚液晶 **5005** 的合成

间溴氟苯和二异丙基氨基锂在 THF 溶液中于−75℃反应 2h，滴加含 **5023** 的四氢呋喃溶液，继续反应 30min 后得到 **5024**。**5024** 在双(三苯基膦)二氯化钯催化作用下通过关环反应得到 **5025**。在三氟化硼乙醚作用下，**5025** 与 1,3-丙二硫醇室温反应得到 **5026**。在−75℃将 **5026** 缓慢加入含氟化试剂 HF · Py(Py 表示吡啶)的二氯甲烷溶液，加完后室温反应 12h，经后处理得到 **5027**。**5027** 在碱性条件下脱去溴化氢得到 **5028**。在氮气保护下，**5028** 与正丁基锂在−70℃反应生成相应的锂试剂，然后与硼酸反应生成 **5029**。最后，**5029** 与对溴乙基苯在双(三苯基膦)二氯化钯作用下发生 Suzuki 偶联反应得到 **5005**。

菲环致晶单元中氟原子的构建可以通过氟化试剂二乙氨基三氟化硫(DAST)与酮直接反应来完成，如六氟代菲液晶 **5006** 的合成(图 5-6)。

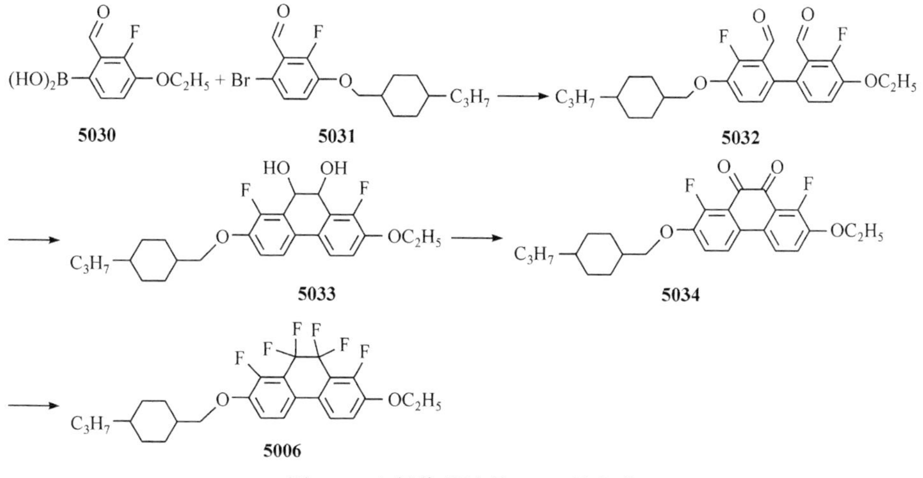

$(HO)_2B$ O F OC_2H_5 + Br O F O C_3H_7 → C_3H_7 O F O O F OC_2H_5

5030　**5031**　**5032**

→ HO OH F F C_3H_7 O OC_2H_5 → O O F F C_3H_7 O OC_2H_5

5033　**5034**

→ F F F F F F C_3H_7 O OC_2H_5

5006

图 5-6　六氟代菲液晶 **5006** 的合成

5030 和 **5031** 在 $Pd(PPh_3)_4$ 催化作用下发生 Suzuki 偶联反应合成 **5032**。**5032** 在 Zn 和 $ZnCl_2$ 作用下通过还原关环反应得到 **5033**，再经 2-碘酰基苯甲酸氧化生成 **5034**。在−70℃将氟化试剂 DAST 缓慢加入含 **5034** 的二氯甲烷溶液中，待反应结束，经后处理即可得到 **5006**。化合物 **5006** 熔点为 115.0℃，没有液晶相。外推法计算得到其介电各向异性为−24.4，双折射率为 0.1670，旋转黏度为 174.8mPa·s。

5.3　侧氟液晶的合成

侧氟液晶可分为正性侧氟液晶和负性侧氟液晶，其合成方法同样包括直接法和间接法两种。本节具体阐述正性侧氟液晶和负性侧氟液晶的合成方法。

5.3.1　正性侧氟液晶的合成

液晶的致晶单元主要为芳香环(如 1,4-苯环、2,5-嘧啶环、2,6-萘环等)和脂环烷(如反-1,4-环己烷、1,3-二氧杂环己烷、四氢吡喃环等)，通常在致晶单元的侧向引入氟原子或含氟基团可以获得正性侧氟液晶。下面通过介绍低双折射率正性侧氟液晶(**5035**)[14]和高双折射率正性侧氟液晶(**5036**)[15]的合成，来阐述该类液晶的制备方法。

低双折射率正性侧氟液晶 **5035** 的合成路线如图 5-7 所示。

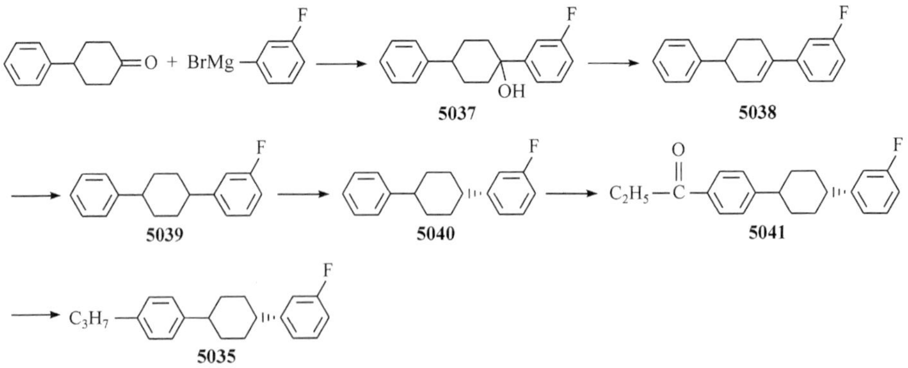

图 5-7　低双折射率正性侧氟液晶 **5035** 的合成路线

在氮气保护下，3-溴-1-氟苯和镁粉通过碘引发反应制得格氏试剂。接着在 10℃以下，滴加含 4-苯基环己酮的四氢呋喃溶液后升温至 60℃反应 2 h，经后处理得到 **5037**(收率 81.5%)。**5037** 与硫酸氢钾在 160℃反应 2h，加入甲苯溶解有机物并滤去硫酸氢钾，有机相经水洗、干燥、过滤、浓缩等后处理得到白色晶体 **5038**(收率 94.3%)。**5038** 在钯/碳催化作用下于室温常压加氢 12h，过滤掉钯/碳后，蒸除溶剂得白色固体 **5039**(收率 95.9%)。在氢化钠作用下 **5039** 发生异构化转型反应，再经过重结晶得到无色晶体 **5040**(收率 74.3%)。在无水三氯化铝催化作用下 **5040** 与丙酰氯进行傅克酰基化反应得到 **5041**(收率 88.7%)。最后，**5041**、二甘醇、水合肼和氢氧化钾通过黄鸣龙还原反应得到 **5035**(收率 54%)。

上述步骤合成的化合物 **5035** 熔点为 66.0℃，没有液晶相。

高双折射率正性侧氟液晶 **5036** 的合成路线如图 5-8 所示。

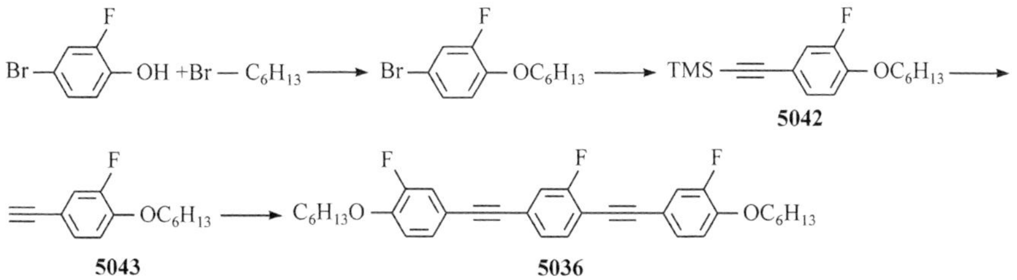

图 5-8　高双折射率正性侧氟液晶 **5036** 的合成路线

TMS—表示三甲基硅基

4-溴-2-氟苯酚与溴代正己烷通过威廉姆逊醚化反应得到 1-溴-3-氟-4-己氧基苯。继而与三甲基硅基乙炔通过钯催化 Sonogashira 偶联反应得到 **5042**。再在碳酸钾碱性条件下进行消除反应得到 **5043**。在氩气保护下，将 **5043**、1-溴-3-氟-4-碘苯、$Pd(PPh_3)_4$、CuI、三乙胺和四氢呋喃组成的反应体系，在 60℃反应 24h，待反应完成后，经过滤、萃取、水洗、有机相分离、干燥、浓缩、柱层析分离纯化等后处理得到白色固体 **5036**(收率 72%)。

上述步骤合成的化合物 **5036** 熔点为 73.0℃，清亮点为 178.8℃，液晶相区间为 105.8℃。

5.3.2　负性侧氟液晶的合成

为了使液晶呈现负介电各向异性，一般会在垂直于液晶化合物分子长轴的方向引入多个氟原子或含氟基团。在液晶分子结构中引入较多的基团是 2,3-二三氟甲基苯或 2,3-二氟苯，其中含 2,3-二氟苯基类液晶的应用更为广泛。高双折射、低黏度的负介电各向异性化合物不仅在双频液晶中应用广泛，而且在硅基液晶投影显示中也具有潜在的应用前景。一些含有二苯乙炔致晶单元的负介电各向异性化合物，其双折射率较大($\Delta n > 0.25$)，且与类似结构化合物相比熔点较低，常被用于提高混合液晶的双折射率。下面通过介绍含杂环负性侧氟液晶(**5044**)[16]、三联苯类负性侧氟液晶(**5045**)[17]和二苯乙炔类负性侧氟液晶(**5046**)[18]的合成，阐述该类液晶化合物的制备方法。

含杂环负性侧氟液晶 **5044** 的合成路线如图 5-9 所示。

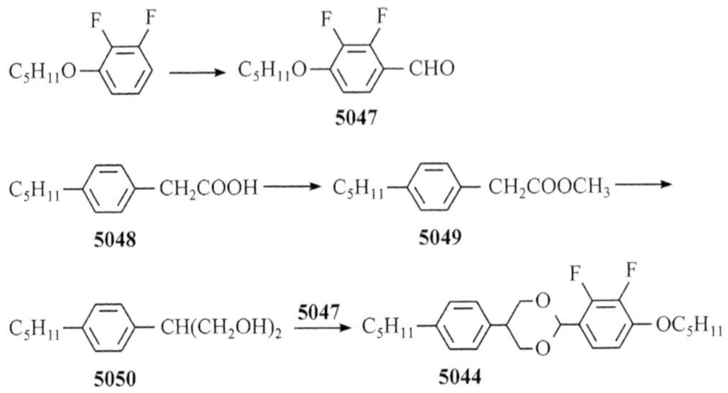

$C_5H_{11}O$—(2,3-二氟苯) → $C_5H_{11}O$—(2,3-二氟苯)—CHO
5047

C_5H_{11}—(苯)—CH_2COOH → C_5H_{11}—(苯)—CH_2COOCH_3 →
5048　**5049**

C_5H_{11}—(苯)—$CH(CH_2OH)_2$ —5047→ C_5H_{11}—(苯)—(1,3-二氧六环)—(2,3-二氟苯)—OC_5H_{11}
5050　**5044**

图 5-9　含杂环负性侧氟液晶 **5044** 的合成路线

在氮气保护下，2,3-二氟-1-戊氧基苯与正丁基锂在–78℃反应 1.5h，然后滴加含 DMF 的无水 THF 溶液。加完后升至室温，加入稀盐酸继续搅拌 1h。待反应结束后经萃取、水洗、干燥、过滤、浓缩、重结晶等后处理得到 **5047**(收率 58%)。将浓硫酸逐滴滴加到含 **5048** 的甲醇溶液中，回流反应 16h。然后蒸除甲醇，并将残余物倒入碳酸氢钠水溶液中，经萃取、有机相分离、水洗、干燥、过滤、浓缩等后处理得到 **5049**(收率 91%)。将甲酸甲酯滴加到含 **5049**、甲醇钠和甲苯的混合体系中，45℃反应 4h 后冷却至室温，将反应液倒入稀硫酸溶液中，经有机相分离、水洗、干燥、过滤、浓缩等后处理得到淡紫色油状物。将其滴加到含硼氢化钠的乙醇悬浮液中，加完后升温至 55℃反应 4h，再加入稀盐酸继续搅拌 1h，经后处理得到 **5050**(收率 33%)。**5047**、**5050** 和对甲苯磺酸在干燥的甲苯中回流反应，待分水器中没有水产生后，反应液冷却至室温，经萃取、有机相分离、水洗、干燥、过滤、浓缩、柱层析分离纯化和重结晶等后处理得到白色针状晶体 **5044**(收率 41%)。化合物 **5044** 熔点为 69.1℃，清亮点为 84.2℃，液晶相区间为 15.1℃。

三联苯类负性侧氟液晶 **5045** 的合成如图 5-10 所示。

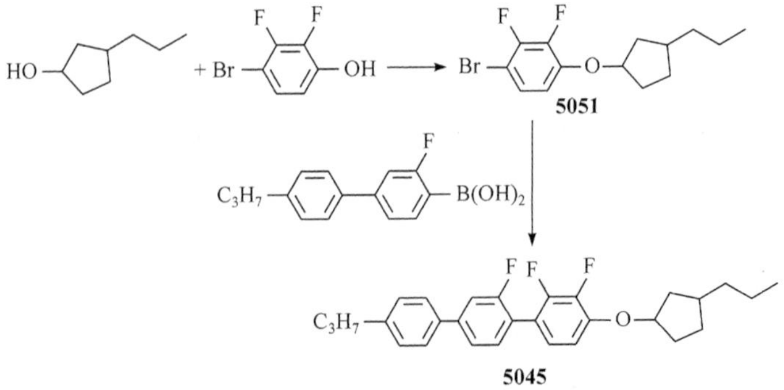

HO—(3-丙基环戊基) + Br—(2,3-二氟苯)—OH → Br—(2,3-二氟苯)—O—(3-丙基环戊基)
5051

C_3H_7—(苯)—(3-氟苯)—$B(OH)_2$ ↓

C_3H_7—(苯)—(氟苯)—(2,3-二氟苯)—O—(3-丙基环戊基)
5045

图 5-10　三联苯类负性侧氟液晶 **5045** 的合成

将偶氮二羧酸二异丙酯加入含 4-溴-2,3-二氟苯酚、3-丙基环戊基-1-醇和三苯基膦的四氢呋喃溶液中，室温反应 16h。待反应停止后蒸除 THF 溶剂，将残余物倒入正己烷并过滤不溶物。再经有机相浓缩、柱层析分离纯化等后处理得到无色液体 **5051**(收率 20%)。[3-氟-4′-正丙基-(1,1′-联苯)-4-基]硼酸、**5051**、四(三苯基膦)钯、氢氧化钠、甲苯和水组成的反应体系，在氩气保护下 90℃反应 16h。待反应停止后冷却至室温，经盐水洗涤、有机相分离、干燥、过滤、浓缩、柱层析分离纯化等后处理得到白色晶体 **5045**(收率 30%)。化合物 **5045** 熔点为 85.7℃，清亮点为 100.9℃，液晶相区间为 15.2℃。外推法计算得到的双折射率为 0.1979，介电各向异性为−5.01，旋转黏度为 81mPa·s。

二苯乙炔类负性侧氟液晶 **5046** 的合成如图 5-11 所示。

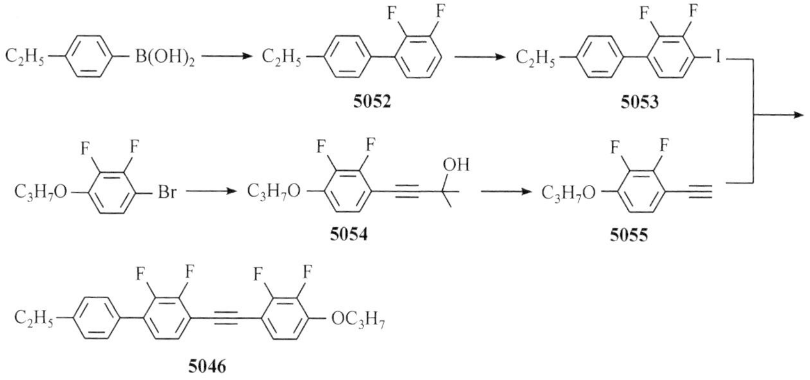

C_2H_5-C₆H₄-B(OH)₂ → **5052** → **5053**；C_3H_7O-C₆H₂F₂-Br → **5054** → **5055**；**5053** + **5055** → **5046**

图 5-11　二苯乙炔类负性侧氟液晶 **5046** 的合成

在氮气保护下，将四(三苯基膦)钯加入对乙基苯硼酸、2,3-二氟溴苯、碳酸钾、*N*,*N*-二甲基甲酰胺和水的悬浮液中，80℃反应 8h，待结束后经萃取、有机相分离、水洗、干燥、过滤、浓缩、减压蒸馏等后处理得到无色油状物 **5052**(收率 90%)。在氩气保护下，向含 **5052** 的干燥四氢呋喃溶液中滴加正丁基锂溶液，保持体系温度在−78℃，加完后继续反应 1h，再逐滴滴加含碘的干燥四氢呋喃溶液，加完后搅拌 1h，自然升至室温。反应液经萃取、有机相分离、水洗、干燥、过滤、浓缩、重结晶等后处理得到白色固体 **5053**(收率 75%)。

在氮气保护下，4-溴-2,3-二氟苯丙醚、2-甲基-3-丁炔-2-醇、碘化亚铜、三苯基膦、四(三苯基膦)钯和三乙胺组成的反应体系，于 80℃反应 8h。待反应液冷却至室温，经萃取、有机相分离、水洗、干燥、过滤、浓缩等后处理得到淡黄色油状物 **5054**。将 **5054**、氢氧化钠和 2,6-二叔丁基对甲酚溶于甲苯，100℃反应 4h 后，将反应体系改为蒸馏装置，蒸馏得到无色油状液体 **5055**(收率 63%)。在氮气保护下，将四(三苯基膦)钯加入含 **5053**、**5055**、碘化亚铜、三苯基膦和三乙胺的悬浮液中，于 80℃反应 8h，待反应液冷却至室温，经萃取、有机相分离、水洗、干燥、过滤、浓缩、柱层析分离纯化和重结晶等后处理得到白色晶体**5046**(收率 94%)。化合物**5046**熔点为 74.1℃，清亮点为 184.8℃，液晶相区间为 110.7℃。外推法计算得到的双折射率为 0.3621。

5.4　端氟液晶的合成

端氟液晶是指在液晶分子末端含有氟原子或者含氟官能团，如—F、—OCF_3、—CF_2H、—CF_3、—SF_5 等。本节通过介绍 3,3,3-三氟丙烯端氟液晶(**5056**)[19]、2-氯-3,3,3-三氟丙烯端氟液晶(**5057**)[20]、5,6-二氟茚端氟液晶(**5058**)[21]和三氟甲基端氟液晶(**5059**)[22]等化合物的制备来阐述端氟液晶的合成方法。

5.4.1　3,3,3-三氟丙烯端氟液晶的合成

3,3,3-三氟丙烯端氟液晶**5056**的合成如图 5-12 所示。

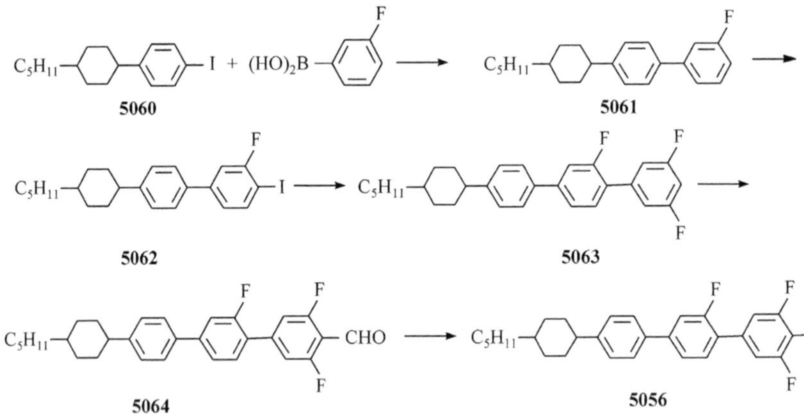

C_5H_{11} … I + $(HO)_2B$ … F　**5060**　→　**5061**　→　**5062**　→　**5063**　→　**5064** (CHO)　→　**5056** (CF_3)

图 5-12　3,3,3-三氟丙烯端氟液晶**5056**的合成

在氮气保护下，**5060**、间氟苯硼酸、碳酸钾、$Pd(PPh_3)_2Cl_2$、水和甲苯加热回流反应 8h。反应液经萃取、有机相分离、水洗、干燥、过滤、浓缩、柱层析分离纯化和重结晶后得到**5061**(收率 82%)。向−70℃含**5061**的 THF 溶液中，于氮气保护下滴加含正丁基锂的正己烷溶液，加完后反应 3h，再加入碘于−30℃反应 1h，经后处理得到**5062**(收率 87%)。**5062**与 3,5-二氟苯硼酸、碳酸钾、Pd/C、水和甲苯在氮气保护下加热回流反应 11h。反应液经萃取、有机相分离、水洗、干燥、过滤、浓缩、柱层析分离纯化和重结晶后得到**5063**(收率 86%)。向−70℃含**5063**的 THF 溶液中，于氮气保护下滴加含正丁基锂的正己烷溶液，加完后反应 1h，再加入 DMF，在−60℃反应 1h，经后处理得到**5064**(收率 72%)。在 20～25℃向已

经搅拌 20h 含有分子筛和四丁基氟化铵的 THF 溶液中，加入 **5064** 和氧化二苯基(2,2,2-三氟乙基)磷，加完后室温搅拌反应 1h。待反应完成后滤除分子筛，反应液经萃取、有机相分离、水洗、干燥、过滤、浓缩、柱层析分离纯化和重结晶后得到 **5056**(收率 41%)。化合物 **5056** 的熔点为 97.4℃，清亮点为 292.0℃，液晶相区间为 194.6℃。外推法计算得到的介电各向异性为 17.70，双折射率为 0.270。

5.4.2　2-氯-3,3,3-三氟丙烯端氟液晶的合成

2-氯-3,3,3-三氟丙烯端氟液晶 **5057** 的合成如图 5-13 所示。

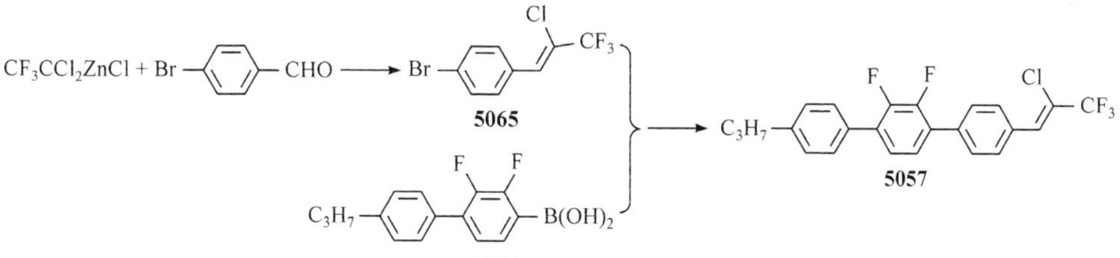

CF_3CCl_2ZnCl + Br—C₆H₄—CHO → Br—C₆H₄—CH=C(Cl)—CF_3 (**5065**)；**5065** + C_3H_7—C₆H₄—C₆H₂F₂—$B(OH)_2$ (**5066**) → **5057**

图 5-13　2-氯-3,3,3-三氟丙烯端氟液晶 **5057** 的合成

在氮气保护下，1,1,1-三氯-2,2,2-三氟乙烷与锌粉在干燥的 *N*,*N*-二甲基甲酰胺中室温反应 0.5h，得到有机锌试剂。然后向 50℃的有机锌试剂体系中加入 4-溴苯甲醛，加完后继续反应 1h，再加入乙酸酐和锌粉继续反应 1.5h。待反应完成后酸洗、萃取、有机相分离、水洗、浓缩、柱层析分离纯化后得到无色透明液体 **5065**(收率 93.2%)。在氮气保护下，**5065**、**5066**、碳酸钠、四丁基溴化铵、双(三苯基膦)二氯化钯在甲苯和水的混合溶液中回流反应 4h。反应液经萃取、水洗、浓缩、重结晶、柱层析分离纯化后得到白色固体 **5057**(收率 69%)。化合物 **5057** 熔点为 117.1℃，清亮点为 180.7℃，液晶相区间为 63.6℃。外推法计算得到的介电各向异性为 10.73，双折射率为 0.2650，旋转黏度为 190.0mPa·s。

5.4.3　5,6-二氟茚端氟液晶的合成

5,6-二氟茚端氟液晶 **5058** 的合成如图 5-14 所示。

3,4-二氟碘苯与丙烯酸在钯催化作用下通过 Heck 偶联反应得到 **5067**，然后在钯/碳催化作用下常温常压加氢得到 **5068**，继而与二氯亚砜通过亲核取代反应得到 **5069**，再经过无水三氯化铝催化的傅克酰基化反应得到 **5070**。**5070** 的羰基经硼氢化钠还原成羟基后，再经浓硫酸脱水生成 **5071**。化合物 **5071**、硼氢化锂和三氟化硼乙醚在无水四氢呋喃溶剂中于 35℃反应 3.5h，然后滴加铬酸溶液搅拌回流 16h，经后处理得到 **5072**。将含 4-(反式 4′-丙基环己基)苯基溴化镁的四氢呋喃溶液滴加到含氯化铈的四氢呋喃溶液中，0℃反应 2h，再向其中滴加含 **5072** 的四氢

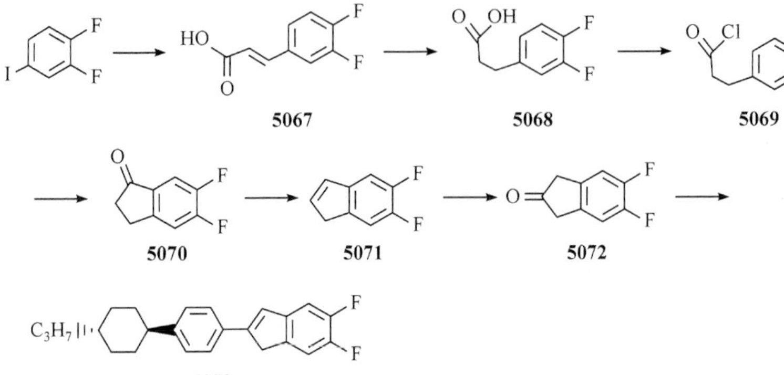

图 5-14 5,6-二氟茚端氟液晶 **5058** 的合成

呋喃溶液，加完后在 0℃继续反应 2h。反应液经酸洗、萃取、浓缩后得粗品。将粗品、对甲苯磺酸和甲苯在 100℃搅拌 1h。经萃取、有机相分离、水洗、干燥、过滤、浓缩、柱层析分离纯化后得到目标化合物 **5058**。化合物 **5058** 熔点为 182.3℃，清亮点为 247.6℃，液晶相区间为 65.3℃。外推法计算得到的双折射率为 0.244，介电各向异性为 5.80，旋转黏度为 19.1mPa·s。

5.4.4 三氟甲基端氟液晶的合成

三氟甲基端氟液晶 **5059** 的合成如图 5-15 所示。

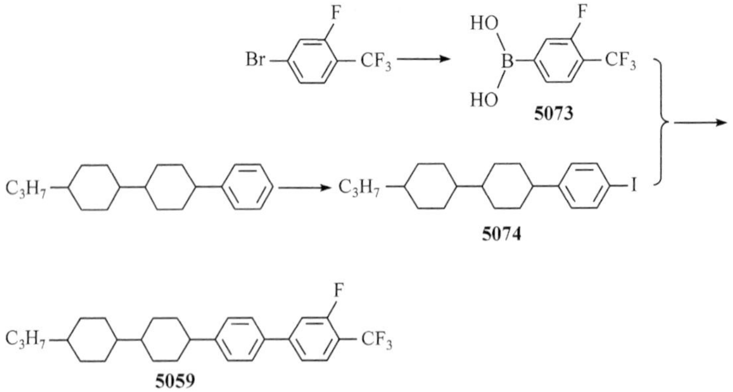

图 5-15 三氟甲基端氟液晶 **5059** 的合成

在氮气保护下，向−20℃含 4-溴-2-氟-1-三氟甲基苯的四氢呋喃溶液中，滴加含异丙基氯化镁(*i*-PrMgCl)的四氢呋喃溶液，加完后反应 2h。然后滴加硼酸三异丙酯，加完后继续反应 2h，再向上述反应体系中加入稀盐酸，在−10℃搅拌 1h 后自然升至室温，经后处理得到 **5073**(收率 60%)。在氮气保护下，**5073** 与由 4-苯基-4′-丙基-1,1′-双环己烷经碘代得到的 **5074** 在四(三苯基膦)钯催化下发生 Suzuki 偶联

反应。待反应完成后，反应液经过滤、萃取、水洗、干燥、浓缩、柱层析分离纯化和重结晶后得到白色固体 **5059**(收率 62%)。化合物 **5059** 熔点为 162.2℃，清亮点为 267.3℃，液晶相区间为 105.1℃。

5.5　超级氟液晶的合成

超级氟液晶是指在液晶分子骨架结构中含有多个氟原子。该类液晶中不少化合物已应用于移动设备显示器用混合液晶材料，可以提高液晶材料的介电各向异性，降低阈值电压。二氟甲氧基桥键(—CF_2O—)液晶具有低黏度和大介电各向异性的优点，同时与多氟液晶化合物具有很好的相容性，因而—CF_2O—桥键在超级氟液晶结构中被广泛应用。下面通过介绍 **5075**[23]、**5076**[24]、**5077**[25]和 **5078**[26]等化合物的制备来阐述超级氟液晶的合成方法。

5.5.1　超级氟液晶 5075 的合成

超级氟液晶 **5075** 的合成如图 5-16 所示。

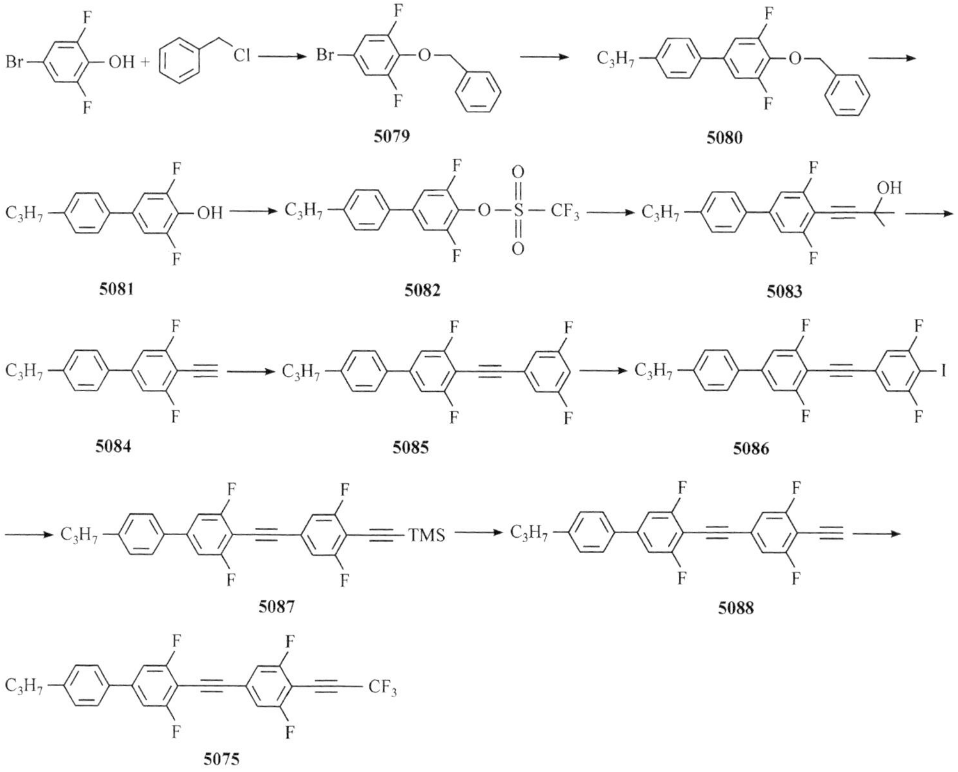

图 5-16　超级氟液晶 **5075** 的合成

4-溴-2,6-二氟苯酚、苄氯、K_2CO_3、DMF 和水组成的体系在 90℃反应 2h。反应液经萃取、有机相分离、干燥、过滤、浓缩、重结晶后得到白色晶体 **5079**(收率 88%)。在氮气保护下，**5079**、对丙基苯硼酸、K_2CO_3、四丁基溴化铵、四(三苯基膦)钯、*N,N* 二甲基酰胺和水组成的体系，在 80℃反应 8h。反应液经萃取、有机相分离、水洗、干燥、浓缩、柱层析分离纯化和重结晶后得到白色固体 **5080**(收率 97%)。**5080** 用 Pd/C 催化室温常压催化加氢 10h，反应液经过滤、浓缩、柱层析分离纯化后得到白色固体 **5081**(收率 97%)。在氮气保护下，**5081** 与三氟甲磺酸酐在吡啶和二氯甲烷混合液中室温反应 2h，反应液经萃取、水洗、有机相分离、干燥、过滤、浓缩、柱层析分离纯化后得到浅黄色油状液体 **5082**(收率 98%)。**5082** 在氮气保护下与 2-甲基-3-丁炔-2 醇反应 6h，经后处理得到白色晶体 **5083**(收率 80%)。在氮气保护下，**5083** 与 NaOH 和 2,6-二叔丁基对甲苯酚于 70℃反应 2.5h，经后处理得到白色晶体 **5084**(收率 70%)。**5084** 在氮气保护下与 1,3-二氟-5-碘苯在 75℃反应 10h，经后处理得到白色固体 **5085**(收率 85%)。在氮气保护下，**5085** 在 −78℃与正丁基锂反应 1h，再加入碘粒后继续反应 1h，自然升温至室温，经后处理得到白色粉末状固体 **5086**(收率 60%)。**5086** 在氮气保护下与三甲基硅基乙炔经四(三苯基膦)钯和碘化亚铜(CuI)在 80℃催化反应 6h，经后处理得到白色晶体 **5087**(收率 90%)。**5087** 在氮气保护下碱性环境中于 50℃反应 3h，经后处理得到白色晶体 **5088**(收率 90%)。在氮气保护下，将含 **5088** 的 *N,N*-二甲基甲酰胺(*N,N*-dimethylformamide，DMF)溶液滴加至含碘化亚铜、无水菲罗林、碳酸氢钾、1-三氟甲基-1,2-苯碘酰-3(1H)-酮和 DMF 的混合物中，室温搅拌反应 18h，反应液经萃取、水洗、有机相分离、干燥、过滤、浓缩、柱层析分离纯化后得到白色晶体 **5075**(收率 66%)。化合物 **5075** 熔点为 120.1℃，没有液晶相。外推法计算得到的双折射率为 0.3530，介电各向异性为 41.30，旋转黏度为 31mPa·s。

5.5.2 超级氟液晶 5076 和 5077 的合成

超级氟液晶 **5076** 的合成如图 5-17 所示。

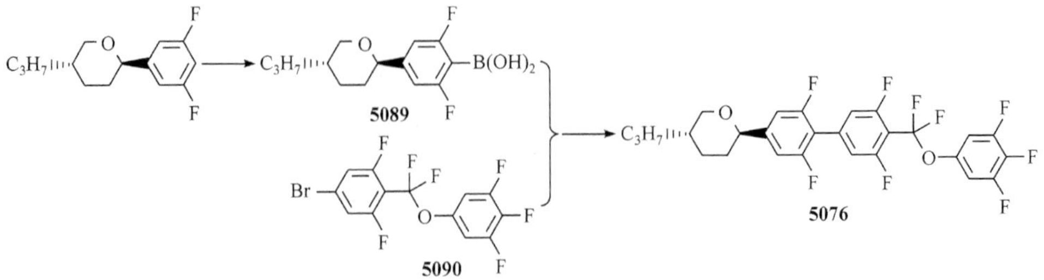

图 5-17 超级氟液晶 **5076** 的合成

在氮气保护下，将正丁基锂滴加到–70℃的含(2R,5S)-2-(3,5-二氟苯基)-5-正丙基-2H-四氢吡喃的四氢呋喃溶液中，反应 1h 后，再加入硼酸三甲酯，加完继续反应 30min，升温至–10℃后加入稀盐酸搅拌，经后处理得到 **5089**(收率 67%)。在氮气保护下，**5089**、**5090**、水合肼、$Na_3BO_3 \cdot 8H_2O$、$Pd(PPh_3)_2Cl_2$、水和四氢呋喃混合后搅拌回流反应 18h。经后处理得到白色固体 **5076**(收率 55%)。化合物 **5076** 熔点为 83.0℃，没有液晶相。外推法计算得到的介电各向异性为 35.60，双折射率为 0.1316，旋转黏度为 457mPa·s。

超级氟液晶 **5077** 的合成如图 5-18 所示。

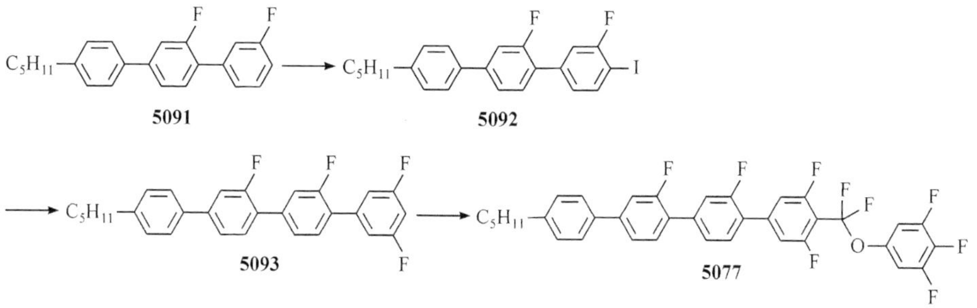

图 5-18　超级氟液晶 **5077** 的合成

在氮气保护下，将正丁基锂滴加到–70℃的含 **5091** 的 THF 溶液中，反应 3h 后，再加入碘在–30℃反应 1h，经后处理得到 **5092**。在氮气保护下，**5092**、3,5-二氟苯硼酸、碳酸钾、$Pd(PPh_3)_4$、水、乙醇和甲苯混合后搅拌回流反应 11h。经后处理得到 **5093**。在氮气保护下，将正丁基锂滴加到–70℃含 **5093** 的四氢呋喃溶液中，反应 2h 后，再加入 CF_2Br_2，升温至–60℃反应 1h，然后自然升至室温，加入 3,4,5-三氟苯酚、K_2CO_3、四正丁基溴化铵和 DMF，在 80℃搅拌反应 4h，薄层色谱法(thin lgyer chromatography，TLC)跟踪反应直至完全后，反应液经萃取、有机相分离、干燥、浓缩、柱层析分离纯化后得到目标化合物 **5077**。化合物 **5077** 熔点为 87.1℃，清亮点为 255℃，液晶相区间为 167.9℃。外推法计算得到的双折射率为 0.2570，介电各向异性为 36.70，旋转黏度为 699mPa·s。

5.5.3　超级氟液晶 5078 的合成

超级氟液晶 **5078** 的合成如图 5-19 所示。

在氮气保护下，将正丁基锂滴加到–70℃含 1,3-二氟-5-丙基苯的四氢呋喃溶液中，反应 2h 后，再加入碘，升温至–60℃反应 1h，反应液经萃取、水洗、干燥、过滤、浓缩、减压蒸馏、柱层析分离纯化后得无色透明液体 **5094**(收率 85%)。在氮气保护下，**5094**、3,5-二氟苯硼酸、$Pd(PPh_3)_4$、碳酸钾和无水乙醇搅拌回流反应 24h。反应液经萃取、干燥、浓缩后得粗品，再用石油醚溶解粗品，过滤掉不

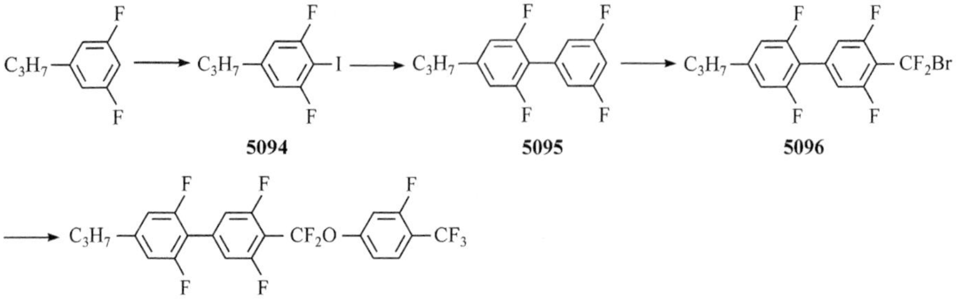

5094　　5095　　5096

5078

图 5-19　超级氟液晶 **5078** 的合成

溶物，浓缩后经柱层析分离得到无色透明液体 **5095**(收率 94.5%)。在氮气保护下，将正丁基锂滴加到−70℃含 **5095** 的四氢呋喃溶液中，反应 2h 后，再加入二溴二氟甲烷(CF_2Br_2)，升温至−60℃反应 1h，反应液经萃取、水洗、干燥、过滤、浓缩、柱层析分离纯化后得到淡黄色油状物 **5096**(收率 60%)。**5096** 在氮气保护下与 3-氟-4-三氟甲基苯酚 80℃反应 4h，TLC 跟踪反应至完全后，反应液经萃取、有机相分离、干燥、浓缩、柱层析分离纯化和低温洗涤后得到无色透明液体 **5078**(收率 22.4%)。化合物 **5078** 熔点为 27.6℃，没有液晶相。

5.6　含氟液晶性能及其构性关系

5.6.1　小介电各向异性含氟液晶性能及其构性关系

液晶分子的侧向引入单个氟原子，对液晶分子的极性影响较小，因此该类液晶材料的介电各向异性($\Delta\varepsilon$)一般均不大，即$|\Delta\varepsilon| < 0.3$，而引入氟原子的主要作用是降低液晶的熔点、拓宽液晶相区间及消除近晶相[27]。该类液晶用于混合液晶材料，主要是降低熔点并调节混合液晶材料的使用温度区间。

表 5-2 列出了侧向单氟取代联苯液晶化合物及其相变温度，从表 5-2 中可以看出，化合物 **5097** 的熔点为 67.0℃，向列相区间为 25.0℃，当分子侧向引入氟原子后，化合物 **5098** 和 **5099** 的熔点分别降到 59.0℃和 40.0℃，虽然清亮点也有降低，但是近晶相被消除，而且向列相区间分别拓宽至 49℃和 68℃；化合物 **5107** 的熔点为 133℃，与 **5106** 相比降低了 25℃，近晶相被消除，只有向列相。

表 5-2　侧向单氟取代联苯液晶化合物及其相变温度[28-33]

代号	分子结构	相变温度/℃
5097	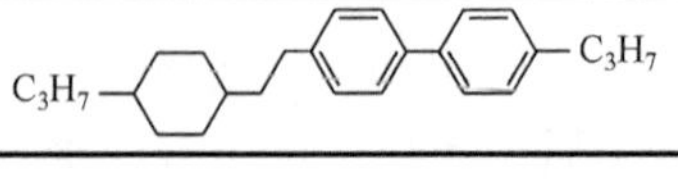 C_3H_7 … C_3H_7	Cr 67.0 S_A 119.0 N 144.0 I

续表

代号	分子结构	相变温度/℃
5098	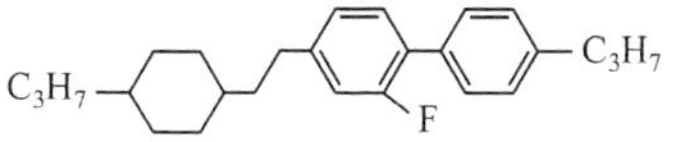	Cr 59.0 N 108.0 I
5099	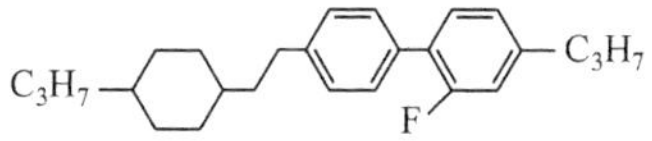	Cr 40.0 N 108.0 I
5100	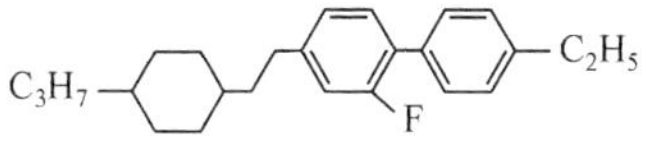	Cr 34.0 N 97.0 I
5101	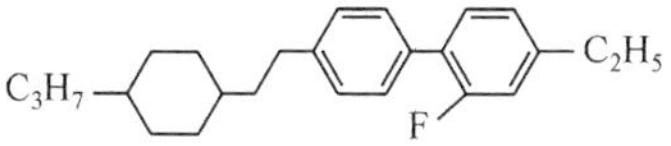	Cr 27.0 N 97.0 I
5102	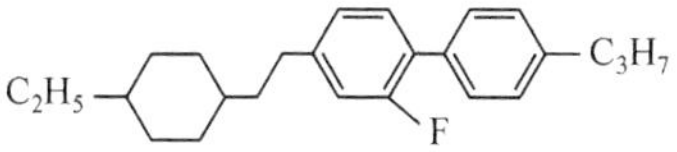	Cr 34.0 N 80.0 I
5103	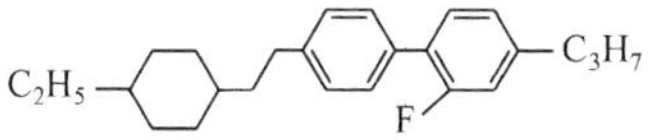	Cr 21.3 N 78.0 I
5104	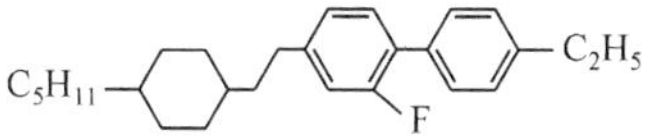	Cr 23.0 S_B 27.0 S_A 55.0 N 104.5 I
5105	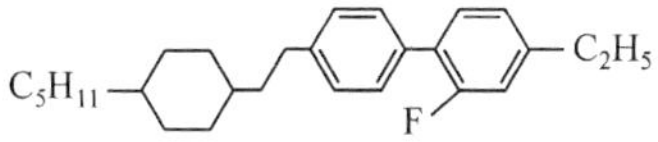	Cr 23.5 N 103.0 I
5106		Cr 158 S 223 N 327.0 I
5107	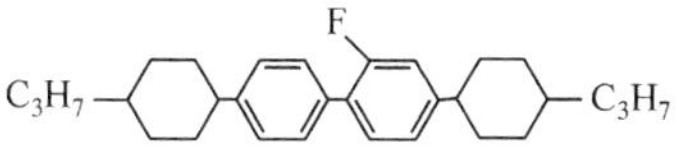	Cr 133 N 302 I

注：Cr 表示熔点；S_A 表示近晶 A 相；S_B 表示近晶 B 相；S 表示近晶相；N 表示向列相；I 表示清亮点；其余表格中含义相同。

氟取代基的位置不同，对液晶化合物熔点、向列相区间的影响也不相同。化合物 **5100**、**5102**、**5104** 的熔点分别为 34.0℃、34.0℃、23.0℃，向列相区间分别为 63℃、46℃、49.5℃。当氟原子在另一个苯环上时，化合物 **5099**、**5103**、**5105** 的熔点分别为 40.0℃、21.3℃、23.5℃，向列相区间也随之变化。随着烷基链的增长，化合物 **5104** 有两个近晶相区间，但是化合物 **5105** 只有向列相，说明选择合适的氟取代基位置能够消除近晶相。由此看出：侧向引入氟原子有助于降低液晶化合物的熔点，降低近晶相到向列相转变的温度，缩小近晶相区间或消除近晶相，并且有助于提高液晶向列相的稳定性。

表 5-3 列出了侧向单氟取代三联苯液晶化合物及其相变温度，该类液晶化合物具有高清亮点、大光学各向异性[34-36]等优点。对比化合物 **5108** 和 **5109**，以及

5112 和 **5113**，发现引入氟原子可降低熔点，拓宽向列相区间，压缩近晶相区间。氟原子在三联苯中的取代位置较多，对三联苯的相变影响较为复杂。

表 5-3　侧向单氟取代三联苯液晶化合物及其相变温度[34-36]

代号	分子结构	相变温度/℃
5108	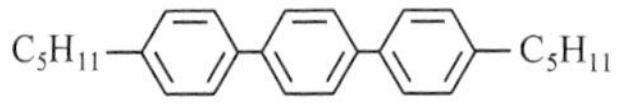 C_5H_{11} — C_5H_{11}	Cr 192.0 S_A 213.0 I
5109	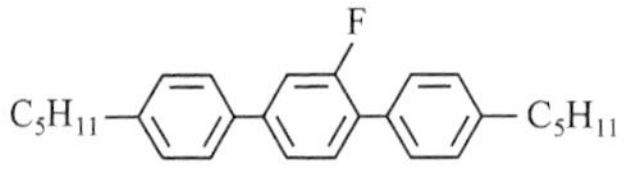 F; C_5H_{11} — C_5H_{11}	Cr 51.5 S_B 62.0 S_A 109.5 N 136.5 I
5110	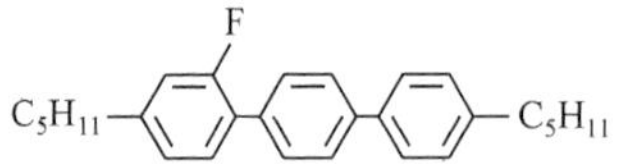 F; C_5H_{11} — C_5H_{11}	Cr 72.5 S_C 80.0 N 136.0 I
5111	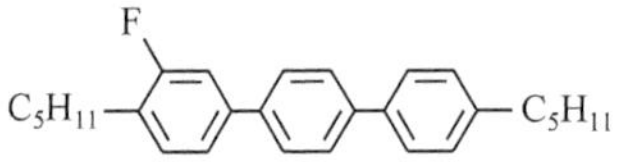 F; C_5H_{11} — C_5H_{11}	Cr 156.5 S_A 185.5 I
5112	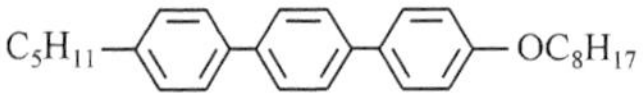 C_5H_{11} — OC_8H_{17}	Cr 194.5 S_B 211.0 S_A 221.5 I
5113	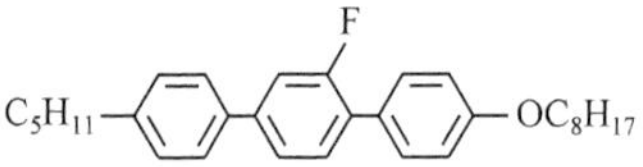 F; C_5H_{11} — OC_8H_{17}	Cr 47.0 S l53.5 S_C 116.5 S_A 130.0 N 155.0 I
5114	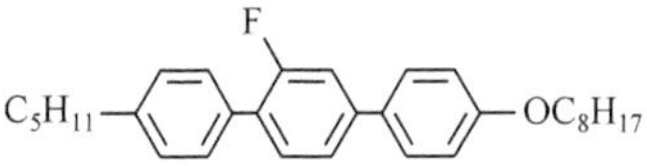 F; C_5H_{11} — OC_8H_{17}	Cr 69.0 S_B 100.5 S_C 124.5 S_A 158 N161.0 I
5115	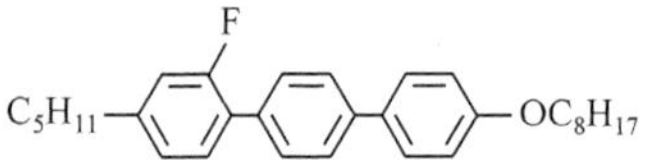 F; C_5H_{11} — OC_8H_{17}	Cr 102.0 S_C 137.5 N160.0 I
5116	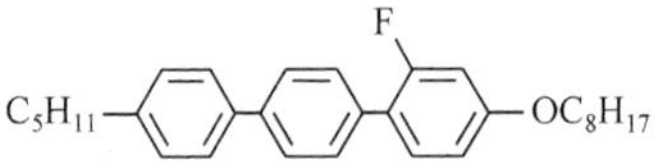 F; C_5H_{11} — OC_8H_{17}	C 69.0 S_C 119.0 N 158.0 I
5117	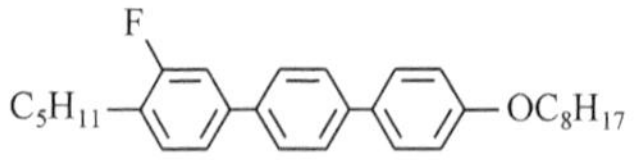 F; C_5H_{11} — OC_8H_{17}	Cr 170.5 S_C 176.5 S_A 202.5 I
5118	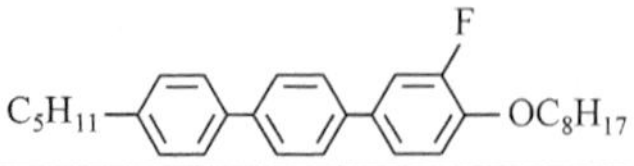 F; C_5H_{11} — OC_8H_{17}	Cr 146.0 S_B 158.0 S_A 195.0 I

注：S_C表示近晶 C 相；其余表格中含义相同。

在单氟取代三联苯液晶化合物中，氟原子的侧向取代分为两类：内环取代(氟原子在中间苯环上，如 **5109**)和边环取代，边环取代中又分为内侧取代(如 **5110**)和外侧取代(如 **5111**)。氟原子内环取代时，更易破坏分子间侧向排列和引起分子内苯环间的扭曲，进一步降低液晶的热稳定性，降低熔点[34-36]。化合物 **5110** 和 **5111** 的氟取代基在边环上，熔点分别为 72.5℃和 156.5℃，当氟取代基移至内环上时，化合物 **5109** 的熔点降至 51.5℃，清亮点与 **5111** 相比明显降低。比较化合

物 **5113**、**5114** 和 **5115**、**5117**、**5118** 也可以看出氟取代基在内环上时，更有利于降低熔点。化合物 **5113** 和 **5114** 的氟取代基均在内环上，不同之处在于氟的取代方向不同，但表现出来的液晶行为差别很大，化合物 **5113** 的熔点和近晶相到向列相的相变温度较低，向列相区间较宽，但是，化合物 **5114** 的清亮点较高。化合物 **5116** 和 **5118** 的氟取代基均在边环上，但是化合物 **5116** 的熔点较低，与氟取代基在内环上的化合物 **5114** 的熔点相同，**5118** 的熔点较高，且向列相消失，这说明氟取代基在边环外侧取代时，有利于形成分子间侧向作用力，提高了近晶相的稳定性，不利于降低熔点和稳定向列相[3,37-41]。

5.6.2 正介电各向异性含氟液晶性能及其构性关系

氟原子在该类液晶分子中主要用于提高正介电各向异性，降低驱动电压，提高响应速度。在液晶分子的端基，侧向或桥键中引入多个氟原子或者含氟基团(如—CF_3、—OCF_3、—OCF_2—等)等大极性结构，以获得正介电各向异性液晶材料，一般$\Delta\varepsilon > 3$，并能提高向列相的稳定性、降低黏度。另外，该类化合物具有较低的极化性和较高的电阻率[42-47]。

表 5-4 列出了端基氟取代联苯液晶化合物及其相变温度和正介电各向异性，化合物 **5119** 的熔点和清亮点分别为 102.0℃和 153.9℃，正介电各向异性为 4.2，随着液晶化合物中氟原子数目的增多，化合物 **5120** 的熔点、清亮点明显降低，正介电各向异性增大。当氟原子的数目增至 3 个时，化合物 **5121** 的熔点、清亮点进一步降低，正介电各向异性提高至 11.7，由于第三个氟原子的引入提高了轴向偶极矩，使正介电各向异性有了进一步的提高。由此可见，随着端基的氟原子数目增加，液晶化合物的熔点、清亮点逐步降低，而正介电各向异性逐步提高[41,43,48-51]。

表 5-4 端基氟取代联苯液晶化合物及其相变温度和正介电各向异性[41,43,48-56]

代号	分子结构	相变温度/℃	$\Delta\varepsilon$
5119	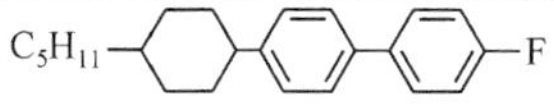 C_5H_{11} F	Cr 102.0 N 153.9 I	4.2
5120	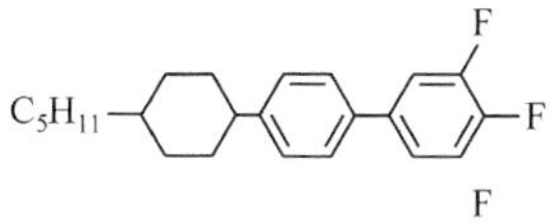 C_5H_{11} F F	Cr 55.0 N 105.4 I	6.3
5121	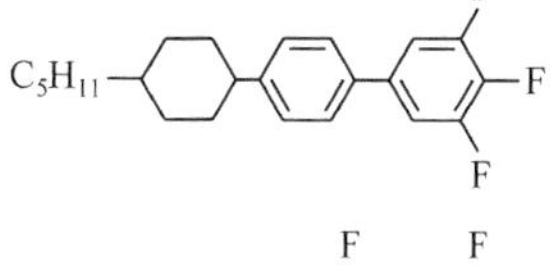 C_5H_{11} F F F	Cr 25.0 N 54.8 I	11.7
5122	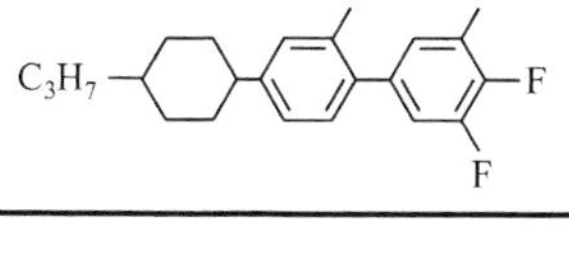 C_3H_7 F F F F	Cr 64.0 I	15.2

续表

代号	分子结构	相变温度/℃	$\Delta\varepsilon$
5123	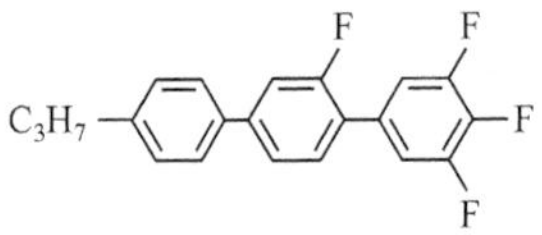 F F C_3H_7 F F	Cr 63.3 I	21.7
5124	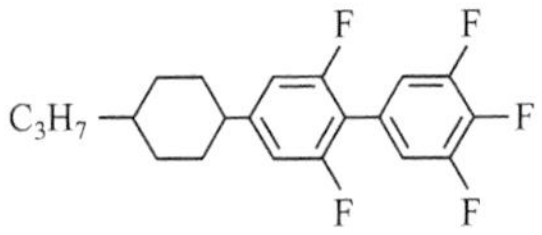 F F C_3H_7 F F F	Cr 123.0 I	20.5
5125	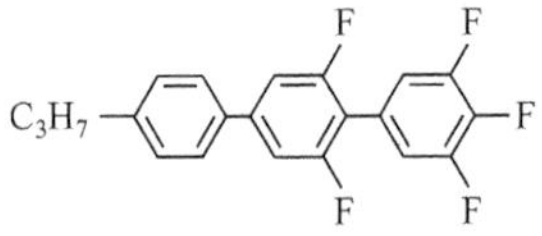 F F C_3H_7 F F F	Cr 108.0 I	23.4

为了获得更大的正介电各向异性，可以在液晶分子中引入更多的氟原子。化合物 **5122** 与 **5121** 相比，在分子的侧向引入了第四个氟原子，正介电各向异性从 11.7 升高至 15.2；但是，化合物 **5122** 的熔点也有明显的升高，而且失去了液晶相，这可能是第四个氟原子的引入增加了分子的宽度，降低了分子的长径比，从而导致液晶相消失。在分子的侧向引入第五个氟原子时，化合物 **5124** 的正介电各向异性提高到 20.5，不仅失去了液晶相，而且熔点也明显升高。可见，液晶分子中引入过多的氟原子，虽然能够提高正介电各向异性，但并不利于提高液晶相的稳定性和降低熔点。三联苯类液晶化合物 **5123** 的正介电各向异性为 21.7，与联苯液晶化合物 **5122** ($\Delta\varepsilon = 15.2$)相比，正介电各向异性明显提高，可见共轭长度也会影响正介电各向异性[52-56]。化合物 **5122** 与 **5124**，**5123** 与 **5125** 对比可知，当氟原子的个数增加并形成对称氟取代的时候，化合物的正介电各向异性增大，分别由 15.2 和 21.7 增加至 20.5 和 23.4。

为了降低熔点，将苯环换成环己烯，以降低分子的共轭长度，提高分子的柔性。表 5-5 列出了端基多氟双环己基类液晶及其相变温度和正介电各向异性，比较 **5126** 和 **5122** 可以看出，将苯环换成环己烯后，正介电各向异性从 15.2 变为 15.1，几乎保持不变，但是熔点降低了 18℃，同时向列相区间拓宽了 23.6℃。将环己烯换成环己烷，同时再引入氟原子得到化合物 **5127**，该化合物熔点明显升高，液晶相消失，正介电各向异性降低至 13.9。另外，化合物 **5128** 和 **5129** 的正介电各向异性基本保持一致，多引入氟原子后正介电各向异性并未明显提高，可见引入氟原子到环己基上对提高正介电各向异性的作用不大[51-53]。

表 5-5　端基多氟双环己基类液晶及其相变温度和正介电各向异性[48,49,51-53,56]

代号	分子结构	相变温度/℃	$\Delta\varepsilon$
5126	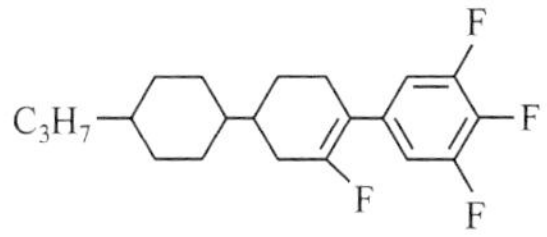	Cr 46.0 N 69.6 I	15.1
5127	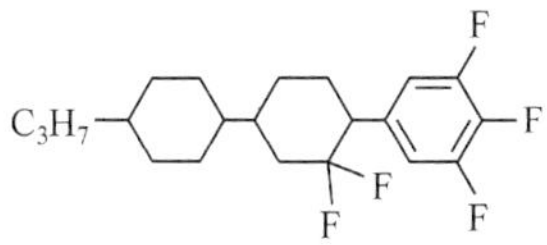	Cr 65.0 I	13.9
5128	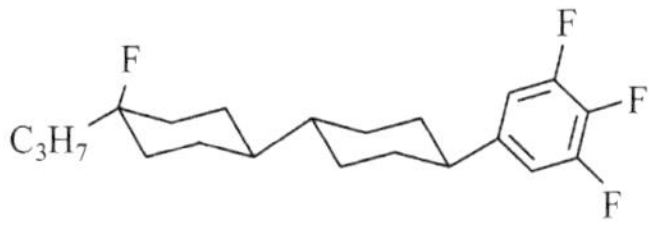	Cr 73.0 N 115.0 I	9.8
5129	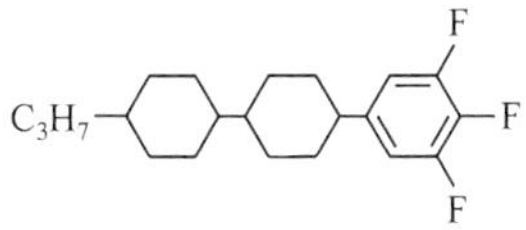	Cr 66.0 N 94.1 I	9.7
5130	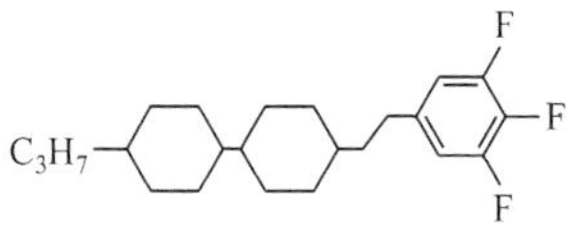	Cr 35.0 S_B 42.0 N 100.8 I	9.3
5131	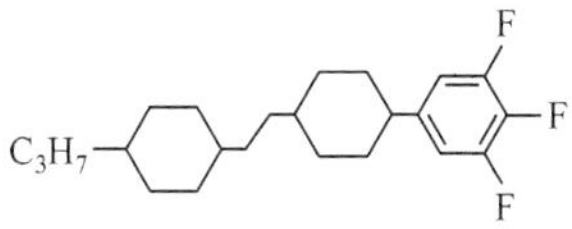	Cr 45.0 N 82.8 I	9.4
5132	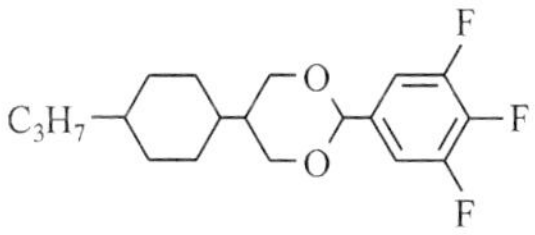	Cr 74.0 I	17.0
5133	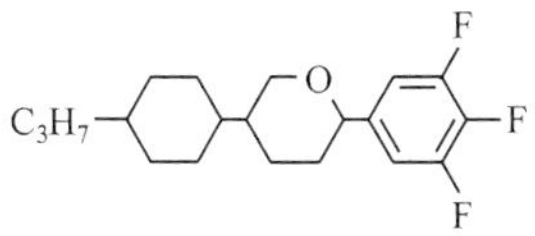	Cr 57.0 I	12.7
5134	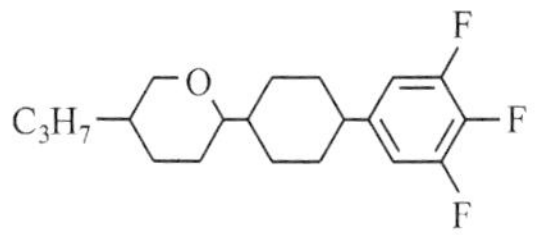	Cr 41.0 I	15.6

为了获得熔点低，向列相区间较宽，又具有较大$\Delta\varepsilon$的液晶化合物，可以引入柔性链，以降低分子的刚性，加长液晶分子的长度，提高长径比，以提高清亮点。化合物**5130**、**5131**与**5129**相比，正介电各向异性没有明显变化，由于化合物**5130**、

5131 分子中引入柔性乙撑桥键，与 **5129** 相比，熔点从 66.0℃分别降至 35.0℃和 45.0℃，虽然化合物 **5131** 的清亮点有所降低，但是化合物 **5130**、**5131** 与 **5129** 相比均具有较宽的向列相区间，可见，引入乙撑桥键不仅可以降低熔点，还可以拓宽向列相区间[48,49,52,56]。

将分子中的反式环己环替换为含氧杂环也可以提高正介电各向异性。化合物 **5132**、**5133** 与 **5129** 相比，无液晶相区间，但正介电各向异性有了明显的提高，从 9.7 分别升高至 17.0 和 12.7。另外，化合物 **5134** 的正介电各向异性为 15.6，与 **5121**($\Delta\varepsilon = 11.7$)相比，正介电各向异性有明显提高。

为了获得大的正介电各向异性，并保证较高的清亮点，多氟取代基团也被应用到液晶分子中，表 5-6 列出了含多氟末端基团的液晶化合物及其相变温度、正介电各向异性和黏度。化合物 **5135** 的端基取代基团为三氟甲基，该液晶化合物的正介电各向异性为 9.1，与表 5-4 中的端基三氟取代液晶化合物 **5121** 的正介电各向异性接近，并有着较宽的液晶相区间，可见三氟甲基的极性较大，应用于液晶分子中也可产生较大的正介电各向异性。但是，随着全氟取代烷基链的增长，化合物 **5136** 和 **5137** 的正介电各向异性不但未升高，反而明显降低，从 9.1 分别降至 6.3 和 7.5，而且液晶相消失，熔点明显升高，可见引入较长的全氟取代烷基链，并不利于提高液晶化合物的正介电各向异性和液晶相的稳定性[57-59]。

表 5-6　含多氟末端基团的液晶化合物及其相变温度、正介电各向异性和黏度[46,57-61]

代号	分子结构	相变温度/℃	Δε	γ/(mPa·s)
5135	C_5H_{11}—⬡—⬡—⌬—CF_3	Cr 43 S 109 N 122.9 I	9.1	—
5136	C_5H_{11}—⬡—⬡—⌬—C_2F_5	Cr 89.0 I	6.3	—
5137	C_5H_{11}—⬡—⬡—⌬—C_3F_7	Cr 127.0 I	7.5	—
5138	C_3H_7—⬡—⬡—⌬—OCF_3	Cr 39.0 S_B 70.0 N 154.7 I	6.9	142
5139	C_3H_7—⬡—⬡—⌬(F, F)—OCF_3	Cr 66.0 N 118.3 I	10.5	279
5140	C_3H_7—⬡—⬡—⌬(F, F)—O—CH=CF(F)	C 49.0 N 135.9 I	9.8	132
5141	C_3H_7—⬡—⬡—⌬(F, F)—O—CF=CF(F)	Cr 64.0 N 80.9 I	10.7	158

氟取代烷氧基在液晶中也有应用[60]，该基团引入分子中不仅可以获得较大的正介电各向异性，还可以拓宽液晶相区间。化合物 **5138** 的端基为三氟甲氧基，虽然正介电各向异性较低(6.9)，但是该化合物的熔点低(39.0℃)，液晶相区间宽，黏度低(142mPa·s)，因此在显示中有应用。为了提高正介电各向异性，在分子端基苯环上继续引入氟原子，化合物 **5139** 的正介电各向异性提高到 10.5，熔点也有升高，黏度从 142mPa·s 增加到 279mPa·s。为了降低黏度，**5140** 中引入了二氟乙烯基，与 **5139** 相比正介电各向异性只降低了 0.7，但是熔点降低了 17℃，而且向列相区间增加了 34.6℃，最重要的是黏度明显降低，从 279mPa·s 降至 132mPa·s，该化合物在显示中有应用。为了进一步增大正介电各向异性，将三氟乙烯基引入液晶分子中，**5141** 的正介电各向异性增加到 10.7，黏度和熔点也略有增加[46,61]。

表 5-7 列出了含有多氟基团的液晶化合物及其相变温度、正介电各向异性和双折射率。从表 5-7 可以看出，这类含不同末端取代基的多氟三联苯类液晶化合物大多具有近晶相，对比发现：当引入三氟丙炔末端基团时，化合物 **5144** 具有最大的正介电各向异性(31.6)和双折射率(0.277)，但其熔点也最大。化合物 **5142**、**5143**、**5144** 这类苯环连接不饱和键且连接—CF_3 基团普遍具有大的$\Delta\varepsilon$与Δn 值，且随着侧氟取代的增加，$\Delta\varepsilon$ 值上升，Δn 值略微下降。与化合物 **5145**、**5148** 相对比，—CF_3 基团对 $\Delta\varepsilon$ 的贡献非常大，同时不饱和键对 $\Delta\varepsilon$ 也有一定的贡献。与 **5145** 和 **5146** 相比，可知不饱和键与联苯体系形成了超共轭体系，增大了 Δn 值。

表 5-7　含有多氟基团的液晶化合物及其相变温度、正介电各向异性和双折射率[62]

代号	分子结构	相变温度/℃	$\Delta\varepsilon$	Δn
5142	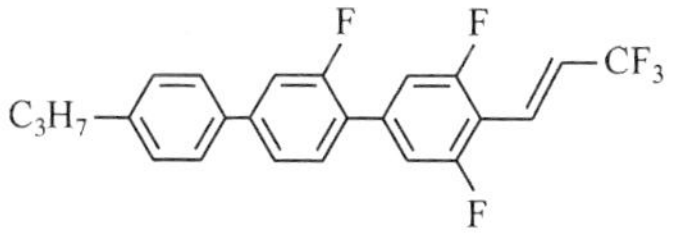 C_3H_7, F, F, F, CF_3	Cr 88.0 S_A 155.4 I	30.3	0.270
5143	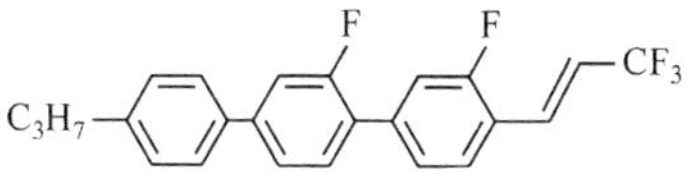 C_3H_7, F, F, CF_3	Cr 76.9 S_A 184.2 I	23.2	0.277
5144	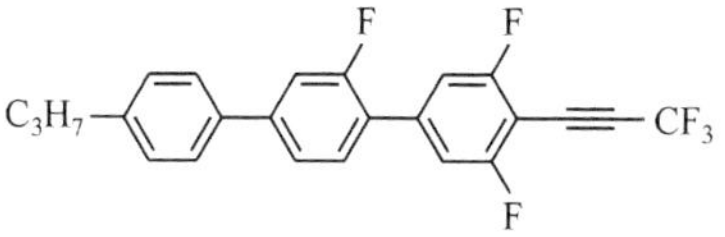 C_3H_7, F, F, F, CF_3	Cr 99.5 S_A 125.3 I	31.6	0.277
5145	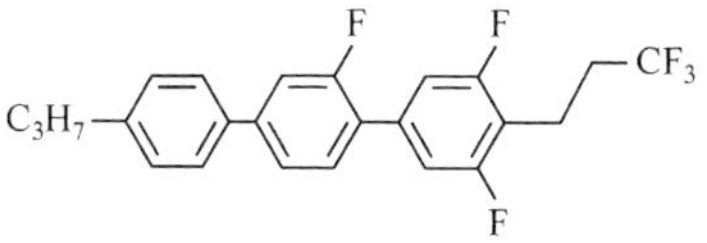 C_3H_7, F, F, F, CF_3	Cr 79.5 S_A 125.8 I	21.6	0.197

续表

代号	分子结构	相变温度/℃	$\Delta\varepsilon$	Δn
5146	C_3H_7–Ph–Ph(F)–Ph(F,F,F)	Cr 63.3 I	21.7	0.184
5147	C_3H_7–Ph–Ph(F)–Ph(F,F)	Cr 57.7 S_A 62.4 I	9.0	0.197
5148	C_3H_7–Ph–Ph(F)–Ph(F,F)–CH=CH–CH_3	—	7.6	—

含氟桥键对液晶的正介电各向异性和黏度影响比较大，表 5-8 列出了含氟桥键的液晶化合物及其相变温度、正介电各向异性和黏度。比较化合物 **5148** 和 **5149** 可以看出，分子中引入全氟取代乙撑桥键后，化合物 **5149** 的液晶相区间被拓宽，但是向列相区间被压缩，正介电各向异性并未增加，并且熔点显著升高，从 39.0℃升高至 95.0℃，同时黏度也有增加趋势，因此全氟取代乙撑桥键并不利于提高液晶化合物的正介电各向异性和向列相的稳定性[48,63]。

表 5-8　含氟桥键的液晶化合物及其相变温度、正介电各向异性和黏度[48,63-67]

代号	分子结构	相变温度/℃	$\Delta\varepsilon$	γ/(mPa·s)
5148	C_5H_{11}–Cy–CH_2CH_2–Cy–Ph(F,F)	Cr 39.0 N 104.3 I	5.5	247
5149	C_5H_{11}–Cy–CF_2CF_2–Cy–Ph(F,F)	Cr 95.0 S 121.0 N 178.0 I	5.4	267
5150	C_3H_7–Cy–Cy–CH_2CH_2–Ph(F,F,F)	Cr 35.0 S 42.0 N 100.8 I	9.3	207
5151	C_3H_7–Cy–Cy–CF_2O–Ph(F,F,F)	Cr 44.0 N 103.5 I	10.5	145
5152	C_3H_7–Dioxane–Cy–CF_2O–Ph(F,F,F)	Cr 64.0 N 68.5 I	20.6	207

续表

代号	分子结构	相变温度/℃	$\Delta\varepsilon$	γ/(mPa·s)
5153	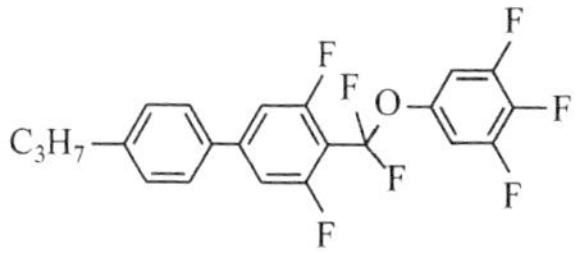 C_3H_7	Cr 48.0 I	25.2	96
5154	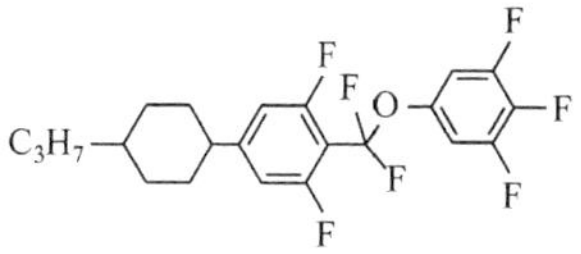 C_3H_7	Cr 41.0 I	19.0	—
5155	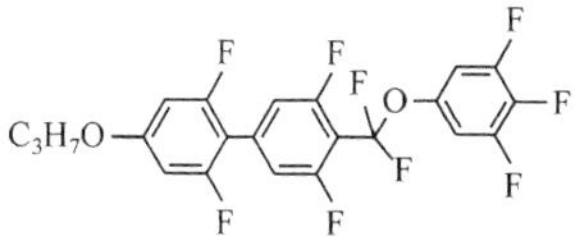 C_3H_7O	Cr 72.0 I	35.8	203

另外，—CF_2O—桥键对提高正介电各向异性、降低黏度也有帮助，而且与多氟化合物的互溶性好[64-66]。化合物 **5151** 与 **5150** 相比，清亮点和正介电各向异性升高，向列相区间拓宽，黏度降低。当引入 2,6-二氧杂环己烷时，与化合物 **5151** 相比，虽然 **5152** 的黏度明显增加，向列相区间变窄，熔点升高，但是正介电各向异性从 10.5 提高至 20.6，提高了近一倍。化合物 **5153** 和 **5155** 的$\Delta\varepsilon$都很高，其中化合物 **5153** 的正介电各向异性为 25.2，虽然没有液晶相，但是黏度非常低，加入混合液晶中有利于提高正介电各向异性，降低驱动电压，提高响应速度。化合物 **5155** 与 **5153** 相比结构中多了 2 个氟原子和 1 个 O 原子，正介电各向异性(35.8)明显提高，黏度也明显增加[64-67]。对比化合物 **5124** 与 **5154**，**5125** 与 **5153** 可知：分别在氟取代的苯环之间引入二氟甲氧基桥键(—CF_2O—)，打断了联苯之间的共轭，可有效降低化合物的熔点，分别由 123.0℃与 108.0℃降低至 41.0℃与 48.0℃；二氟甲氧基桥键具有较大的极性，其引入可能增大正介电各向异性；二氟甲氧基桥键的引入还可有效降低黏度，黏度由 117mP·s(化合物 **5125**)降至 96mP·s(化合物 **5153**)。

为了进一步提高正介电各向异性，增加液晶分子的环数目，以便引入更多的极性基团。表 5-9 列出了多环液晶化合物及其相变温度、正介电各向异性和黏度。化合物 **5156** 和 **5157** 的六元环数目较多，因此结构中引入的极性基团也较多，均表现出高的正介电各向异性(大于 35)，但由于环数目较多，黏度也较大，分别为 457mPa·s 和 1225mPa·s，与化合物 **5155**($\Delta\varepsilon$ 为 35.8)相比，正介电各向异性没有明显提高，但黏度却显著增加[24]，在显示中难以应用。

表 5-9　多环液晶化合物及其相变温度、正介电各向异性和黏度[24]

代号	分子结构	相变温度/℃	$\Delta\varepsilon$	γ/(mPa·s)
5156	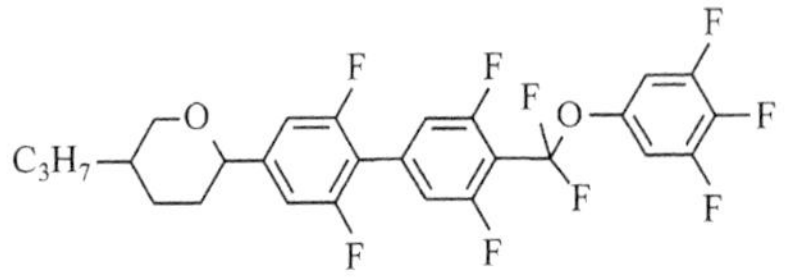	Cr 83 I	35.6	457
5157	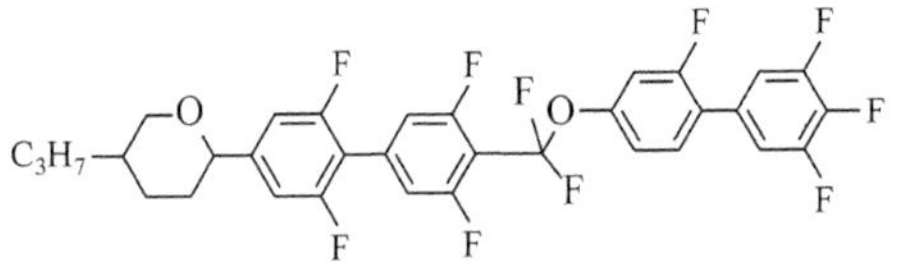	Cr 98 N 193 I	37.1	1225

综上所述，为了提高正介电各向异性，主要有以下三种方法：①在液晶分子端基引入多氟取代苯基、合适的氟取代烷基或氟取代烷氧基，以及合适的氟取代烯氧基；②引入极性桥键，如—CF_2O—；③引入含氧六元环。只选择以上方法中的一种难以获得具有较大正介电各向异性的液晶材料，因此应该采用几种方法联合使用达到目的。

5.6.3　负介电各向异性含氟液晶性能及其构性关系

为获得负介电各向异性液晶材料，可在液晶分子的侧向引入氟原子或者含氟基团[68-71]。由于棒状液晶材料需满足长径比大于 4，才可能具有液晶相，因此含氟基团主要是三氟甲基，引入其他侧向大基团易导致分子宽度剧烈增加，降低长径比，从而使液晶相消失。由于单个氟原子或基团难以实现横向与轴向偶极矩互相垂直，且极性较小，难以获得大负介电各向异性绝对值，因而通常在分子结构中引入 2,3-二氟苯基或 2,3-二三氟甲基苯结构，其中，含有 2,3-二氟苯基结构的液晶化合物应用更广泛。

表 5-10 列出了 2,3-二氟三联苯液晶化合物及其相变温度和负介电各向异性，2,3-二氟三联苯液晶化合物大多具有稳定的近晶相，主要应用于铁电液晶显示器中[72-76]。根据 2,3-二氟苯基的位置不同分为两种情况：2,3-二氟取代基在中心苯环上和在两侧苯环上。由于 2,3-二氟取代基的位置不同，其对液晶材料的相变温度和负介电各向异性的影响也不相同。

表 5-10　2,3-二氟三联苯液晶化合物及其相变温度和负介电各向异性[72-75]

代号	分子结构	相变温度/℃	$\Delta\varepsilon$
5158		Cr 192.0 S_A 213.0 I	—
5159	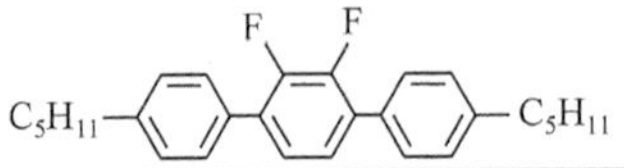	Cr 60.0 N 120.0 I	–2.0

续表

代号	分子结构	相变温度/℃	Δε
5160	C_5H_{11}–Ph–Ph–Ph(2,3-F,F)–C_5H_{11}	Cr 81.0 S_C 115.5 S_A 131.5 N 142.0 I	–2.0
5161	C_5H_{11}–Ph–Ph–Ph–OC_8H_{17}	Cr 194.5 S_B 211.0 S_A 221.5 I	—
5162	C_5H_{11}–Ph–Ph(2,3-F,F)–Ph–OC_8H_{17}	Cr 48.5 S_C 95.0 N 141.5 I	–2.5
5163	C_5H_{11}–Ph–Ph–Ph(2,3-F,F)–OC_8H_{17}	Cr 93.5 S_C 144.0 S_A 148.0 N 159.0 I	–5.0
5164	C_5H_{11}–Ph(2,3-F,F)–Ph–Ph–OC_8H_{17}	Cr 89.0 S_C 155.5 S_A 165.0 N 166.0 I	–2.5

化合物 **5158** 的熔点为 192.0℃，液晶相区间为 21℃，引入 2,3-二氟取代基团后，化合物 **5159** 和 **5160** 的熔点均明显降低，分别为 60.0℃和 81.0℃，同时液晶相区间也分别拓宽至 60.0℃和 61.0℃；比较化合物 **5161** 和 **5162**、**5163**、**5164** 也可发现相同的规律。比较化合物 **5159** 和 **5160** 可知，2,3-二氟取代基团在中心苯环上时，更有利于降低熔点和拓宽向列相区间。该基团在两侧苯环上有利于提高清亮点，比较化合物 **5162**、**5163** 和 **5164**，也可以看出相同的规律。化合物 **5162**、**5163**、**5164** 与 **5159**、**5160** 相比均具有较大的负介电各向异性绝对值，尤其是 **5163** 的负介电各向异性绝对值为 5.0，约是其他化合物的两倍。由此可见，2,3-二氟取代基团在烷氧基取代的苯环上时(化合物 **5163**)，最有利于负介电各向异性绝对值的提高。

表 5-11 列出了侧向三氟取代三联苯液晶化合物及其相变温度[76,77]，由于分子中引入了三个氟原子，与表 5-10 所列的 2,3-二氟取代三联苯液晶化合物相比，熔点和清亮点均明显降低，并且近晶相被明显压缩或消除，向列相的稳定性也有提高。比较化合物 **5165**、**5166**、**5167** 和 **5168** 可知，**5165** 和 **5166** 的熔点较高，分别为 41.2℃和 42.2℃，清亮点均不到 70℃，仅呈现向列相；化合物 **5167** 和 **5168** 的熔点较低，接近 20℃，清亮点均大于等于 75℃；这说明 2,3-二氟取代基团在两侧苯环上时，更有利于降低熔点，保持较高的清亮点，并拓宽液晶相区间，该基团对侧向三氟取代三联苯液晶化合物的性能影响与对侧向二氟取代三联苯液晶化合物的性能影响并不相同。

表 5-11　侧向三氟取代三联苯液晶化合物及其相变温度[76,77]

代号	分子结构	相变温度/℃
5165	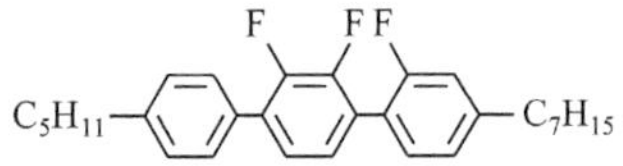 F FF C_5H_{11} C_7H_{15}	Cr 41.2 N 69.9 I
5166	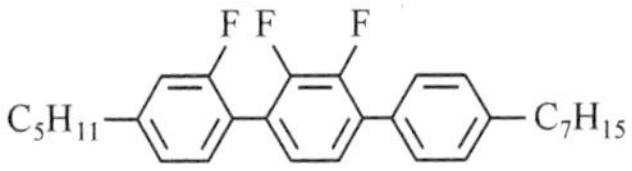 F F F C_5H_{11} C_7H_{15}	Cr 42.2 N 68.9 I
5167	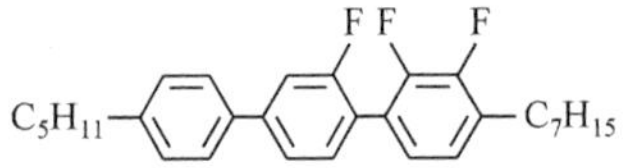 F F F C_5H_{11} C_7H_{15}	Cr 22.7 N 75.5 I
5168	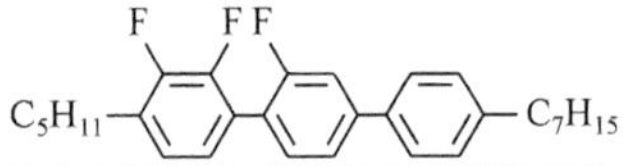 F FF C_5H_{11} C_7H_{15}	Cr 21.0 S_C 37.2 S_A 51.7 N 75.0 I

另外，端基链与 2,3-二氟取代基团的位置关系对液晶性能也有一定的影响。化合物 **5167** 与 **5168** 相比，具有更宽的向列相区间，较高的清亮点。可见 2,3-二氟取代基团与长链烷烃接邻时更有利于提高向列相的稳定性，提高清亮点，但是当 2,3-二氟取代基团与短链烷烃相邻时更有利于降低熔点。

为了获得负介电各向异性绝对值大的液晶材料，可以在液晶分子的侧向引入多个氟原子[55]，表 5-12 列出了侧向多氟取代三联苯液晶化合物及其相变温度、负介电各向异性和黏度。化合物 **5169** 的负介电各向异性绝对值为 2.5，黏度为 90mPa·s，熔点为 73.0℃，随着氟原子的数目增加，负介电各向异性绝对值也逐步增加，并且熔点升高。与化合物 **5169** 相比，**5170** 和 **5171** 的负介电各向异性绝对值分别提高至 4.3 和 5.5，同时黏度也从 90mPa·s 分别增至 210mPa·s 和 277mPa·s；当分子中引入六个氟原子时，**5172** 的负介电各向异性绝对值提高至 7.2，黏度增加至 345mPa·s，熔点升高至 97.0℃，并失去了液晶相。由此可见：侧向引入多个氟原子有助于提高负介电各向异性绝对值，但同时熔点升高，液晶相区间变窄，因此引入过多的氟原子虽可以提高负介电各向异性绝对值，但不利于提高液晶相的稳定性。

表 5-12　侧向多氟取代三联苯液晶化合物及其相变温度、负介电各向异性和黏度[55]

代号	分子结构	相变温度/℃	$\Delta\varepsilon$	γ/(mPa·s)
5169	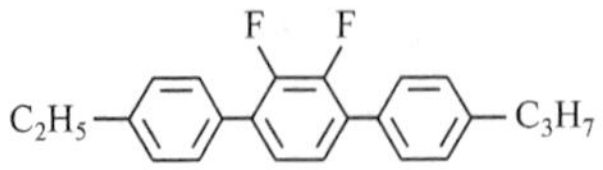 F F C_2H_5 C_3H_7	Cr 73.0 N 115.2 I	–2.5	90
5170	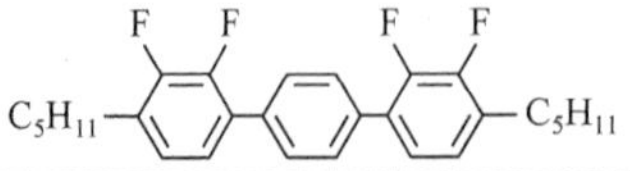 F F F F C_5H_{11} C_5H_{11}	Cr 88.0 N 89.2 I	–4.3	210

续表

代号	分子结构	相变温度/℃	Δε	γ/(mPa·s)
5171	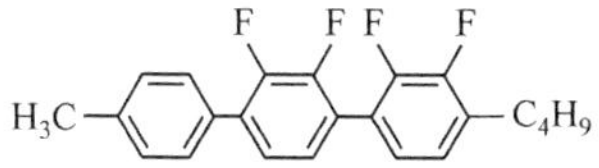 F F F F H_3C C_4H_9	Cr 85.0 (N 50.5) I	–5.5	277
5172	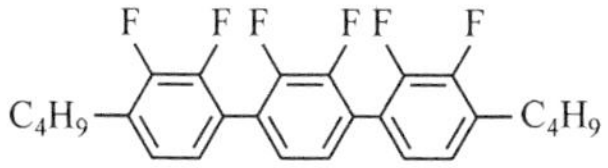 F F F F F F C_4H_9 C_4H_9	Cr 97.0 I	–7.2	345

表 5-13 列出了 2,3-二氟苯类液晶化合物及其相变温度、负介电各向异性和黏度。由表 5-12 中的侧向多氟取代三联苯化合物及表 5-13 中的三联苯化合物 **5173** 可以看出，该类化合物的负介电各向异性绝对值较大(4.2～7.2)，但是熔点偏高，为了降低熔点，分子中引入反-1,4-二取代环己基，见表 5-14。表 5-14 列出了稠环液晶化合物及其相变温度、负介电各向异性和黏度。

表 5-13　2,3-二氟苯类液晶化合物及其相变温度、负介电各向异性和黏度[48,53,55,75-77]

代号	分子结构	相变温度/℃	Δε	γ/(mPa·s)
5173	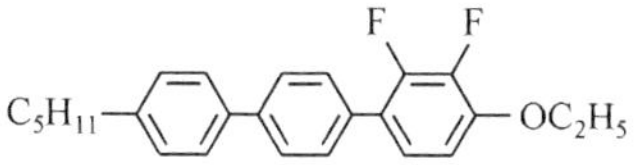 F F C_5H_{11} OC_2H_5	Cr 105 S_C 135 N 185 I	–4.2	—
5174	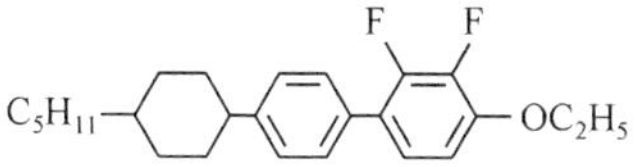 F F C_5H_{11} OC_2H_5	Cr 68 S_A 87 N 172 I	–4.1	—
5175	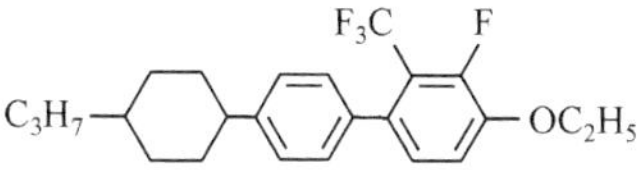 F_3C F C_3H_7 OC_2H_5	Cr 80.0 I	–7.3	637
5176	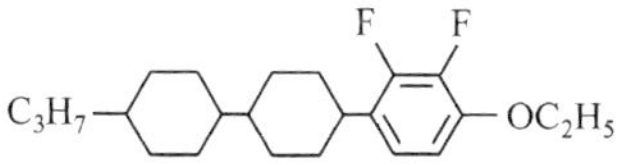 F F C_3H_7 OC_2H_5	Cr 79.0 N 184.5 I	–5.9	413
5177	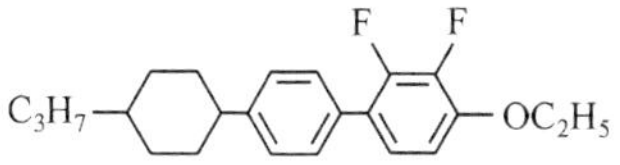 F F C_3H_7 OC_2H_5	Cr 80.0 N 173.3 I	–5.9	233
5178	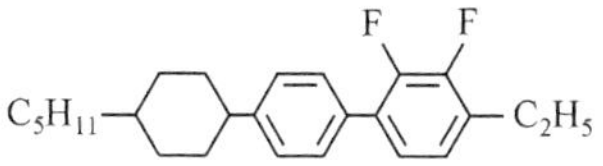 F F C_5H_{11} C_2H_5	Cr 54 N 60 I	–2.2	—
5179	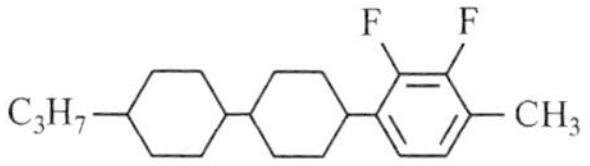 F F C_3H_7 CH_3	Cr 67.0 N 145 I	–2.7	218
5180	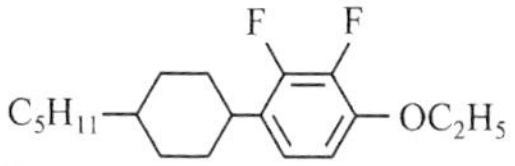 F F C_5H_{11} OC_2H_5	Cr 49.0 I	–6.2	110

表 5-14　稠环液晶化合物及其相变温度、负介电各向异性和黏度[78]

代号	分子结构	相变温度/℃	$\Delta\varepsilon$	γ/(mPa·s)
5181	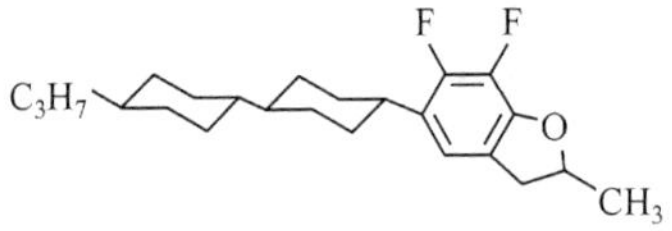	Cr 112.0 (N 105.1) I	–6.7	1254
5182	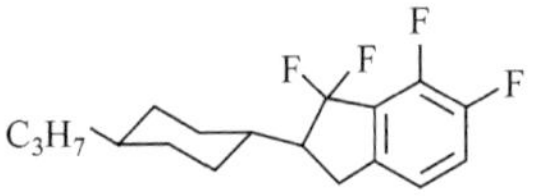	Cr 85.0 (N 49.4) I	–8.6	142
5183	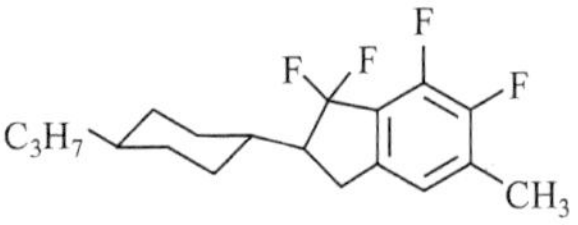	Cr 90 (N 48.7) I	–9.9	221

引入反-1,4-二取代环己基后，化合物 **5174** 的负介电各向异性为–4.1，与 **5173**($\Delta\varepsilon$ 为–4.2)相当，但是向列相区间从 50℃拓宽至 85℃，同时熔点降低了 37℃。化合物 **5176** 与 **5177** 相比，分子中引入了两个环己基，熔点、向列相区间变化不大，负介电各向异性仍为–5.9，清亮点升高至 184.5℃，但是黏度也明显升高，从 233mPa·s 升高至 413mPa·s。化合物 **5178** 的熔点、清亮点分别为 54℃和 60℃，向列相区间仅为 6℃，而且负介电各向异性为–2.2。在 **5178** 端基引入氧原子后，化合物 **5174** 的熔点虽升高了 14℃，但是清亮点提高至 172℃，液晶相区间拓宽至 104℃，而且负介电各向异性绝对值提高至 4.1。可见氧原子的引入，不但可以提高化合物的清亮点，拓宽向列相区间，最重要的是能够大幅度提高负介电各向异性绝对值，这主要是因为烷氧基的供电作用[48,53,55]。另外，**5179** 的黏度为 218mPa·s，由于氧原子的引入，**5176** 的黏度升高至 413mPa·s。化合物 **5180** 是显示用液晶组分中重要的化合物，负介电各向异性绝对值较高(6.2)，黏度较低(110mPa·s)，这主要因为其分子较短，所以向列相稳定性差[48,53,55,75-77]。与 **5177** 相比，由于三氟甲基引入液晶分子中，化合物 **5175** 的负介电各向异性绝对值从 5.9 升高至 7.3，熔点保持不变，但是黏度急剧增加，从 233mPa·s 增加至 637mPa·s，同时液晶相消失。可见三氟甲基与氟取代基相比，更有助于提高负介电各向异性绝对值，但不利于液晶相的稳定性。

二氟取代基团可形成大的偶极矩，在稠环液晶化合物中也有应用。表 5-14 中，化合物 **5181** 的负介电各向异性绝对值虽然较高，但其熔点高、向列相稳定性差、黏度大[78]。化合物 **5182** 的黏度(142mPa·s)、熔点(85.0℃)与 **5181** 相比均明显降低，虽然向列相稳定性也较差，但是负介电各向异性绝对值可从 6.7 提高至 8.6。引入甲基后，**5183** 的黏度升高至 221mPa·s，负介电各向异性绝对值提高至 9.9，该化合物在液晶显示中已有应用。

表 5-15 列出了炔类侧氟取代液晶化合物及其相变温度、负介电各向异性和光学各向异性。表 5-15 中所列的化合物具有大的光学各向异性(≥0.32)，高的清亮点和大的负介电各向异性绝对值(6.8～8.5)[79-81]，该类化合物共轭较长导致熔点较高，尤其是化合物 **5186** 和 **5187**，熔点分别为 146℃和 116℃。由于 **5186** 的熔点太高[79-81]，与其他液晶化合物互溶性很差，因此其应用受到了限制。由于化合物 **5184** 和 **5185** 分子中引入 4 个氟原子，熔点相对较低，分别降到 82℃和 75℃，互溶性相对较好，可以少量添加到混合液晶中以调整负介电各向异性和光学各向异性。

表 5-15　炔类侧氟取代液晶化合物及其相变温度、负介电各向异性和光学各向异性[79-81]

代号	分子结构	相变温度/℃	$\Delta\varepsilon$	Δn
5184	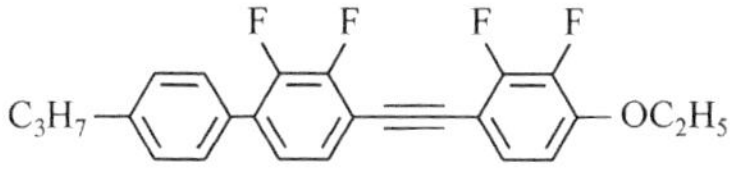 F F F F C_3H_7 OC_2H_5	Cr 82 N 210 I	–8.5	0.35
5185	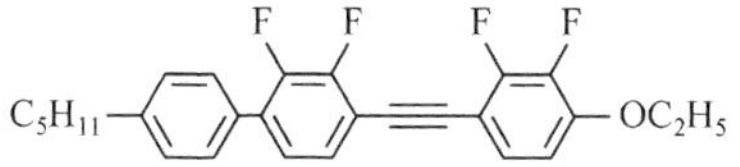 F F F F C_5H_{11} OC_2H_5	Cr 75 N 194 I	–8.5	0.32
5186	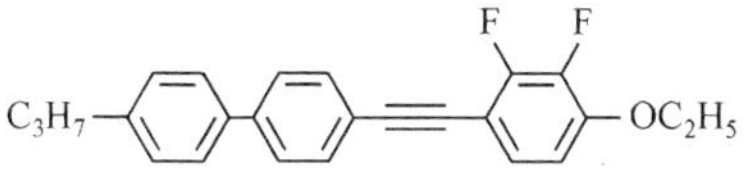 F F C_3H_7 OC_2H_5	Cr 146 N 240 I	—	—
5187	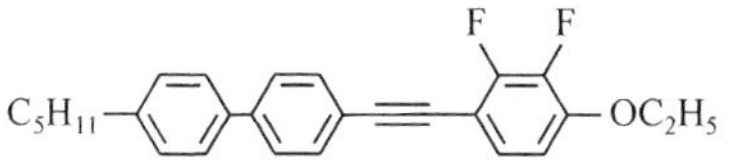 F F C_5H_{11} OC_2H_5	Cr 116 N 222 I	–6.8	0.35

表 5-16 列出了 2,3-二三氟甲基液晶化合物及其相变温度、负介电各向异性和黏度，由于分子中引入了大极性的 2,3-二三氟甲基苯结构，使得该类化合物具有高的负介电各向异性绝对值。同时，该基团体积较大，显著增加了分子宽度，降低了长径比，因此该类液晶化合物大多失去液晶相或液晶相区间很窄。比较化合物 **5188**、**5189** 和 **5190** 可以发现：**5190** 具有较低的熔点(72.3℃)，虽然黏度(117mPa·s)稍高于化合物 **5189**(110mPa·s)，但是负介电各向异性绝对值也较高，可见，环己烯结构对降低熔点、保持较高的负介电各向异性绝对值有很大的帮助。—CF_2O—对提高液晶材料的正介电各向异性有很大的帮助，但是比较化合物 **5191** 和 **5192** 可以发现，引入—CF_2O—后，**5192** 的熔点和黏度均有所降低，但其负介电各向异性从–11.4 变为–6.1，可见—CF_2O—并不利于提高负介电各向异性绝对值。另外，比较化合物 **5193** 和 **5194** 也可以发现相同的规律[82]。

表 5-16　2,3-二三氟甲基液晶化合物及其相变温度、负介电各向异性和黏度[82]

代号	分子结构	相变温度/℃	$\Delta\varepsilon$	γ/(mPa·s)
5188	C_3H_7 OC_2H_5 F_3C CF_3	Cr 97.6 I	–9.1	131
5189	C_3H_7 OC_2H_5 F_3C CF_3	Cr 82.9 I	–8.5	110
5190	C_3H_7 OC_2H_5 F_3C CF_3	Cr 72.3 I	–9.0	117
5191	C_3H_7 O OCH_3C F_3C CF_3	Cr 73.5 I	–11.4	98.4
5192	C_3H_7 F F O OCH_3C F_3C CF_3	Cr 41.5 I	–6.1	80.2
5193	C_3H_7 F F O OCH_3C F_3C CF_3	Cr 99.3 N 118.5 I	–7.2	96.9
5194	C_3H_7 O O OCH_3C F_3C CF_3	Cr 129.8 N 142 I	–9.0	113

参 考 文 献

[1] 谢段燕, 王瑛, 尉宏伟, 等. 含氟液晶材料的研究进展[J]. 精细与专用化学品, 2014, 22(8): 7-15.

[2] SMITH M B, MARCH'S J M, MARCH' S. Advanced Organic Chemistry: Reactions, Mechanisms, and Structure[M]. New York: Wiley-Interscience , 2001.

[3] HIRD M. Fluorinated liquid crystals-properties and applications[J]. Chemical Society Reviews, 2007, 36(1): 2070-2095.

[4] 孟凡宝, 廉娇, 高永梅. 含氟液晶研究进展[J]. 化学进展, 2008, 20(4): 499-507.

[5] 高媛媛, 郑远洋, 杜渭松, 等. 含氟液晶的性能、应用与合成进展[J]. 液晶与显示, 2014, 29(02): 159-171.

[6] 李建, 安忠维, 杨毅. TFT LCD 用液晶显示材料进展[J]. 液晶与显示, 2002, 17(2): 104-113.

[7] 李文博, 姜祎, 陈新兵, 等. 含氟液晶材料的发展趋势[J]. 浙江化工, 2010, 41(8): 1-7.

[8] AL-MAHARIK N, KIRSCH P, SLAWIN A M, et al. Fluorinated liquid crystals: evaluation of selectively fluorinated facially polarised cyclohexyl motifs for liquid crystal applications[J]. Organic&Biomolecular Chemistry, 2016, 14(42): 9974-9980.

[9] HIRD M, TOYNE K J, SLANEY A J, et al. The synthesis and transition temperatures of some difluoro-substituted cyclohexanes[J]. Journal of the Chemical Society, Perkin Transactions 2, 1993(12): 2337-2349.

[10] KIRSCH P, HAHN A, FRÖHLICH R, et al. Liquid crystals based on axially fluorinated 1, 3-dioxanes: synthesis, properties and computational study[J] European Journal of Organic Chemistry, 2006, 2006(21): 4819-4824.

[11] SAGO K, FUJITA A. Synthesis and properties of novel liquid crystalline compounds having fluorinated ring systems[J]. Molecular Crystals and Liquid Crystals, 2007, 479(1): 1151-1189.

[12] BREMER M, KLASEN-MEMMER M, LEITZAU L. Fluorierte indene und 1, 7-dihydroindacene mit negativer dielektrischer anisotropie: EP1350780A[P]. 2003-07-03.

[13] HIRATA K. OOKAWA H. Compound containing dihydrophenanthrene, liquid crystal composition and liquid crystal display: EP2669263A[P]. 2013-04-12.

[14] 杜渭松, 安忠维. 含氟反式-1, 4-二芳基环已烷类液晶化合物的合成[J]. 精细化工, 2003, 20(5): 261-264.

[15] ARAKAWA Y, TSUJI H. The effect of fluorine substitutions on the refractive index properties for π-conjugated calamitic nematic materials[J]. Phase Transitions, 2017, 90(6): 549-556.

[16] SUN G, CHEN B, TANG H, et al. Synthesis and physical properties of novel liquid crystals containing 2,3-difluorophenyl and 1,3-dioxane units[J]. Journal of Materials Chemistry, 2003, 13(4): 742-748.

[17] LEE T H, CHEN J T, HSU C S. Synthesis of cyclopentyloxy terphenyl liquid crystals with negative dielectric anisotropy[J]. Liquid Crystals, 2015, 42(1): 104-112.

[18] 莫玲超, 梁晓琴, 安忠维, 等. 侧向多氟取代二芳基乙炔类液晶的合成及性能[J]. 应用化学, 2013, 30(8): 861-866.

[19] 缟田辉. 液晶性化合物、液晶组成物以及液晶显示元件: CN101616883B[P]. 2014-06-18.

[20] SONG K, LI J, LI J, et al. New terphenyl liquid crystals terminated by 2-chloro-3, 3, 3-trifluoropropenyl group[J]. Liquid Crystals, 2017, 44(11): 1646-1652.

[21] YOKOKOJI O, SHIMIZU K, INOUE S. 5, 6-Difluoro-1 H-indene derivatives: novel core structure of liquid crystals with high Δn and $\Delta\varepsilon$[J]. Liquid Crystals, 2009, 36(1): 1-6.

[22] WEN J, TIAN R, DAI X. Synthesis and mesomorphic properties of four-ring fluorinated liquid crystals with trifluoromethyl group[J]. Liquid Crystals, 2017, 44(10): 1487-1493.

[23] 苏颖. 三氟丙炔端取代多芳基乙炔类液晶的合成及性能研究[D]. 西安: 陕西师范大学, 2015.

[24] KIRSCH P, BINDER W, HAHN A, et al. Super-fluorinated liquid crystals: towards the limits of polarity[J]. European Journal of Organic Chemistry, 2008, 2008(20): 3479-3487.

[25] TANAKA H, FUJITA A. Nematic liquid crystal compounds with five-ring framework[J]. Molecular Crystals and Liquid Crystals, 2009, 509(1): 118-860.

[26] 肖智勇, 邱绿洲, 邹德平, 等. 一类特殊的二氟甲氧基三苯环超级氟液晶合成[J]. 化工生产与技术, 2019, 25(4): 1-8.

[27] KIRSCH P, BREMER M. Nematic liquid crystals for active matrix displays: molecular design and synthesis[J]. Angewandte Chemie International Edition, 2000, 39(23): 4216-4235.

[28] BALKWILL P, BISHOP D, PEARSON A, et al. Fluorination in nematic systems[J]. Molecular Crystals and Liquid Crystals, 1985, 123(1): 1-13.

[29] EIDENSCHINK R. Low viscous compounds of highly nematic character[J]. Molecular Crystals and Liquid Crystals, 1983, 94(1-2): 119-125.

[30] EIDENSCHINK R. New developments in liquid crystal materials[J]. Molecular Crystals and Liquid Crystals, 1985, 123(1): 57-75.

[31] OSMAN M A. Molecular structure and mesomorphic properties of thermotropic liquid crystals. Ⅲ. lateral

substituents[J]. Molecular Crystals and Liquid Crystals, 1985, 128(1-2): 45-63.

[32] FEARON J E, GRAY G W, IFILL A D, et al. The effect of lateral fluoro-substitution on the liquid crystalline properties of some 4-n-alkyl-, 4-n-alkoxy- and related 4-substituted-4′-cyanobiphenyls[J]. Molecular Crystals and Liquid Crystals, 1985, 124(1): 89-103.

[33] FINKENZELLER U. Liquid Crystals for LCD[M]. Germany: Spektrum der Wissenschaft, 1990.

[34] GRAY G W, HIRD M, TOYNE K J. The synthesis and transition temperatures of some lateral monofluoro-substituted-4, 4″-dialkyl- and 4, 4″-alkoxyalkyl-1, 1′: 4′, 1″-terphenyls[J]. Molecular Crystals and Liquid Crystals, 1991, 195(1): 221-237.

[35] CHAN L K M, GRAY G W, LACEY D, et al. Synthesis and liquid crystal behaviour of further 4, 4″-disubstituted-2′-fluoro-1, 1′: 4′, 1″-terphenyls[J]. Molecular Crystals and Liquid Crystals, 1988, 158(2): 209-240.

[36] CHAN L K M, GRAY G W, LACEY D. Synthesis and evaluation of some 4, 4″-disubstituted lateral fluoro-1, 1′: 4′, 1″-terphenyls[J]. Molecular Crystals and Liquid Crystals, 1985, 123(1): 185-204.

[37] CHAMBERS M, CLEMITSON R, COATES D, et al. Laterally fluorinated phenyl biphenylcarboxylates: versatile components for ferroelectric smectic C mixtures[J]. Liquid Crystals, 1989, 5(1): 153-158.

[38] REIFFENRATH V, KRAUSE J, PLACH H J, et al. New liquid crystalline compounds with negative dielectric anisotropy[J]. Liquid Crystals, 1989, 5(1): 159-170.

[39] IIO K, KONDOH S. Bistable FLC panels with film substrates using a novel adhesive patterned spacer technology[J]. Ferroelectrics, 2006, 344(1): 197-203.

[40] WILKINSON T D, CROSSLAND W A, DAVEY A B. Applications of ferroelectric liquid crystal LCOS devices[J]. Ferroelectrics, 2002, 278(1): 227-232.

[41] JONES J C, TOWLER M J, HUGHES J R. Fast, high contrast ferroelectric liquid crystal displays and the role of dielectric biaxiality[J]. Displays, 1993, 14(2): 86-93.

[42] KELLY S M. Flat Panel Displays Advanced Organic Materials[M]. Cambridge: Royal Society of Chemistry, 2000.

[43] GOTO Y, OGAWA T, SAWADA S, et al. Fluorinated liquid crystals for active matrix displays[J]. Molecular Crystals and Liquid Crystals, 1991, 209(1): 1-7.

[44] PETROV V F. Liquid crystals for AM-LCD and TFT-PDLCD applications[J]. Liquid Crystals, 1995, 19(6): 729-741.

[45] TARUMI K, BREMER M, SCHULER B. Development of new liquid crystal materials for TFT LCDs[J]. IEICE Transactions on Electronics, 1996, 79(8): 1035-1039.

[46] KIRSCH P, BREMER M, HECKMEIER M, et al. Liquid crystals based on hypervalent sulfur fluorides: pentafluorosulfuranyl as polar terminal group[J]. Angewandte Chemie International Edition, 1999, 38(13-14): 1989-1992.

[47] TARUMI K, BREMER M, GEELHAAR T. Recent liquid crystal material development for active matrix displays[J]. Annual Review of Materials Science, 1997, 27(1): 423-441.

[48] KIRSCH P. Modern Fluoroorganic Chemistry: Synthesis, Reactivity, Applications[M]. Weinheim: Wiley-VCH, 2004.

[49] MIILLER H J, HAASE W. Phase characterization and enthalpies of selected disubstituted biphenylcyclohexanes[J]. Molecular Crystals and Liquid Crystals, 1983, 92(2): 63-68.

[50] REIFFENRATH V, FINKENZELLER U, POETSCH E, et al. Synthesis and properties of liquid crystalline materials with high optical anisotropy[J]. Proceedings of SPIE, 1990, 1257: 84-94.

[51] DEMUS D, GOTO Y, SAWADA S, et al. Trifluorinated liquid crystals for TFT displays[J]. Molecular Crystals and

Liquid Crystals, 1995, 260(1): 1-21.

[52] 代红琼, 卢玲玲, 陈新兵, 等. 双环己烷邻二氟苯液晶化合物的制备与研究[J]. 化学试剂, 2013, 35(10): 887-893.

[53] KIRSCH P, TARUMI K. A novel type of liquid crystals based on axially fluorinated cyclohexane units[J]. Angewandte Chemie International Edition, 1998, 37(4): 484-489.

[54] BARTMANN E. Liquid crystalline α, α-difluorobenzyl phenyl ethers[J]. Advanced Materials, 1996, 8(7): 570-573.

[55] PAULUTH D, TARYMI K. Advanced liquid crystals for television[J]. Journal of Materials Chemistry, 2004, 14(8): 1219-1227.

[56] RAVIOL A, STILLE W, STROBL G. The effect of molecular association and tube dilation on the rotational viscosity and rotational diffusion in nematic liquid crystals[J]. Journal of Chemical Physics, 1995, 103(9): 3788-3794.

[57] BARTMANN E. Flüssigkristalle mit fluorhaltigen alkylgruppen[J]. Berichte der Bunsengesellschaft für Physikalische Chemie, 1993, 97(10): 1349-1355.

[58] LIANG J C, CROSS J O, CHEN L. The synthesis and liquid crystal behavior of p-benzotrifluoride compounds Ⅲ [J]. Molecular Crystals and Liquid Crystals, 1989, 167(1): 199-206.

[59] LIANG J C, KUMAR S. The synthesis and liquid crystal behavior of p-benzotrifluoride compounds I[J]. Molecular Crystals and Liquid Crystals, 1987, 142(1-4): 77-84.

[60] 赵雯静. 二氟乙烯氧基类液晶稀释剂的合成与性能研究[D]. 西安: 陕西师范大学, 2020.

[61] BARTMANN E, DORSCH D, FINKENZELLER U. Liquid crystals with polar substituents containing fluorine: synthesis and physical properties[J]. Molecular Crystals and Liquid Crystals, 1991, 204(1): 77-89.

[62] SHIMADA T. Liquid crystalline compound, liquid crystal composition, liquid crystal display element: WO2008090780A [P]. 2008-07-31.

[63] KIRSCH P, BREMER M, HUBER F, et al. Nematic liquid crystals with a tetrafluoroethylene bridge in the mesogenic core structure[J]. Journal of the American Chemical Society, 2001, 123(23): 5414-5417.

[64] SCHADT M, BUCHECKER R, VILLIGER A. Synergisms, structure-material relations and display performance of novel fluorinated alkenyl liquid crystals[J]. Liquid Crystals, 1990, 7(4): 519-536.

[65] KIRSCH P, BREMER M, TAUGERBECK A, et al. Difluorooxymethylene-bridged liquid crystals: a novel synthesis based on the oxidative alkoxydifluorodesulfuration of dithianylium salts[J]. Angewandte Chemie International Edition, 2001, 40(8): 1480-1484.

[66] KELLY S M. The effect of the position and configuration of carbon-carbon double bonds on the mesomorphism of thermotropic, non-amphiphilic liquid crystals[J]. Liquid Crystals, 1996, 20(5): 493-515.

[67] KIRSCH P, POEYSCH E. Novel liquid crystals with very low birefringence based on trans-1, 3-dioxane building blocks[J]. Advanced Materials, 1998, 10(8): 602-606.

[68] 李洁. 环己二烯类含氟液晶化合物的制备与表征[D]. 西安: 陕西师范大学, 2012.

[69] 莫玲超. 侧向多氟取代二芳基乙炔类液晶的合成及性能研究[D]. 西安: 陕西师范大学, 2013.

[70] 代红琼. 双环己烷邻二氟苯液晶化合物的制备与研究[D]. 西安: 陕西师范大学, 2013.

[71] 李峰. 2, 3-二氟二苯乙炔端烯类液晶的合成及性能研究[D]. 西安: 陕西师范大学, 2016.

[72] KIRSCH P, HAHN A. Liquid crystals based on hypervalent sulfur fluorides: exploring the steric effects of ortho-fluorine substituents[J].European Journal of Organic Chemistry, 2005, (14): 3095-3100.

[73] KIRSCH P, BINDER J, LORK E, et al. Liquid crystals based on hypervalent sulfur fluorides: Part 4. [1] pentafluorosulfanyl alkanes and olefins[J]. Journal of Fluorine Chemistry, 2006, 127(4-5): 610-619.

[74] SLANEY A J, MINTER V, JONES J C. Assessing ferroelectric materials for application in τV_{MIN} mode devices[J]. Ferroelectrics, 1996, 178(1): 65-74.

[75] GRAY G W, HIRD M, LACEY D, et al. The synthesis and transition temperatures of some 4, 4″-dialkyl-1, 1′-4′, 1″-terphenyl and 4, 4″-alkoxyalkyl- 1, 1′-4′, 1″-terphenyl with 2, 3-difluoro or 2′, 3′-difluoro substituents and of their biphenyl analogs[J]. Journal of the Chemical Society, Perkin Transactions 2, 1989, (12): 2041-2053.

[76] GLENDENNING M E, GOODBY J W, HIRD M, et al. The synthesis and mesomorphic properties of 2, 2′, 3-tri- and 2, 2′, 3, 3′-tetra-fluoro-1, 1′: 4′, 1″-terphenyls for high dielectric biaxiality ferroelectric liquid crystal mixtures[J]. Journal of the Chemical Society, Perkin Transactions 2, 1999, (3): 481-491.

[77] GLENDENNING M E, GOODBY J W, HIRD M, et al. The synthesis and mesomorphic properties of 4, 4″-dialkyl-2, 2′, 3-and 2, 2′, 3′ -trifluoro-1, 1′: 4′, 1″-terphenyls for high dielectric biaxiality ferroelectric liquid crystal mixtures[J]. Journal of the Chemical Society, Perkin Transactions 2, 2000, (1): 27-34.

[78] BREMER M, LIETZAU L. 1, 1, 6, 7-Tetrafluoroindanes: improved liquid crystals for LCD-TV application[J]. New Journal of Chemistry, 2005, 29(1): 72-74.

[79] XIANYU H Q, GAUZA S, SONG Q, et al. High birefringence and large negative dielectric anisotropy phenyl-tolane liquid crystals[J]. Liquid Crystals, 2007, 34(12): 1473-1478.

[80] SONG Q, GAUZA S, XIANYU H Q, WU S T, et al. High birefringence lateral difluoro phenyl tolane liquid crystals[J]. Liquid Crystals, 2010, 37(2): 139-147.

[81] DZIADUSZEK J, KULA P, DĄBROWSKI R, et al. General synthesis method of alkyl-alkoxy multi-fluorotolanes for negative high birefringence nematic mixtures[J]. Liquid Crystals, 2012, 39(2): 239-247.

[82] MIYAZAWA K, KATO T, ITOH M, et al. First synthesis of liquid crystalline 2, 3-bis(trifluoromethyl)phenyl derivatives exhibiting large negative dielectric anisotropy[J]. Liquid Crystals, 2002, 29(11): 1483-1490.

第 6 章　端烯液晶材料

随着液晶显示模式的不断更新，对液晶材料性能的要求也随之变化，其中快速响应是液晶显示追求的目标之一，而液晶材料的黏度是响应速度的决定因素之一。因此，为了追求更快的响应速度，开发低黏度的液晶材料是解决途径之一。据已报道的研究结果，在液晶分子的末端引入烯键，有助于该液晶获得低熔点、低黏度及良好的互溶性等优点[1]。因此，端基为烯键的液晶材料近年来逐渐受到关注，尤其是在 VA、IPS 等显示模式中具有较强的应用潜力[1]。端烯液晶作为性能优异且应用广泛的一类液晶化合物，将在本章中着重介绍，具体包括端烯液晶材料的类型、常见的分子构建策略及其应用等。

6.1　端烯液晶材料的类型

通过增加共轭可以改善液晶材料的双折射率并优化其他性能[2]，其中，末端烯键的引入是一种提升液晶性能的有效策略。目前，已报道的端烯液晶主要有端乙烯液晶[3,4]、烯丁基液晶[5,6]、烯丙氧基液晶[7,8]、丙烯酸酯液晶[9,10]等，常见的端烯液晶类型及结构如表 6-1 所示。

表 6-1　常见的端烯液晶类型及结构

类型	典型化合物结构
端乙烯液晶	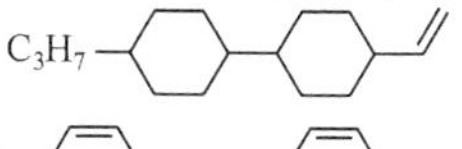 C_3H_7
烯丁基液晶	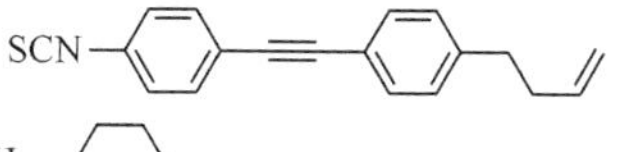 SCN
烯丙氧基液晶	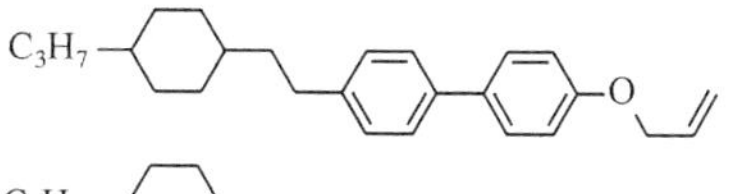 C_3H_7　O
丙烯酸酯液晶	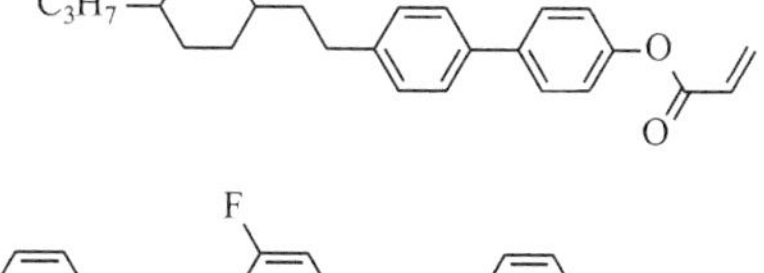 C_3H_7　O　O
甲基丙烯酸酯液晶	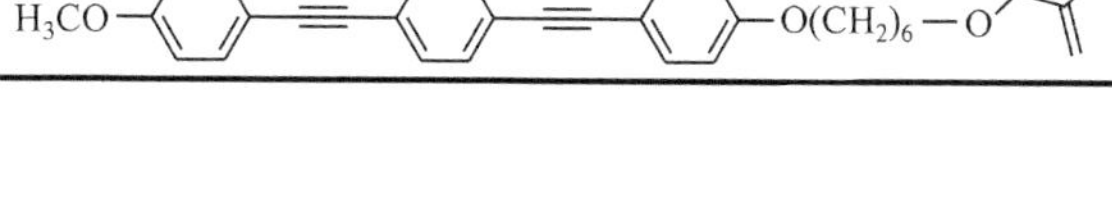 F　H_3CO　$O(CH_2)_6$—O　O

6.2　端烯及端烯衍生物液晶的构建策略

6.2.1　分子中端烯的构建

不同类型的端烯液晶，其分子构建方法也不尽相同。其中，端乙烯液晶、烯丁基液晶可以通过经典的 Wittig 反应获得端烯结构；烯丙氧基液晶可以通过酚、醇等底物与卤代烃的 Williamson 醚化反应来构建，除此之外，构建具有端烯结构分子的方法还有 Hofmann 消除反应、Garegg-Samuelson 二醇消除反应、炔烃与酸加成反应、卤代物消除反应及过渡金属催化的偶联反应等。本小节将详细介绍以上可以用于构建端烯结构的化学反应及其实例。

1. Wittig 反应

Wittig 反应是制备烯烃的经典方法之一，以芳香醛或芳香酮作为原料，与 Wittig 试剂(卤代烃和三苯基膦反应制备的磷叶立德)发生亲核加成反应得到烯键。在 Wittig 反应中，Wittig 试剂通常由四级鏻盐在强碱作用下失去一分子卤化氢制得，磷可以利用其 3d 轨道，与碳 p 轨道重叠成 pd-π 键。这个 π 键具有很强的极性，可以和酮或醛的羰基发生亲核加成反应，形成烯烃，Wittig 反应机理如图 6-1 所示[11]。

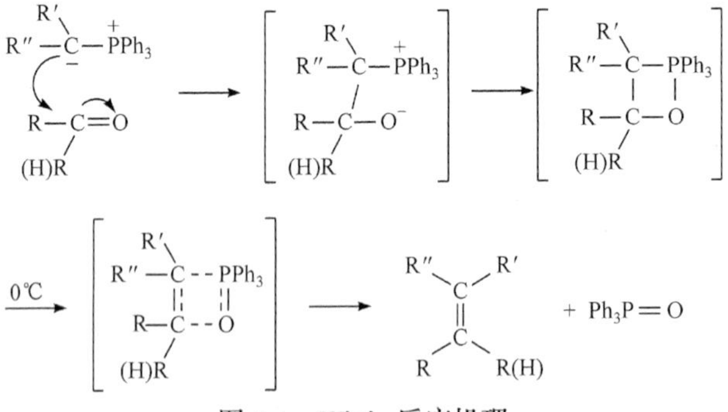

图 6-1　Wittig 反应机理

在 Wittig 试剂与醛、酮发生的亲核加成反应中，会形成偶极中间体，这个中间体在超低温时比较稳定，当温度升至 0℃时，即可分解得到烯烃，并且在羰基化合物中，醛与 Wittig 试剂反应最快，因此在液晶化合物合成时，常用芳香醛衍生物作为底物，通过 Wittig 反应生成端烯化合物。利用 Wittig 反应的合成方法具有反应条件温和、转化率高的优点，且产物中碳碳双键定位于原碳氧双键的位置，没有其他烯键位置的异构体[11]。

2. 卤代物消除反应

卤代物在碱性条件下发生的消除反应是制备烯烃，尤其是端烯类化合物的一种有效方法。在该反应中，通常选用高位阻的碱作为催化剂，这是由于一级碱催化消除反应的同时可能会产生相应的取代产物。Shcheglova 等[12]报道了以一种二溴化物底物，乙醇作为溶剂，在乙醇钠的催化下消除溴原子形成端烯的反应，其反应过程如图 6-2 所示。

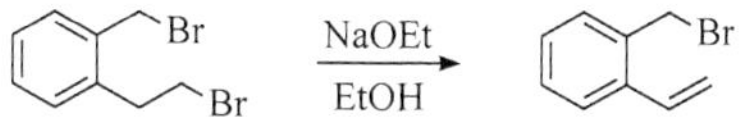

图 6-2 卤代物消除反应构建端烯

3. Hofmann 消除反应

Hofmann 消除反应是季铵盐在碱性条件下发生双分子(E2)消除形成烯烃的反应。在加热时，季铵碱通常会消除含氢较多的 β 碳上的氢，这是由于其空间位阻较小，该规则也被称为 Hofmann 规则。Arava 等[13]以季铵盐化合物作为底物，通过 Hofmann 消除反应合成出了两种不同构型的烯烃，其中包括端烯和内烯化合物，反应过程如图 6-3 所示。

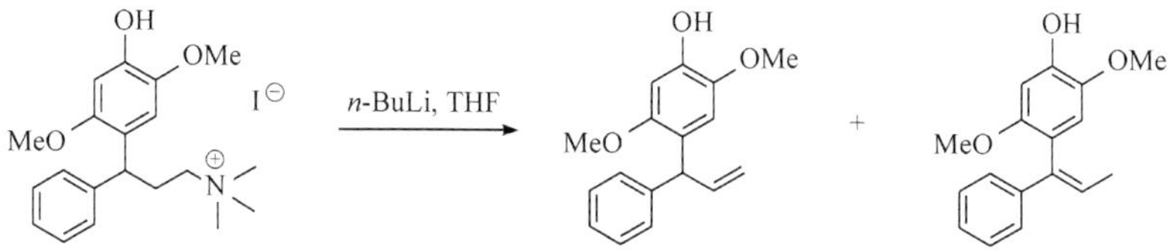

图 6-3 Hofmann 消除反应构建端烯

4. Garegg-Samuelson 二醇消除反应

Garegg-Samuelson 二醇消除反应是以邻二醇作为原料，与碘、亚膦酰氯和咪唑 I_m 得到碘代亚磷酸酯中间体，在锌粉催化下消除得到烯烃的反应。1990 年，Liu 等[14]使用邻二醇类化合物通过 Garegg-Samuelson 二醇消除反应制备了具有端烯结构的杂环化合物，反应过程如图 6-4 所示。

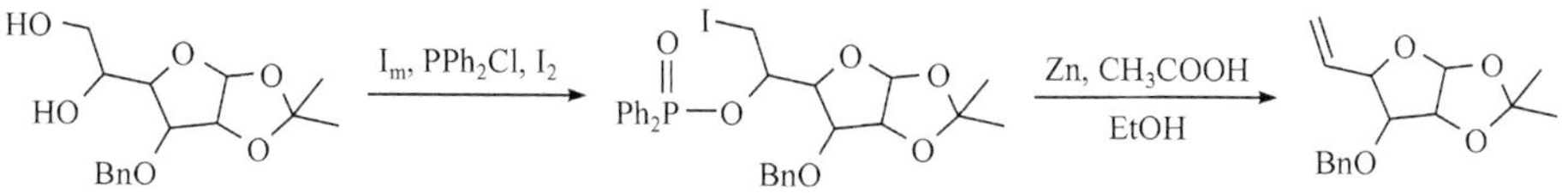

图 6-4 Garegg-Samuelson 二醇消除反应构建端烯

5. 炔烃与酸加成反应

炔烃与烯烃的性质类似，可以发生亲电加成反应，但是炔烃的反应性更小，因此很多反应可以停留在烯烃阶段。同时，炔烃也可以通过与酸，如 HBr 加成形成烯烃，反应条件如图 6-5 所示。

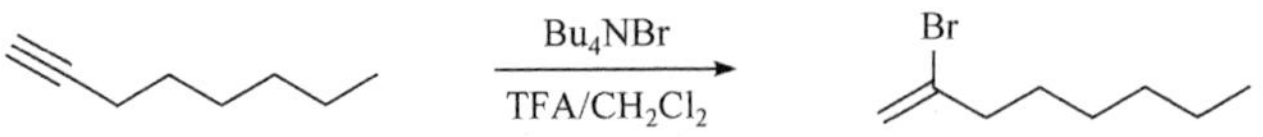

Bu_4NBr
TFA/CH_2Cl_2
Br

图 6-5　炔烃与酸加成反应构建端烯
TFA-三氟乙酸

6. 过渡金属催化的偶联反应

过渡金属催化的各种偶联反应已经成为有机合成中重要的一环，如 Stille 偶联、Suzuki 偶联、Heck 偶联等反应在分子构建中起到广泛且有效的作用。其中，Heck 偶联反应即以烯烃与卤代物在金属催化剂的作用下发生偶联，形成新的烯烃化合物。近年来，以烯基化合物作为底物进行的 Stille 偶联、Suzuki 偶联也得到了广泛的发展。

2004 年，Slugovc 等[15]以邻溴苯甲醛作为原料与三乙烯基硼化物进行 Suzuki 偶联反应，形成 2-乙烯基苯甲醛。2012 年，Aoyama 等[16]报道了以邻溴苯胺作为原料与三丁基锡发生 Stille 偶联反应，合成了 2-乙烯基苯胺，反应过程如图 6-6 所示。

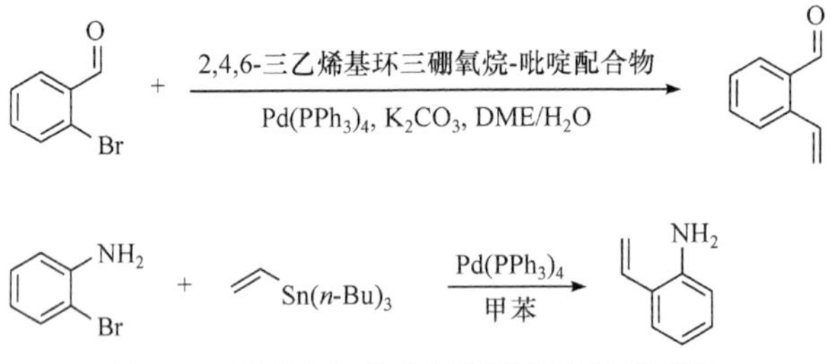

O
Br
+
2,4,6-三乙烯基环三硼氧烷-吡啶配合物
$Pd(PPh_3)_4$, K_2CO_3, DME/H_2O
O

NH_2
Br
+
Sn(*n*-Bu)$_3$
$Pd(PPh_3)_4$
甲苯
NH_2

图 6-6　过渡金属催化的偶联反应构建端烯

7. Williamson 醚化反应构建烯丙氧基

Williamson 醚化反应是合成醚类化合物最常见的方法之一，但在端烯液晶分子的构建中，Williamson 醚化反应可用于制备烯丙氧基液晶及其他含氧端烯液晶。利用该反应合成端烯液晶有两种路线：一种是卤代芳烃与丙烯醇的醚化反应；另一种是卤代丙烯与苯酚衍生物的醚化反应，均可形成具有烯丙氧基结构的化合物。

6.2.2　典型端烯液晶的合成

液晶分子末端烯键的构建主要通过 Wittig 反应、Williamson 醚化等反应来实现。然而端烯液晶的制备则需要很多种反应，下面具体介绍几种典型的端烯液晶化合物的制备方法。

1. 端乙烯液晶反-3-HHV 的合成

反-4-(反-4′-正丙基环己基) -环己基乙烯(反-3-HHV)是比较经典的端乙烯液晶，其可通过 Wittig 反应制备。选择顺/反-4-(反-4′-正丙基环己基)-环己基甲酸作为起始原料，与吗啉进行酰化反应后，再通过红铝还原，然后进行顺反异构体转型反应得到反式-4-(反-4′-正丙基环己基)-环己基甲醛，其与溴甲烷三苯基膦盐在强碱作用下的 Wittig 反应得到反-3-HHV[3]，反应路线如图 6-7 所示。

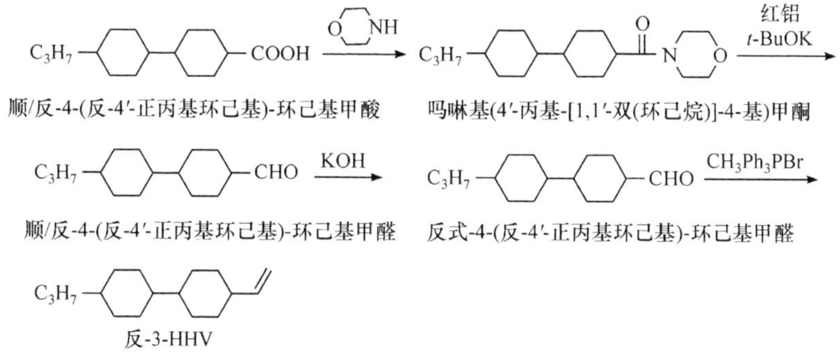

C_3H_7　COOH　顺/反-4-(反-4′-正丙基环己基)-环己基甲酸

红铝　t-BuOK

吗啉基(4′-丙基-[1,1′-双(环己烷)]-4-基)甲酮

C_3H_7　CHO　顺/反-4-(反-4′-正丙基环己基)-环己基甲醛

KOH

C_3H_7　CHO　反式-4-(反-4′-正丙基环己基)-环己基甲醛

CH_3Ph_3PBr

C_3H_7　反-3-HHV

图 6-7　化合物反-3-HHV 的合成

然而，该合成路线存在一些缺陷，如反应路线较长，产物收率较低，且原料成本较高。除了 Wittig 反应合成反-3-HHV 之外，以反-4-(反-4′-丙基环己基)-1-氯环己烷(反-3HHCl)为原料，与氯乙烯镁的格氏偶联反应也可以制备反-3-HHV，反应路线如图 6-8 所示[4]。

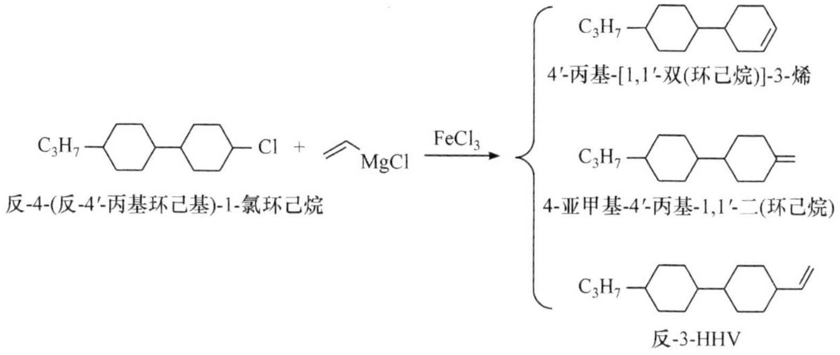

C_3H_7　Cl　+　MgCl　$FeCl_3$

反-4-(反-4′-丙基环己基)-1-氯环己烷

C_3H_7　4′-丙基-[1,1′-双(环己烷)]-3-烯

C_3H_7　4-亚甲基-4′-丙基-1,1′-二(环己烷)

C_3H_7　反-3-HHV

图 6-8　通过反-3HHCl 合成反-3-HHV 的反应路线

该反应工艺路线简单，收率较高，反应过程中以格氏偶联产物为主，也会生成 4′-丙基-[1,1′-双(环己烷)]-3-烯、4-亚甲基-4′-丙基-1,1′-二(环己烷)，其可能的反应机理如图 6-9 所示[4]：格氏试剂氯乙烯镁在三氯化铁作为催化剂的条件下形成

低价的活性中心 **A**，**A** 与底物反-4-(反-4′-丙基环己基)-1-氯环己烷发生氧化加成生成中间体 **B**，**B** 再与格氏试剂发生交换反应生成 **C**，然后 **C** 发生还原消除，生成目标产物并重新生成活性中心 **A**，再次进行循环反应。该过程可归为一种典型的氧化加成-还原消除过程。

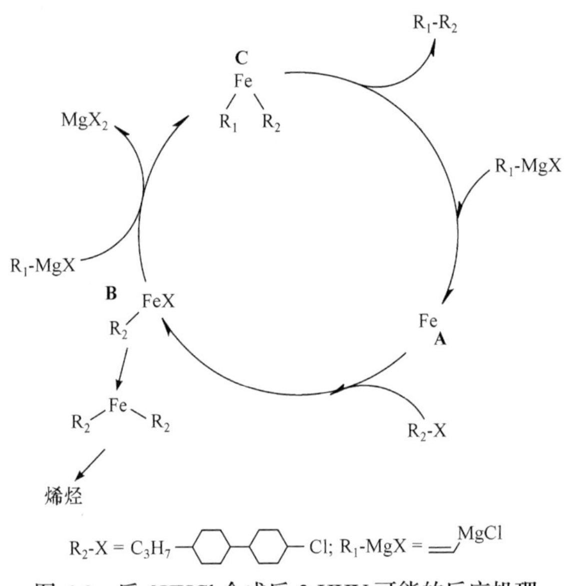

图 6-9　反-3HHCl 合成反-3-HHV 可能的反应机理

2. 烯丁基液晶的合成

1) 烯丁基三联苯液晶

一般情况下，液晶分子末端的烷基链碳数目越多其黏度越大[2]，而引入烯键可以降低液晶材料的黏度，因此烯丁基液晶仍能保持较低的黏度，如经典的烯丁基三联苯液晶化合物。下面简单介绍烯丁基三联苯液晶的合成路线，如图 6-10 所示[1]。

以 4-正丙基溴苯为原料制得格氏试剂，再与硼酸三正丁酯反应生成 4-正丙基苯硼酸，其与 2-氟-4-溴碘苯通过钯催化 Suzuki 偶联反应生成中间产物 **601**，在丁基锂试剂的作用下，进一步与硼酸三正丁酯反应生成含氟芳基硼酸化合物 **602**，然后再与 4-溴苯丙醛缩乙二醇发生钯催化 Suzuki 偶联反应，生成中间产物 **603**。**603** 在酸性条件下水解生成芳基丙醛 **604**，最后，**604** 与溴甲烷三苯基膦盐在强碱作用下通过 Wittig 反应生成烯丁基三联苯液晶化合物 **605**。

2) 烯丁基含氟乙撑桥键液晶

除了向三联苯液晶分子的末端引入烯丁基以改善液晶性能之外，向含有乙撑桥键和反式环己烷的液晶分子末端引入烯丁基可以获得更低的熔点和更宽的液晶相区间，如化合物 **606** 和 **607**[1](图 6-11)。该系列化合物中柔性的乙撑桥键和反-1,4-

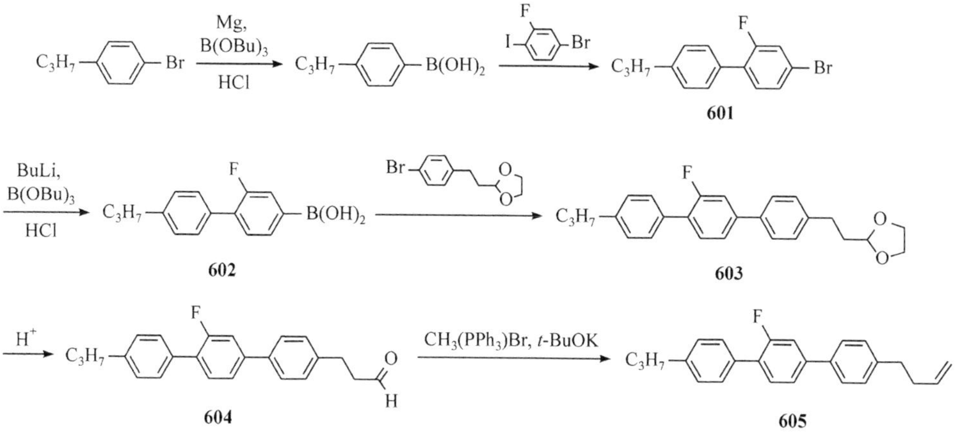

图 6-10　烯丁基三联苯液晶 **605** 的合成

二取代环己基能够减小分子的共轭和刚性，从而降低液晶化合物的熔点和光学各向异性，获得较好的液晶性能。

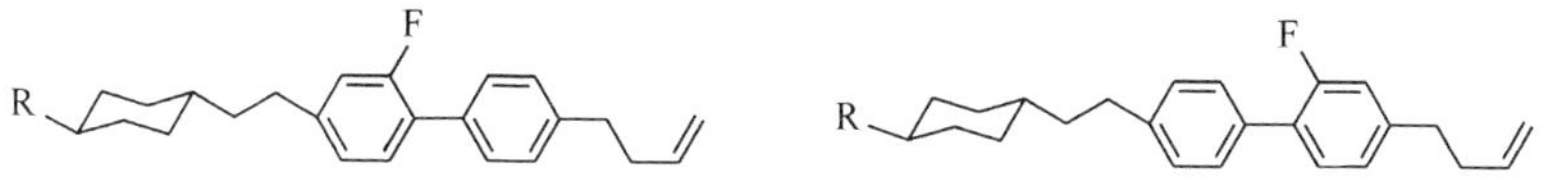

$R = — C_nH_{2n+1}$, n= 2, 3, 4, 5

图 6-11　化合物 **606** 和 **607** 的分子结构

烯丁基含氟乙撑桥键液晶 **606** 的合成路线如图 6-12 所示[17]。

选择反-4-正丙基环己基甲酸作为原料，在 $SOC1_2$ 中回流反应后得到 4-正丙基环己基甲酰氯，冷却至室温后，将其缓缓倒入搅拌的氨水中得到反式-4-正丙基环己基甲酰胺 **608**。将干燥的 **608** 和 $SOC1_2$ 在 80°C 下回流反应得到反式-4-正丙基环己基甲腈 **609**。**609** 在乙醚中与间氟苄基氯化镁格氏试剂发生亲核加成反应，得到中间体 **610**。**610** 经过黄鸣龙还原得到化合物 **611**。在氮气保护下 **611** 与正丁基锂、叔丁醇钾和硼酸三正丁酯反应，得到含氟芳基硼酸化合物 **612**。然后在氮气保护下，**612**、4-溴苯丙醛缩乙二醇和碳酸钾在 DMF 与蒸馏水混合体系中经过钯催化 Suzuki 偶联反应得到化合物 **613**。**613** 在石油醚中通过甲酸进行水解脱醛基保护，得到芳基丙醛化合物 **614**。最后，**614** 与溴甲基三苯基膦和叔丁醇钾通过 Wittig 反应将醛基转化为烯键，制备得到烯丁基含氟乙撑桥键液晶化合物 **606**。

虽然上述路线可以得到目标液晶化合物 **606**，但是其总收率较低，主要是因为含氟芳基硼酸 **612** 的收率不高。此外，酮类中间体 **610** 的黄鸣龙还原反应过程中，由于强碱和高温条件会导致苯环上的氟原子被亲核取代从而生成副产物[18]，黄鸣龙还原的收率也不理想，为了提高合成路线的总收率，优化含氟芳基硼酸中

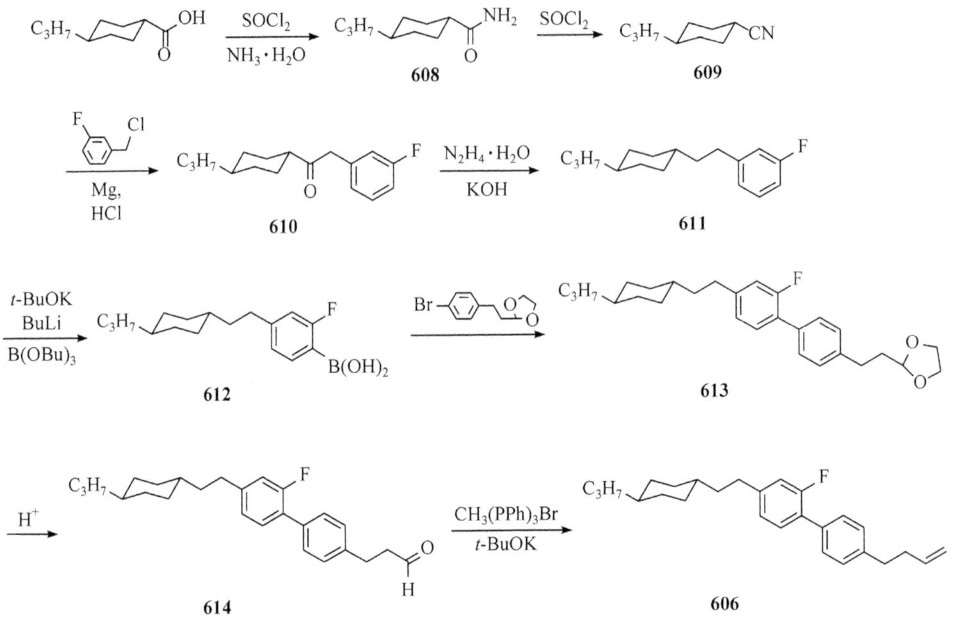

图 6-12　烯丁基含氟乙撑桥键液晶 **606** 的合成

间体的合成路线是十分必要的。

612 的优化合成路线如图 6-13 所示[17]。以间氟氯苄作为初始原料，其与过量的亚磷酸三乙酯在高温下进行偶联反应，生成化合物 **615**。在氮气保护下，采用叔丁醇钾作为催化剂，**615** 与反式-4-正丙基环己基甲醛经过 Wittig-Horner 反应生成化合物 **616**，其为顺式和反式异构体的混合物，可以直接用于下一步反应。**616** 在无水乙醇中进行常温常压钯催化加氢反应 8 h，得到产物 **617**。然后在氮气保护下其与正丁基锂、叔丁醇钾和硼酸三正丁酯反应得到含氟芳基硼酸目标化合物 **612**。

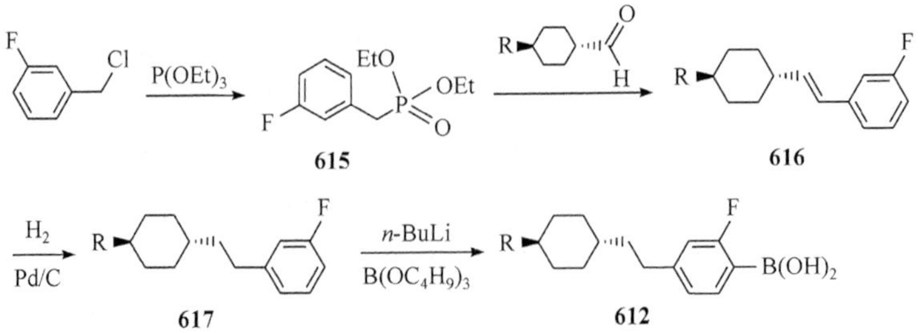

图 6-13　含氟芳基硼酸中间体 **612** 的优化合成路线

3) 烯丁基异硫氰酸酯液晶

异硫氰酸酯化合物是经典的大双折射率液晶材料，向该类化合物的另一末端引入烯丁基有助于在保持大双折射率的前提下降低其黏度。该类化合物的合成路线如图 6-14 所示[6]。

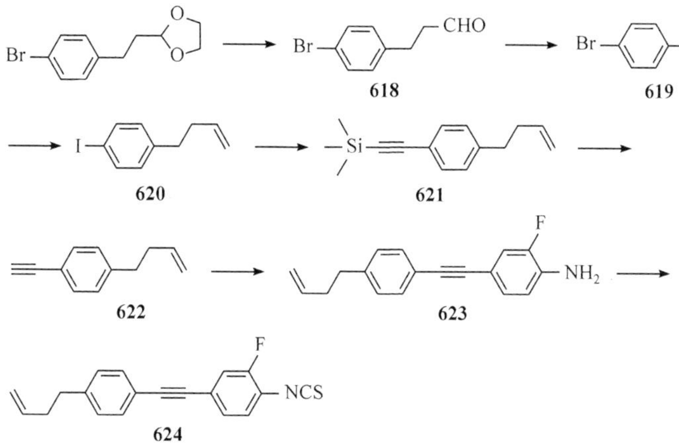

618

619

620

621

622

623

624

图 6-14 烯丁基异硫氰酸酯液晶 **624** 的合成

首先 2-(4-溴苯基)-1,3-二氧杂环和甲酸在甲苯中回流反应后，脱去缩醛保护基团，生成 4-溴苯丙醛 **618**，其与 $CH_3P^+Ph_3Br^-$在碱性条件下发生 Wittig 反应，得到 4-烯丁基溴苯 **619**。将其加入四氢呋喃溶液中，在氮气保护、超低温(−78℃)的条件下添加正丁基锂，然后再加入碘升至室温，加入 $NaHSO_3$ 后用正己烷萃取，随后分离纯化得到 **620**。在室温下乙炔基三甲基硅烷与 **620** 在 $Pd(PPh_3)_2Cl_2$、碘化铜和三苯基膦体系中反应得到产物 **621**。**621** 与氢氧化钾在乙醇中反应后脱除甲基硅烷，得到端炔产物 **622**。**622** 与 2-氟-4 碘苯胺在 $Pd(PPh_3)_2Cl_2$、三苯基膦、碘化亚铜和三乙胺体系中发生 Sonogashira 偶联反应，得到烯丁基二芳基乙炔产物 **623**。最后将 **623** 溶于氯仿中，与硫代磷酸盐在−5℃反应后，得到烯丁基异硫氰酸酯液晶化合物 **624**。

3. 烯丙氧基液晶的合成

利用 Williamson 醚化反应构建端烯液晶化合物，不仅可以引入烯键，同时也会引入氧原子，而端基氧原子有助于提高液晶化合物的清亮点和负介电各向异性绝对值[19-21]。但是氧原子容易导致化合物的黏度增加，在分子末端再引入烯烃可以降低黏度[8,22]，消除氧原子带来负面效果。因此，分子末端引入烯丙氧基也是改善液晶性能的一种有效方法。

1) 烯丙氧基苯并噁唑液晶

通过卤代芳烃与丙烯醇的 Williamson 醚化反应来完成端烯醚类液晶的构建，以烯丙氧基苯并噁唑液晶 **630** 为例，其合成路线如图 6-15 所示。

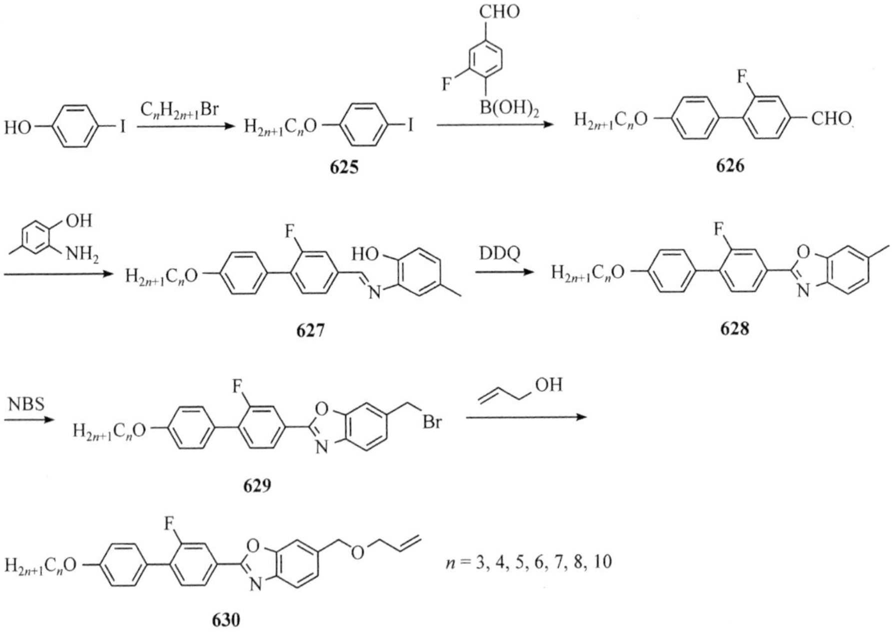

图 6-15　烯丙氧基苯并噁唑液晶 **630** 的合成

以对碘苯酚作为原料，与溴代烷烃在碳酸钾的作用下发生 Williamson 醚化反应，得到烷氧基碘苯化合物 **625**。**625** 与芳基硼酸通过 Suzuki 偶联反应得到芳醛衍生物 **626**。将 **626** 与 4-甲基-2-氨基-苯酚在二氯甲烷中通过亲核加成反应得到席夫碱类化合物 **627**。**627** 与 2,3-二氯-5,6-二氰基对苯醌反应制得 **628**，再使用 *N*-溴代琥珀酰亚胺对 **628** 甲基溴代得到 **629**，可与烯丙醇在氢化钠的作用下发生醚化反应，得到烯丙氧基醚类含氟芳杂环液晶 **630**[23]。

2) 双烯丙氧基二苯乙炔液晶

双烯丙氧基二苯乙炔液晶 **635** 的合成如图 6-16 所示[7]。

以 4-溴-2,3-二氟苯酚作为原料，其与 3,4-二氢-2H-吡喃在无水二氯甲烷中发生吡喃羟基保护反应，得到中间产物 **631**。**631** 与 2-甲基-3-丁炔-2-醇经过 Sonogashira 偶联反应得到偶联产物 **632**。**632** 在氢氧化钠作用下脱去一分子丙酮后，再与 **631** 发生 Sonogashira 偶联反应生成中间产物 **633**。**633** 与 PPTS 进行去吡喃保护反应生成化合物 **634**。使用溴丙烯作为底物与 **634** 进行 Wiliamson 醚化反应，最终得到双烯丙氧基二苯乙炔液晶化合物 **635**。

634 与溴丙烯反应生成目标产物的过程中，由于侧向氟原子较强的电负性，增加了酚羟基的反应活性，使其容易与溴丙烯的双键发生反应，通过采用四氢呋喃和水的混合溶剂可以显著改善反应效果。

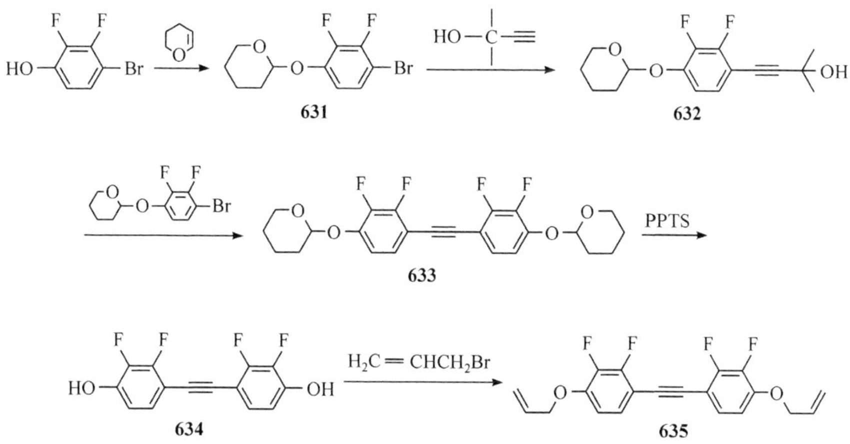

图 6-16　双烯丙氧基二苯乙炔液晶 **635** 的合成

PPTS-吡啶对甲苯磺酸盐

3) 烯丙氧基乙撑桥键液晶

烯丙氧基乙撑桥键液晶具有低熔点、高清亮点和低黏度的特点，该类液晶化合物的合成路线如图 6-17 所示[24]。

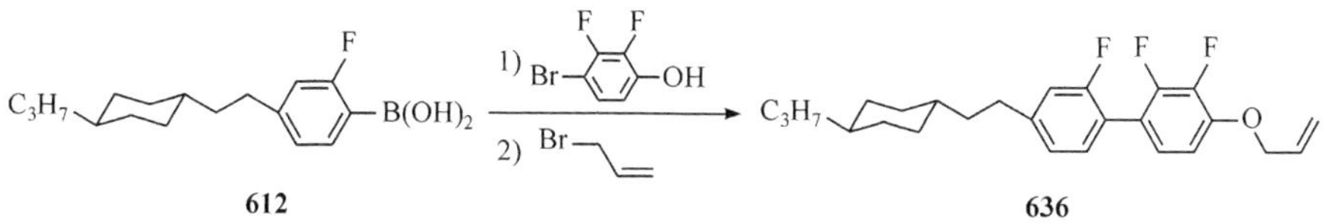

图 6-17　烯丙氧基乙撑桥键液晶 **636** 的合成

将 **612**、2,3-二氟-4-溴苯酚、TBAB、碳酸钾、*N,N*-二甲基甲酰胺与水在 65°C 混合溶解后，加入四(三苯基膦)钯催化剂，在 65°C 经过 2h 的 Suzuki 偶联反应后，加入 3-溴丙烯，再经过 4h 的 Williamson 醚化反应，得到烯丙氧基乙撑桥键含氟液晶化合物 **636**。

不难看出，Suzuki 偶联反应和 Williamson 醚化反应都是构建液晶分子的有效手段，尤其是 Suzuki 偶联反应的应用广泛[25,26]，但是酚羟基存在时，该反应受到了一定的限制。例如，带有酚羟基的溴代芳烃底物，在 Suzuki 偶联反应过程中很容易在其 O—H 之间发生氧化加成，从而减少了 C—Br 发生反应的概率，尤其是对于酸性较强的酚羟基，其效果更为显著，该现象导致的结果就是钯催化剂可能会中毒，生成钯黑而无法循环催化反应，反应收率降低。针对这一问题，传统的解决方案有两种，一种是使用碘代酚类化合物，因为碘的活性相较于溴比较高，在 C—I 之间发生氧化加成反应需要的能量则更低[27]，发生的概率更大，但是碘代物通常价格较贵。另一种则是通过醚化或酯化反应将其羟基保护，可有效地避免上述问题，但是在后续的合成中需要进行解保护反应，导致反应路线过长。

在上述液晶化合物的合成反应中，针对酚羟基在 Suzuki 偶联反应中这一问题，选择了一种更为简单的解决方法。利用过量碳酸钾将酸性的酚羟基中和成盐，以此来抑制 O—H 发生氧化加成反应。过量的碱不会阻碍 Suzuki 偶联反应，而且还会起到促进作用，使得反应收率较高。在液晶化合物 **636** 的合成当中，Williamson 醚化和 Suzuki 偶联反应可以在过量碱的存在下通过一锅法完成，不仅收率高，而且简化了反应步骤[28]。

4. 丙烯酸酯类液晶的合成

丙烯酸酯类液晶是常见的端烯类液晶材料之一，可用于制备液晶聚合物。图 6-18 所示的结构为常见的商用双丙烯酸酯类液晶化合物[29]，其主要应用于光学薄膜[30]，此外也可应用于调焦距透镜及全息设备上[31,32]。

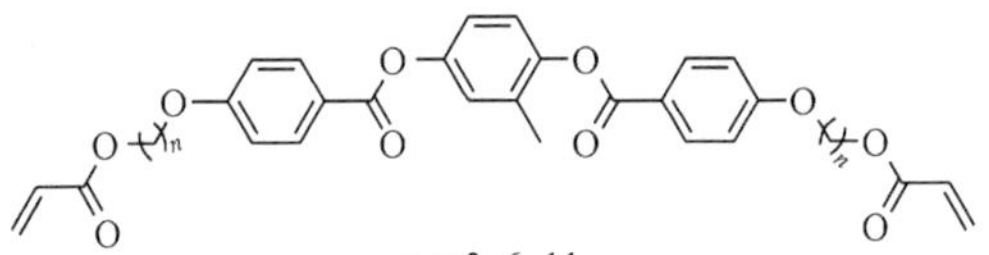

$n = 3, 6, 11$

图 6-18　常见的商用双丙烯酸酯类液晶

酯化反应、Sonogashira 偶联和 Williamson 醚化反应经常被用于制备双丙烯酸酯类液晶化合物，如图 6-19 所示[33]。

将对碘苯酚和碳酸钾添加至丙酮中，随后滴加 6-溴己烷-1-醇，在回流温度下反应 12h，得到中间体 **637**。在 $Pd(PPh_3)_2Cl_2$/碘化亚铜/三乙胺/三苯基膦条件下，**637** 与乙炔基三甲基硅烷在室温下发生 Sonogashira 偶联反应，得到中间体 **638**。然后将 **638** 溶于甲醇溶液中，添加碳酸钾，在室温下反应 1h，得到浅棕色固体化合物 **639**。一方面，将 **639** 添加至二氯甲烷溶液中，同时加入吡啶和丙烯酰氯，在 40℃下进行酯化反应 2h，得到中间产物 **640**。另一方面，以 2-甲基对苯二酚为原料，在吡啶的作用下与碘代苯甲酰氯发生酯化反应，得到化合物 **641**。最后将 **640** 和 **641** 置于 DMF 溶液中，在 $Pd(PPh_3)_2Cl_2$/碘化亚铜/三乙胺/三苯基膦条件下，发生 Sonogashira 偶联反应，得到双丙烯酸酯液晶化合物 **642**。

双甲基丙烯酸酯类液晶化合物可以用于制备具有高双折射率的液晶聚合物薄膜，其合成路线如图 6-20 所示[34]。使用乙腈作为溶剂，将对碘苯酚和碳酸钾加入其中，随后滴加 6-溴己烷-1-醇，在回流温度下反应 24h，得到中间体 **637**。在 $Pd(PPh_3)_4$/碘化亚铜/三乙胺/三苯基膦条件下，**637** 与乙炔基三甲基硅烷发生 Sonogashira 偶联反应，得到中间体 **638**。然后与碳酸钾等在室温下反应 30min，得到浅棕色固体化合物 **639**。将 **639** 与 4-溴-2 氟-碘苯与在 $Pd(PPh_3)_4$/碘化亚铜/三

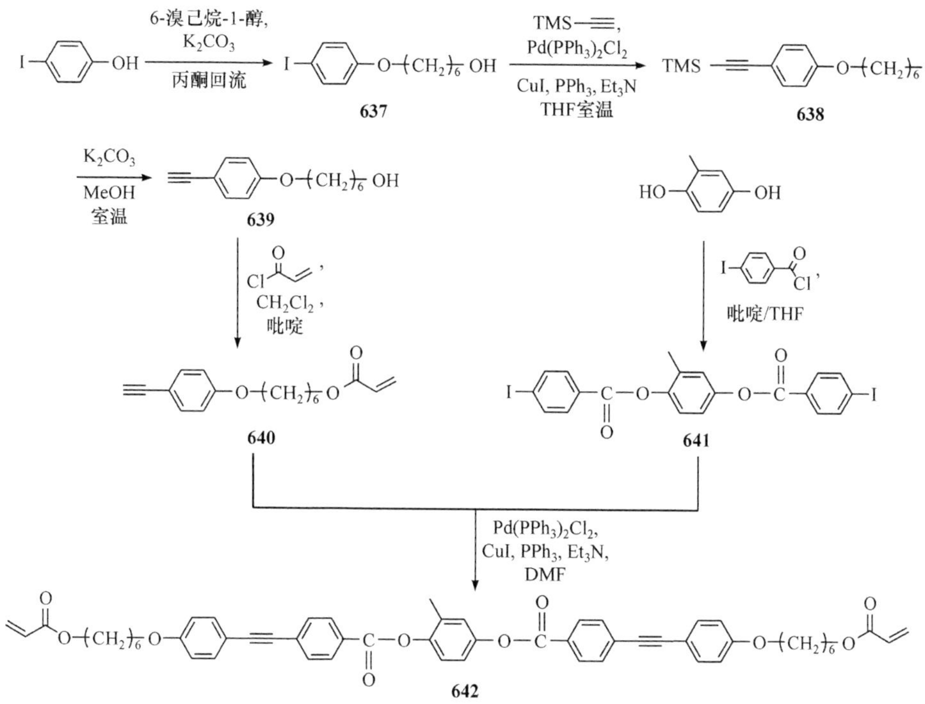

图 6-19　双丙烯酸酯类液晶 **642** 的合成

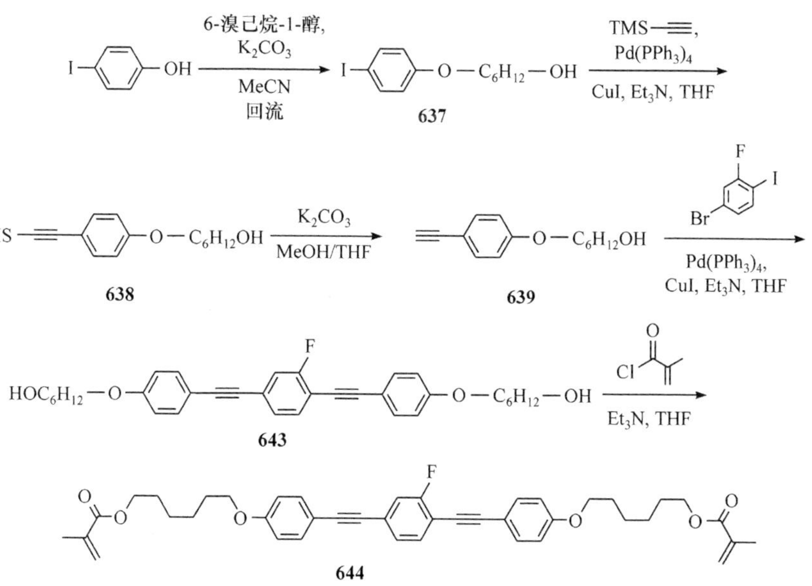

图 6-20　双甲基丙烯酸酯类液晶 **644** 的合成

乙胺/三苯基膦条件下发生 Sonogashira 偶联反应，获得化合物 **643**。**643** 与甲基丙烯酰氯经酯化反应后，最终得到双甲基丙烯酸酯类液晶化合物 **644**。

综上所述，以上几种典型的端烯液晶化合物的合成步骤有很多共同之处，其中，Suzuki 偶联反应、Sonogashira 偶联反应、Williamson 醚化反应、Wittig 反应尤为常见，这些反应条件比较温和，且在构建液晶分子的过程中可以获得较高的收率。

6.3　端烯液晶的构性关系

端烯液晶分子结构的不同会导致它们之间性能的差异[35,36]。因此，本节将具体讨论不同的末端取代基、致晶单元及侧向取代基对端烯液晶性能的影响，同时将简要介绍端烯液晶应用于混合液晶的实例。

6.3.1　末端取代基对端烯液晶性能的影响

由表 6-2 可知，在具有相同致晶单元的情况下，因液晶化合物 **647** 和 **648** 具有末端烯键，相比 **645** 和 **646** 显示出更低的熔点和黏度，改善了液晶分子的应用性能。同样，**649** 和 **650** 对比也证明了在液晶分子末端引入烯键会降低熔点，其中，化合物 **649** 的熔点和清亮点分别为 47.9℃和 98.0℃，当引入烯丁基代替正丁基后，化合物 **650** 的熔点降至 41.8℃，但是，清亮点升高至 115.1℃。化合物 **650** 的液晶相区间为 73.3℃，比化合物 **649**(液晶相区间为 50.1℃)的液晶相区间宽 23.2℃。可见，液晶分子中引入烯丁基有利于降低熔点、提高清亮点，拓宽液晶相区间。另外，化合物 **650** 的近晶相区间比 **649** 的宽，这是烯丁基中的 π-π 电子堆积相互作用导致的。近晶相的形成更依赖于分子间的作用力，而 π 电子的存在可以增强分子间的作用力；与此同时，液晶化合物的长径比也被分子长轴上的 π-π 电子堆积相互作用影响[图 6-21(a)]，液晶化合物的长径比越大，越有利于提高其清亮点。

表 6-2　末端取代基对液晶性能的影响[1,37]

代号	分子结构	相变温度/℃	γ/(mPa·s)
645	 C_2H_5 F F	Cr 52 N 84 I	98
646	 C_4H_9 F F	Cr 44 N 119 I	117
647	 F F	Cr 44 N 106 I	84

续表

代号	分子结构	相变温度/℃	γ/(mPa·s)
648		Cr 41 N 124 I	86
649		Cr 47.9 S_A 72.9 N 98.0 I	—
650		Cr 41.8 S_A 71.5 N 115.1 I	—

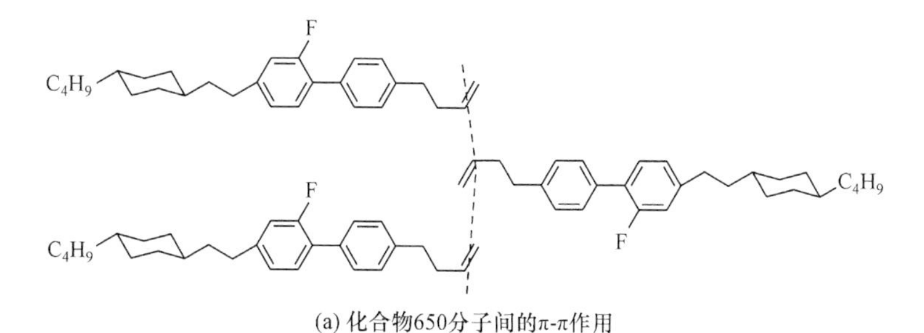

(a) 化合物650分子间的π-π作用

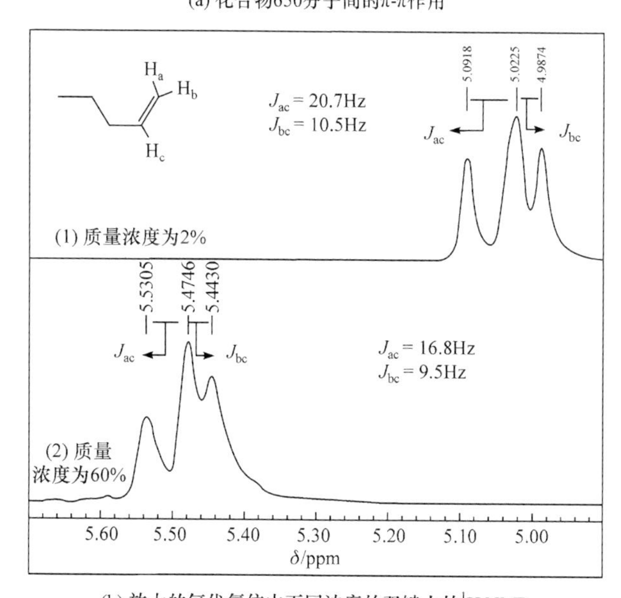

(b) 放大的氘代氯仿中不同浓度的双键上的^{1}H NMR

图 6-21 液晶分子间相互作用

通过核磁氢谱可以证明 π-π 电子堆积相互作用：端烯双键上氢原子的化学位移与质量浓度有着极为密切的关系，浓度较大，导致其分子间的 π-π 相互作用比较强，在核磁共振氢谱图上显示的化学位移也会比较大；相反，当双键质量浓度低的时候，分子间的 π-π 堆积相互作用会比较弱，化学位移也会比较小。如图 6-21(b)所示，(1)和(2)分别代表在低质量浓度下和高质量浓度下，端烯化合物的核磁共振氢谱图。与低浓度的情况下相比，在高质量浓度的条件下，核磁共振氢谱图上显示的耦合常数较小(J_{ac} = 16.8Hz，J_{bc} = 9.5Hz)，化学位移较大(δ = 5.4430～5.5305ppm)，因此，在高质量浓度的情况下其 π-π 相互作用较强。由此可见，π-π 电子堆积相互作用可能有助于提高端烯液晶清亮点。

此外，**650** 的向列相区间比化合物 **649** 宽 22℃，可见，丁-3-烯基有利于提高向列相的稳定性[23,38,39]，这为以后设计性能优异的向列相液晶化合物提供了技术参考。

6.3.2　致晶单元对端烯液晶性能的影响

从表 6-3 中可知化合物 **651**、**652** 和 **653** 的性能，在末端同为烯丁基时，致晶单元对液晶分子的性能影响很大，尤其是对于热性能的影响。化合物 **651** 的致晶单元为环己烷苯基，没有显示出液晶相，但具有极低的熔点，可以作为混合液晶的配方成分之一，有助于降低混合液晶熔点。当致晶单元中苯环数量增加且引入炔键时(**652**)，熔点升至为 76.8℃，同时显示出 79.5℃的液晶相区间。化合物 **653** 的致晶单元由两个环己基和一个苯环组成，虽然熔点升高至 138.5℃，但是由于存在烯丁基，仍能保持较低的黏度。对比化合物 **654** 和 **655**，在侧向引入氟原子后，致晶单元为三联苯环时，出现了近晶相，当其中一个苯环替换为环己烷且引入乙撑桥键时，近晶相消失，并且熔点降低，说明环己基和乙撑桥键的引入有助于液晶性能的改善。

表 6-3　致晶单元对液晶性能的影响[1,40]

代号	分子结构	相变温度/℃	γ/(mPa·s)
651	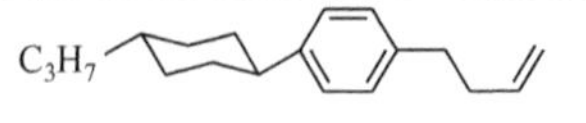 C_3H_7	Cr −31.2 I	6.2
652	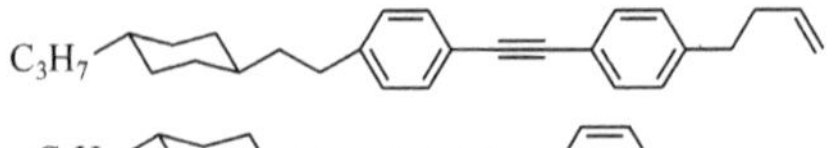 C_3H_7	Cr 76.8 N 156.3 I	—
653	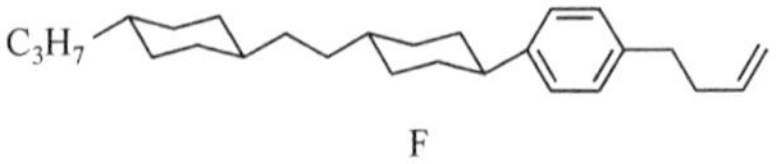 C_3H_7	Cr 138.5 N 149.3 I	8.0
654	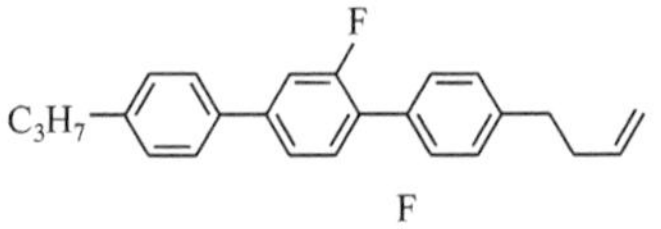 F, C_3H_7	Cr 68.3 S_A 99.7 N 152.5 I	—
655	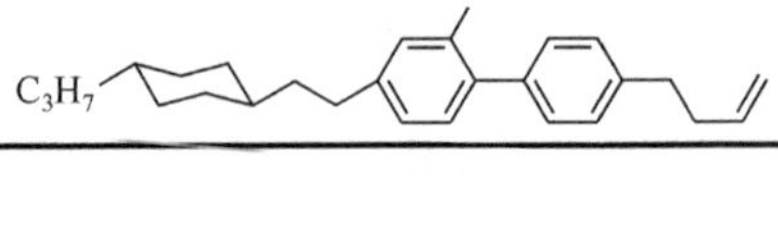 F, C_3H_7	Cr 48.7 N 117.3 I	—

6.3.3　侧向取代基对端烯液晶性能的影响

从表 6-4 可知，端烯液晶化合物引入侧向氟原子后，其熔点显著降低。**659** 的熔点为 100.2℃,单氟液晶化合物 **657** 和 **658** 的熔点分别比 **659** 降低了 54.8℃和 58.2℃。为了获得更低熔点的液晶化合物，向二苯乙炔苯环的内侧分别引入一个侧向氟取代基得到双氟液晶化合物 **656**，其熔点为 30.5℃，比 **659** 的熔点降低了 69.7℃。由此可见，在端烯液晶分子结构中引入侧向氟取代基有利于降低液晶分子的熔点，这是因为引入氟取代基后减小了液晶分子堆积的紧密程度，从而使其熔点降低。含氟液晶化合物 **656**、**657**、**658** 的液晶相区间分别比无氟液晶分子 **659** 的液晶相区间宽了 49.3℃、30.8℃、46.6℃。由此可见，在液晶分子结构中侧向氟取代基有利于拓宽液晶化合物的液晶相区间。

表 6-4　侧向取代基对液晶性能的影响[40]

代号	分子结构	相变温度/℃	γ/(mPa·s)
656	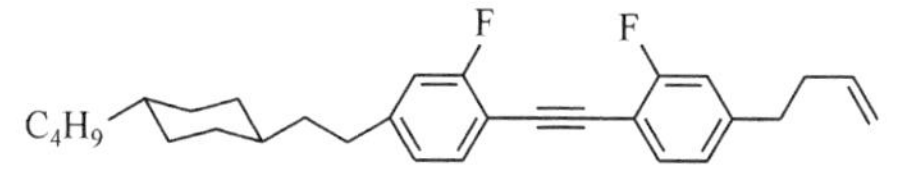 C_4H_9	Cr 30.5 N 140.7 I	6.3
657	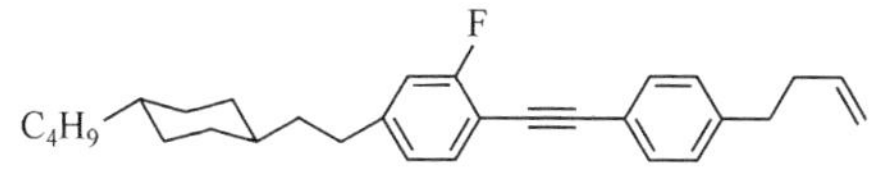 C_4H_9	Cr 45.4 N 137.1 I	8.8
658	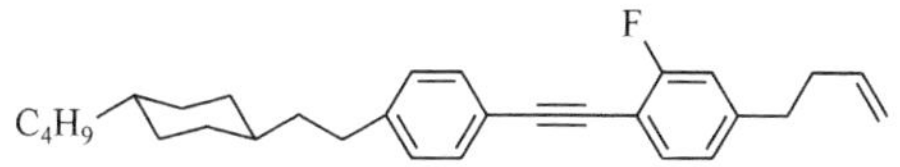 C_4H_9	Cr 42.0 N 149.5 I	12.6
659	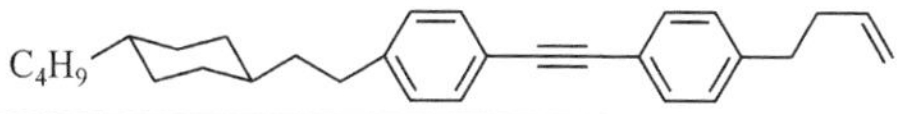 C_4H_9	Cr 100.2 N 161.1 I	21.7

由表 6-4 可知,端烯液晶化合物 **656**、**657**、**658** 和 **659** 的黏度均小于 25mPa·s,表明端烯液晶是一类可用于降低混合液晶材料黏度的组分。此外，含氟液晶化合物 **656**、**657** 和 **658** 的黏度比 **659** 的黏度低，这是因为苯环上引入氟原子后增大了分子的宽度从而减少了分子间的相互作用力，使其黏度降低。

6.3.4　端烯液晶对混合液晶性能的影响

由表 6-5 可以看出，4 种端烯液晶(图 6-22)作为添加剂，以 15%的质量分数添加到基础配方 001 后，发现其端烯类液晶对基础配方的熔点、液晶相区间和黏度都有极大的影响。添加端烯液晶后，混合液晶的熔点大幅度降低，实现了从零上到零下的突破，并且液晶相区间也相对应扩大。其中，添加 **651** 后，熔点降低最多(混合液晶的熔点从添加前的 9.4℃变为−39.8℃)，液晶相区间也拓宽最大(25.1℃)。化合物 **660** 的添加使混合液晶 001 的黏度降至最低，从 141.4mPa·s 降至 100.3mPa·s，降低了 29%，其余 3 种端烯液晶同样也降低了混合液晶的黏度。总体而言，4 种端烯液晶均在不同程度上降低了混合液晶的熔点、黏度，并拓宽了液晶相区间。

表 6-5　端烯液晶对混合液晶性能的影响[40]

样品	相变温度/℃	液晶相区间/℃	γ/(mPa·s)
001	Cr 9.4 N 112.9 I	103.5	141.4
001 + **651** (15%)	Cr −39.8 N 88.8 I	128.6	111.8
001 + **656** (15%)	Cr −0.2 N 116.3 I	116.5	115.0
001 + **660** (15%)	Cr −19.6 N 99.9 I	119.5	100.3
001 + **661** (15%)	Cr −16.7 N 97.7 I	114.4	115.0

注：括号内为添加剂质量分数。

C_3H_7　**651**　C_4H_9　F　F　**656**　C_3H_7　**660**　C_3H_7　**661**

图 6-22　端烯液晶化合物 **651**、**656**、**660** 和 **661** 的分子结构

综上所述，端烯液晶作为一类低熔点、低黏度的组分应用于混合液晶配方当中，有利于实现超低温快速响应混合液晶材料的研制，为实现户外液晶显示奠定了基础。

参考文献

[1] 姜祎. 新型侧向氟取代端烯类液晶化合物的合成、性能及应用[D]. 西安: 陕西师范大学, 2012.

[2] 李娟利, 安忠维, 李建, 等. 一种高双折射率液晶化合物及其制备方法以及其组合物: CN105294526 B[P], 2017-08-08.

[3] 郭强, 毛涛, 张芬, 等. 反-4-(反-4′-正丙基环己基)-环己基乙烯的合成[J]. 精细化工, 2012, 29(10): 1032-1035.

[4] 郭强, 王小明, 仝斌, 等. 反-4-(反-4′-正丙基环己基)-环己基乙烯的新法合成[J]. 应用化工, 2013, 42(9): 1632-1634.

[5] JIANG Y, AN Z, CHEN P, et al. Synthesis and mesomorphic properties of but-3-enyl-based fluorinated biphenyl liquid crystals[J]. Liquid Crystals, 2012, 39(4): 457-465.

[6] LI J, LI J, HU M, et al. New isothiocyanatotolane liquid crystals with terminal but-3-enyl substitute[J]. Liquid Crystals, 2017, 44(5): 833-842.

[7] 李峰. 2,3-二氟二苯乙炔端烯类液晶的合成及性能研究[D]. 西安: 陕西师范大学, 2016.

[8] LI F, AN Z, CHEN X, et al. Synthesis and the effect of 2,3-difluoro substitution on the properties of diarylacetylene

terminated by an allyloxy group[J]. Liquid Crystals, 2015, 42(11): 1654-1663.

[9] UBE T, YODA T, IKEDA T. Fabrication of photomobile polymer materials with phase-separated structure of crosslinked azobenzene liquid-crystalline polymer and poly(dimethylsiloxane)[J]. Liquid Crystals, 2018, 45: 2269-2273.

[10] BABAKHANOVA G, TURIV T, GUO Y, et al. Liquid crystal elastomer coatings with programmed response of surface profile[J]. Nature communications, 2018, 9: 456.

[11] 邢其毅, 裴伟伟, 徐瑞秋, 等. 基础有机化学[M]. 3 版. 北京: 高等教育出版社, 2005.

[12] SHCHEGLOVA N, KOLESNIK V, ASHIROV R. General procedure for the synthesis of *ortho*-vinylbenzyl substituted amines, ethers, and sulfides[J]. Russian Journal of Organic Chemistry, 2013, 49(9): 1329-1334.

[13] ARAVA V, MALREDDY S, THUMMALA S. Acid-catalyzed ether rearrangement: total synthesis of isomimosifoliol and (±)-dihydromimosifoliol[J]. Synthetic Communications, 2012, 42(24): 3545-3552.

[14] LIU Z, CLASSON B, SAMUELSSON B. A novel route to olefins from vicinal diols[J]. Journal of Organic Chemistry, 1990, 55(14): 4273-4275.

[15] SLUGOVC C, PERNER B, STELZER F, MEREITER K. "Second generation" ruthenium carbene complexes with a cis-dichloro arrangement[J]. Organometallics, 2004, 23(15): 3622-3626.

[16] AOYAMA A, ENDO-UMEDA K, KISHIDA K, et al. Design, synthesis, and biological evaluation of novel transrepression-selective liver X receptor (LXR) ligands with 5,11-dihydro-5-methyl-11-methylene-6H-dibenz[b,e] azepin-6-one skeleton[J]. Journal of Medicinal Chemistry, 2012, 55(17): 7360-7377.

[17] 李建, 胡明刚, 李娟利, 等. 含氟丁烯联苯类液晶新方法合成及性能[J]. 应用化学, 2015, 32(3): 255-260.

[18] 丁晓琴, 赵立峰, 连兰芬, 等. 液晶材料 4-[2-(反-4-丙基环己基)]乙基氟苯的全合成研究[J]. 有机化学, 2004, 24(11): 1478-1481.

[19] PETRZILKA M, BUCHECKER R, LEE-SCHMIEDERER S, et al. New liquid crystals: mesomorphic porperties of mono-and bisalkenyl(oxy)-substituted esters[J]. Molecular Crystals and Liquid Crystals, 1987, 148(1): 123-143.

[20] GEELHAAR T. Liquid crystals for displays application[J]. Liquid Crystals, 1998, 24(1): 91-98.

[21] WEN C, WU B, GAUZA S, et al.Vertical alignment of high birefringence and negative dielectric anisotropic liquid crystals for projection displays[J]. Proceedings of SPIE, 2006, 6135: 62350U/1-62350U/9.

[22] KIRSCH P, TARUMI K. A novel type of liquid crystals based on axially fluorinated cyclohexane units[J]. Angewandte Chemie International Edition, 1998, 37(4): 484-489.

[23] REN L, DUAN L, WENG Q, et al. Synthesis and study the liquid crystalline properties of compounds containing benzoxazole core and terminal vinyl group[J]. Liquid Crystals. 2019, 46: 797-805.

[24] 卢玲玲. 环已基乙撑桥键侧氟代苯类液晶化合物的合成及性能研究[D]. 西安: 陕西师范大学, 2013.

[25] MIYAURA N, SUZUKI A. Palladium-catalyzed cross-coupling reactions of organoboron compounds[J]. Chemical Reviews, 1995, 95(3): 2457-2483.

[26] STANFORTH S. Catalytic cross-coupling reactions in biaryl synthesis[J]. Tetrahedron, 1998, 54: 263-303.

[27] AN Z, CATELLANI M, CHIUSOLI G. Gazzetta Chimica Italiana[M]. Italy: Società Chimica Italiana, 1990.

[28] JIANG Y, LU L, CHEN P, et al. Synthesis and properties of allyloxy-based biphenyl liquid crystals with multiple lateral fluoro substituents[J]. Liquid Crystals, 2012, 39(8): 957-963.

[29] GODMAN N, KOWALSKI B, AUGUSTE A, et al. Synthesis of elastomeric liquid crystalline polymer networks via chain transfer[J]. ACS Macro Letters, 2017, 6: 1290-1295.

[30] NICHINORI N. Design of polyimides for liquid crystal alignment films[J]. Polymers for Advanced Technologies,

2000, 11: 404-412.

[31] XU S, LI Y, LIU Y, et al. Fast-response liquid crystal microlens[J]. Micromachines, 2014, 5: 300-324.

[32] TSAI Y, LAROUCHE S, TYLER T, et al. Arbitrary birefringent metamaterials for holographic optics at λ = 1.55μm[J]. Optics Express, 2013, 21: 26620-26630.

[33] JUNG H, YUN J, JEON I, et al. Acetylene-containing highly birefringent rod-type reactive liquid crystals based on 2-methylhydroquinone[J]. Liquid Crystals, 2018, 45: 279-291.

[34] ARAKAWA Y, KUWAHARA H, SAKAJIRI K, et al. Highly birefringent polymer films from the photo-crosslinking polymerisation of bistolane-based methacrylate monomers[J]. Liquid Crystals, 2015, 42(10): 1419-1427.

[35] 任丽媛. 苯并杂环类液晶化合物的合成与性能研究[D]. 西安: 陕西师范大学, 2018.

[36] 魏婷. 双端烯液晶单体的合成与性能研究[D]. 西安: 陕西师范大学, 2012.

[37] 高鸿锦. 液晶化学[M]. 北京: 清华大学出版社, 2011.

[38] KIRSCH P, BREMER M. Nematic liquid crystals for active matrix displays: molecular design and synthesis[J]. Angewandte Chemie International Edition, 2000, 39(23): 4216-4235.

[39] KIRSCH P, HECKMEIER M, TARUMI K. Design and synthesis of nematic liquid crystals with negative dielectric anisotropy[J]. Liquid Crystals, 1999, 26(3): 449-452.

[40] 赵亮. 低粘度端烯类液晶化合物的合成及其性能[D]. 西安: 陕西师范大学, 2018.

第 7 章　杂环液晶材料

在众多类型的液晶化合物中，杂环液晶化合物是一类特殊液晶材料，其在显示、光学器件、新材料等众多领域具有广泛的应用价值。杂环液晶结构中引入了具有较高电负性的不饱和氮、氧、硫等原子替换环状骨架中的部分碳原子，分子几何结构发生变化，分子对称性降低、极性诱导作用增强，导致液晶相类型、相变温度、光学各向异性和介电各向异性等性质发生改变。

7.1　杂环液晶材料的类型

杂环液晶材料根据环自身有无芳香性可分为芳杂环和脂杂环两大类。此外，也可以根据环的大小进行分类，如三元杂环、四元杂环、五元杂环、六元杂环和多元杂环。其中，三元杂环和四元杂环通常为脂杂环，这类杂环化合物尺寸小，会发生几何形变。五元杂环和六元杂环以呋喃、噻吩、咪唑、吡啶和嘧啶等芳杂环化合物为代表，这类化合物具有较高的稳定性，环上的杂原子能够有效地改善液晶化合物的性能。另外，还可以分为单杂环和稠杂环液晶化合物，其中含苯并噁唑、苯并咪唑和苯并呋喃等稠杂环的液晶化合物近年来受到广泛关注。一些代表性的杂环液晶化合物如图 7-1 所示。

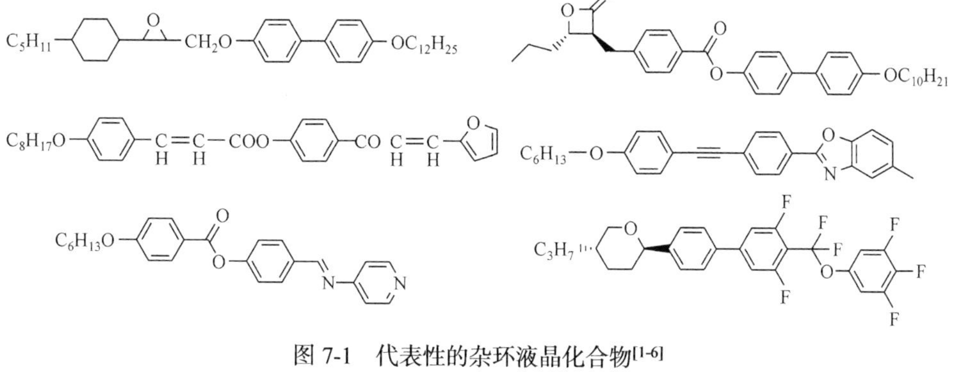

图 7-1　代表性的杂环液晶化合物[1-6]

7.2　杂环结构的构建

7.2.1　三元杂环的构建

1. 环氧乙烷的构建

1) 烯烃环氧化法

工业生产环氧乙烷的方法是以银为催化剂，在高温(230～270℃)、高压(1～3MPa)反应器中直接氧化乙烯，其产率高达75%。此外，1989年，Scherowsky等[1]通过sharpless不对称环氧化反应将烯烃环氧化，再将端羟基醚化后形成含有环氧乙烷结构的液晶化合物，如图7-2所示。

$R-CH=CHCH_2OH \longrightarrow R-HC(O)-CHCH_2OH \longrightarrow R-HC(O)-CHCH_2OR'$

$R = -C_3H_7$, $-C_6H_{10}-C_5H_{11}$, $-C_6H_{10}-C_6H_{10}-C_5H_{11}$

$R' = HO-C_6H_4-OC_{12}H_{25}$, $HO-C_6H_4-C_6H_4-OC_{12}H_{25}$, $HO-C_6H_4-C_6H_4-COO-C_6H_4-OC_{12}H_{25}$

图 7-2　烯烃环氧化法制备杂环液晶

2) 脱水法

Boigegrain等[7]通过邻二醇脱水，得到了反式环氧乙烷，产率达到66%以上。

3) 其他方法

除了贵金属银之外，近年来也发现了一些其他类型的催化材料。例如，Jayamurthy等[8]利用铜和负载铜的氧化铝直接催化氧化乙烯，获得了环氧乙烷。Carlin等[9]使用工程化甲苯单加氧酶催化乙烯的方法，也得到了环氧乙烷。Kwong等[10]在氩气保护下，将烯烃化合物、冰乙酸、双氧水、乙腈和$(PPh_4)_2[Mn(N)(CN)_4]$混合后，在23℃的条件下持续搅拌，获得了相应的环氧乙烷化合物。

2. 环硫乙烷的构建

1) 烯烃环硫化法

与环氧乙烷的合成类似，环硫乙烷也可以通过烯烃环化反应得到。该方法是先将硫黄溶解于二硫化碳溶液中配制质量分数为18%～25%的溶液，再通入乙烷，在30～50℃，9～11MPa的条件下反应20～30min。将反应液进行精馏等处理后，得到环硫乙烷[11]。

Lautenschlaeger 等[12]报道了一种新颖的两步合成法。首先，将一氯化硫与烯烃混合，形成 3-氯烷基单-硫化物/双-硫化物/三-硫化物的混合物；然后加入硫化钠或铝汞齐反应，生产环硫乙烷类化合物 **701**，反应过程如图 7-3 所示。

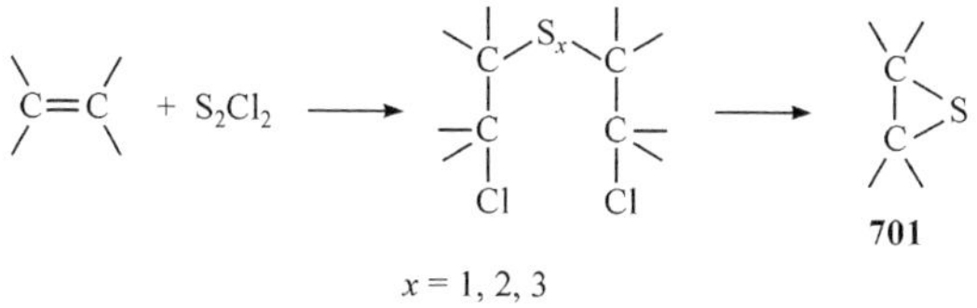

C=C　+ S_2Cl_2 ⟶ C–S_x–C (Cl, Cl) ⟶ **701**

x = 1, 2, 3

图 7-3　烯烃环硫化法制备环硫乙烷

另外，Adam 等[13]利用 350nm 的紫外光，照射环烯烃化合物与硫代羰基硫氧化物的混合物，直接催化环烯烃得到了系列硫代环氧化物。

2) 取代法

通常，环氧乙烷可以与硫氰酸根离子、硫脲和硫代酰胺等含硫化合物反应，通过硫原子取代氧原子，转变为环硫乙烷。例如，Chan 等将三苯基膦硫($Ph_3P{=}S$)或三正丁基膦硫(n-$Bu_3P{=}S$)和环氧乙烷溶解于干燥苯溶液中，加入三氟乙酸(TFA)，在室温下搅拌。使用气液分配色谱法(gas liquid partition chromatography，GLPC)分析跟踪反应进程，反应结束时，加入固体碳酸氢钠搅拌 15min，最后通过硅胶柱色谱用苯洗脱进行分离纯化[14]，取代法制备环硫乙烷的机理如图 7-4 所示。

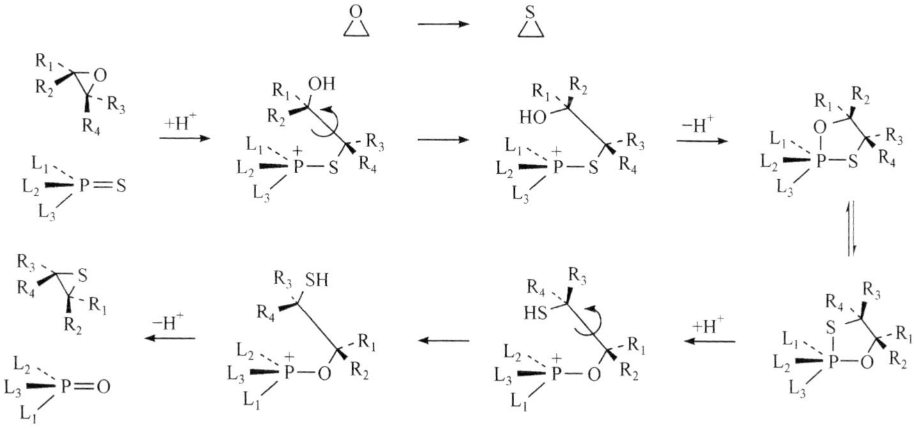

R_1, R_2, R_3, R_4; L_1, L_2, L_3–P=S; +H^+; −H^+; OH; HO; SH; HS; P–S; P–O; L_3, L_2, L_1–P=O

图 7-4　取代法制备环硫乙烷的机理

3) 其他方法

Tominaga 等[15]在碱性条件下制备了一种硫叶立德试剂，然后在氟化铯存在下，将其与羰基化合物反应，通过 1,3-偶极环加成 C=O 得到相应的环硫烷，反应结果证明，所制备的硫叶立德试剂可以以较高的收率有效地制备环硫乙烷，其反应机理如图 7-5 所示。

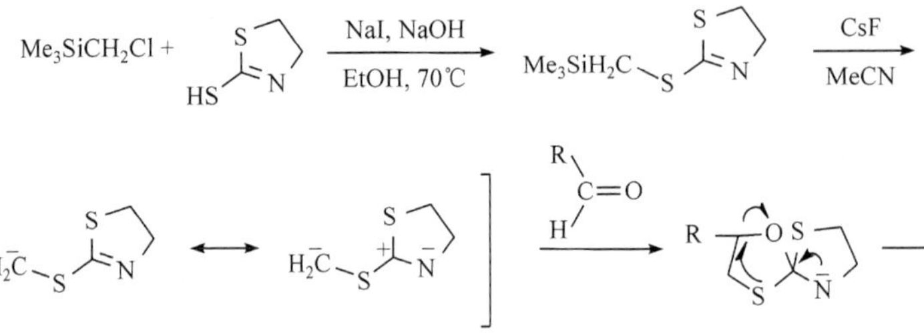

图 7-5　硫叶立德试剂制备环硫乙烷的反应机理

李杨发明的制备方法是将物质的量之比为 1∶1.5～1∶1 的酸乙烯酯/无水硫氰酸盐，在温度 80～100℃的条件下反应 4～5h，生成环硫乙烷和副产物氰酸盐、二氧化碳[16]。Tanimoto 等[17]在 0.02～0.04Torr①的压力下，将乙二硫醇在 600～1000℃热解，发现热解过程中会产生环硫乙烷，并且环硫乙烷会热异构化成乙二硫醇。

7.2.2　四元杂环的构建

四元杂环是环丁烷的杂环类似物，可以认为是亚甲基(—CH_2—)被杂原子等(—O—、—NH—、—S—)替换而衍生的。与三元杂环相比，四元杂环的应变较小，更稳定，环也不易断裂。

此外，*β*-丙内酯和*β*-丙酰胺作为四元杂环在液晶分子的构建中也比较常见。1992 年，Scherowsky 等[2]报道了一种含*β*-丙内酯的四元杂环化合物 **702** 作为高自发极化的铁电液晶，其在升温过程中显示出向列相和高度有序的近晶相，其分子结构如图 7-6 所示。

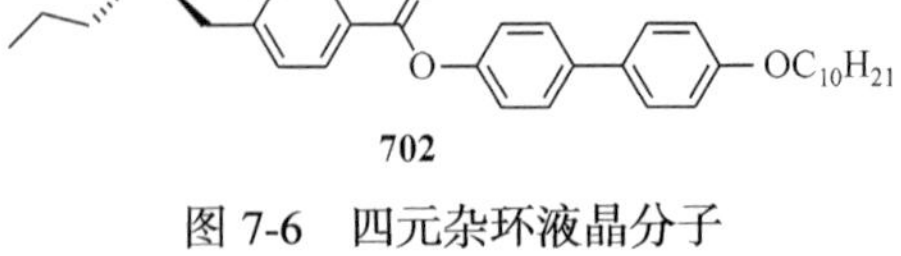

702

图 7-6　四元杂环液晶分子

7.2.3　五元杂环的构建

五元杂环结构中，杂原子和碳碳双键数量及位置的变化更加丰富，由此引起的性能差异也越发显著，如含有一个杂原子(N)的吡咯、含有两个相同杂原子(N)

---

① 压强单位，1Torr = 1mmHg = 1.33 × 10^2Pa。

的咪唑及含有两个不同杂原子(N、O)的噁唑。由于它们的杂原子数量和种类不同，在修饰液晶分子性能上显示出了明显的差异。

1. 含氧五元杂环的构建

1) 呋喃的构建

呋喃是最为常见的五元杂环之一，具有芳香性。由于其环上存在氧原子，使得整体的电负性较强，因此经常被用于液晶分子结构设计中。Bhola 等合成了一种含有呋喃杂环末端基团的棒状液晶化合物 **703**，其结构如图 7-7 所示，研究表明该化合物显示出了明显的介晶性质，并且形成的液晶相均为近晶相[3]。

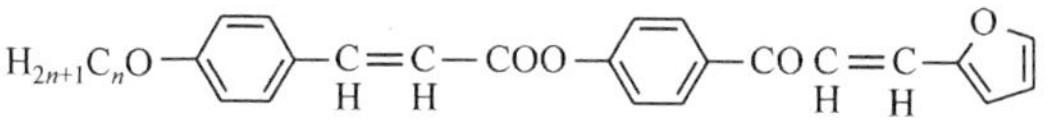

$H_{2n+1}C_nO$—C₆H₄—CH=CH—COO—C₆H₄—CO CH=CH—(2-呋喃基)

703

$n = 1 \sim 18$

图 7-7　含呋喃环的液晶分子

工业上通常以糠醛或者糠酸作为原料，在高温下脱除 CO 或者 CO_2 后获得呋喃。此外，通过 Feist-Bénary 反应、Paal-Knorr 呋喃合成反应、Cloke-Wilson 环丙基酮重排反应、Cooper-Finkbeiner 镁氢化反应、Garst-Spencer 呋喃环化反应及 Kennedy 氧化环化反应等也可以制备呋喃。

Feist-Bénary 反应是一种以 α-卤代酮和 β-二羰基化合物作为原料在碱性条件下制备呋喃的方法，其中常用催化剂为三级胺或者吡啶，但值得注意的是，如果反应过程中使用氨作为冷凝剂，则可能会有吡咯衍生物等副产物生成。1980 年，Gopalan 和 Magnus 报道了通过 Feist-Bénary 反应合成呋喃取代物 **704** 的实例，Feist-Bénary 反应的机理及实例如图 7-8 所示[18]。

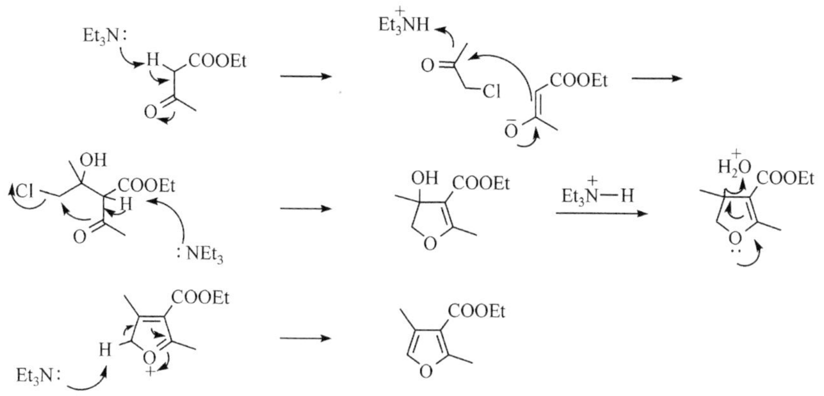

(a) 反应机理

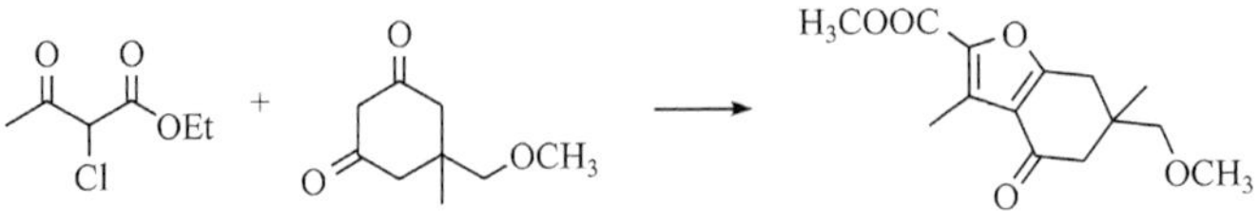

704

(b) 反应实例

图 7-8　Feist-Bénary 反应机理及实例

Paal-Knorr 呋喃合成反应是以 1,4-二酮为原料在强酸条件下脱水制备取代呋喃的方法，该反应被广泛应用。其反应机理大致是无机酸将二酮中的一个羰基质子化，另一个羰基形成烯醇后在分子内进攻已经质子化的羰基，形成了五元杂环，最后经过脱水消除得到相应的取代呋喃化合物，Shang 等以三氟乙酸作为催化剂，NBS 作为氧化剂，二氯乙烷(DCE)作为溶剂在 80℃的条件下通过 Paal-Knorr 反应合成了多取代呋喃，反应机理及实例具体如图 7-9 所示[19]。

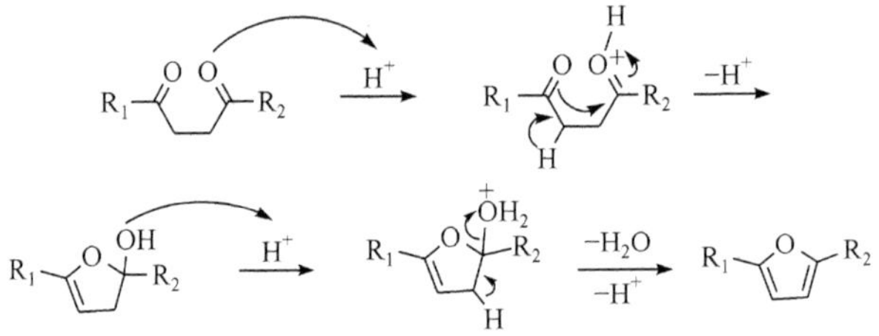

(a) 反应机理

(b) 反应实例

图 7-9　Paal-Knorr 呋喃合成反应机理及实例

2) 其他含氧五元杂环的构建

噁唑是一种用途广泛的杂环化合物，根据氮、氧原子的取代位置不同分为噁唑与异噁唑。早在 1947 年，Cornforth 等报道了含有噁唑环化合物的合成方法，又称为 Cornforth 法，该方法合成路线较长，但作为早期的噁唑合成工艺，为后续的其他方法研究提供了思路，具体合成路线如图 7-10 所示[20]。

1993 年，Short 等[21]报道了一种碱催化酰胺磺酰烯关环合成噁唑的方法，在该方法中，以 3-酰胺基-2-碘-1-苯磺酰烯作为原料在碱催化作用下关环形成噁唑衍生物 **705**。相比较上述方法，该方法路线较短，合成工艺比较简单，具体反应路线如图 7-11 所示。

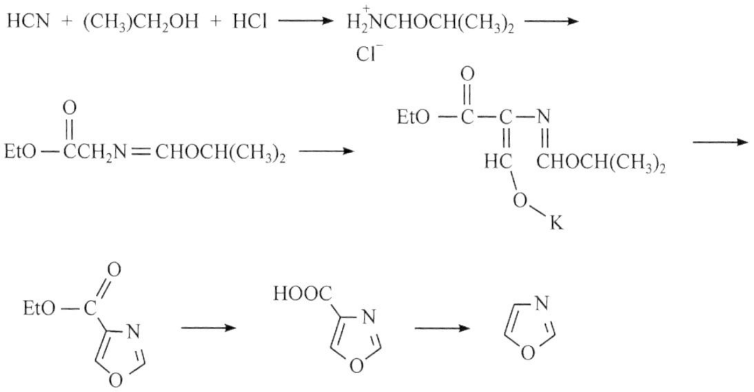

$HCN + (CH_3)CH_2OH + HCl \longrightarrow H_2\overset{+}{N}CHOCH(CH_3)_2\ Cl^- \longrightarrow$

$EtO-\overset{O}{\overset{\|}{C}}CH_2N{=}CHOCH(CH_3)_2 \longrightarrow$ EtO—C(=O)—C(=HC—O—K)—C(=N)—CHOCH(CH$_3$)$_2$ $\longrightarrow$

EtO—C(=O)-噁唑 $\longrightarrow$ HOOC-噁唑 $\longrightarrow$ 噁唑

图 7-10　Cornforth 法合成噁唑

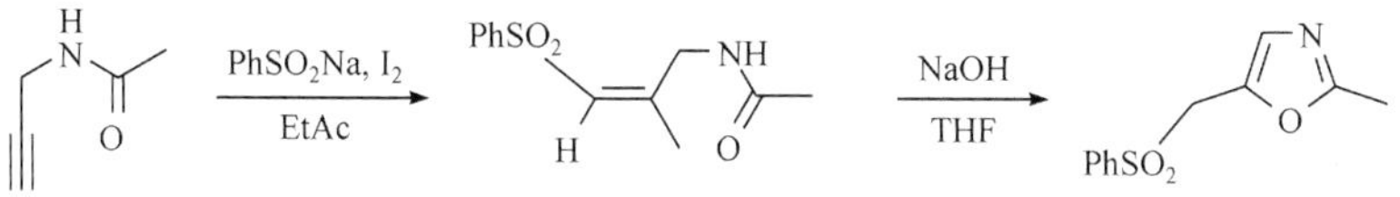

PhSO$_2$Na, I$_2$ / EtAc；NaOH / THF；PhSO$_2$；**705**

图 7-11　碱催化酰胺磺酰烯关环合成噁唑

Ac-CH$_3$CO—

2000 年，夏敏等[22]报道了通过席夫碱类化合物一步氧化反应得到噁唑类衍生物的方法，并且对多种不同的底物进行了合成考察，得到了多种相对应的噁唑化合物。这种反应条件温和、收率高，使用二醋酸碘苯作为氧化剂可以有效地实现席夫碱化合物的转化。反应路线如图 7-12 所示。

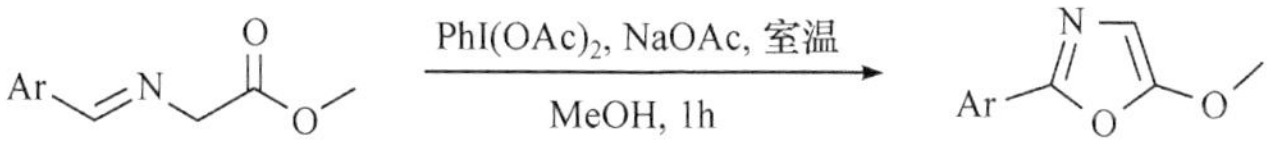

PhI(OAc)$_2$, NaOAc, 室温 / MeOH, 1h

图 7-12　氧化席夫碱制备 2-芳基-5-甲氧基噁唑衍生物

Ar-芳香类基团

早在 20 世纪 90 年代，以异噁唑为基础的棒状液晶就已经被深入研究，但在当时，对于异噁唑的构建及其在液晶分子中的引入仍然是一个挑战。含异噁唑环液晶化合物作为光器件的发射体或有机发光二极管的电荷传输体受到众多关注。2009 年，两种异噁唑环的合成途径被报道。一个是肟类化合物与端炔作为原料通过高效[3 + 2]环加成反应合成异噁唑化合物，另一个涉及 β-二酮与盐酸羟胺的缩合-环化反应，具体反应路线如图 7-13 所示[23,24]。

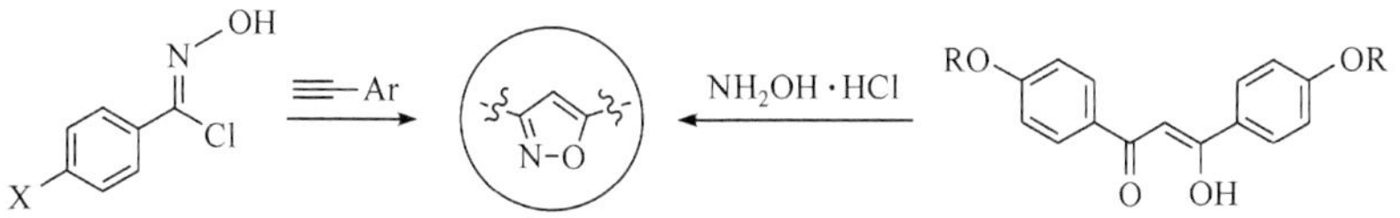

$NH_2OH \cdot HCl$

图 7-13　异噁唑环的构建方法

基于以上方法，Gallardo 等合成出了一系列的含异噁唑杂环液晶化合物 **706**，首先采用 1,3-偶极环加成法将与不同取代的氯肟和苯乙炔进行反应得到各种不同取代的异噁唑化合物 **706**，然后进一步通过 Sonogashira 偶联反应得到第二个系列化合物 **707**，并发现以上化合物都具备明显的液晶性，具体分子结构如图 7-14 所示[23,24]。

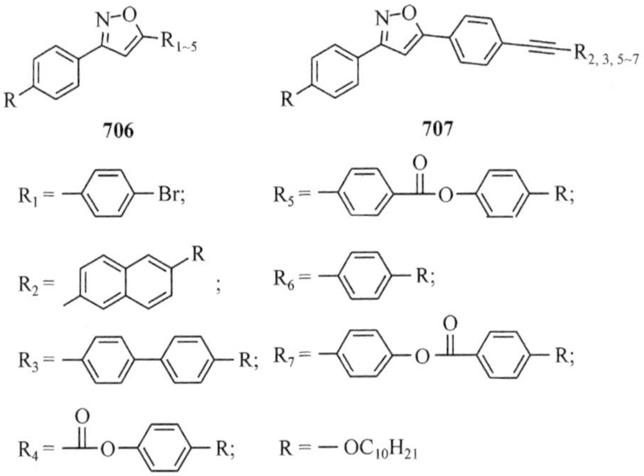

图 7-14　含异噁唑杂环液晶化合物

苯并噁唑是一种以噁唑为单元的稠杂环化合物，由于其具有大 π 共轭结构，因此常常被引入液晶分子的构建中来改善一系列性能，尤其是对于光电性能的提升具有明显效果[25]。目前，对于苯并噁唑比较常见的构建方法就是通过醛类底物与 2-氨基酚缩合，形成亚胺中间体，然后再在 DDQ 等氧化剂的作用下脱氢环化，该反应路线如图 7-15 所示，图 7-15 还列举了几种已经被报道的含苯并噁唑液晶[26-31]。

综上所述，含氧的五元杂环化合物，如呋喃，噁唑、苯并噁唑等，在液晶分子的构建中都较为常见。这些环状化合物自身的合成方法也比较简单，其特点是方法种类多、反应条件温和、适用于多种官能团取代的底物。

2. 含氮五元杂环的构建

1) 吡唑的构建

吡唑相当于在五元环上两个碳原子替换为氮原子，并且两个氮原子是相邻的，由于杂环上氮原子电负性比碳原子更大，这可能会使得整个分子的极性发生变化，因此含氮杂环[32-36]在液晶领域尤为受到关注。

常见的吡唑构建方法主要有 Knorr 吡唑合成法。该方法是将肼或者取代肼作为原料与 1,3-二羰基化合物作用生成吡唑类化合物的反应。该反应的温度通常不超过 100℃，反应条件温和，常在极性的质子性溶剂中进行，底物适用性较好，

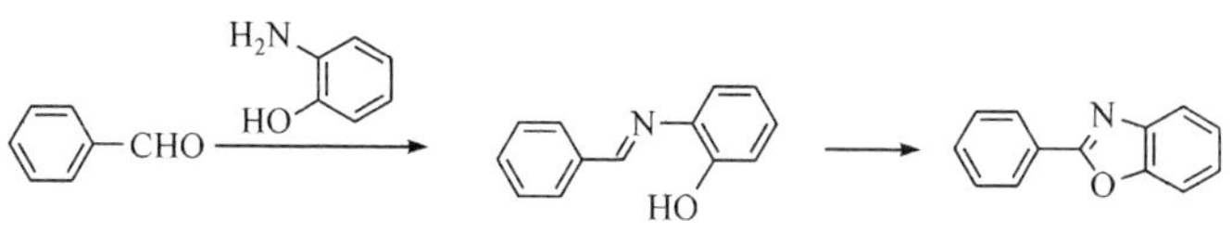

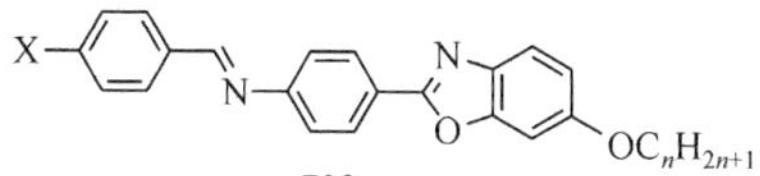

H_2N HO CHO N HO N O

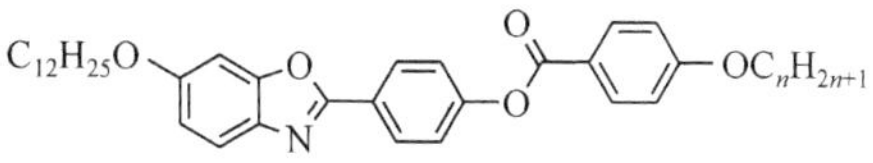

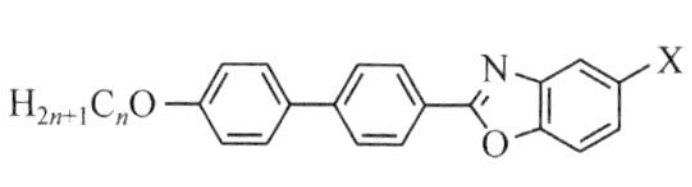

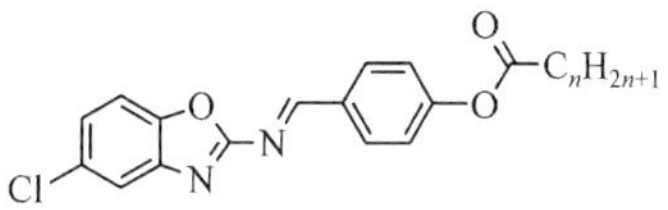

X N N O OC$_n$H$_{2n+1}$ **708**

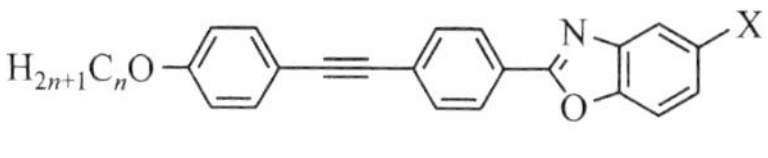

C$_{12}$H$_{25}$O O N O O OC$_n$H$_{2n+1}$ **709**

H$_{2n+1}$C$_n$O N O X **710**

O C$_n$H$_{2n+1}$ O N Cl N O **711**

H$_{2n+1}$C$_n$O N O X **712**

H$_{2n+1}$C$_n$O O N HO N O O OC$_n$H$_{2n+1}$ **713**

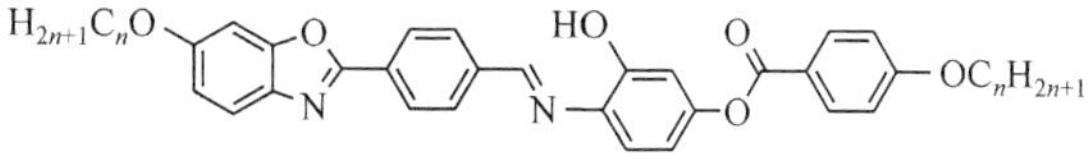

$X = -H, -CH_3, -NO_2$; $n = 1 \sim 18$

图 7-15　苯并噁唑构建方法及其相关液晶化合物

取代肼的取代基可以是烷基也可以是苯基或者其他杂环芳基，对于 1,3-二羰基化合物的选择，无论是对称型化合物还是非对称化合物均可生成吡唑。值得注意的是，不对称的 1,3-二酮类化合物可能会生成两种吡唑类型的异构体，对于该现象，可以通过保护其中一个羰基的方法，得到其中某一个异构体，增加了该反应的可选择性。该反应路线如图 7-16 所示。

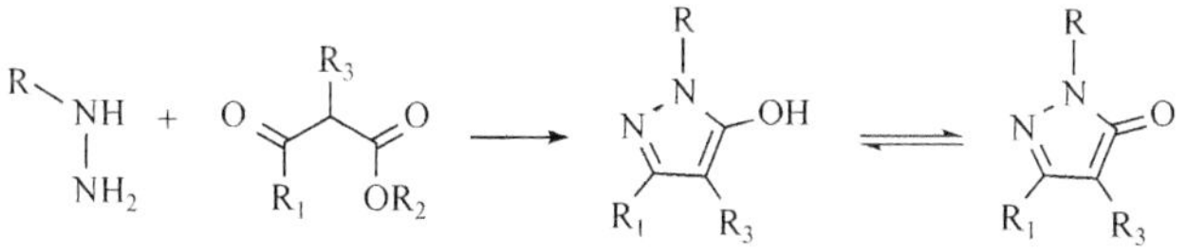

R NH NH$_2$ + R$_3$ O O R$_1$ OR$_2$ → R N N OH R$_1$ R$_3$ ⇌ R N N O R$_1$ R$_3$

图 7-16　Knorr 法合成吡唑衍生物

2) 咪唑的构建

咪唑与吡唑类似，均为五元杂环上两个氮原子的取代物，不同的是两个氮原子的取代位置不同。由于咪唑上存在氢键，氢键在以咪唑为端基的液晶化合物的介晶相形成中起着至关重要的作用，这也使得含咪唑的液晶化合物受到了广泛的关注。2010 年，Roddecha 等将咪唑作为末端基团引入液晶分子中，形成端基咪唑液晶化合物 **714**，发现其具有高度的热稳定性，并且清亮点大于 230℃，其极高的热稳定性被归因于两性离子结构及羧酸和咪唑之间的氢交换，并且这种结构有利于近晶相的生成。在该分子的另一端基引入双酰基肼单元后，该单元之间的横向氢键相互作用使得液晶分子出现了向列相中间相。该分子的合成路线如图 7-17 所示[37]。

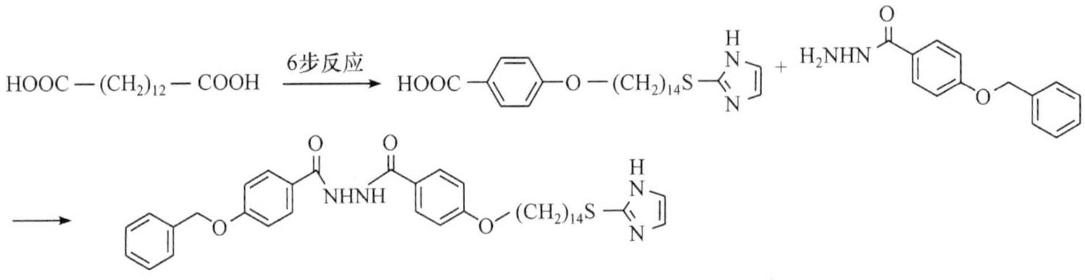

HOOC—$(CH_2)_{12}$—COOH —6步反应→ HOOC—C₆H₄—O—$(CH_2)_{14}$S—(咪唑基) + H_2NHN—CO—C₆H₄—O—CH_2—C₆H₅ → 714

714

图 7-17 含咪唑液晶化合物的合成

3. 含硫五元杂环的构建

含硫的五元杂环主要包括噻吩、噻唑、苯并噻吩等化合物，其中噻吩是最为常见的含硫五元杂环。噻吩在所有的五元杂环中芳香性最强，具有适中的能隙和良好的热稳定性，其较大的 π 电子共轭体系，使其成为一种优异的光电功能材料，具有作为液晶材料和染料敏化太阳能电池材料的潜力。

目前，开发的含噻吩材料大多数可分为结晶和无定型晶态，由于其环内弯曲的分子构型，这类分子相比较对应的苯环化合物来说，分子间的有效堆积较弱，在液晶分子中引入噻吩可能会使其黏性降低、熔点降低并增大其偶极矩，所以噻吩环对于液晶分子的改性也有着较大的作用。

Chong 等[38]合成了一种具有席夫碱桥链及噻吩末端基的直链型液晶化合物 **715**(图 7-18)，该类液晶为热致互变液晶，并具有较高的热稳定性和较宽的液晶相区间。由于该液晶分子上具备噻吩环，其自身的介晶相和各向异性增强。

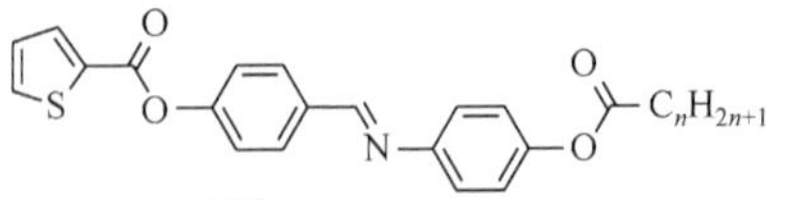

C_nH_{2n+1} $n = 4\sim16$

715

图 7-18 含噻吩的液晶化合物

1) 噻吩的构建

传统工业上，通常用正丁烷或者烯烃与硫黄混合在高温的条件下反应，制得噻吩。但该反应温度过高，通常要达到 600℃以上，并且收率较低、腐蚀设备严重。因此，在实验室通常采用丁二酸在相对较低的温度下制备噻吩。与呋喃和吡咯相似，噻吩及其衍生物也可以通过 γ-二羰基化合物制得，区别在于三种化合物是分别在酸催化下脱水及与氨作用或者与硫化物作用制得，当使用氧化铝作为催化剂时，这三种杂环产物之间还可以相互转化，具体反应过程如图 7-19 所示。

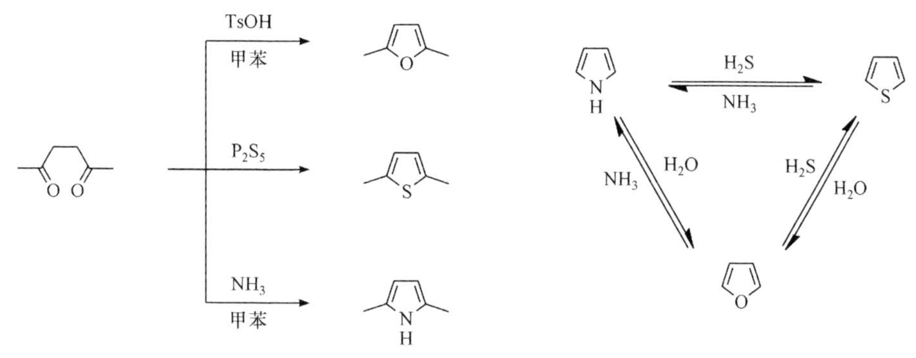

图 7-19　三种杂环的合成以及相互转化

Ts-对甲苯磺酰基

除此之外，噻吩的合成方法还有 Hinsberg 噻吩合成反应、Gewald 氨基噻吩合成法和 Fiesselmann 噻吩合成法等。

Paal 噻吩合成法即上述以 γ-二羰基化合物，尤其是 1,4-丁二酮作为原料在硫代试剂存在下合成噻吩的反应，其中最为常见的硫代试剂为劳森试剂。Hinsberg 噻吩合成反应是以硫代二甘酸二乙酯和 α-二酮作为原料，在碱性的条件下发生缩合从而得到 3,4-二取代噻吩-2,5-二甲酸酯的方法，在该反应过程中得到的酸酯化合物最后水解生成相对应的酸。Gewald 氨基噻吩合成法是由酮、α-活性亚甲基腈及单质硫，在碱性催化的条件下制备氨基噻吩的一种方法，具体反应过程如图 7-20 所示。

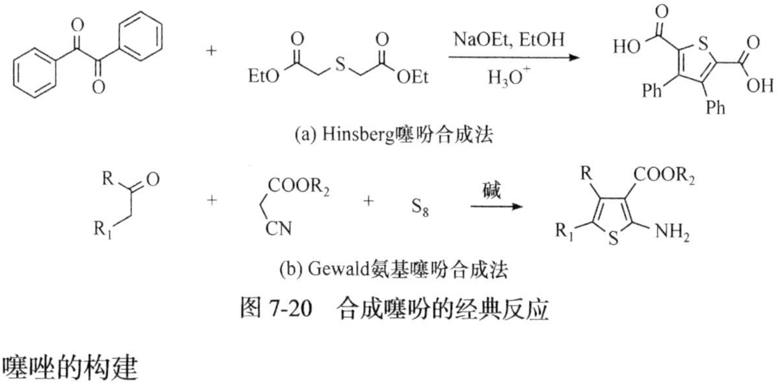

(a) Hinsberg噻吩合成法

(b) Gewald氨基噻吩合成法

图 7-20　合成噻吩的经典反应

2) 噻唑的构建

噻唑是在噻吩的基础上，由氮原子取代间位碳原子的一种化合物，噻二唑则是两个碳原子被取代的化合物。噻唑类化合物可由经典的 Hantzsch 合成法获得，该反应是通过 α-卤代羰基化合物与硫酰胺作为原料环化获得噻唑产物的方法。噻二唑衍生物可以在使用劳森试剂的条件下从酰基肼或硫酰肼中得到，也可以用硫脲盐将 1,3,4-噁二唑转化为噻二唑。

Gallardo 等报道了两个系列的具有 π-共轭结构的噻唑和噻二唑液晶材料[39]，

其中噻唑系列液晶凭借其更加接近线性的形状，在相应的温度范围内展示出了高度有序的近晶相液晶相区间，并且为倾斜的六边形晶相。噻二唑系列则展示出了近晶相和向列相两种中间相，并且芳香环的数量沿分子长轴的长度增强，会加强中间相的稳定性，尤其是对于近晶相，这两个系列液晶化合物的合成如图 7-21 所示。

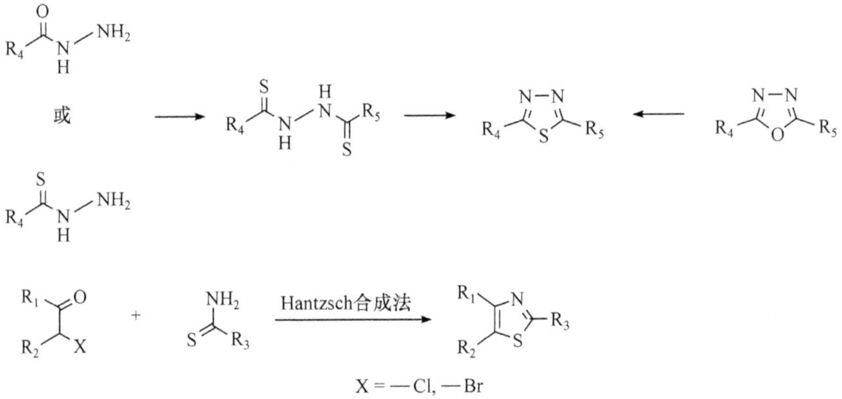

X = —Cl, —Br

图 7-21　噻唑及噻二唑环的构建

与苯并噁唑、苯并咪唑类似，苯并噻吩和苯并噻唑同样是稠杂环化合物，并且在液晶材料性能的调控方面起到重要的作用。在液晶分子构建中，用氯化亚砜将与苯环相连的烯键环化可形成苯并噻吩结构，如图 7-22 所示[40]。

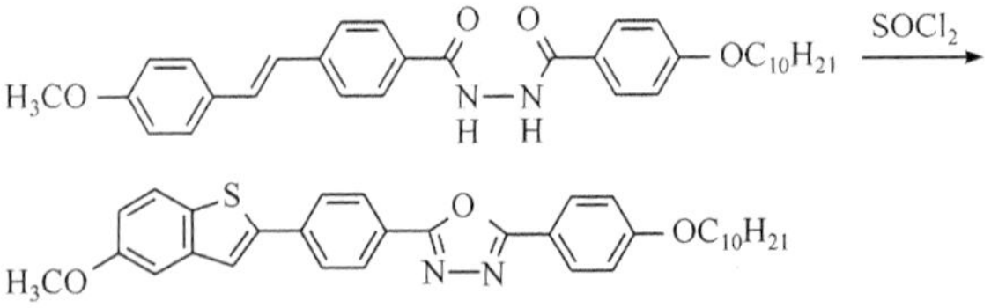

图 7-22　氯化亚砜环化烯烃制备苯并噻吩化合物

苯并噻唑可以通过醛酮类化合物与 2-氨基苯硫酚加成获得，这与苯并噁唑和苯并咪唑的合成方法比较接近。傅琴姣等报道了一种以选择性氟试剂作为氧化剂，正丁醇作为溶剂氧化合成苯并噻唑衍生物的方法，该方法避免了传统方法中使用贵金属催化剂的缺陷，产物收率较高，条件温和，反应选择性好，具体合成路线如图 7-23 所示[41]。

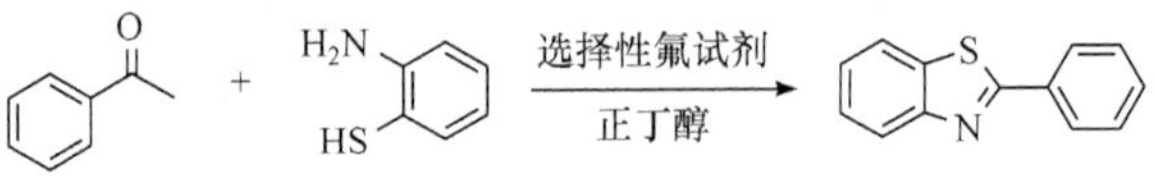

图 7-23　苯并噻唑衍生物的合成

Al-Hamdani 等[42]将苯并噻唑结构引入液晶分子当中，制备了苯基-偶氮-苯并噻唑单元结构的液晶化合物(图 7-24)，发现该化合物具有明显的液晶相形成，并且分子末端的硫代烷基增强了分子在横轴上的极性及末端的吸引力，这为该液晶化合物向列相液晶相的出现提供了依据。

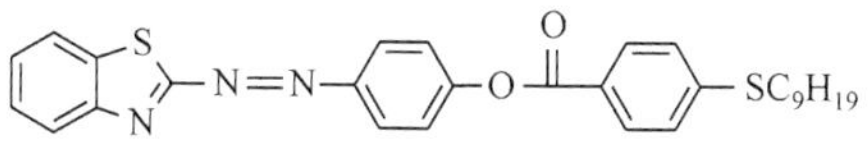

图 7-24　含苯并噻唑环的液晶化合物

综上所述，五元杂环是液晶化合物中重要的一个结构单元，杂原子的引入为液晶材料性能的改变提供了帮助，并且五元杂环具备了三元杂环及四元杂环不具备的稳定性，尤其是在液晶分子的热稳定性上。五元杂环显著提高了液晶分子热稳定性。杂原子相较于碳原子的大电负性可以在液晶材料的光电性能上做出极大的改性，并可以通过合理引入或调控有效优化液晶化合物的一些性能常数。

7.2.4　六元杂环的构建

相比较呋喃、吡咯、噻吩等五元杂环，六元杂环具有更稳定、芳香性更强的性质。在目前的文献报道中，六元杂环化合物主要以氮杂环化合物居多。例如，含有一个氮原子的六元杂环化合物吡啶[43]，此外，含有多个氮原子的六元杂环如四嗪[44]、嘧啶[45]等均被报道并被证明有助于液晶相形成，形成的液晶相以近晶相为主。氮原子的孤对电子不仅改变了分子的几何形状，还有利于增强分子间的吸引力。氮原子的位置可能会改变分子的可极化性和极性，从而影响介晶相的稳定性。除了以氮作为杂原子的六元杂环外，以氧为杂原子的吡喃、四氢吡喃、香豆素[46]，以硫为杂原子的硫吡喃、1,3-噻烷等六元杂环也被应用到液晶分子构建当中，这些液晶分子中常见的经典六元杂环及其相关的稠杂环结构如图 7-25 所示。

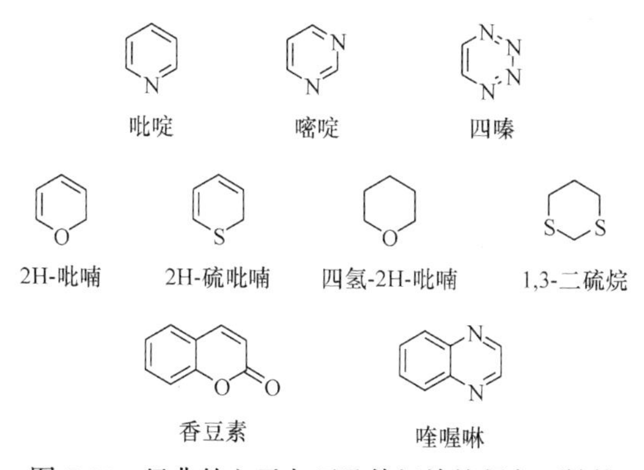

图 7-25　经典的六元杂环及其相关的稠杂环结构

Ong 等[5]合成了含吡啶杂环的棒状液晶化合物 **716**(图 7-26)。该类液晶分子相连的烷基链最短时便具有明显的液晶相，且有最宽的向列相区间，由此可见该类液晶的介晶单元有利于液晶相形成。随着其烷基链的不断增长，液晶化合物的向列相逐渐向近晶相转变。该系列液晶的熔点较低，液晶相区间较宽，可作为一种电子供体液晶在电荷转移设备中使用，吡啶液晶分子的合成路线如 7-26 所示。

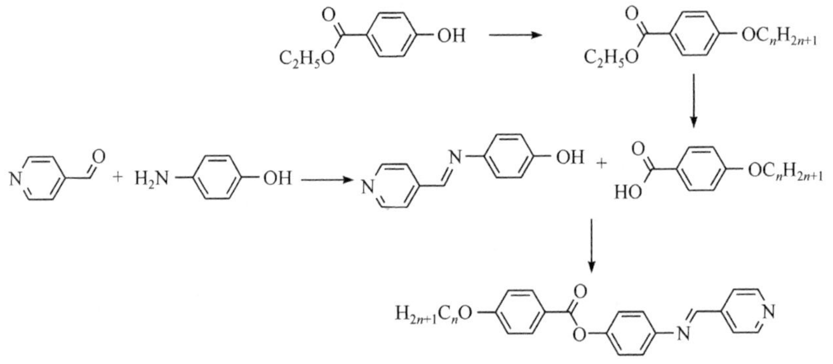

n = 2, 4, 6, 8, 10, 12, 14, 16, 18

图 7-26　吡啶液晶 **716** 的合成

Rahman 等[47]合成了一种嘧啶-偶氮-苯基-侧链的弯曲型液晶化合物 **717** (图 7-27)，该类化合物显示出稳定的近晶相焦锥织构。这种液晶分子在制备功能化聚合物上有着较强的应用潜力。由于偶氮键的存在，这种液晶化合物在溶液中的光异构化效应很快，但在液晶盒中则较慢。在溶液中，反式变顺式和顺式变反式的转变时间分别为 3s 和 200s；在固体中，转变时间则增加至 10s～200min，该液晶分子的合成路线如图 7-27 所示。

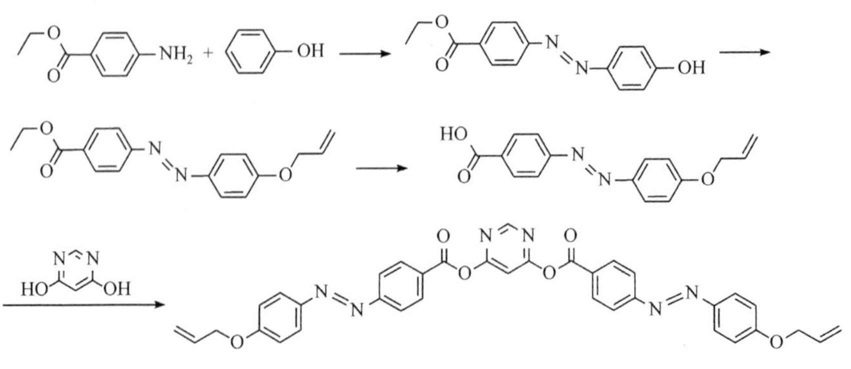

图 7-27　嘧啶液晶 **717** 的合成

香豆素及其衍生物属于一种含氧六元杂环，也是一种稠杂环，在植物中广泛存在，近年来也经常被应用于各种光电材料的合成当中。Merlo 等[48]发现了三种新型的香豆素衍生物(图 7-28)，被应用到染料敏化太阳能电池的研究。在研究过程中发现，这三种杂环化合物不仅可以吸收光敏化二氧化钛产生电流，而且在加热的过程中具备稳定的液晶性质，呈现出了向列相和近晶相的相态区间。

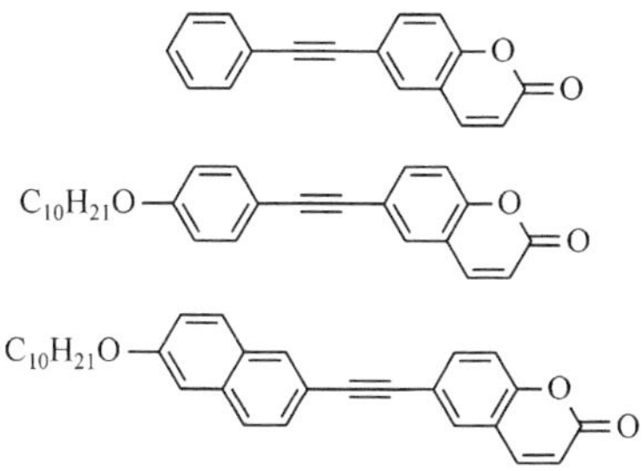

O　O

$C_{10}H_{21}O$　O　O

$C_{10}H_{21}O$　O　O

图 7-28　香豆素液晶化合物

Haramoto 等[49,50]通过一系列反应制备了含有 1,3-二噻烷杂环的系列双环结构离子型液晶，反应路线如图 7-29 所示。此类化合物的主要特征是液晶相区间较宽，最宽可达 183℃，熔点较低(大部分在室温时也呈现近晶 A 相，熔点最低的为 −24℃)。

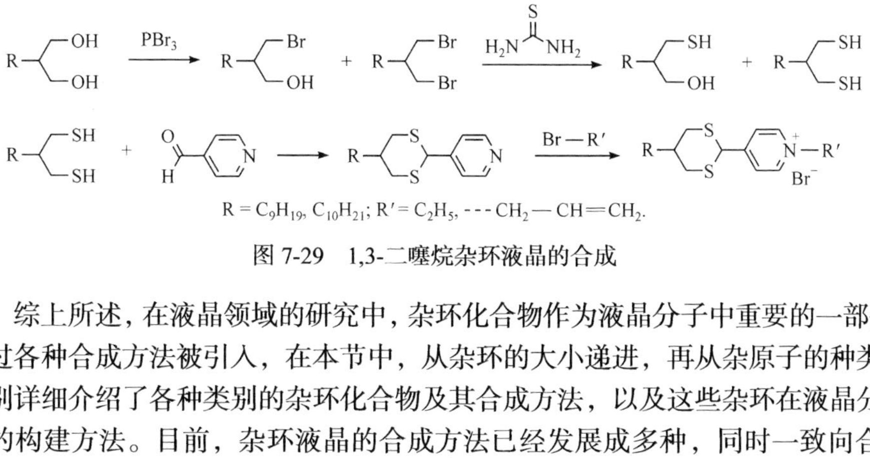

R　OH　OH　PBr_3　R　Br　OH　+　R　Br　Br　S　H_2N　NH_2　R　SH　OH　+　R　SH　SH

R　SH　SH　+　O　H　N　R　S　S　N　Br — R′　R　S　S　N　+　— R′　Br^-

$R = C_9H_{19}, C_{10}H_{21}; R' = C_2H_5, ---CH_2—CH{=}CH_2.$

图 7-29　1,3-二噻烷杂环液晶的合成

综上所述，在液晶领域的研究中，杂环化合物作为液晶分子中重要的一部分，通过各种合成方法被引入，在本节中，从杂环的大小递进，再从杂原子的种类，分别详细介绍了各种类别的杂环化合物及其合成方法，以及这些杂环在液晶分子中的构建方法。目前，杂环液晶的合成方法已经发展成多种，同时一致向合成步骤少、反应条件温和、操作简单产物收率高的方向发展。基于上述提到的典型杂环液晶化合物，在 7.3 节，将具体介绍杂环液晶化合物分子结构与性能的构效关系。

7.3　典型杂环液晶的合成

在 7.2 节中，详细地介绍了各种杂环的构建方法。除此之外，合成一个含杂环的液晶分子，通常需要更多的反应及步骤。因此，在本节中，将以几种经典的杂环液晶为例，详细介绍其合成方法。

7.3.1　呋喃液晶的合成

杂环液晶凭借其各种优异的性能受到了广泛的关注，其中呋喃液晶近年来也成为研究热点，这类液晶的合成方法也在不断被开发。苯并呋喃由于具备大π共轭分子结构，经常被引入分子中构建稳定的稠芳杂环液晶。下面以一种含苯并呋喃环的液晶化合物 **721** 为例，详细介绍其合成路线(图 7-30)。

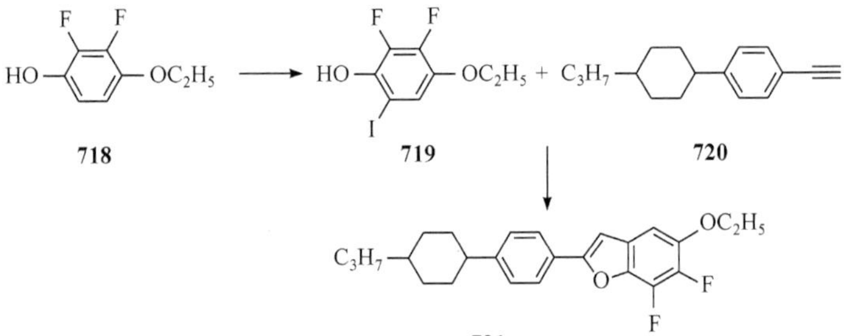

图 7-30　苯并呋喃液晶 **721** 的合成

先使用酚类化合物 **718** 作为原料，在次氯酸钠、碘化钾和氢氧化钠的作用下，发生碘代反应，生成中间体碘代物 **719**。然后采用端炔化合物 **720** 作为底物，**720** 与 **719** 在钯催化剂和碘化亚铜的作用下发生偶联-关环的反应构建了苯并呋喃结构，形成液晶产物 **721**[51]。

7.3.2　四氢吡喃液晶的合成

四氢吡喃是一种经典的含氧六元杂环，也是近些年液晶研究工作当中的开发热点之一。Goto 等[52]研究了环己烷和四氢吡喃环对液晶性能的影响，发现四氢吡喃环的引入有助于液晶近晶相的消除，并且增大负介电各向异性绝对值。Araki 等[53]将四氢吡喃环引入负性液晶分子中，研究并探讨了四氢吡喃环中氧原子的位置对其液晶性能的影响，发现氧原子位置变化不仅可以拓宽液晶相区间，还可以增大其负介电各向异性绝对值。下面将具体介绍含四氢吡喃液晶的合成实例。

首先将对溴苯酚与二氢吡喃在 PPTS 催化的作用下形成含四氢吡喃中间体化合物 **722**。再以 4-[反-(4′-正丙基环己基)乙基]碘苯和三甲基硅炔作为原料，发生 Sonogashira 偶联反应，生成中间体 **723**，然后在碱性环境下脱除三甲基硅，生成端炔中间体化合物 **724**。最后中间体 **722** 和 **724** 再次发生 Sonogashira 偶联反应，形成含四氢吡喃的产物 **725**。具体反应路线如图 7-31 所示[54]。

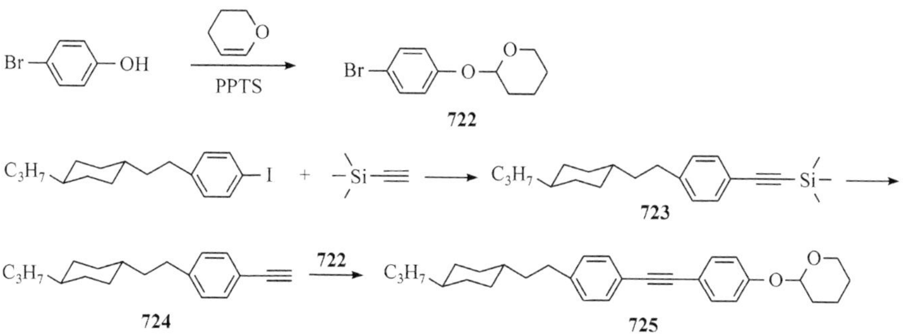
Br
OH
O
PPTS
Br
O
O
722
C3H7
I
+
Si
C3H7
Si
723
C3H7
722
C3H7
O
O
724
725

图 7-31　四氢吡喃液晶 **725** 的合成

7.3.3　苯并噁唑液晶的合成

由于苯并噁唑化合物在液晶性能优化上，尤其是对双折射率、介电各向异性等性能优化有着显著的作用，因此下面以化合物 **712** 为例，详细叙述苯并噁唑液晶分子的构建方法。首先以对溴苯甲醛作为原料，在对甲苯磺酸的催化下，与乙二醇缩合，将醛基保护。然后得到的中间体与炔醇类化合物发生经典的 Sonogashira 偶联反应，随后在碱性的条件下脱去一分子丙酮形成端炔中间体，具有端炔的中间体则再次与带有烷氧基链的卤代烃发生 Sonogashira 偶联反应，得到一个兼具二苯乙炔及醚键结构的中间体。中间体在酸性条件下进行脱保护反应，形成醛类化合物，后续反应如上述所提，醛基与 2-氨基酚亲核加成形成亚胺中间体，最后在 DDQ 的氧化作用下环化形成苯并噁唑液晶化合物 **712**，具体反应路线如图 7-32 所示[30]。

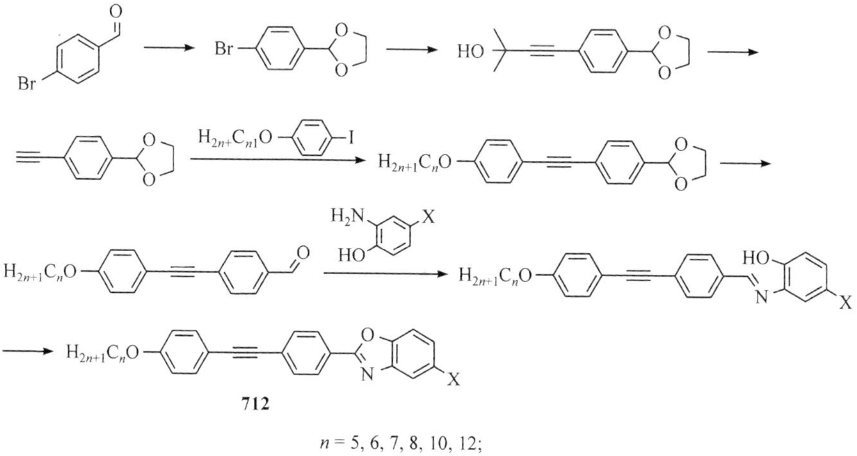
O
Br
Br
O
O
HO
O
O
O
O
H2n+1CnO
I
H2n+1CnO
O
O
H2N
X
HO
O
H2n+1CnO
H2n+1CnO
HO
N
X
H2n+1CnO
O
N
X
712

n = 5, 6, 7, 8, 10, 12;
X = — H, — CH_3, — NO_2

图 7-32　苯并噁唑液晶 **712** 的合成

7.3.4　苯并咪唑液晶的合成

与苯并噁唑类似，苯并咪唑对于液晶性能改性也是一种极为重要的基团。苯并咪唑自身结构特殊，易与一些受体之间形成氢键，并且也可以与金属离子配位形成离子液晶或者配合物液晶。目前，关于苯并咪唑液晶的合成报道较少，但现有的报道中大多数构建苯并咪唑的方法是通过带有醛基的化合物与邻苯二胺缩合形成苯并咪唑化合物。具体的苯并咪唑液晶分子以化合物 **726** 为例，其合成路线如图 7-33 所示[55]。首先，以对碘苯酚作为原料与烷基溴反应形成醚化产物，这为液晶分子提供了柔性链，该中间体另一端的碘可以与 4-甲酰基-苯硼酸发生经典的 Suzuki 偶联反应，形成联苯醛类化合物。然后，醛基与邻苯二胺发生亲核加成并环化形成端基苯并咪唑化合物，但值得注意的是，该苯并咪唑液晶并没有显示出液晶性，这可能归因于其氢键的作用力，然而将其氮氢键甲基化后，该液晶分子展示出了明显且较为宽阔的液晶相区间。

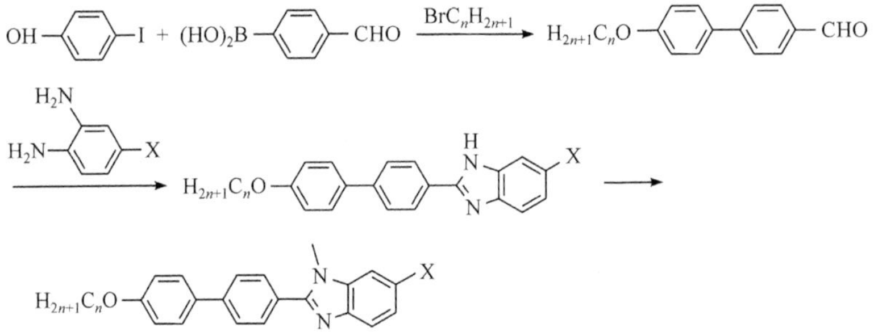

726

n = 5, 6, 7, 8, 9, 10, 11, 12;
X = — H, — CH_3, — NO_2

图 7-33　苯并咪唑液晶 **726** 的合成

7.3.5　吡啶液晶的合成

吡啶是一种典型的六元杂环，经常被引入氢键型液晶分子中，用来改善其液晶性能，并诱导产生向列相、近晶相和蓝相等。然而，单个含吡啶环的化合物并不具备液晶性，通常与含羧酸、羟基、苯环等化合物形成分子间作用力，以此形成液晶相。下面以含吡啶环化合物 **729** 为例，具体合成反应路线如图 7-34 所示[54]。

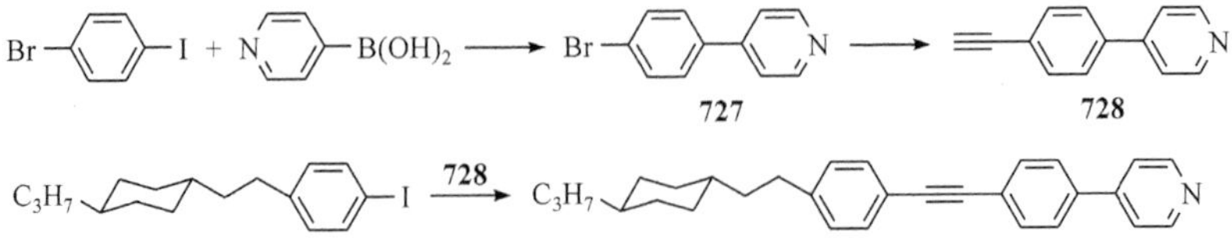

729

图 7-34　吡啶液晶 **729** 的合成

首先，采用对溴碘苯和吡啶硼酸作为原料，选用体积比为 5∶1 的 DMF 和水作为溶剂，发生 Suzuki 偶联反应，得到偶联产物 **727**。然后，将 **727** 与三甲基乙炔基硅作为原料，采用 DMF 和三乙胺的混合溶剂，加入碘化亚铜、三苯基膦及 $Pd(PPh_3)_4$，发生 Sonogashira 偶联反应，随即得到的偶联产物在甲醇溶剂中，添加 K_2CO_3，室温反应，生成端炔产物 **728**。最后，**728** 与 4-[反-(4′-正丙基环已基)乙基]碘苯在 THF 和三乙胺的混合溶剂中再次发生 Sonogashira 偶联反应，生成最终产物 **729**。

7.4　杂环液晶的构性关系

目前，在液晶显示器件上应用的液晶材料通常为多种液晶混合物，而不是单一的液晶单体，每种组分对混合液晶整体综合性能的影响都有至关重要的作用，杂环液晶作为液晶化合物的一大类，通常在混合液晶组成中必不可少。杂环液晶对混合液晶性能的改善具有明显的作用，尤其是在光电性能提升上尤为明显，这主要得益于杂环上具有较高电负性的杂原子及其本身具有的较大极性。通过在混合液晶中掺杂不同的杂环液晶宏观调控的方法效果显著，同时通过改变分子结构调整液晶性能，这种微观调控方法也值得重视。

液晶材料的性能与其结构是密不可分的，因此从分子结构入手进行微观调控，是改善液晶材料应用性能的一项有效途径。对于杂环液晶也不例外，其液晶分子上的杂原子种类与数量、基团分布位置、中心桥键的类型及侧向取代基对其性质有着明显的影响。本节将从杂原子种类、数量、末端取代基和侧向取代基几个方面介绍其对液晶性能的影响。

7.4.1　杂原子种类对杂环液晶性能的影响

杂原子对液晶影响主要来源于两个方面，一方面是杂原子种类的不同，常见的杂原子有氧、氮、硫，由于三种原子电负性大小不一，且自身化学性质大不相同，因此不同的杂环构建的液晶性能也大不相同。另一方面是杂原子的数量不同，即便是相同环大小也会导致液晶性能上的差异。

从表 7-1 所示的杂原子种类对杂环液晶性能的影响可以看出，联苯类型及联噻吩类型的端杂环液晶通常呈现的液晶相为近晶相，从 **730** 和 **731** 的对比可知，苯并噁唑与苯并咪唑液晶相比在升温过程中相转变差异不大，而在降温过程中苯并咪唑液晶表现出了更宽的液晶相区间，显示出了两种杂原子带来的差异。从 **732** 和 **733** 的对比可以看出，联噻吩类型液晶对比同类联苯液晶表现出了较低的熔点，但是液晶相区间远远没有联苯液晶的宽。端基苯并噻唑液晶只在降温过程中表现出了近晶相，且液晶相区间极窄，这不仅归因于硫原子的作用，与相连苯环的数量也有极大的关系。

表 7-1　杂原子种类对杂环液晶性能的影响[27,55-57]

代号	分子结构	相变温度/℃
730	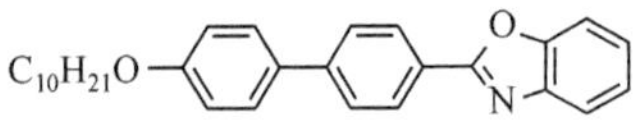 $C_{10}H_{21}O$	Cr 139.1 S_C 201.7 I
731	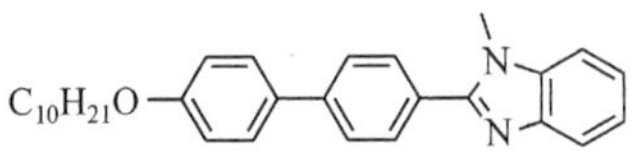 $C_{10}H_{21}O$	Cr 135.8 S_C 203.1 I
732	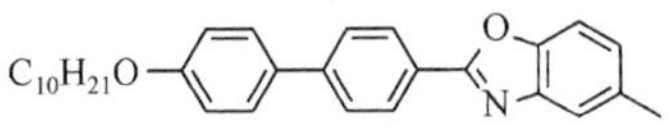 $C_{10}H_{21}O$	Cr 130.1 S_C 220.5 I
733	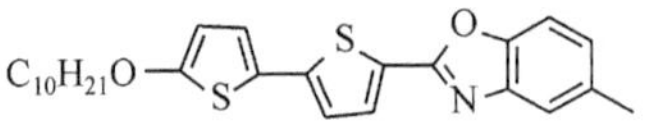 $C_{10}H_{21}O$	Cr 81.7 S_C 95.7 I
734	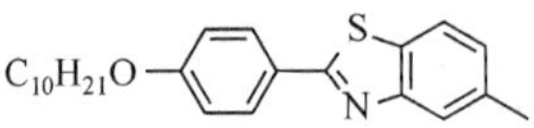 $C_{10}H_{21}O$	Cr 81.7 I

7.4.2　杂原子数量对杂环液晶性能的影响

Hong 等[58]设计并合成了一系列新的含氮五元杂环液晶(图 7-35)，该系列化合物包含吡咯、吡唑、咪唑等结构，通过测试发现该类化合物具有明显且相区间较宽的向列相液晶相，具有良好的热稳定性及较大的介电各向异性常数。同时，随着五元环中氮原子数量的提升，液晶分子的偶极距增强、其熔点升高且在有机试剂中溶解性降低。

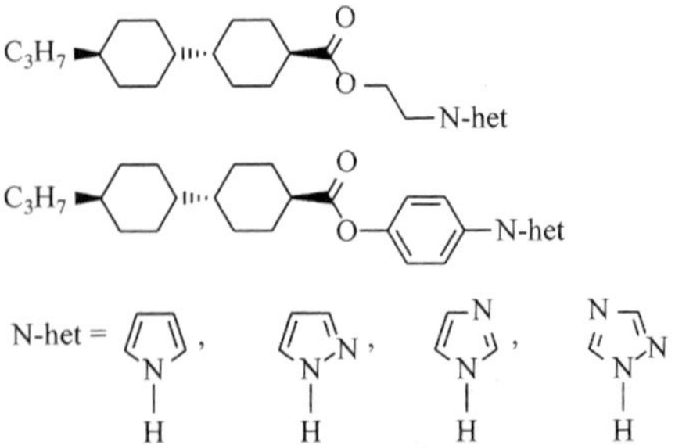

图 7-35　含氮五元杂环液晶化合物

7.4.3　末端取代基对杂环液晶性能的影响

从表 7-2 可以看出，末端取代基对杂环液晶的相区间宽度、介晶相类型、熔点及双折射率影响都比较大，对于苯并噁唑液晶，端部无取代的液晶化合物熔点最低，但相区间宽度也最窄，并且有近晶相的生成，硝基取代物同样也显示出了近晶相的存在，但相区间较宽，熔点较高，这可能和硝基的强吸电子作用及其诱导作用有关，相比之下，甲基取代物则展示了比较优异的综合性能，介晶相类型为单一的向列相，且相区间宽，熔点较低。对于苯并咪唑液晶，其热性质随端基变化的趋势与苯并噁唑液晶相差不大，但整体的液晶熔点要低于苯并噁唑液晶，其甲基取代物在降温过程中出现了近晶相，其余所有取代物均显示出了向列相。无论是苯并噁唑还是苯并咪唑液晶，都表现出了较高的双折射率。

表 7-2　末端取代基对杂环液晶性能的影响[30,59]

代号	分子结构	相变温度/℃	Δn
735	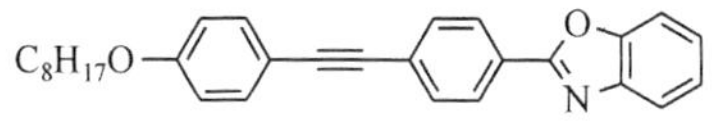 $C_8H_{17}O$ O N	Cr 134.5 S_C 158.3 N 182.3 I	0.602
736	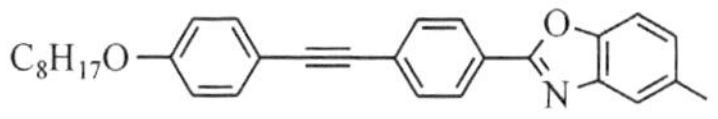 $C_8H_{17}O$ O N	Cr 139.2 N 225.1 I	0.652
737	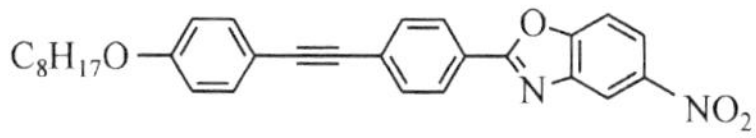 $C_8H_{17}O$ O N NO_2	Cr 169.7 S_C 265.3 N 269.4 I	0.639
738	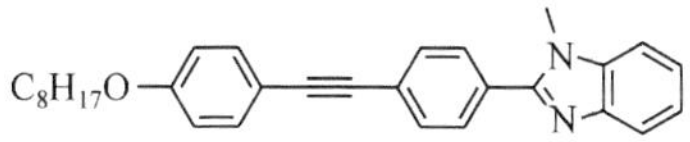 $C_8H_{17}O$ N N	Cr 119.9 N 185.5 I	0.561
739	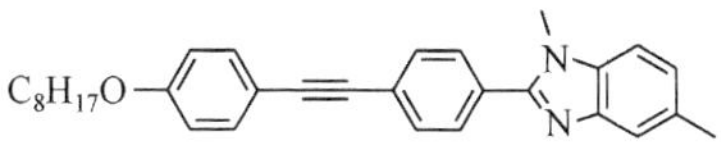 $C_8H_{17}O$ N N	Cr 116.5 N 221.4 I	0.550
740	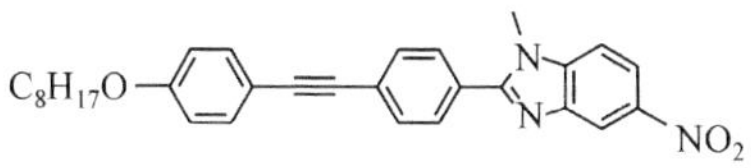 $C_8H_{17}O$ N N NO_2	Cr 123.9 N 234.8 I	0.594

7.4.4　侧向取代基对杂环液晶性能的影响

由于氟原子具有电负性大、极化率低和原子斥力强等特性，将其引入液晶分子结构中可以改变化合物的液晶性。通过在介晶核结构上引入侧向单氟或多氟取代基，就可以调整液晶化合物的熔点、清亮点、液晶相区间、介电各向异性等性能，表 7-3 列举了不同取代数量的氟原子杂环液晶化合物，显示出了侧向取代基在热性质和双折射率性质上的一些规律。可以看出，对于苯并噁唑液晶，氟原子的引入可以消除近晶相，这可能是因为当分子中引入氟原子时，分子的宽度有一定程度增加，不利于分子有序排列，这有利于消除近晶相[60]。对于苯并咪唑来说，氟原子的引入明显降低其熔点。无论是苯并噁唑液晶还是苯并咪唑液晶，在双折射率的变化上都显示出了随着氟原子数量的增加而变小的规律，一方面是由于氟原子的引入使体系的电子云密度降低，分子间作用力较低；另一方面根据 Vuks 方程可知[61]，双折射率与极化率有很大关系，侧向氟原子的引入使极化率降低，双折射率减小。

表 7-3　侧向取代基对杂环液晶性能的影响[4,30,59,62,63]

代号	分子结构	相变温度/℃	Δn
735	$C_8H_{17}O$-	Cr 134.5 S_C 158.3 N 182.3 I	0.602
741	$C_8H_{17}O$-（F）	Cr 136.22 N 165.42 I	0.572
742	$C_8H_{17}O$-（F, F）	Cr 140.44 N 170.69 I	0.552
738	$C_8H_{17}O$-	Cr 119.9 N 185.5 I	0.561
743	$C_8H_{17}O$-（F）	Cr 100.3 N 147.8 I	0.520

本章详细介绍了杂环液晶化合物，包括它们的类型、分类、杂环的构建、杂环液晶的合成及杂环液晶性能的构效关系。杂环液晶作为液晶分子中重要的一类，类型广泛、合成方法多、用其构建液晶分子也比较简单。杂环对液晶材料的改性有着明显的作用，在光学显示器件或非显示器件中有良好的应用潜力。

参 考 文 献

[1] SCHEROWSKY G , GAY J. Ferroelectric liquid crystals and dopants containing the chiral thiirane unit. A comparison with analogous oxiranes[J]. Liquid Crystals, 1989, 5(4): 1253-1258.

[2] SCHEROWSKY G, SEFKOW M. Novel liquid crystals and dopants (for induced ferroelectricity) possessing a chiral 2-oxetanone unit. A comparison with corresponding dioxolanones[J]. Liquid Crystals, 1992, 12(3): 355-362.

[3] BHOLA G N, BHOYA U C. Mesomorphism dependence on heteroyclic end group[J]. Molecular Crystals and Liquid Crystals, 2016, 625(1): 11-19.

[4] ZHANG M, SUN Y, DU S, et al. Mesomorphic properties improved via lateral fluorine substituent on benzoxazole-terminated mesogenic compounds[J]. Liquid Crystals, 2020, 47(11): 1555-1568.

[5] ONG L, HA S, YEAP G, et al. Heteroyclic pyridine-based liquid crystals: synthesis and mesomorphic properties[J]. Liquid Crystals, 2018, 45(11): 1574-1584.

[6] KIRSCH P, BINDER W, HAHN A, et al. Super-fluorinated liquid crystals: towards the limits of polarity[J]. European Journal of Organic Chemistry, 2008, 2008(20): 3479-3487.

[7] BOIGEGRAIN R, CASTRO B. The joint action of trisdimethylaminophosphine (TDAP) and carbon tetrachloride on some vicinal diols[J].Tetrahedron, 1976, 32(11): 1283-1288.

[8] JAYAMURTHY M, HAYDEN P, BHATTACHARYA A. Direct catalytic epoxidation of ethene over copper and alumina-supported copper[J]. Journal of Catalysis, 2014, 309: 309-313.

[9] CARLIN D, BERTOLANI S, SIEGEL J. Bioatalytic conversion of ethylene to ethylene oxide using an engineered toluene monooxygenase[J]. Chemical Communications, 2015, 51(12): 2283-2285.

[10] KWONG H, LO P, LAU K, et al. Epoxidation of alkenes and oxidation of alcohols with hydrogen peroxide catalyzed by a manganese(V) nitrido complex[J]. Chemical Communications, 2011, 47(14): 4273-4275.

[11] 蔺海政, 郭斌, 桂振友, 等. 一种牛磺酸合成方法: CN 111362845 A[P]. 2020-07-03.

[12] LAUTENSCHLAEGER F, SCHWARTZ N. The synthesis of episulfides from olefins and sulfur monohloride[J]. The Journal of Organic Chemistry, 1969, 34(12): 3991-3998.

[13] ADAM W, DEEG O, Weinkotz S. Direct synthesis of thiiranes by the photolytic sulfur-atom transfer from thioarbonyl S-Oxides (Sulfines) to strained cyclic alkenes[J]. The Journal of Organic Chemistry, 1997, 62(21): 7084-7085.

[14] CHAN T, FINKENBINE J. Facile conversion of oxiranes to thiiranes by phosphine sulfides. scope, stereohemistry, and mechanism[J]. Journal of the American Chemical Soiety, 1972, 94(8): 2880-2882.

[15] TOMINAGA Y, UEDA H, OGATA K, et al. New synthesis of thiiranes by fluoride ion-promoted reaction of S-methyl-S-trimethylsilylmethyl *N*-(p-toluenesulfonyl) dithioiminoarbonate and 2-(Trimethylsilylmethylthio) thiazoline with aldehydes[J]. Tetrahedron Letters, 1992, 33(1): 85-88.

[16] 李扬. 一种二乙氨基乙硫醇的制备方法: CN 101434567 B [P]. 2012-10-24.

[17] TAMIMOTO M, SAITO S. Pyrolysis of 1,2-ethanedithiol: microwave spectroscopic detection of vinyl mercaptan, CH_2═CHSH[J]. Chemistry Letters, 1977, 6(6): 637-640.

[18] WENKER H. The preparation of ethylene imine from monoethanolamine[J]. Journal of the American Chemical Soiety, 1935, 57(11): 2328.

[19] SHA Q, LIU H. De novo synthesis of benzofurans via trifluoroacetic acid catalyzed cyclization/oxidative aromatization cascade reaction of 2-hydroxy-1,4-diones[J]. Organic & Biomolecular Chemistry, 2019, 17: 7547-7551.

[20] LEIGHTON P, PERKINS W, RENQUIST M. A modification of Wenker's method of preparing ethyleneimine[J]. Journal of the American Chemical Soiety, 1947, 69(6): 1540.

[21] SHORT K, ZIEGLER C. An addition-elimination strategy for the synthesis of oxazoles[J]. Tetrahedron Letters, 1993, 34(1): 71-74.

[22] 夏敏. 一种合成2-芳基-5-甲氧基噁唑的新方法[J]. 株洲工学院学报, 2000, 14(5): 11-13.

[23] VIEIRA A, BRYK F, CONTE G, et al. 1,3-Dipolar cycloaddition reaction applied to synthesis of new unsymmetric liquid crystal compounds-based isoxazole[J]. Tetrahedron Letters, 2009, 50(8): 905-908.

[24] GALLARDO H, BRYK F, VIEIRA A, et al. Optical and thermal properties of unsymmetrical liquid crystalline compounds based on isoxazole[J]. Liquid Crystals, 2009, 36(8): 839-845.

[25] XIE N, DU S, CHEN R, et al. Synthesis and properties of benzoxazole terminated mesogenic compounds containing tolane with high birefringence and large dielectric anisotropy[J]. Liquid Crystals, 2021, 48(14): 1978-1991.

[26] WANG C, WANG I, CHENG K, et al. The effect of polar substituents on the heteroyclic benzoxazoles[J]. Tetrahedron, 2006, 62(40): 9383-9392.

[27] LAI C, LIU H, LI F, et al. Heteroyclic benzoxazole-based liquid crystals[J]. Liquid Crystals, 2005, 32(1): 85-94.

[28] XU Y, CHEN X, ZHAO F, et al. Synthesis and properties of substituted benzoxazole-terminated liquid crystals[J].

Liquid Crystals, 2013, 40(2): 197-215.

[29] HA S, FOO K, SUBRAMANIAM R, et al. Heteroyclic benzoxazole-based liquid crystals: synthesis and mesomorphic properties[J]. Chinese Chemical Letters, 2011, 22(10): 1191-1194.

[30] LIU G, REN L, ZHANG M, et al. Synthesis and properties of benzoxazole-based liquid crystals containing ethynyl group[J]. Liquid Crystals, 2020, 47(12): 1719-1728.

[31] MAJUMDRA K, GHOSH T, RAO D, et al. 2-phenylbenzoxazole-containing calamitic liquid crystals: synthesis and characterisation[J]. Liquid Crystals, 2011, 38(5): 625-632.

[32] 黄忠林. 含杂环末端基团的液晶化合物制备及其热性能研究[D]. 西安: 陕西师范大学, 2012.

[33] 胡昆. 含联噻吩/氟代联苯致晶单元苯并噁唑类液晶的制备与性能[D]. 西安: 陕西师范大学, 2015.

[34] 王璐. 含吡啶末端基的新型液晶分子在染料敏化太阳能电池中的应用[D]. 西安: 陕西师范大学, 2017.

[35] 张梦婷. 大双折射率苯并噁唑液晶及其液晶离聚物的制备与性能研究[D]. 西安: 陕西师范大学, 2020.

[36] 段龙彦. 苯并杂环类含氟液晶化合物的制备与性能[D]. 西安: 陕西师范大学, 2017.

[37] RODDECHA S, ANTHAMATTEN M. Synthesis and thermotropic behaviour of imidazole-terminated liquid crystals[J]. Liquid Crystals, 2010, 37(4): 389-397.

[38] CHONG Y, SARIH N, HA S, et al. New homologues series of heteroyclic schiff base ester: synthesis and characterization[J]. Advances in Physical Chemistry, 2016, 2016: 764-769.

[39] HU Y, LI C, WANG X, et al. 1, 3, 4-Thiadiazole: synthesis, reactions, and applications in medicinal, agricultural, and materials chemistry[J]. Chemical Reviews, 2014, 114(10): 5572-5610.

[40] HAN J, WANG Q, CHANG X, et al. Fluorescent liquid crystalline compounds with 1,3,4-oxadiazole and benzo[*b*]thiophene units[J]. Liquid Crystals, 2012, 39(6): 669-674.

[41] 傅琴姣, 张瑞芹, 裘浣沂, 等. Selectfluor 氧化合成 2-芳基苯并噻唑的新方法[J]. 有机化学, 2021, 41(9): 3585-3592.

[42] AL-HAMDANI U, ABBO H, AL-JABER A, et al. New azo-benzothiazole based liquid crystals: synthesis and study of the effect of lateral substituents on their liquid crystalline behaviour[J]. Liquid Crystals, 2020, 47(14-15): 2257-2267.

[43] AHIPA T. Synthesis, characterization, and mesomorphic properties of new pyridine derivatives[J]. Chemistry Open, 2015, 4(6): 786-791.

[44] FOUAD F, ELLMAN B, BUNGE S, et al. Liquid Crystalline Symmetrical 3,6-Diaryl-1,2,4,5-Tetrazines[J]. Molecular Crystals and Liquid Crystals, 2013, 582(1): 34-42.

[45] CHAKRABORTY A, CHAKRABORTY S, KUMARDAS M. Critical behavior at the isotropic to nematic, nematic to smectic-a and smectic-a to smectic-c phase transitions in a pyrimidine liquid crystal compound[J]. Physica B: Condensed Matter, 2015, 479: 90-95.

[46] 李艳. 香豆素衍生物的合成及其超分子相互作用研究[D]. 西安: 陕西师范大学, 2011.

[47] RAHMAN M, HEGDE G, YUSOFF M, et al. New pyrimidine-based photo-switchable bent-core liquid crystals[J]. New Journal of Chemistry, 2013, 37(8): 2460-2467.

[48] MERLO A, TAVARES A, KHAN S, et al. Liquid-crystalline coumarin derivatives: contribution to the tailoring of metal-free sensitizers for solar cells[J]. Liquid Crystals, 2018, 45(2): 310-322.

[49] HARAMOTO Y, AKIYAMA Y, SEGAWA R, et al. New 1,3-dithiane type ionic liquid crystal compounds[J]. Liquid Crystals, 1998, 24(6): 877-880.

[50] HARAMOTO Y, AKIYAMA Y, SEGAWA R, et al. New ionic liquid crystal compounds having a 1,3-dithiane or

1,3-dioxane ring[J]. Liquid Crystals, 1999, 26(10): 1425-1428.

[51] MO L, LI J, CHE Z, et al. New negative dielectric anisotropy liquid crystals based on benzofuran core[J]. Liquid Crystals, 2020, 47(14-15): 2313-2322.

[52] GOTO M, MASUKAWA T, KONDO T, et al. Novel nematic liquid crystlline compounds having a tetrahydropyrane ring[J]. Molecular Crystals and Liquid Crystals, 2008, 494(1): 58-67.

[53] ARAKI K, YAMAMOTO T, TANAKA R, et al. Stereoselective synthesus and physicohemical properties of liquid-crystal compounds possessing a trans-2, 5-disubstituted tetrahydropyran ring with negative dielectric anisotropy[J]. Chemistry-A European Journal, 2015, 21(6): 2458-2466.

[54] 陈然. 二苯乙炔类大双折射率液晶材料的合成及应用[D]. 西安: 陕西师范大学, 2019.

[55] REN L, DUAN L, WENG Q, et al. Preparation and mesomorphic properties of 1-methyl-1H-benzimidazole-based compounds[J]. Liquid Crystals, 2018, 46(1): 131-137.

[56] HU K, CHEN P, CHEN X, et al. Synthesis and characterization of mesogenic compounds possessing bithiophene and benzoxazole units[J]. Molecular Crystals and Liquid Crystals, 2015, 608(1): 25-37.

[57] HA S, KOH T, YEAP G, et al. Synthesis and mesomorphic properties of 2-(4-Alkyloxyphenyl)benzothiazoles[J]. Molecular Crystals and Liquid Crystals, 2009, 506(1): 56-70.

[58] HONG F, XIA Z, ZHU D, et al. N-terminal strategy (n1–n4) toward high performance liquid crystal materials[J]. Tetrahedron, 2016, 72(10): 1285-1292.

[59] DANG J, DU S, REN L, et al. Preparation and properties of 1-methyl-1H benzimidazole-based mesogenic compounds incorporating ethynyl moiety[J]. Liquid Crystals, 2020, 47(9): 1281-1290.

[60] 翁强. 侧向二氟取代联苯苯并噁唑类液晶的制备与性能[D]. 西安: 陕西师范大学, 2018.

[61] LIAO Y, CHEN H, HSU C, et al. Synthesis and mesomorphic properties of super high birefringence isothioyanato bistolane liquid crystals[J]. Liquid Crystals, 2007, 34(4): 507-517.

[62] ZHANG M, DU S, YUAN D, et al. Benzoxazole-based nematic liquid crystals containing ethynyl and two lateral fluorine atoms with large birefringence[J]. Liquid Crystals, 2021, 48(2): 157-167.

[63] DU S, ZHANG M, CHEN P, et al. Improved mesomorphic behaviour and large birefringence of fluorinated liquid crystals containing ethynyl and 1-methyl-1H-benzimidazole moieties[J]. Liquid Crystals, 2020, 47(9): 1264-1273.

第 8 章　手性液晶材料

手性液晶(chiral liquid crystal，CLC)是指分子结构中含手性基团的液晶化合物，一般含有一个或一个以上手性碳原子。由于同时具有液晶性和手性，这类化合物既有液晶的流动性、各向异性和电磁场响应性能，又能形成螺旋结构。手性液晶材料不仅能应用于电子纸等柔性显示技术中，还能作为混合液晶的手性添加剂，在 TN、STN-LCD、TFT-LCD、胆甾相液晶显示器(cholesteric liquid crystal displays，Ch-LCD)中均有重要的应用[1]。

8.1　手性液晶材料的类型

众所周知，手性液晶是显示用混合液晶材料的关键添加组分之一，虽然添加量不大，但是却是调节混合液晶性能的核心材料，因而备受关注。手性液晶可以简单分为两类，一类是胆甾醇类手性液晶，另一类就是非胆甾醇类手性液晶。胆甾醇含有多个手性中心，其中仅甾核的四个环上就有 6 个手性碳原子，通常胆甾醇经酯化或卤素取代之后就可以得到相应胆甾醇酯化物、卤化物或者碳酸酯衍生物等手性液晶化合物。手性液晶材料一般具有螺距较短、双折射率大、旋光性高等特点[2]。

8.1.1　胆甾醇类手性液晶

胆甾醇(又称“胆固醇”)**801**(图 8-1)并不具有液晶性，但其经过酯化、卤化等反应后形成的胆甾醇衍生物却表现出手性液晶特性,其中稠环骨架作为致晶单元。1888 年,奥地利的植物学家 Reinitzer 研究了胆甾醇苯甲酸酯 **802**(图 8-1)的热行为,开启了液晶材料的研究大门。目前，关于胆甾醇的手性液晶材料应用研究较多，其中大量研究工作都集中于胆甾醇类手性液晶的开发与应用领域。

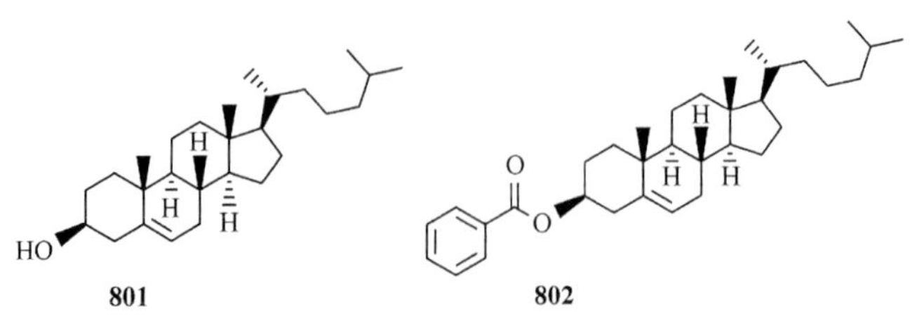

图 8-1　胆甾醇和胆甾醇苯甲酸酯的分子结构式

8.1.2　非胆甾醇类手性液晶

除胆甾醇类手性液晶之外，研究人员还开发了一批手性液晶材料，其分子结构中一般含有苯环、环己烷、嘧啶环、噻吩环等致晶单元，同时含有手性烷基或者烷氧基等端基链基团。此类手性液晶材料中最具代表性的有两种：(+)-4-(2-甲基丁基)-4′-氰基联苯 **803** 和 4-(4′-己氧基苯甲酰氧基)苯甲酸-S(+)-2″-辛酯 **804**，如图 8-2 所示，它们具有低的熔点(**803** 的熔点仅为 4℃)，大的螺距扭曲形成力(helical twisting power，HTP)，能产生特定的扭曲角度，且能影响阈值电压和陡度，因此广泛地作为 TN、STN、TFT 液晶显示器用混合液晶材料的手性添加剂[3]。

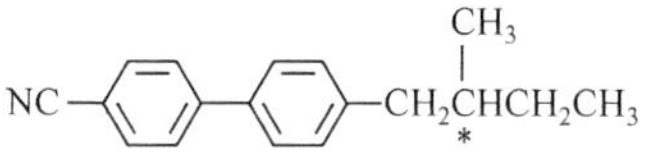

803 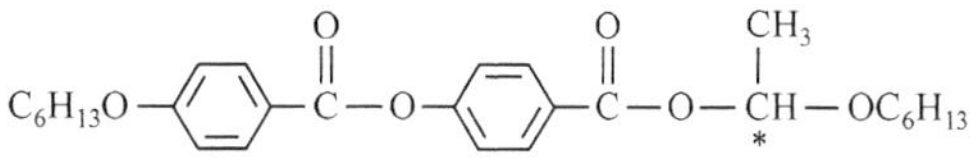　**804**

图 8-2　典型的非胆甾醇类手性液晶

8.2　手性试剂的构建

手性液晶通常通过手性试剂来制备，而手性试剂的来源主要有三个途径，第一是利用外消旋体的拆分获得高旋光度手性试剂，即利用化学或生物方法分离外消旋体，进而得到单一对映异构体；第二是通过手性试剂的非手性碳上官能团的转化来制备特定功能基团的手性试剂，主要以胆甾醇基手性试剂为主；第三是经过不对称合成反应获得所需的手性试剂，如 2-甲基丁基、3-甲基戊基、4-甲基己基和 2-辛基等手性结构可以通过酶和微生物法、不对称合成法和手性催化合成法等反应过程来构建。

8.2.1　胆甾醇的构建

胆甾醇主要是以较易获得的天然甾醇(如大豆甾醇、麦角甾醇、胆酸等)为原料经合成制备而得。首先，天然甾醇经臭氧反应降解为胆甾-22-醛，然后，经溴加成、乙酰化、消除、Wittig 反应等引入相应侧链，可得到胆甾醇 **801**。该过程步骤较多，收率仅为 20%左右。

Idler 以 3β-乙酰氧基胆烷酸 **805** 为原料，经羧酸酰氯化反应后，与二异丙基镉发生亲核加成反应，得到中间体 24-酮胆甾烷，再与磷叶立德发生 Wittig 反应，最后经水解得到胆甾醇 **801**，该路线总收率为 32%，如图 8-3 所示[4]。

8.2.2　其他手性试剂的构建

手性液晶化合物中的手性中心可以通过手性醇、手性溴代物、手性酸、手性

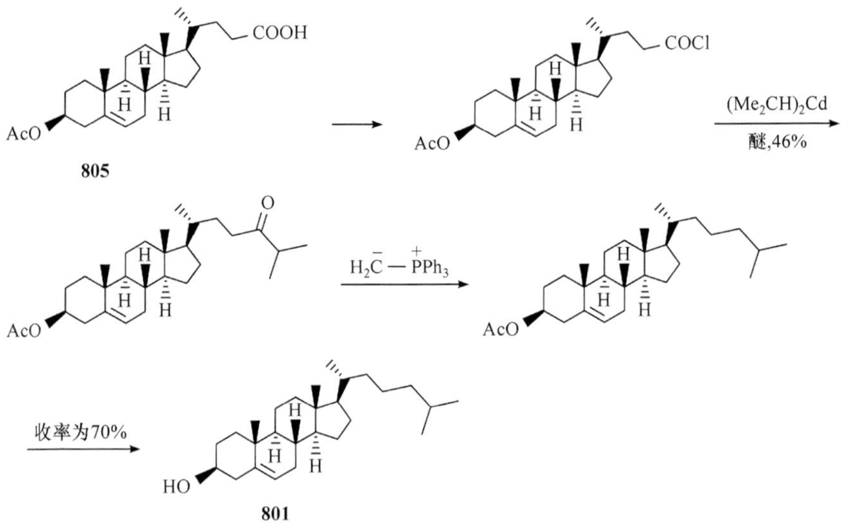

805

$(Me_2CH)_2Cd$

醚,46%

$H_2\bar{C}—\overset{+}{P}Ph_3$

收率为70%

801

图 8-3　胆甾醇的构建

酰氯和手性氨基酸等手性试剂引入。

1. 酶和微生物合成法

酶是一种专一性很高的催化剂，酶催化反应条件比较温和、效率高，其中面包酵母可以将酮羰基还原为羟基，且无毒无害。例如，Nakauchi 等用面包酵母做催化剂，将 β-酮酸还原为手性试剂(R)-β-羟基酸，再利用 2-四氢吡喃(THP)将其羟基保护后，与烷基联苯酚发生酯化反应引入致晶单元，脱保护后生成手性液晶化合物，如图 8-4 所示[5]。

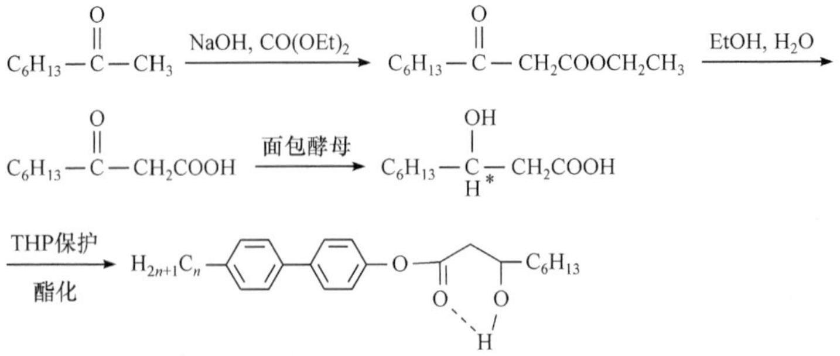

$C_6H_{13}—CO—CH_3$ $\xrightarrow{NaOH,\ CO(OEt)_2}$ $C_6H_{13}—CO—CH_2COOCH_2CH_3$ $\xrightarrow{EtOH,\ H_2O}$

$C_6H_{13}—CO—CH_2COOH$ $\xrightarrow{面包酵母}$ $C_6H_{13}—\overset{*}{C}H(OH)—CH_2COOH$

$\xrightarrow[酯化]{THP保护}$ $H_{2n+1}C_n$—联苯—O—CO—CH_2—CH(OH)—C_6H_{13}

图 8-4　酶和微生物合成法构建手性试剂

虚线表示氢键

2. 不对称合成法

1) 催化氢化法

酮羰基可以通过催化加氢还原为相应的手性醇。催化剂一般选择负载型铑、钯、铂、镍、铬等，部分催化加氢反应需要在升温、加压条件下进行。Otsuka 等用负载铑催化剂来实现酮羰基催化加氢反应，选择甲醇作为溶剂、NaOH 作为碱，在常压下就能发生反应，铑催化剂的转换频率(turnover frequency，TOF)可达 $569h^{-1}$，构建过程如图 8-5 所示[6]。

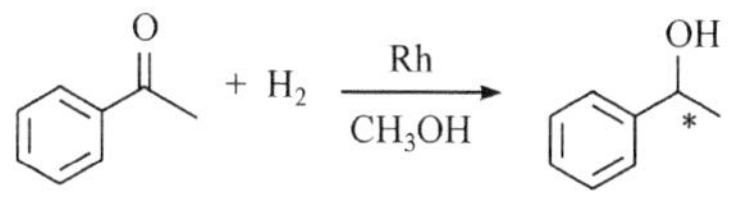

$$\text{PhCOCH}_3 + H_2 \xrightarrow[\text{CH}_3\text{OH}]{\text{Rh}} \text{PhC}^*\text{H(OH)CH}_3$$

图 8-5　酮羰基的铑催化氢化法构建手性试剂

2) 氢负离子还原剂还原

常用的氢负离子还原剂为硼氢化钠、硼氢化铝和氢化铝锂。硼氢化钠和硼氢化铝的还原能力比氢化铝锂弱。氢化铝锂还原酮羰基时，由于氢负离子的亲核性很强，会进攻部分正电性的羰基碳原子，亲核加成后使得羰基氧原子形成醇盐，再经水解生成产物手性醇，如图 8-6 所示。此外，还有一种较为常见的氢负离子还原剂异丙醇铝，其对羰基的还原反应一般在苯或者甲苯中进行，异丙醇铝把负氢转移给酮，而自身氧化为丙酮，该反应也称为 Meerwein-Ponndorf 还原反应[7]。

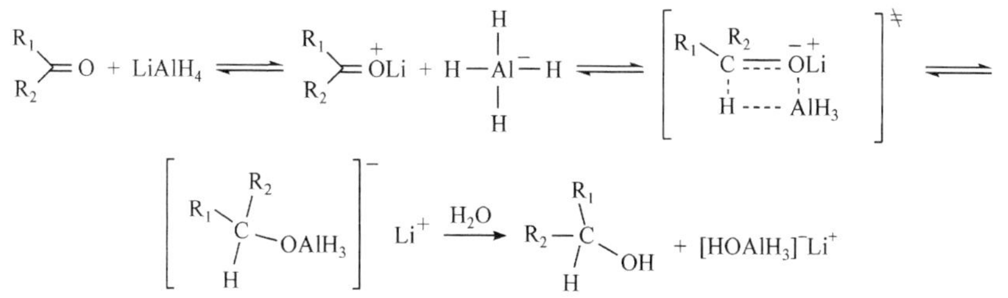

$$R_1R_2C{=}O + LiAlH_4 \rightleftharpoons R_1R_2C{=}\overset{+}{O}Li + H{-}\overset{-}{Al}H_3 \rightleftharpoons \left[R_1R_2C{\cdots}\overset{-+}{OLi},\ H{\cdots}AlH_3\right]^{\ddagger} \rightleftharpoons$$

$$\left[R_1R_2CH{-}OAlH_3\right]^{-}Li^{+} \xrightarrow{H_2O} R_1R_2CH{-}OH + [HOAlH_3]^{-}Li^{+}$$

图 8-6　酮羰基的氢化铝锂还原法构建手性试剂

3. 手性催化合成法

通过手性催化剂的催化反应得到系列手性化合物，这类反应具有专一性高，污染少等特点，非常有发展前景。

1) 手性 CBS 催化剂催化合成法

Corey-Bakshi-Shibata 还原反应是在手性硼杂噁唑烷 **807**(CBS 催化剂)和硼烷或乙硼烷的作用下，将酮还原为手性醇的有机反应。通过改变催化剂的取代基(一般为 H 或者烷基，以甲基取代的 MeCBS 较常见)可以增加反应的立体选择性。例如，利用 CBS 催化剂 **807** 的手性诱导，4-乙酰氧基苯乙酮 **806** 可以用乙硼烷还原生成手性醇化合物，再经过系列醚化和酯化等反应可得到手性联苯羧酸酯液晶 **808**，如图 8-7 所示[8]。

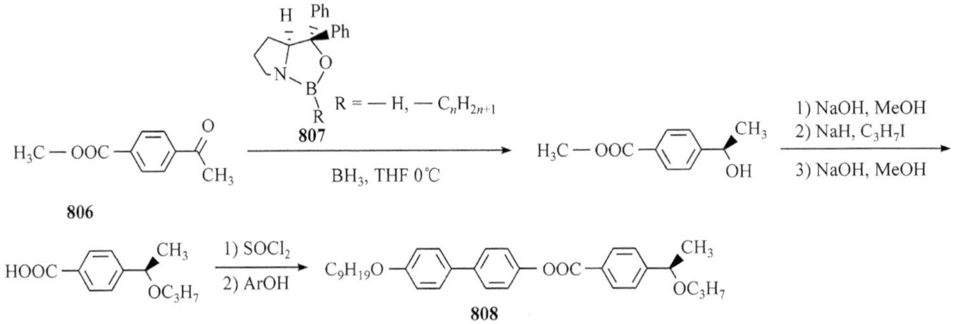

H　Ph

Ph

N　O　B

R　R = — H, — C_nH_{2n+1}

807

H_3C—OOC—⟨⟩—CO—CH_3　(806)　$\xrightarrow{BH_3,\ THF\ 0℃}$　H_3C—OOC—⟨⟩—CH(CH_3)OH

1) NaOH, MeOH
2) NaH, C_3H_7I
3) NaOH, MeOH

806

HOOC—⟨⟩—CH(CH_3)OC_3H_7　$\xrightarrow{1)\ SOCl_2;\ 2)\ ArOH}$　$C_9H_{19}O$—⟨⟩—⟨⟩—OOC—⟨⟩—CH(CH_3)OC_3H_7

808

图 8-7　手性 CBS 催化剂催化合成法构建手性试剂

以 Corey-Bakshi-Shibata(CBS)手性硼杂噁唑烷催化剂 **807** 催化还原 **806**，接着进行羟基的丙基化和酯的水解反应，还可以将其转化为 R 构型的手性产物 **809**(对映体过量值 e.e.为 89%)和另一个还原产物 **810**[9,10]。在手性还原剂钌催化剂催化下，可将 **806** 转化为 S 构型的 **811**(e.e.值为 92%[11])。其中，**809** 和 **811** 在液晶材料合成中已经得到了广泛的应用，如图 8-8 所示。

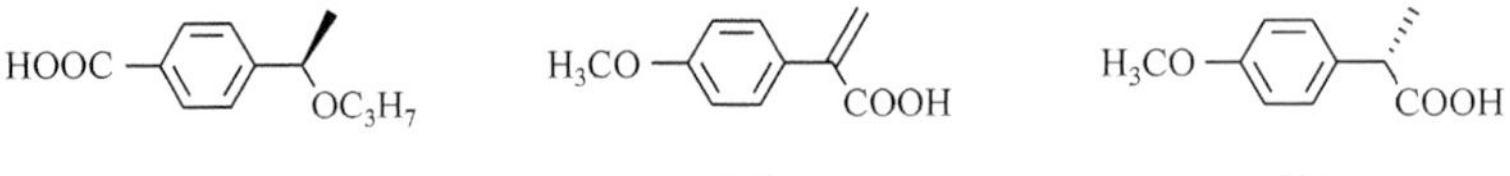

HOOC—⟨⟩—OC_3H_7　　H_3CO—⟨⟩—COOH　　H_3CO—⟨⟩—COOH

809　　810　　811

图 8-8　手性催化法合成的典型液晶结构

2) 手性铁酰基金属络合物催化法

1988 年，牛津大学 Davis 等[12]合成了两个立体选择性非常高的铁酰基金属络合物 **812** 和 **813**，这两个络合物在空气中性质非常稳定，其结构中存在活泼的酰基，可以发生诸如烯醇烷基化、羟醛缩合、Michael 加成等反应。因此，用四丁基锂碘甲烷与乙酰基反应制得的手性铁酰基金属络合物，经羟醛缩合等反应可以获得系列手性液晶化合物 **814** 和 **815**，如图 8-9 所示。

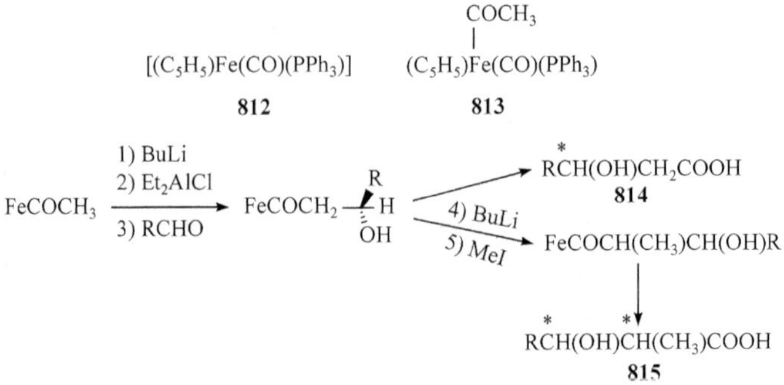

[(C_5H_5)Fe(CO)(PPh_3)]　　(C_5H_5)Fe(CO)(PPh_3)—$COCH_3$

812　　813

$FeCOCH_3$　$\xrightarrow{1)\ BuLi;\ 2)\ Et_2AlCl;\ 3)\ RCHO}$　$FeCOCH_2$—C(R)(H)OH

→ R*CH(OH)CH_2COOH　814

$\xrightarrow{4)\ BuLi;\ 5)\ MeI}$　FeCOCH(CH_3)CH(OH)R　→　R*CH(OH)*CH(CH_3)COOH　815

图 8-9　手性铁酰基金属络合物催化法构建手性试剂

8.3　典型手性液晶的合成

下面具体介绍一下几种典型的胆甾醇类和非胆甾醇类手性液晶化合物的合成方法。

8.3.1　胆甾醇类手性液晶的合成

胆甾醇类液晶的制备方法主要有两种，一种是在酸催化作用下通过羧酸和醇的酯化反应来完成，另一种是通过羧酸衍生物的醇解反应来实现。

1. 酯化合成方法

传统的 Fischer 酯化反应是指羧酸与醇在 Lewis 酸或 Brønstedt 酸催化下回流生成酯的过程，其常用催化剂为硫酸、盐酸、对甲苯磺酸等质子酸。该反应要求反应底物分子体积小且活性高，同时反应温度较高且时间长，因而不适合胆甾醇类化合物的合成[13,14]。

Steglich 酯化反应是合成胆甾醇类化合物的经典方法，首先由羧酸和二环己基碳二亚胺(dicyclohexylcarbodiimide，DCC)反应生成活性酯，接着与 DMAP(4-二甲氨基吡啶)发生氨解反应生成活性酰胺，进而与胆甾醇发生醇解反应得到胆甾醇酯。该方法具有合成路线简单、条件温和的优势。

例如，胆甾醇 **801** 和对硝基苯甲酸在 DCC/DMAP 作用下发生 Steglich 酯化反应，进一步经还原反应和重氮化反应后可以得到胆甾醇类手性液晶化合物 **816**，如图 8-10 所示[15]。**816** 熔点为 190℃，清亮点为 265℃，呈胆甾相织构。

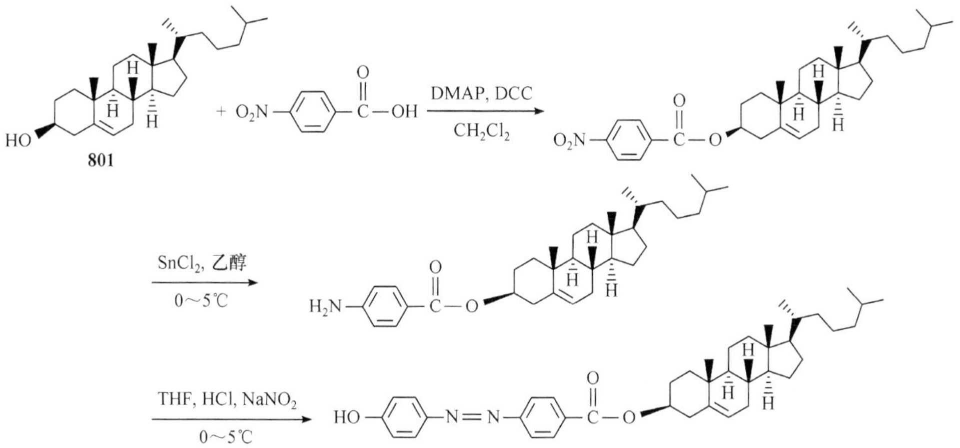

图 8-10　含偶氮苯的胆甾醇类手性液晶 **816** 的合成

2. 醇解反应合成方法

羧酸衍生物的醇解反应是制备酯类化合物的重要方法之一。胆甾醇类化合物可以通过酸酐、酰卤及酯的醇解等方法来合成，其中酰氯醇解方法具有条件温和、反应时间短、产率较高等优点，在合成中应用较多。

对于空间位阻较大的胆甾醇而言，加速酰氯醇解方法的常见手段是加入氢氧化钠、吡啶、三乙胺等缚酸剂，既可以中和反应中产生的酸，又起到了催化剂的作用。

例如，Hu 等以 3-溴丙烯和对羟基苯甲酸为原料，通过威廉姆森醚化反应合成得到对烯丙氧基苯甲酸，再与氯化亚砜反应得到酰氯 **817**，其与胆甾醇 **801** 发生醇解反应得到胆甾醇酯 **818**，反应中选择吡啶缚酸剂，如图 8-11 所示[16]。该化合物在升温和降温时液晶相区间分别为 182.3～207.6℃和 205.4～158.9℃，均呈胆甾相织构。由于 **818** 末端含有活泼的双键(烯丙氧基)，可作为聚合物单体来制备高分子液晶材料。

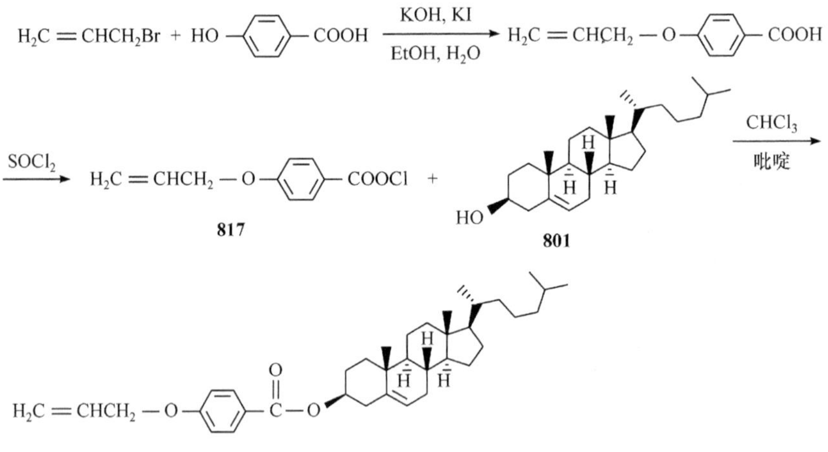

$H_2C{=}CHCH_2Br$ + HO—C₆H₄—COOH $\xrightarrow[EtOH,\ H_2O]{KOH,\ KI}$ $H_2C{=}CHCH_2$—O—C₆H₄—COOH

$\xrightarrow{SOCl_2}$ $H_2C{=}CHCH_2$—O—C₆H₄—COOCl (**817**) + HO—胆甾醇 (**801**) $\xrightarrow[吡啶]{CHCl_3}$

$H_2C{=}CHCH_2$—O—C₆H₄—C(=O)—O—胆甾醇基 (**818**)

图 8-11　含端烯的胆甾醇手性液晶 **818** 的合成

8.3.2　非胆甾醇类手性液晶的合成

选择手性醇[17]、手性溴代物、手性羧酸、手性氨基酸、手性酰氯等手性试剂，通过威廉姆森醚化、羟基保护、氧化、酯化等经典反应也可以获得非胆甾醇类手性液晶化合物。但是这些手性试剂在温度较高或者酸性、碱性较强的条件下容易消旋，因而合成难度较大。

1. 以手性醇为原料

手性试剂发生反应时，其产物构型容易受到溶剂化的影响而发生改变。例如，手性醇和亚硫酰氯发生分子内亲核取代反应时，乙醚作为溶剂可得到手性保持的产物，吡啶作为溶剂则得到构型翻转的产物[18]。

Tournilhac 等先将手性醇与三溴化磷反应生成构型保持的卤代烷烃，其在碱的作用下与对羟基苯甲醛发生亲核取代反应得到相应的手性芳醛，进而与芳氨发生亲核加成反应，生成手性席夫碱类液晶化合物 **819**，如图 8-12 所示[19]。该手性化合物容易形成液晶相，由于其强极性和刚性使得液晶相区间较宽，其螺距随着温度的变化而发生变化。席夫碱的 C═N 极性不饱和结构，导致这类液晶化合物的水稳定性、光、热稳定性都不高。

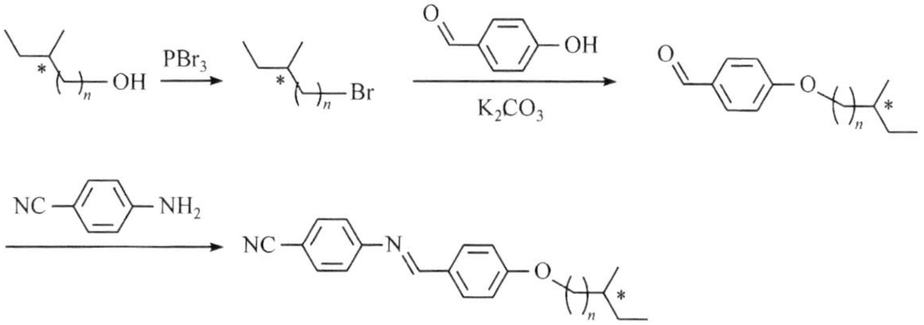

图 8-12　以手性醇为原料合成手性液晶 **819**

2. *以手性 α-氨基酸为原料*

手性 α-氨基酸是合成高光学纯度有机化合物的重要前体，它容易发生重氮化反应生成手性醇或者手性卤代醇。例如，Olga 等在重氮化条件下，以 L-异亮氨酸为手性底物，合成含羰基的手性中间体(收率 67%)，进而用氢化铝锂还原羰基得到手性 2-氯-3-甲基戊醇 **820**(收率 57%)，它是一种常见的手性液晶原料[20,21]。例如，**820** 可以和酯在三苯基膦和偶氮二甲酸二乙酯(DEAD)作用下发生 Mitsunobu 反应，生成手性中间体，其具有活泼的芳酰氯结构，再与芳胺反应可以合成得到具有螺旋结构手性液晶化合物 **821**[20,22]，如图 8-13 所示。

3. *以手性溴代物为原料*

光学活性戊基溴代烷与联苯基溴化镁发生格氏偶联反应，获得手性烷基联苯，经过亲电取代反应得到 4′-手性烷基-4-溴联苯后，再与氰化亚铜反应制备得到手性化合物(+)-4′-(2-甲基丁基)-4-氰基联苯 **803**，如图 8-14 所示[23]。**803** 主要应用于扭曲型显示器件中，通过长螺距来提高显示器的显示对比度和清晰度。

4. *以手性羧酸为原料*

选择手性羧酸作为手性试剂，与氯化亚砜反应生成酰氯，再与联苯发生 Friedel-

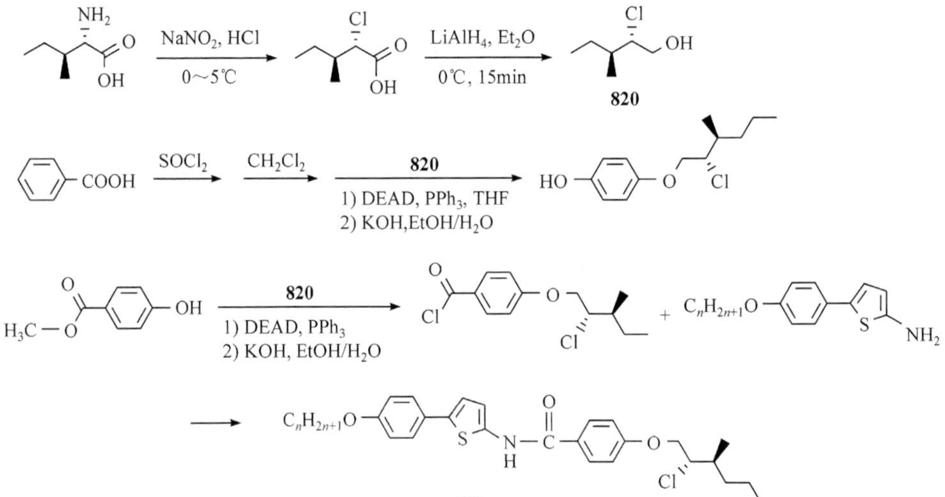

图 8-13　以手性 α-氨基酸为原料合成手性液晶 **821**

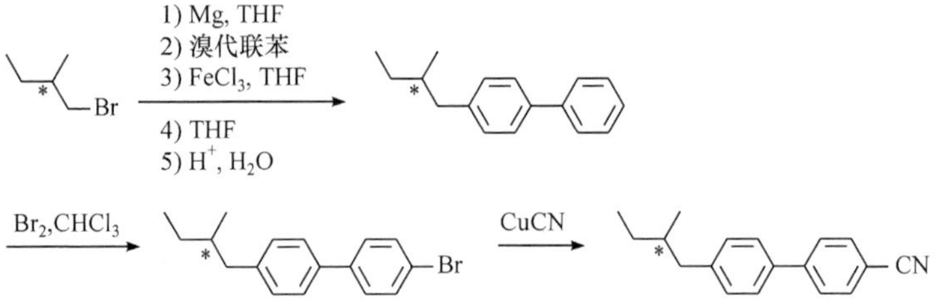

图 8-14　以手性溴代物为原料合成手性液晶 **803**

Crafts 酰基化反应，经黄鸣龙还原反应及氰基取代生成手性烷基取代的氰基联苯，其可以在酸性条件下水解生成含芳基羧酸的手性液晶化合物 **822**，合成路线如图 8-15 所示[24]。该手性芳基羧酸可以进一步与醇发生 Steglich 酯化反应生成芳酯

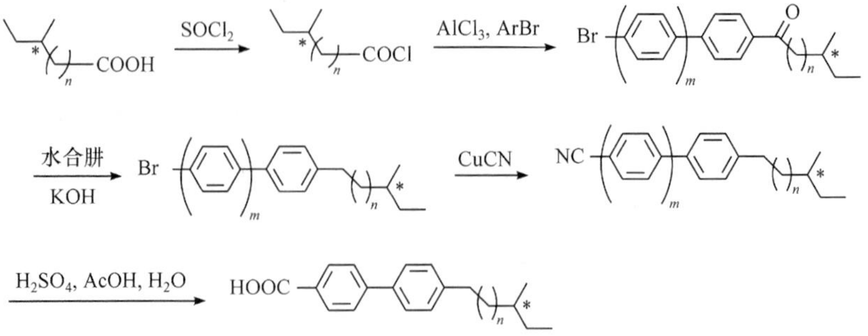

图 8-15　以手性羧酸为原料合成手性液晶 **822**

类手性液晶产物。当手性羧酸结构中的 $n = 0$ 时，即以 2-甲基丁酸为原料时，该方法只能得到外消旋产物，原因在于手性碳原子与羰基直接相连，会发生酮式-烯醇式互变，易于发生外消旋化。

8.4 手性液晶的构性关系

手性液晶材料在显示器件应用时，要求其具有高的热化学、光化学和电化学稳定性，同时需要其液晶相区间宽、自发极化强度高，黏度低等特点[25-27]。下面将简单讨论手性液晶化合物的分子结构和其性能之间的关系。

8.4.1 末端取代基对手性液晶性能的影响

1. 末端手性取代基对液晶性能的影响

由表 8-1 可以看出，**823** 和 **824** 是分子的末端基团互换得到的化合物，**823** 的液晶相区间为 81.4～136.3℃，而 **824** 的液晶相区间为 107.1～160.9℃，**823** 的熔点和清亮点均小于 **824**，酯基中的羰基对液晶化合物的稳定性影响很大[28]，**823** 的手性烷氧基链的手性中心与酯基间隔较 **824** 的远，手性烷氧基与苯撑之间以酯基隔开，因而 **824** 的热稳定性更高[29]。对比化合物 **825** 和 **826**，以及 **827**、**828**、**829**，由于手性烷基链的支化，破坏了分子的紧密堆积，降低了液晶的热稳定性，但是手性烷基链的链长和液晶相态之间并没有明显的线性关系[30]。

表 8-1 末端手性取代基对液晶性能的影响

代号	分子结构	相变温度/℃	Ps/(nC/cm²)
823	$C_6H_{13}O$–(F)苯环–C≡C–苯环–COO–苯环–$OCH_2\overset{*}{C}H(CH_3)C_2H_5$	Cr 81.4 S_C^* 78.1 N* 136.3 I	—
824	C_2H_5–$\overset{*}{C}H(CH_3)$–CH_2–O–(F)苯环–C≡C–苯环–COO–苯环–OC_6H_{13}	Cr 107.1 N* 160.9 I	—
825	$C_{12}H_{25}O$–苯环–吡啶环(N)–C(=O)O–苯环–C(=O)O–苯环–(手性*烷基链)	Cr 102.8 S_C^* 164.45 S_A 173.27 I	—
826	$C_{12}H_{25}O$–苯环–吡啶环(N)–C(=O)O–苯环–O–(手性*烷基链，含两个*手性中心)	Cr 94.56 S_C^* 143b S_A 154.14 I	—

续表

代号	分子结构	相变温度/℃	Ps/(nC/cm^2)
827	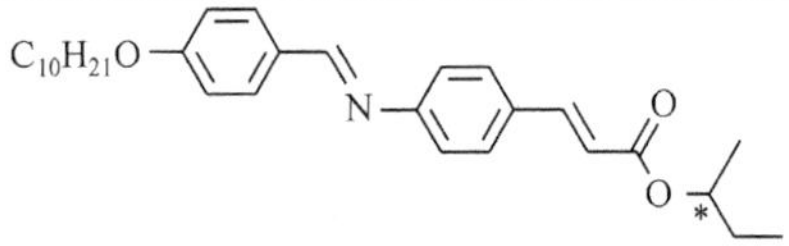 $C_{10}H_{21}O$–, N, O, O, *	Cr 82 S_C^* 91 S_A^* 106 I	18
828	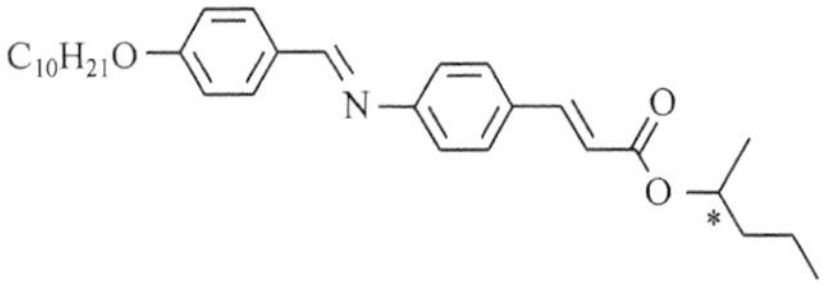 $C_{10}H_{21}O$–, N, O, O, *	Cr 96 (S_C^* 83 S_A 85) I	4
829	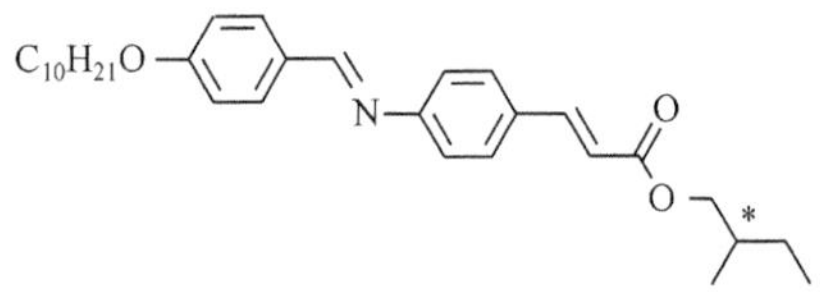 $C_{10}H_{21}O$–, N, O, O, *	Cr 76 (S_I^* 63) S_C^* 95 S_A^* 117 I	48

注：S_C^* 表示手性近晶 C 相；N^*表示手性向列相；S_I^* 表示手性近晶 I 相；S_A^* 表示手性近晶 A 相；Ps 表示手性液晶自发极化强度。

普通的手性液晶自发极化强度(Ps)值为 1～6nC/cm^2，大 Ps 值能有效地提高液晶螺距并降低驱动电压。影响 Ps 值的主要因素是分子旋转受阻的程度大小[29]。在手性中心或其附近使用极性基团可提高 Ps 值[31,32]，这是由于手性碳原子与极性官能团相连时，手性碳上甲基与联苯环上的氢存在非键张力，不能自由旋转。化合物 **829** 比 **827** 和 **828** 的链更长，手性中心离液晶核更远，分子旋转受到的阻力更大，**829** 的 Ps 值达到了 48nC/cm^2。因此，提高手性液晶的自发极化强度一般可通过将手性中心靠近分子核心，或增加烷基链的长度抑制烷基链的旋转来实现。

2. 末端烷基链对液晶性能的影响

手性液晶化合物 **830** 和 **831** 的分子结构如图 8-16 所示，末端手性取代基链长

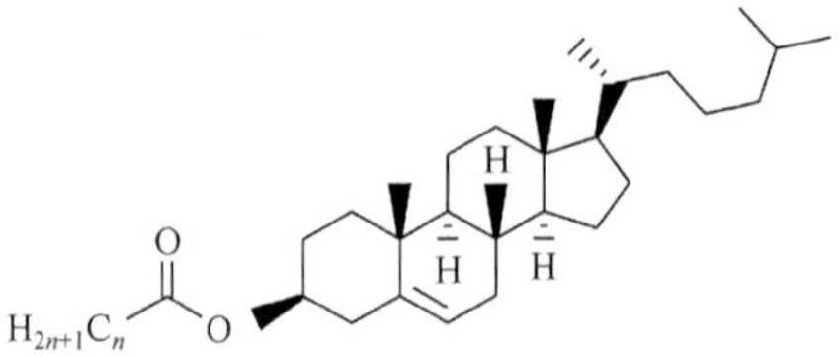

$H_{2n+1}C_n$ O O H H H

830

$C_nH_{2n+1}O$–⟨⟩–COO–⟨⟩–COO–⟨⟩–COO–$\overset{*}{C}H(CH_3)CH_2OCH_2CF_2CF_3$

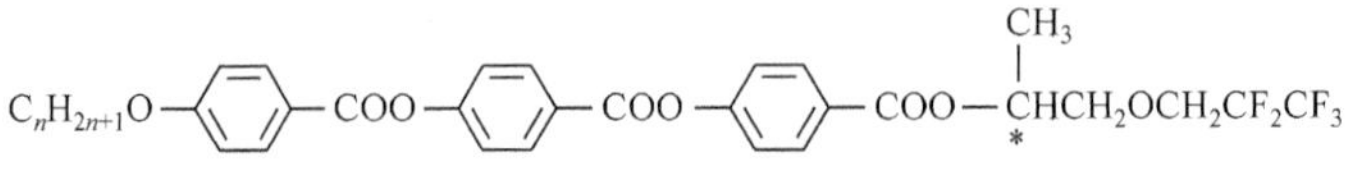

831

图 8-16　手性液晶 **830** 和 **831** 的分子结构

对液晶性能的影响见表 8-2。由表 8-2 可知，不论是胆甾醇类手性液晶化合物，还是非胆甾醇的手性液晶化合物，在致晶单元相同的情况下，液晶化合物的熔点随着烷氧基链的增长而降低，且随着烷氧基链的增长，近晶 A 相和手性近晶 C 相的热稳定性增加；此外，当烷氧基链长不大时，清亮点会随着烷基链长有规律地奇偶变化，否则随端基链增长清亮点降低。

表 8-2　末端手性取代基链长对液晶性能的影响

代号	n	相变温度/℃	代号	n	相变温度/℃
830a	1	Cr 60.5 Ch 97.5 I	**831a**	1	Cr 81.3 N^* 148.8 I
830b	2	Cr 94.5 Ch 116.5 I	**831b**	2	Cr 91.8 N^* 166.8 I
830c	3	Cr 102 Ch 116 I	**831c**	3	Cr 108.1 N^* 160.1 I
830d	4	Cr 102 Ch 113 I	**831d**	4	Cr 98.7 N^* 162.2 I
830e	5	Cr 93 Ch 101.5 I	**831e**	5	Cr 102.4 N^* 150.2 I
830f	6	Cr 99.5 Ch 101.5 I	**831f**	6	Cr 81.4 (S_C^* 78.1) N^* 136.3 I
830g	7	Cr 92.5 S_C^* 95.5 Ch 114 I	**831g**	7	Cr 98.6 N^* 137.8 I
830h	8	Cr 69.5 S_C^* 96.5 Ch 110 I	**831h**	8	Cr 85.6 (S_C^* 82.0) N^* 136.3 I
830i	9	Cr 77.5 S_C^* 80.5 Ch 92 I	**831i**	9	Cr 85.6 (S_C^* 82.0) N^* 136.3 I
830j	10	Cr 81.5 S_C^* 85.5 Ch 92.5 I	—	—	—
830k	12	Cr 83.5 S_C^* 90 Ch 93 I	—	—	—
830l	14	Cr 71 S_C^* 91 Ch 86.5 I	—	—	—

3. 末端手性基团对液晶相态织构的影响

从表 8-2 可知，胆甾醇基元形成的是胆甾相液晶，而其他手性基元一般形成的是手性向列相织构，而从表 8-3 中也可以得到相同的结论。手性基团的结构与液晶相态织构之间的关系目前依旧无法预测。张宸等[33]研究了手性基团对液晶有序排列的影响，当液晶基元与不同的手性基团发生酯化反应后，液晶分子的排列方式也发生了改变。从表 8-3 可以看出，化合物 **832** 没有手性中心，是常见的近晶相织构；化合物 **833** 是近晶 S_A 相，化合物 **834** 是手性近晶 S_C^* 相，化合物 **835** 是胆甾相。除了 **835** 之外，另外两个含手性中心的化合物(**833** 和 **834**)均有螺旋排列结构，这可能是由于 **833** 结构中丙二醇分子本身是线型结构，以它为手性底物更易形成规则的层状结构。尽管化合物 **834** 中的丁三醇分子也是线型分子，但它的三臂结构可以增强液晶分子的双轴性，使得分子具有螺旋结构。以胆甾醇液晶化合物 **835** 为手性结构的化合物，由于它本身的双轴性而形成了胆甾相[34]。

表 8-3　末端手性链对液晶性能的影响

代号	分子结构	相变温度/℃
832	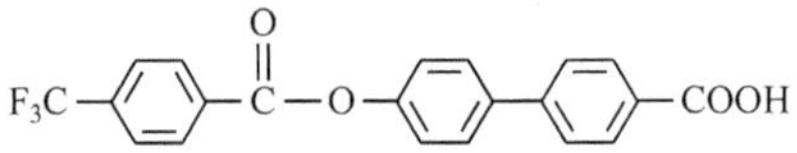 F_3C—⟨苯环⟩—C(=O)—O—⟨苯环⟩—⟨苯环⟩—COOH	Cr 258.2 S_B 287.0 I
833	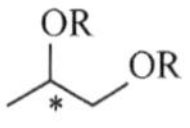 OR, OR, *	Cr 100.4 S_A 137.2 I
834	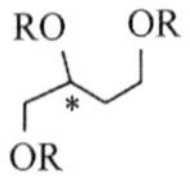 RO, OR, OR, *	Cr 100.4 S_C^* 204.0 I
835	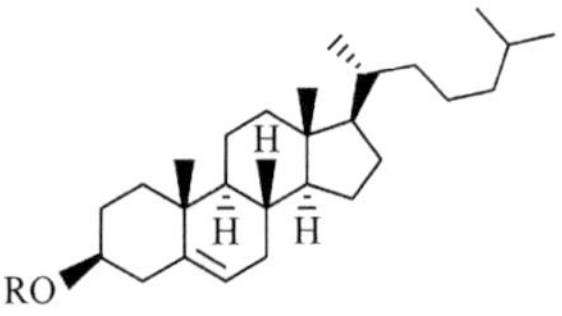 RO, H, H, H	Cr 201.9 Ch 334.6 I

注：R =—C(=O)—⟨苯环⟩—⟨苯环⟩—O—C(=O)—⟨苯环⟩—CF_3。

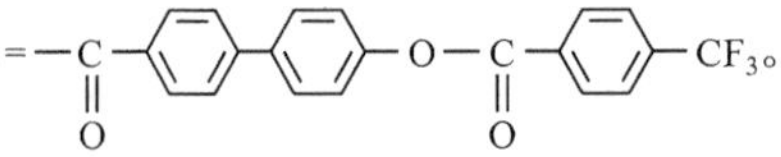

8.4.2　侧向取代基对手性液晶性能的影响

手性液晶材料的黏度一般较大，可以通过向手性液晶分子结构中引入氟原子的方法来有效降低其黏度，进而提高响应速度。从表 8-4 可知，侧向含氟手性液晶化合物的熔点比无侧向氟取代基时显著降低。末端烷基或苯环上有强极性取代基，一般会导致液晶化合物黏度增加，但如果是侧向氟取代基，则熔点和黏度都会下降。而且，由于氟原子电负性大，侧向二氟取代结构能有效增加液晶分子的侧向偶极矩，可以用于制备负介电各向异性的手性液晶化合物[35]。

表 8-4　侧向取代基对手性液晶性能的影响

代号	分子结构	相变温度/℃
836	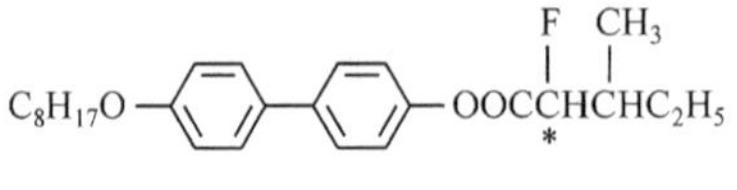 $C_8H_{17}O$—⟨苯环⟩—⟨苯环⟩—OOC$\overset{*}{C}$(F)HCH(CH_3)C_2H_5	Cr 51.5 S_C^* 72.8 S_A 85.0 N^* 93.5 I
837	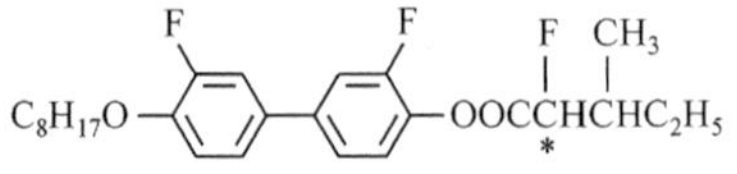 $C_8H_{17}O$—⟨苯环(F)⟩—⟨苯环(F)⟩—OOC$\overset{*}{C}$(F)HCH(CH_3)C_2H_5	Cr 39.8 N^* 47.8 I
838	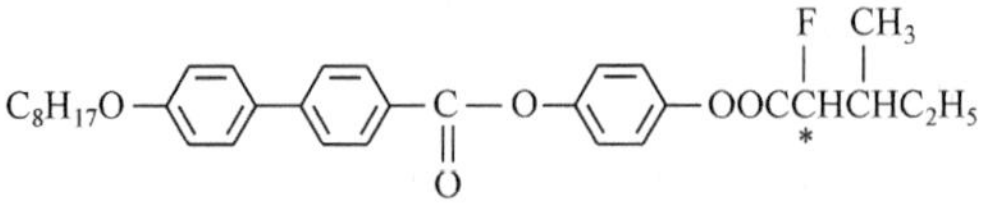 $C_8H_{17}O$—⟨苯环⟩—⟨苯环⟩—C(=O)—O—⟨苯环⟩—OOC$\overset{*}{C}$(F)HCH(CH_3)C_2H_5	Cr 114.7 S_C^* 157.2 S_A 189.9 I

续表

代号	分子结构	相变温度/℃
839	$C_8H_{17}O-C_6H_3(F)-C_6H_3(F)-C(=O)-O-C_6H_4-OOC\overset{*}{C}H(F)CH(CH_3)C_2H_5$	Cr 78.0 S_C^* 92.2 S_A 96.3 N^* 160.4 I
840	$C_8H_{17}O-C_6H_4-C(=O)-O-C_6H_4-C_6H_4-OOC\overset{*}{C}H(F)CH(CH_3)C_2H_5$	Cr 91.7 S_C^* 154.4 S_A 199.3 I
841	$C_8H_{17}O-C_6H_4-C(=O)-O-C_6H_3(F)-C_6H_3(F)-OOC\overset{*}{C}H(F)CH(CH_3)C_2H_5$	Cr 56.4 S_C^* 106.8 S_A 151.4 I

8.4.3 致晶单元对手性液晶性能的影响

化合物分子结构不同，其手性液晶相态不同。致晶单元的 π 电子离域程度与手性液晶的相变温度有关，π 电子的离域越大，越有利于形成近晶相。表 8-5 中 **842** 和 **843** 没有表现出液晶性，这与其他化合物显著不同，这可能是由于其致晶单元 π 体系小不足以形成液晶态。**844**～**850** 均至少含有 3 个芳环，表现出液晶相。其中，化合物 **849** 的液晶相区间最宽(116.7℃)，这主要归因于其分子中 π 电子离域程度最高。

表 8-5　致晶单元对手性液晶性能的影响

代号	分子结构	相变温度/℃	Ps/(nC/cm²)
842	$C_8H_{17}O-C_6H_4-C_6H_4-O-C(=O)-CH_2\overset{*}{C}H(CH_3)-O-C_4H_9$	Cr 87.7 I	—
843	$C_8H_{17}O-C_4H_2N_2-C_6H_4-O-C(=O)-CH_2\overset{*}{C}H(CH_3)-O-C_4H_9$	Cr 18.5 I	—
844	$C_8H_{17}O-C_6H_4-C_6H_4-C_6H_4-O-C(=O)-\overset{*}{C}H(CH_3)-O-C_4H_9$	Cr 148.5 S_A 167.0 N^* 195.5 I	117
845	$C_8H_{17}O-C_4H_2N_2-C_6H_4-C_6H_4-O-C(=O)-\overset{*}{C}H(CH_3)-O-C_4H_9$	Cr 79 S_A 118 N^* 128.5 I	65
846	$C_8H_{17}O-C_6H_4-C_4H_2N_2-C_6H_4-O-C(=O)-\overset{*}{C}H(CH_3)-O-C_4H_9$	Cr 88 S_C^* 148.0 I	215

续表

代号	分子结构	相变温度/℃	Ps/(nC/cm²)
847	$C_8H_{17}O$—⟨苯环⟩—⟨嘧啶环⟩—⟨苯环⟩—O—C(=O)—C*H(CH_3)—O—C_4H_9	Cr 83 S_X90 S_C^* 149.5 N^*157.0 I	174
848	$C_8H_{17}O$—⟨苯环⟩—⟨苯环⟩—⟨嘧啶环⟩—O—C(=O)—C*H(CH_3)—O—C_4H_9	Cr 133.8 S_C^* 137.5 I	155
849	$C_8H_{17}O$—⟨苯环⟩—⟨苯环⟩—⟨嘧啶环⟩—⟨苯环⟩—O—C(=O)—C*H(CH_3)—O—C_4H_9	Cr 150.8 S_X 164.0 S_C^* 267.5 I	75
850	$C_8H_{17}O$—⟨苯环⟩—⟨噻二唑环⟩—⟨苯环⟩—O—C(=O)—C*H(CH_3)—O—C_4H_9	Cr 66 S_C^* 141.5 I	165

注：S_X表示近晶 X 相。

表 8-5 中的化合物虽然手性中心相同，但是 Ps 值不尽相同。从前面的讨论可知，在手性中心或其附近使用极性基团可提高 Ps 值，而在致晶单元中引入杂环提高分子极性也可以提高 Ps 值。如化合物 **845～850**，苯基嘧啶环可以促进分子骨架间的相互吸引，使 Ps 值大幅增加[36]。

参 考 文 献

[1] 张智勇, 陈元模, 张宏伟, 等. 显示用胆甾相液晶材料发展现状[J]. 液晶与显示, 2003, 18(5): 317-323.

[2] 刘永智, 杨开愚, 等. 液晶显示技术[M]. 成都: 电子科技大学出版社, 2000.

[3] 李辉, 杜渭松, 李建. 显示液晶用手性添加剂材料进展[J]. 液晶与显示, 2009, 24(1): 26-33.

[4] IDLER D R, FAGERLUND U H M. The Synthesis of 24-Methylenecholesterol and 25-Dehydrocholesterol[J]. Journal of the American Chemical Society, 1957, 79(8): 1988-1991.

[5] NAKAUCHI J, UEMATSU M, SAKASHITA K, et al. Mesomorphic and ferroelectric properties of novel optically active compounds derived from (R)-3-hydroxynonanoic acid[J]. Liquid Crystals, 1990, 7(1): 41-50.

[6] TANI K, TANIGAWA E, TATSUNO S, et al. Mechanistic aspects of catalytic hydrogenation of ketones by rhodium (I)-peralkyldiphosphine complexes[J]. Journal of Organometallic Chemistry, 1985, 279, 87-101.

[7] GREENE T W, WUTS P G M. 有机合成中的保护基[M]. 上海: 华东理工大学出版社, 2004.

[8] COREY E J, BAKSHI R K, SHIBATA S. Highly enantioselective borane reduction of ketones catalyzed by chiral oxazaborolidines. Mechanism and synthetic implications[J]. Journal of the American Chemical Society, 1987, 109(18): 5551-5553.

[9] COREY E J, SHIBATA S, BAKSHI R K. An efficient and catalytically enantioselective route to (S)-(-)-phenyloxirane[J]. The Journal of Organic Chemistry, 1988, 53(12): 2861-2863.

[10] OHTA T, TAKAYA H, KITAMRA M, et al. Asymmetric hydrogenation of unsaturated carboxylic acids catalyzed by BINAP-ruthenium(Ⅱ) complexes[J]. The Journal of Organic Chemistry, 1987, 52(14): 3174-3176.

[11] KUSUMOTO T, UEDA T, HIYAMA T. Ferroelectric liquid crystalline compounds having a chiral center directly

connected to the core aromatic ring. Synthesis of chiral 4-(1-propoxyethyl) benzenol and-benzoic acid, 4-(1-carboxyethyl) benzenol and the esters derived therefrom[J]. Chemistry Letters, 1990, 19(4): 523-526.

[12] DAVIES S G, BASHIARDES G, BECKETT R P, et al. Asymmetric synthesis via chiral transition metal auxiliaries[J]. Philosophical Transactions of the Royal Society of London. Series A, Mathematical and Physical Sciences, 1988, 326(1592): 619-631.

[13] 赵可清, 胡平, 等. 对甲基苯甲酸胆甾醇酯的合成及晶体结构[J]. 四川师范大学学报(自然科学版), 1998, 21(3): 315-319.

[14] 黄定兵, 由宏君, 钟杰立. 乙酸正丁酯合成的研究进展[J]. 贵州化工, 2004, 29(6): 6-8.

[15] APREUTESEI D, LISA G, HURDUC N, et al. Thermal behavior of some cholesteric ester [J]. Journal of Thermal Analysis and Calorimetry, 2006, 83(2): 335-340.

[16] HU J S, ZHANG B Y, PAN W, et al. Synthesis and characterization of side-chain cholesteric liquid-crystalline polymers derived from steroid substituents[J]. Journal of Applied Polymer Science, 2006, 99(5): 2330-2336.

[17] 王亮. 手性戊醇的纯化及其衍生物的制备[D]. 西安: 陕西师范大学, 2012.

[18] 邢其毅, 裴伟伟, 徐瑞秋, 等. 基础有机化学[M]. 3 版. 高等教育出版社, 2005.

[19] TOURNIHAC F, SIMON J, BARZOUKAS M, et al. Mesomorphic molecular materials: dielectric and nonlinear optical properties of donor-acceptor azomethine nematogens[J]. The Journal of Physical Chemistry, 1991, 95(20): 7858-7862.

[20] RITTER O M S, MERLO A A, PEREIRA F V, et al. Synthesis and characterization of new chiral liquid crystalline polyacrylates from L-isoleucine[J]. Liquid Crystals, 2002, 29(9): 1187-1200.

[21] CAREY F A, SUNDBERG R J. Advanced Organic Chemistry: Part B: Reaction and Synthesis[M]. Berlin: Springer Science & Business Media, 2007.

[22] PARRA M L , SAAVEDRA C G , HIDALGO P I , et al. Novel chiral liquid crystals based on amides and azo compounds derived from 2-amino-1,3,4-thiadiazoles: synthesis and mesomorphic properties[J]. Liquid Crystals, 2008, 35(1): 55-64.

[23] BIERING A, DEMUS D, GRAY G W, et al. The classification of the liquid crystalline modificatons in some homologous series[J]. Molecular Crystals and Liquid Crystals, 1974, 28(3-4): 275-292.

[24] ALLCOCK H R, KLINGENBERG E H. Synthesis of liquid crystalline phosphazenes containing chiral mesogens[J]. Macromolecules, 2002, 28(13): 4351-4360.

[25] ZOGHAIB W M, CARBONI C, KASHOUB F A, et al. A de vries (SmC*) phase in a novel series of chiral fluorinated organosiloxane liquid crystals[J]. Molecular Crystals and Liquid Crystals, 2018, 666(1): 74-84.

[26] ZANG X Y, GAO L, ZHANG R, et al. Fluorinated chiral nematic liquid crystal dimers based on (S)-1-phenylethane-1,2-diol[J]. Liquid Crystals, 2020, 47(5): 689-701.

[27] HERMAN J, APTACY A, DMOCHOWSKA E, et al. The effect of partially fluorinated chain length on the mesomorphic properties of chiral 2′,3′-difluoroterphenylates[J]. Liquid Crystals, 2020, 47(14-15): 2332-2340.

[28] XU Y, WANG W, CHEN Q, et al. Synthesis and transition temperatures of novel fluorinated chiral liquid crystals containing 1, 4-tetrafluorophenylene units[J]. Liquid Crystals, 1996, 21(1): 65-71.

[29] 闻建勋, 陈齐. 铁电液晶与高分子铁电液晶[J]. 化学进展, 1993(1): 12-41.

[30] ZHANG D, LIU Y X, WAN X H, et al. Synthesis and characterization of a new series of "mesogen-jacketed liquid crystal polymers" based on the newly synthesized vinylterephthalic acid[J]. Macromolecules, 1999, 32(16): 5183-5185.

[31] SAKURAI T, SAKAMOTO K, HONMA M, et al. Synthesis and ferroelectric properties of new series of ferroelectric liquid crystals[J]. Ferroelectrics, 1984, 58(1): 21-32.

[32] SAKURAI T, MIKAMI N, OZAKI M, et al. New series of ferroelectric liquid crystals with large spontaneous polarization and dielectric constant[J]. The Journal of Chemical Physics, 1986, 85(1): 585-590.

[33] 张宸, 黎崇亮, 张雪, 等. 手性基团对液晶有序排列的影响[J]. 高分子材料科学与工程, 2014, 30(12): 1-5.

[34] LEE H C, LU Z, HENDERSON P A, et al. Cholesteryl-based liquid crystal dimers containing a sulfur-sulfur link in the flexible spacer[J]. Liquid Crystals, 2012, 39(2): 259-268.

[35] HSU C S, CHU P H, CHANG H L, et al. Effect of lateral substituents on the mesomorphic properties of side-chain liquid crystalline polysiloxanes containing 4-[(S)-2-methyl-1-butoxy] phenyl 4-(alkenyloxy) benzoate side groups[J]. Journal of Polymer Science Part A: Polymer Chemistry, 1997, 35(13): 2793-2800.

[36] SUGITA S, TODA S, YAMASHITA T, et al. Ferroelectric liquid crystals having various cores. Effect of core structure on physical properties[J]. Bulletin of the Chemical Society of Japan, 1993, 66(2): 568-572.

第 9 章　混合液晶材料的纯化和制备

以液晶显示行业的发展为依托，以液晶显示器件的技术需求为市场导向，液晶材料属于涉及化学、物理、材料、信息技术等多个学科的技术密集型精细化工领域。市场上的液晶材料产品主要包括液晶中间体、液晶化合物及混合液晶三大类。本章主要简述混合液晶材料、液晶材料的纯化、混合液晶材料性能评价和混合液晶材料制备，在此基础上介绍四类典型显示模式用混合液晶配方及其性能。

9.1　混合液晶材料简介

任何单一的液晶化合物都难以满足器件显示的综合要求,因此在实际应用中,将具有特定性能的众多液晶化合物混合进而获得混合液晶,以满足器件显示需求。目前，大屏幕液晶显示器件使用的混合液晶材料，一般由超过二十种液晶化合物组成[1]，而计算器等小尺寸液晶显示器则使用十种以内液晶化合物组成的混合液晶材料，即可满足显示要求。如表 9-1 所示，混合液晶材料主要由基础配方组分、稀释剂组分、高清亮点组分、介电各向异性调节组分、双折射率调节组分和手性添加剂组分混合调配而成，以优化混合液晶材料的相区、黏度、双折射率、介电各向异性和清亮点等性能，通过调整混合液晶材料配方中具有不同功能液晶化合物含量，即可获得满足不同应用需求的混合液晶材料。基础配方是混合液晶材料中重要的部分，决定着混合液晶的液晶相区间。

表 9-1　混合液晶材料的组分及其作用

组分	作用
基础配方组分	保持液晶相区间
稀释剂组分	降低体系的黏度和熔点
高清亮点组分	提高配方的清亮点
介电各向异性调节组分	调整介电各向异性来调整工作电压
双折射率调节组分	调整体系的双折射率
手性添加剂组分	调整螺旋扭曲力常数值

AM-TFT-LCD 的显示模式不同，其对混合液晶材料的性能要求也不相同[2-4]，

表 9-2 中列出了不同显示模式对混合液晶材料性能的基本要求。要实现这些要求，就需要具有特定性能的液晶化合物作为混合液晶材料的组分。

表 9-2　不同显示模式对混合液晶材料性能的基本要求

显示模式	TN-TFT	IPS-TFT	VA-TFT
介电各向异性($\Delta\varepsilon$)	5～6	7～11	−4～−3
双折射率(Δn)	0.09～0.10	0.09～0.12	0.08～0.11
旋转黏度/ (mPa·s)	约 70	约 70	约 100

注：TN-TFT 表示扭曲向列型薄膜晶体管；IPS-TFT 表示面内开关薄膜晶体管；VA-TFT 表示垂直排列薄膜晶体管。

9.2　液晶材料的纯化

在液晶化合物合成和混合液晶制备过程中，难免会引入溶剂、未反应完的原料、副产物、水分和无机离子等，而这些因素会对混合液晶材料的性能、显示器件的性能及使用寿命产生较大影响，因此必须除去上述这些杂质。通过分离和纯化等手段才能得到高纯度、可应用的混合液晶材料。

9.2.1　液晶化合物的纯化方法

纯化是液晶化合物生产制造过程中的重要环节，是将化学品转化成高纯电子品的关键技术途径。显示用液晶化合物作为高技术电子化学品，要求最大杂质含量在 50μg/mL 以下，无机离子含量在 10ng/mL 以下，这个杂质含量标准对于液晶化合物的分离纯化提出了很高的技术要求。与普通有机化合物的纯化技术一样，液晶化合物的分离纯化可以通过萃取、顺反异构体转型、重结晶、蒸馏、柱色谱等方法进行[5-10]。

1. 萃取

溶质从一种溶剂向另一种溶剂转移的过程称为萃取，这是纯化有机物的常用技术之一。利用萃取，可以从反应液中去除水溶性溶质和无机盐。众所周知，液晶化合物大多是有机化合物，一般不溶于水，而在有机溶剂中溶解度较大。因而在萃取时，向水溶液中加入一定量的氯化钠等电解质，就可以利用“盐析效应”降低液晶化合物和萃取剂在水溶液中的溶解度，进而提高萃取效果。对于液晶化合物，多次萃取是提高其纯度和收率的重要方法之一。

在实验过程中，为了使两种互不相容的液体尽可能充分混合，使之尽快达到萃取平衡，需振摇分液漏斗进行萃取操作，这样容易产生乳化现象。乳化产生的原因比较复杂，有时是由碱性物质引起，有时是两相的相对密度相近引起，有时是由被萃取物引起。一旦出现乳化，两相分离就比较困难，一般可通过长时间静置、滤纸过滤、补加水或溶剂、离心分离、加入无机盐等方法来破坏乳化。

2. 顺反异构体转型

在含有环己烷结构的液晶化合物合成过程中，所得产物大多是反式环己烷与顺式环己烷异构体的混合物。反式和顺式异构体具有相似的分子结构和相同的分子量，沸点差异极小，极性也几乎相同，减压蒸馏、柱色谱等分离手段根本无法实现顺反式异构体的分离纯化。

实验发现，当混合物中顺式异构体含量低于 10%时，通过选择合适的溶剂进行重结晶，可以比较容易地分离顺式异构体产物，进而获得高纯度的反式异构体产物。当混合物的比例接近 1∶1 时，很难通过常规分离手段获得高纯度的反式异构体产物。即使通过重结晶可得到少量高纯度的反式异构体产物，但其收率很低，导致成本显著增加，这在工业生产上无法被接受。为了实现高效纯化并降低成本，一般先采用“酸催化转型”或“碱催化转型”的方法进行顺反式异构体转型方法(具体内容见第 2 章)，将顺反异构体混合物转化为以反式异构体为主的混合物(反式异构体产物含量大于 90%)，再利用柱色谱或重结晶等方法分离，进而达到提纯的目的。

3. 重结晶

有机反应生成的产物，一般组成都比较复杂，且掺杂未反应的原料和催化剂等，通常可以用重结晶来分离纯化。重结晶是利用混合物中各组分在某种溶剂中溶解度不同或在同一溶剂中不同温度时的溶解度不同，使它们相互分离而起到分离提纯的目的。液晶化合物在溶剂中的溶解度与温度有密切关系，一般是温度升高时溶解度增大，温度降低时溶解度减小。根据这一性质，利用不同温度下溶剂中被提纯物质及杂质溶解度的差异，使液晶化合物在较高温度下溶解，在低温下结晶析出，而杂质全部或大部分仍留在溶液中，从而达到提纯的目的。

重结晶主要是为了除去液晶化合物中的有机杂质，想要获得好的重结晶效果，溶剂的选择十分重要。在选择溶剂时，应考虑被溶液晶化合物的成分与结构，根据“相似相溶”这一基本规律，即溶质往往易溶于与其结构相似的溶剂中。当然，溶剂的最终选择必须用实验的方法确定。当一种液晶化合物在一些溶剂中的溶解度太大，在另一些溶剂中的溶解度又太小，不能选择一种合适的溶剂时，通常考虑使用混合溶剂。用混合溶剂重结晶时，可先将待纯化液晶化合物在接近良溶剂的沸点时溶于良溶剂。若有不溶物，趁热过滤；若有色，则可以用适量活性炭煮沸脱色后趁热过滤；再在热溶液中小心地加入不良溶剂使结晶从溶液中析出[11]。重结晶溶剂一般选择乙醇、丙醇、乙酸乙酯、正庚烷、石油醚、二氧杂环己烷、乙醚等单一溶剂，或者选择混合溶剂，包括乙醇和水、乙酸和乙醚、乙醇和丙酮、乙醇和氯仿、二氧杂环己烷和水、乙酸乙酯和石油醚、乙醇和乙酸等。对于低熔点液晶化合物，通常需要使用低温重结晶的方法分离纯化，或者使用柱色谱分离纯化后再进行重结晶操作。

4. 蒸馏

蒸馏是分离和提纯液体有机化合物最常用的方法之一，它不仅可以把易挥发的液体和不易挥发的物质分开，也可以分离两种或两种以上沸点相差较大的液体混合物。在液晶化合物分离纯化过程中，常用的蒸馏方法包括：减压蒸馏、水蒸气蒸馏、分子蒸馏等。

由于液体表面分子逸出所需的能量随外界压力的降低而降低，液体沸点随外压降低而降低，因此对于高沸点或高温易分解的液晶化合物，常使用减压蒸馏。水蒸气蒸馏法只适用于液晶化合物中具有挥发性的，能随水蒸气蒸馏而不被破坏，与水不发生反应，且难溶或不溶于水的成分分离。分子蒸馏是利用不同物质分子运动平均自由程度的差别来实现分离的，它可以在很低压力下进行，液体中没有溶解的空气，因此整个液体不能沸腾，只能在液体表面蒸发，特别适合高沸点、热敏性和易氧化液晶化合物的分离和提纯。分子蒸馏可以有效除去液晶化合物中的无机杂质、金属离子、强极性杂质、高聚物等杂质。工业上常使用短程分子蒸馏仪进行液晶化合物的批量分离和提纯(图 9-1)。

图 9-1 短程分子蒸馏仪

5. 柱色谱

色谱法包括柱色谱、薄层色谱、气相色谱、高效液相色谱等。在液晶化合物的分离纯化过程中，经常使用柱色谱、薄层色谱或者制备型高效液相色谱，以除去液晶化合物中的无机离子和有机杂质。柱色谱是指一根填充有不溶性基质固定相的玻璃柱子或金属管，将混合样品加到柱子上后用一种或多种溶剂洗脱，根据混合物中各组分在固定相和流动相中的分配系数不同将不同组分逐一分离，从而达到提纯目的(图 9-2)。柱色谱分离的固定相一般选用高纯 SiO_2、Al_2O_3 或二者的混合物。洗脱剂是柱色谱分离效果的关键，可以通过薄层色谱法(TLC)确定洗脱剂，正庚烷或正庚烷/乙酸乙酯混合体系是液晶化合物柱色谱分离的常用洗脱剂。

图 9-2　柱色谱

综上所述，液晶化合物的纯化通常使用以上几种方法或者这些方法的组合。如果液晶化合物的某一性能指标或杂质含量无法满足要求，可以选择其他手段进一步纯化。例如，液晶化合物的金属离子和无机离子超标时，可选择柱色谱进一步纯化。此外，还有一些其他分离纯化的方法应用于液晶化合物的提纯过程，如低温闪蒸法[12]、区域熔融法[13,14]、电渗析法[15]等。

9.2.2　液晶化合物的纯化实例

以合成液晶化合物 **412** 为例，阐述如何利用上述分离纯化方法获得高纯度液晶化合物。**412** 是以 4-正丙基环己基甲腈(**406**)为原料，经过多步反应合成(具体合成步骤见图 4-67)。在每一步合成时，所采取的纯化方法需结合产物和副产物的物理性质确定。例如，在合成 1-(4-正丙基环己基)-2-(3-氟苯基)乙酮(**407**)时，将反应液萃取后经气相-质谱联用仪(GC-MS)检测，发现化合物 **407** 存在顺反异构体，需综合使用萃取、顺反异构体转型、重结晶等纯化手段，最后经核磁共振波谱仪确认其反式异构体产物。因此，在合成过程中，需要综合运用分离纯化方法获得液晶化合物及其中间体。

在制备 **406** 过程中，部分反式异构体会转变成顺式产物，为了确定顺式产物的存在，利用气相-质谱联用仪(GC-MS)对 1-(4-正丙基环己基)-2-(3-氟苯基)乙酮(**407**)进行分析，结果如图 9-3 所示。由图 9-3(a)气相谱图可以看出，保留时间为 12.88min 的为主峰，保留时间为 12.71min 的峰较小，根据图 9-3(b)和(c)质谱分析，可以看出 *m/z* 相同，相对丰度不同，可见图 9-3(a)中的两个化合物应为同分异构体。为了进一步确认化合物的顺反式异构体，利用 ^{13}C NMR 对产物的结构进一步分析，结果如图 9-4 所示。

由图 9-4 可见，反式环己基的碳信号峰[16]在 28.1ppm 和 31.9ppm，在 20～27ppm 未见顺式环己基碳信号峰[17]，可以断定产物为反式结构。顺式产物可以利用重结晶的方法除去，收率约为 60%。为了提高收率，采用以下转型方法将顺式

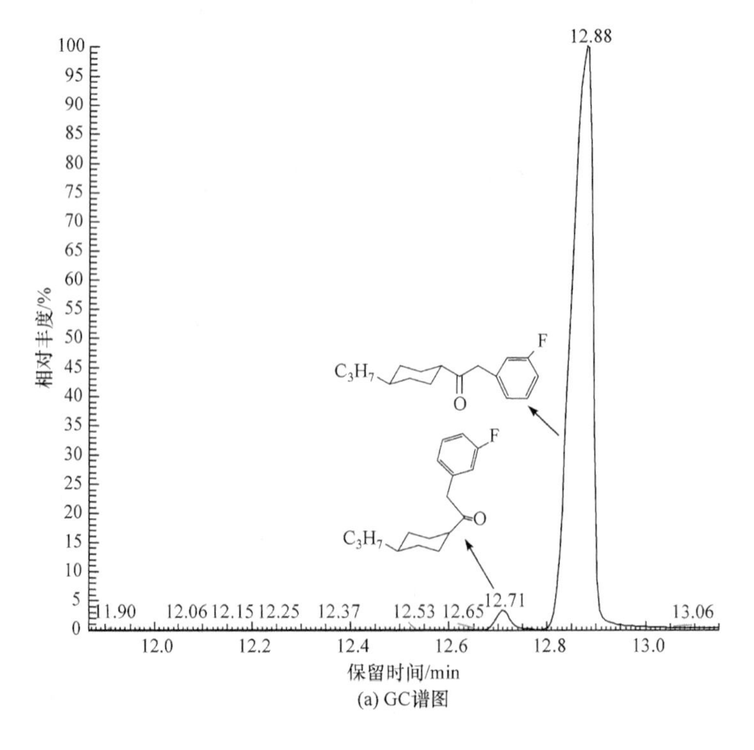

(a) GC谱图

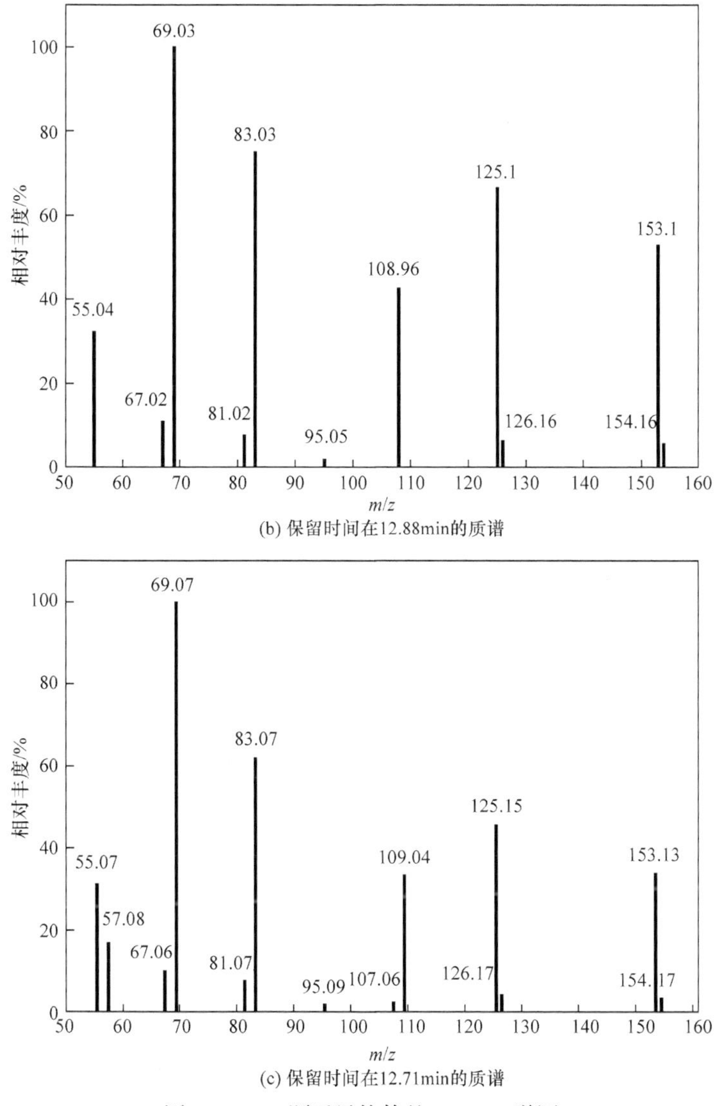

(b) 保留时间在12.88min的质谱

(c) 保留时间在12.71min的质谱

图 9-3　**407** 顺反异构体的 GC-MS 谱图

m/z-质荷比

产物转为反式产物：将 **407** 重结晶的母液(顺反异构体比例为 35 : 62)浓缩、干燥后，以干燥的四氢呋喃为溶剂，加入质量分数为 10%的叔丁醇钾作催化剂，25℃反应 2h 后加冰水猝灭反应，用乙醚萃取得到有机相，再经水洗、无水硫酸镁干燥、浓缩得混合物(顺反异构体比例为 4 : 92)，再结合重结晶得到纯反式产物(收率 82%)，可见转型后收率明显提高。

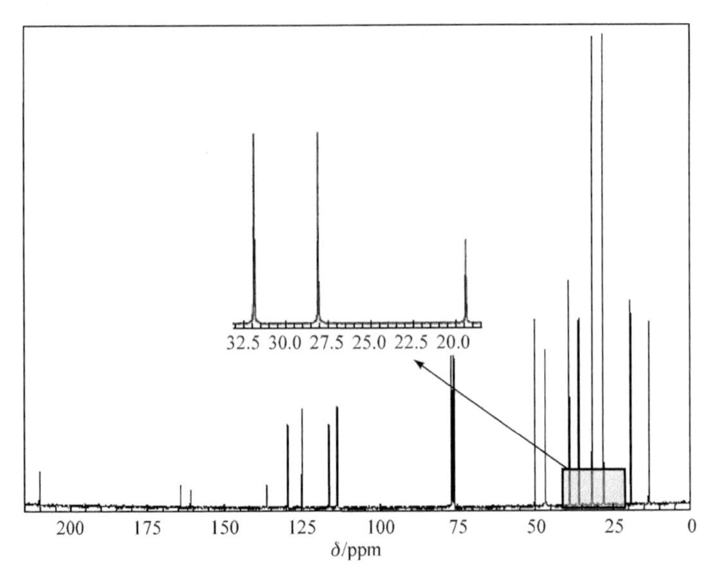

图 9-4 1-(4-正丙基环己基)-2-(3-氟苯基)乙酮的 ^{13}C NMR 谱图
δ-化学位移

在制备化合物 **408** 过程中，可能还会存在部分反式化合物转变成顺式化合物的情况。利用色相色谱分析 **408** 纯度时发现，在主峰附近有杂质峰出现，并对此产物利用 GC-MS 进行了分析，结果如图 9-5 所示。由图 9-5(a)可知主峰的两侧各有一小杂质峰，其中时间为 15.50min 的峰强度较低；时间为 15.70min 的峰强度

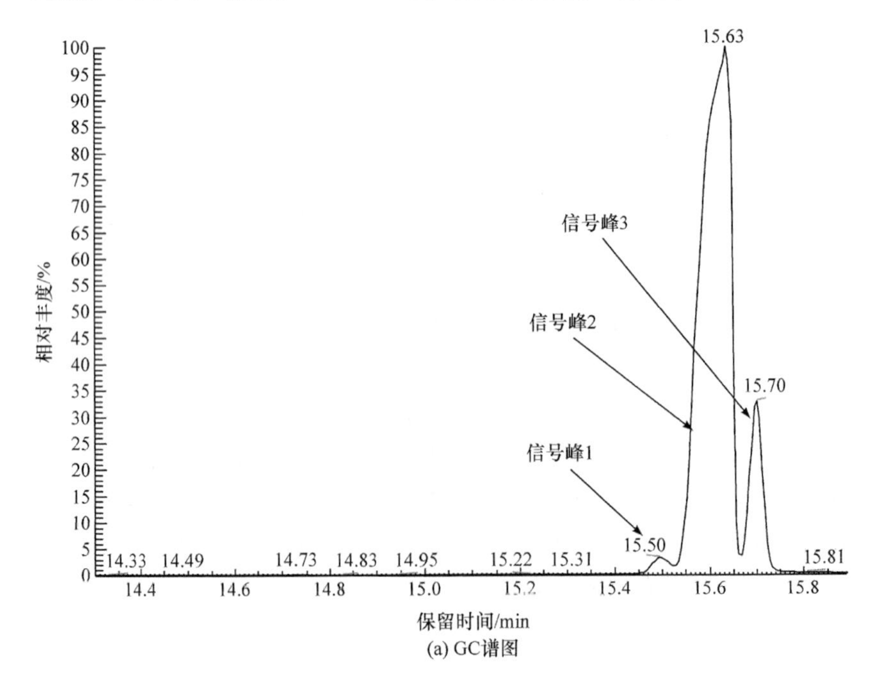

(a) GC谱图

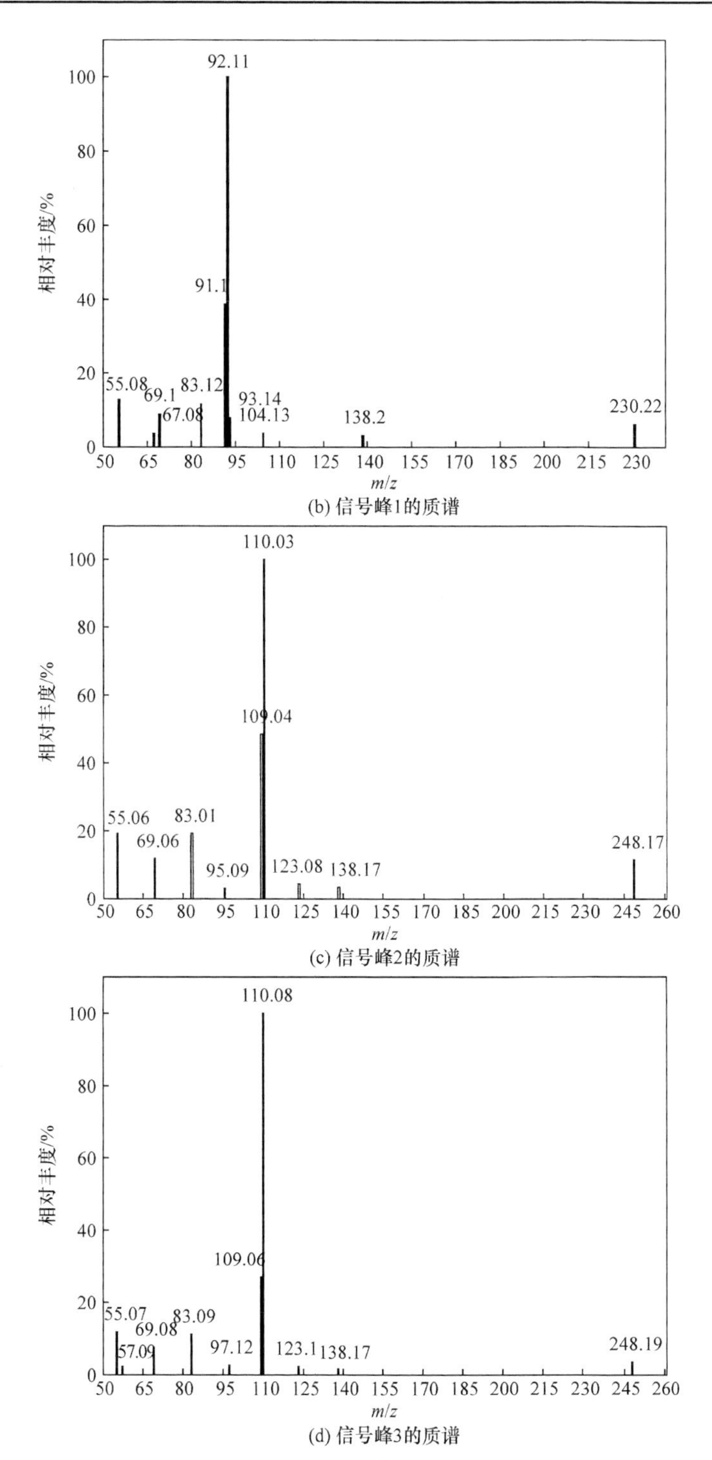

(b) 信号峰1的质谱

(c) 信号峰2的质谱

(d) 信号峰3的质谱

图 9-5　**408** 顺反异构体的 GC-MS 谱图

较高。图 9-5(b)是时间为 15.50min 信号峰 1 对应的质谱,分子离子峰 *m/z* 为 230.22；图 9-5(c)是时间为 15.63min 信号峰 2 对应的质谱，分子离子峰 *m/z* 为 248.17；图 9-5(d)是时间为 15.70min 信号峰 3 对应的质谱，分子离子峰 *m/z* 为 248.19。结合气相-质谱图推测：信号峰 1 为氟原子脱落的产物；信号峰 2 和信号峰 3 应为反式和顺式异构体产物。为了进一步确认主产物的顺反式构型，利用 ^{13}C NMR 分析其结构，由图 9-6(a)可见反式环己基的碳信号峰在 32.6ppm、38.5ppm、39.3ppm，顺式环己基碳信号峰在 28.3ppm、35.4ppm、36.2ppm，并且根据顺反式异构体的峰强度可知，还原产物 **408** 以反式构型为主，同时存在少量的顺式产物。

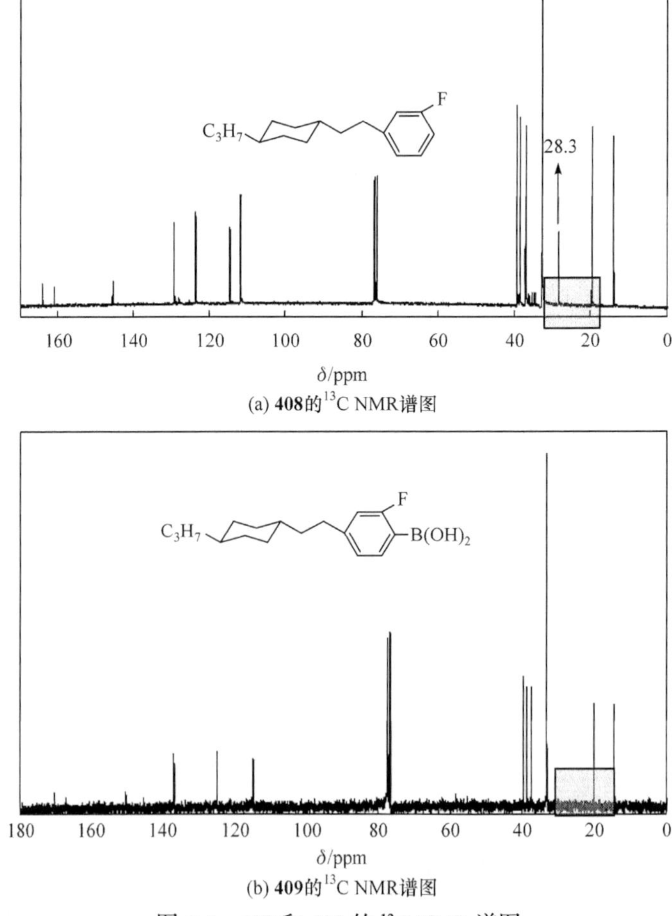

(a) **408**的^{13}C NMR谱图

(b) **409**的^{13}C NMR谱图

图 9-6　**408** 和 **409** 的 ^{13}C NMR 谱图

由于中间产物 **408** 的熔点极低，难以利用重结晶的方法纯化；采用蒸馏的方法其纯度也难以达到要求；顺反式异构体极性相近，柱色谱分离效果不理想。因此，**408** 直接用于下一步反应，制备芳基硼酸类化合物 **409**。由于芳基硼酸具有较高的熔点，因此可以利用重结晶方法纯化，以获得反式异构体产物。图 9-6(b)是重结晶后 **409** 的 ^{13}C NMR 谱图，发现顺式环己基碳信号峰(28.3ppm，35.5ppm，36.2ppm)已完全消失，说明纯化效果理想。化合物 **410** 主要通过柱色谱法进行分离纯化，化合物 **411** 可直接进行下一步反应，在化合物 **412** 纯化过程中，组合使用萃取、柱色谱和重结晶等手段可得高产物纯度(气相纯度 > 99.5%)。

9.2.3　混合液晶材料的纯化方法

混合液晶配制过程要求在超洁净室内进行。将各组分液晶化合物按照一定比例配制成混合液晶材料，通常不能直接应用于液晶显示器件中，按照常规方法配制的混合液晶材料，其电阻率难以达到应用要求。因此，混合液晶材料制备的最大难点在于混配提纯工艺，如何降低水分、离子、灰尘含量，提高电阻率、电压保持率，同时不影响液晶材料的阈值电压、饱和电压、响应时间和双折射率，成为决定混合液晶材料最终品质的关键技术。混合液晶材料可用美国生产的超滤装置进行纯化，但该装置价格昂贵。下面介绍两种混合液晶纯化方法。

1. 特种柱层析法

混合液晶材料与柱层析用硅胶或氧化铝在交换过程中，将部分离子、微量杂质、有色物质吸附，同时也能吸附水分，可以大幅提高混合液晶的电阻率，降低离子含量。单一液晶化合物的极性较小，混合液晶自身做溶剂较易通过层析柱，且产生吸附为各组分等量吸附，不产生各项性能的飘移。特种柱层析法虽然能够提高混合液晶的电阻率，但纯化过程会吸附混合液晶，减少混合液晶的质量，因而该方法不宜多次使用。

2. 去离子水洗法

混合液晶材料电阻率偏低，主要由于其离子含量偏高，混合液晶中的离子主要为 Na^+、K^+、Mg^{2+}、Fe^{3+}、Cl^-、Br^-、I^-、SO_4^{2-}、CO_3^{2-} 等微量无机离子，考虑到离子在有机物中溶解度远远低于水中的溶解度，因此可以利用水来萃取这类无机离子。混合液晶中无机离子含量已经很低，需要采用高电阻率的去离子水做萃取剂，才能有效降低混合液晶材料中的离子含量，进而提高混合液晶材料的电阻率。去离子水洗法能够降低混合液晶中离子含量，明显提高电阻率和电压保持率，但是由于混合液晶材料与水接触，造成后期除去水的额外操作，容易水分超标，因此该纯化方法需要慎重选择。

9.3　混合液晶材料的性能评价

9.3.1　评价方法

1. 热性能

(1) 液晶材料介晶性能。采用DSC进行测试；测试条件为氮气气氛，初始温度25℃，升温速度为10℃/min，从室温升温至250℃，降至室温，再升至250℃，然后降至室温。将DSC中出现吸热峰的温度记录下来，结合POM观察该温度周围出现的液晶相态变化情况，参考已报道的液晶织构图或采用XRD鉴定液晶相态，最终确定液晶化合物的相变温度(包括熔点T_m和清亮点T_c)。

(2) 混合液晶材料凝固点。将1mL左右的混合液晶装入透明的玻璃瓶中，置于低温冰箱中。温度设置为–20℃、–30℃、–40℃、–55℃，分别存储10天，观察有无晶体析出或近晶相。如果–30℃无晶体析出，凝固点温度≤–30℃。

2. 光电性能

(1) Δn测试。采用日本生产的4T型阿贝折光仪进行测试；测试条件：温度25℃，波长589nm，分别测试n_e和n_o值；双折射率值$\Delta n = n_e - n_o$。每个样品重复测试2次，求平均值。

(2) $\Delta\varepsilon$测试。根据电容C与介电常数ε的关系式：$C = \varepsilon \cdot \varepsilon_0 \cdot C_0$，其中$\varepsilon_0$是真空介电常数，$C_0$是真空电容。分别测试平行盒和垂直盒灌液晶前后电容值变化，即可获得平行和垂直方向上液晶的介电常数，介电各向异性值为平行方向上介电常数减去垂直方向上介电常数。测试温度为25℃，频率为1kHz，测试仪器型号为LCR meter HP-4274。

(3) 旋转黏度(γ)测试。采用6254型液晶材料测试仪进行测试。测试条件：温度25℃，分别测出施加60V、70V、80V、90V、100V电压V下的液晶测试盒峰值电流I_p值，外推至$1/V = 0$，计算得到旋转黏度值。

(4) 弹性常数(K)测试。将混合液晶材料灌入反平行液晶盒中，利用EC-1型物理参数测试仪进行测试。测试条件：温度为25℃，频率为1kHz，测试得到电容-电压特性曲线，然后进行拟合得到弹性常数K_{11}和K_{33}。

(5) 阈值电压与饱和电压测试。将混合液晶材料灌入5μm TN盒中，利用LCT-5016型液晶光电参数测试仪进行测试。测试条件：温度25℃，初始电压0V，步进电压0.01V，终止电压6V。通过对液晶盒施加步进电压，得到液晶在不同驱动电压下透光率变化的曲线，即电压-透光率曲线。对曲线进行归一化处理，对应透光率为 90%处电压值为阈值电压(V_{th})、对应透光率为 10%处电压值为饱和电压。

(6) 响应时间测试。将混合液晶材料灌入 5μm TN 盒中，利用 LCT-5016 型液晶光电参数测试仪进行测试。工作模式为全白模式。测试条件：温度 25℃，驱动电压为 5V。通过对液晶盒施加和去掉驱动电压，得到液晶透光率随时间变化的曲线，即透光率-时间曲线。对曲线进行归一化处理，对应施加电压后透光率由 90%变化至 10%所对应的时间为上升时间 t_r，撤去电压后透光率由 10%变化至 90%所对应的时间为下降时间 t_f。

(7) 电阻率测试[18]。通过电流法测定电阻率，将混合液晶材料灌入圆柱形测试装置中，在圆柱形两个极板上分别加上频率为 0.1Hz，电压为 ± 0.5V 的交流信号方波，通过微电流计测试通过液晶的电流，即可计算得到液晶的电阻率(ρ)。

(8) 电压保持率测试。将混合液晶材料灌入 5μm 的 TN 盒中，利用 6254 型液晶特性评测系统进行测试。测试条件：温度 60℃、施加脉冲电压 5V。撤去电压后，保持时间为 16.67ms，测试电压下降百分比，即可得到电压保持率(VHR)。

3. 离子密度

将混合液晶材料灌入 5μm 的 TN 盒中，利用 6254 型液晶特性评测系统进行测试。测试条件：温度 60℃、施加三角波，峰值电压 5V、频率 0.01Hz。测试液晶盒在外加电压下对应的电流值曲线，对其中因自由离子运动而产生的波形部分进行积分，得到离子密度值。

4. 水分含量

一般采用卡尔-费歇尔(Karl-Fischer)法测试。滴定剂是 I_2、SO_2、吡啶和甲醇。采用库仑法卡尔-费歇尔水分测试仪进行混合液晶材料中微量水分测试，每个样品测试两次求取平均值。

5. 光热稳定性

(1) 紫外光稳定性测试。样品浓度为 6×10^{-2}mol/L，溶剂为正庚烷，紫外灯功率为 8W，照射波长为 365nm，测试时紫外灯与样品距离约 2cm。照射结束后，除去溶剂，干燥样品后即可测试其紫外光稳定性。通过 DSC 测试紫外光照前后液晶化合物的熔点或清亮点，对比数据可判断液晶化合物的紫外光稳定性[19]。

(2) 热稳定性测试。液晶化合物的热稳定性一般通过热分析仪(TGA)进行测试[20]，测试条件是氮气流速为 100mL/min，升温速率为 10℃/min，样品加热范围为 30～800℃。混合液晶的热稳定性一般通过测试加热前后混合液晶性能的变化来判断，如将混合液晶灌入液晶盒后，在某一温度加热一定时间后，测试其光电性能的变化来判断混合液晶在该温度下的热稳定性。

9.3.2　性能评价

单一液晶化合物结构确认后，通过气相色谱或液相色谱检测液晶化合物的化学纯度。当化学纯度满足要求后，确定其液晶相态、液晶相变温度、双折射率、介电各向异性、旋转黏度、电阻率等，同时可进一步对液晶化合物进行紫外光稳定性和热稳定性评价，最终筛选出符合混合液晶配制要求的液晶化合物。对于离子检测，一般先用电阻率测试，大多液晶化合物的电阻率大于 $1\times10^{13}\Omega\cdot cm$，少数大于 $1\times10^{14}\Omega\cdot cm$。必要时可用离子色谱测试离子浓度，进一步评价液晶化合物的离子含量。

混合液晶材料由诸多液晶化合物组成，因此混合液晶材料的性能和品质取决于每一种液晶化合物成分。将多种液晶化合物配制成混合液晶后，测试混合液晶的凝固点、清亮点、双折射率、介电各向异性、弹性常数、旋转黏度和光电响应性能等参数，同时测试混合液晶的电压保持率、离子浓度、电阻率、水分、热稳定性和紫外光稳定性等，进一步对其可靠性进行评价。

9.4　混合液晶材料的制备

9.4.1　混合液晶材料配方设计原则

混合液晶材料配方设计是将具有不同性能的液晶化合物进行组合与不断优化的过程。研究发现，液晶化合物的性能与混合液晶材料性能之间有近似的加和规律，如式(9-1)所示。

$$
\begin{aligned}
T_{NI} &= T_{NI1} * X_1 + T_{NI2} * X_2 + \cdots + T_{NIn} * X_n \\
\Delta\varepsilon &= \Delta\varepsilon_1 * X_1 + \Delta\varepsilon_2 * X_2 + \cdots + \Delta\varepsilon_n * X_n \\
\Delta n &= \Delta n_1 * X_1 + \Delta n_2 * X_2 + \cdots + \Delta n_n * X_n
\end{aligned}
\tag{9-1}
$$

其中：

T_{NI}——液晶化合物的清亮点；

X_i——液晶化合物在混合液晶中所占的摩尔分数；

$\Delta\varepsilon$——介电各向异性；

Δn——双折射率。

混合液晶的上限使用温度由各个液晶化合物的清亮点参数和比例决定，基本符合加和规律。混合液晶低温下的熔点尚难以准确估算，目前，主要借鉴多组分理想溶液的熔点公式(9-2)。必须注意熔点公式是从理想体系的基础上推出的，因此要求各成分混合后，不发生化学作用，不形成固溶体；混合的向列相是一种理想的溶液，即分子间作用力与成分无关，混合时无热效应，无熵的变化[15]。

$$\ln X_i = \frac{\Delta H_{mi}}{R}\left(\frac{1}{T_{mi}} - \frac{1}{T}\right) \quad (9\text{-}2)$$

其中：

X_i——液晶化合物在混合液晶中所占的摩尔分数；

T_{mi}——液晶化合物的熔点；

ΔH_{mi}——液晶化合物的熔融焓；

R——理想气体常数。

综上所述，基于各液晶化合物在混合液晶配方中的贡献值，通过理论分析不同组成混合液晶材料的性能并调配成配方进行验证，最终筛选出满足指标要求的最优配方组合。

9.4.2　混合液晶材料制备方法

如图9-7所示，混合液晶材料由多个性能优异的液晶化合物混合制备而成[21-23]。首先将性能优异的液晶化合物混合制备成具有宽工作温度区间、大双折射率、大介电各向异性等特定性能的混合液晶基础配方，然后依据显示器件所需性能将具有特定性能的基础配方混合，经过多次测试和筛选后优选得到最佳混合液晶材料配方组成，最后再重复三次验证其可靠性。在混合液晶材料配制过程中，由于混合液晶的黏度比较大，因此要想得到多组分的均匀的混合液晶体系，必须将混合液晶加热至清亮点，用超声波或磁力搅拌至均匀，搅拌时必须在防尘、防潮和干燥氮气保护下进行。混合液晶配制的方法分为随机加料法和按照熔点次序加料法。按照熔点次序加料法是先让熔点较低的液晶化合物之间形成低共溶物，将有利于降低混配温度，减少混配时间。以混合液晶 001 为例，其清亮点低于 110℃。

(1) 随机加料：称取液晶化合物加入样品瓶中，称料完毕后样品瓶中为固体粉末状态，加热至 50℃保温 10min，有少量固体溶解，但大量液晶化合物仍呈固态，随后采取每 10min 一次性升温 10℃阶段式加热过程，到达 90℃时大部分固体溶解呈乳白色(向列相液晶)，继续加热到 110℃时，样品瓶中溶液清亮，变为液态(各向同性)，仍有部分固体悬浮，停止升温，保温 30min，所有固体溶解，降至室温即可得到混合液晶 001。

(2) 按照熔点次序加料：将混合液晶 001 所需液晶化合物的熔点排序，按熔点从小到大的次序在样品瓶中加入液晶化合物。操作过程中发现，伴随加料，样品瓶中液晶化合物慢慢熔解，加料结束时，样品瓶中加入的液晶化合物大部分熔解，同样加热至 50℃保温 10min，升至 60℃加热 5min，所有固体溶解，再保温 30min 停止加热，降至室温即可得到混合液晶 001。

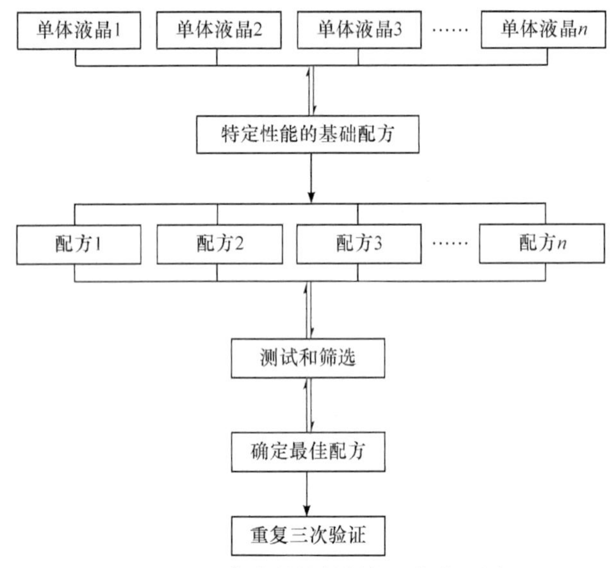

图 9-7　混合液晶材料制备工艺流程图

9.4.3　基础配方的制备

混合液晶材料的制备通常先要获得基础配方，然后根据不同显示模式对混合液晶的性能要求，向基础配方中加入一定比例具有特定性能的液晶化合物，进而优化筛选出满足器件性能要求的混合液晶材料。混合液晶材料的液晶相区间一般为–20～80℃，户外特殊要求为–40～90℃。为了获得较好的低温性能，高的清亮点和较快的响应速度，本小节中基础配方的研究选用表 9-3 中所列的液晶化合物。表 9-3 所列化合物具有较低的熔点，应用于混合液晶中可获得较好的低温性能。

表 9-3　混合液晶材料基础配方中的液晶化合物[24]

代号	分子结构	代号	分子结构
2C2BBF2V	C_2H_5 F	**2C2BFB2V**	C_2H_5 F
3C2BBF2V	C_3H_7 F	**3C2BFB2V**	C_3H_7 F
4C2BBF2V	C_4H_9 F	**4C2BFB2V**	C_4H_9 F

续表

代号	分子结构	代号	分子结构
5C2BBF2V		5C2BFB2V	
3BB(FB)2V		3B(BF)B2V	
3HPO1		3HPO2	
3HHO1		3HHV	

混合液晶 **M1** 由化合物 **2C2BFB2V**、**3C2BFB2V**、**5C2BFB2V** 按照一定比例混合而成，将化合物 **3HHV**、**2C2BBF2V** 和 **3C2BBF2V** 按一定比例添加到混合液晶 **M1** 中，获得混合液晶 **M2**、**M3**、**M4**、**M5**，由表 9-4 可以看出，与 **M1** 相比，混合液晶 **M2**～**M5** 的熔点下降 4～17℃，清亮点也有所降低，尤其是 **M4**、**M5**，这是由于 **2C2BBF2V** 的清亮点明显低于 **M1**；另外，**M2**～**M4** 的双折射率明显升高 0.0060～0.0127，可见，加入 **2C2BBF2V** 和 **3C2BBF2V** 有助于降低熔点，提高双折射率，但是并未提高其清亮点。**M5** 的双折射率明显降低，这是由于 **3HHV** 的双折射率很小。

表 9-4　端烯类液晶化合物对基础配方的相变温度及双折射率的影响

代号	配方组成(添加剂质量分数/%)	熔点/℃	清亮点/℃	Δn
M1	**M1**	−10	108	0.1414
M2	**M1 + 3C2BBF2V** (25%)	−14	104	0.1541
M3	**M1 + 2C2BBF2V** (10%)	−20	102	0.1474
M4	**M1 + 2C2BBF2V** (25%)	−25	94	0.1513
M5	**M1 + 2C2BBF2V** (24%) + **3HHV** (6%)	<−27	90	0.1319
M5a	**M1 + 2C2BFB2V** (24%) + **3HHV** (6%)	<−27	93	0.1308
M6	**M5 + 3B(BF)B2V** (5%)	<−27	93	0.1374

M6 在 **M5** 的基础上添加了 5%的 **3B(BF)B2V**，由于该化合物的清亮点较高，双折射率较大,因此 **M6** 的清亮点较 **M5** 升高了 3℃,而且双折射率升高了 0.0055，熔点也保持在−27℃以下，可见，**3B(BF)B2V** 的加入对提高清亮点和双折射率有很大的帮助。**M5**、**M6** 的熔点低且清亮点高，作为基础配方比较容易获得低温性能优良、响应速度较快的混合液晶。为了对比 ***n*C2BFB2V** 和 ***n*C2BBF2V** 对混合液晶双折射率和相变温度的影响，配制了 **M5a** 和 **M5**。**M5a** 的双折射率与 **M5** 相比较低，清亮点稍高，这是由于 **2C2BFB2V** 的清亮点高于 **2C2BBF2V**。可见，

与 ***n*C2BBF2V** 相比，***n*C2BFB2V** 有利于提高混合液晶的清亮点。

9.5　混合液晶材料的性能

液晶显示器件的参数决定液晶材料必须具备的性能，不同显示模式的液晶显示器，需要特定性能的混合液晶材料。例如，TN 模式的液晶显示器要求液晶材料具有高化学稳定性、低熔点、低黏度、高 Δn、高 $\Delta\varepsilon$ 等性能外，还需要具有低 K_{33}/K_{11} 和低 $\Delta\varepsilon/\varepsilon_{\perp}$ 来满足陡峭的光电响应曲线要求。在 9.4.3 小节基础上，本节选取合适的混合液晶基础配方，然后根据 TN-TFT、VA-TFT 显示模式对混合液晶的性能要求，向基础配方中加入一定比例具有特定性能的液晶化合物，得到了系列 TN-TFT 配方和 VA-TFT 配方，研究这两类配方的光电性能[24]。最后，简要介绍了面内开关(IPS-TFT)和边缘场开关(FFS-TFT)显示用混合液晶的配方组成及其性能。

9.5.1　TN-TFT 混合液晶的性能

根据表 9-2 可知，TN-TFT 配方的介电各向异性一般为 5～6，为了获得合适的正介电各向异性，TN-TFT 配方中选用表 9-5 中具有正介电各向异性的液晶化合物。系列 A 中的化合物熔点和黏度均较低，有助于提高混合液晶的低温性能和降低黏度，并提高响应速度；系列 B 中的化合物清亮点较高，同时具有较大的正介电各向异性，有助于提高混合液晶的清亮点，拓宽液晶相区间，提高响应速度；系列 C 中的化合物均具有大的正介电各向异性，有助于提高混合液晶的正介电各向异性，提高响应速度。

表 9-5　正介电各向异性液晶化合物

系列 A	系列 B	系列 C
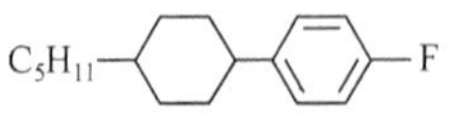 C_5H_{11} F	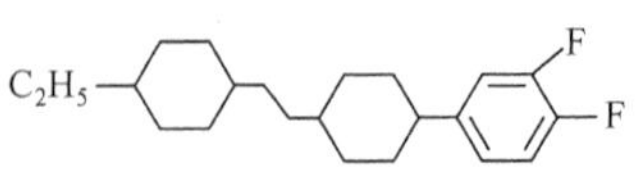 C_2H_5 F F	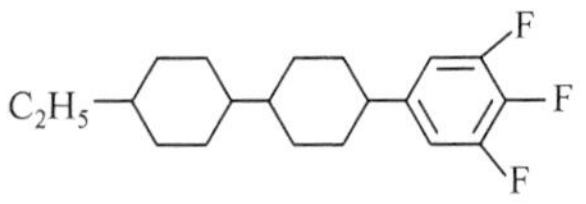 C_2H_5 F F F
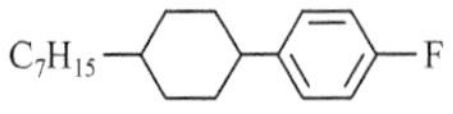 C_7H_{15} F	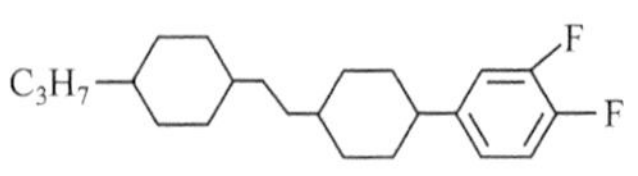 C_3H_7 F F	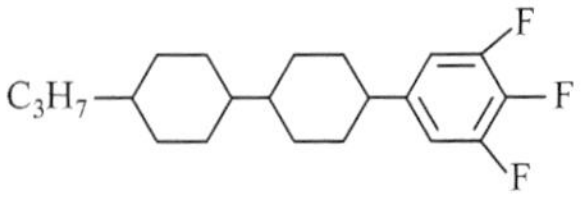 C_3H_7 F F F
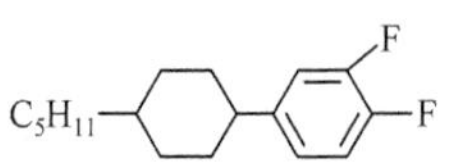 C_5H_{11} F F	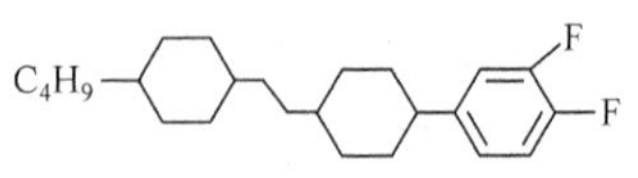 C_4H_9 F F	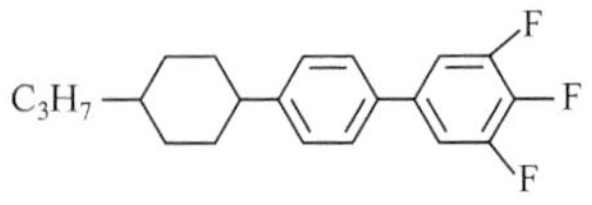 C_3H_7 F F F
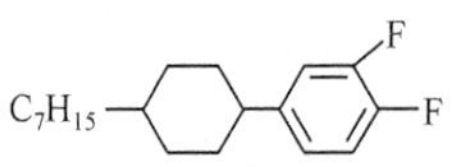 C_7H_{15} F F	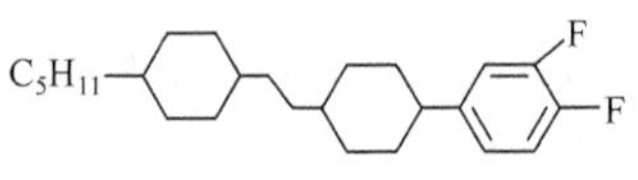 C_5H_{11} F F	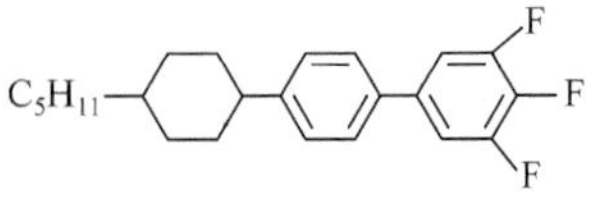 C_5H_{11} F F F

将表 9-5 中三个系列的化合物按一定的比例加入 **M5** 中获得 **M7**～**M18**，表 9-6 中列出了 TN-TFT 配方的相变温度和双折射率。由于加入了表 9-5 中的液晶化合物，**M7**～**M16** 与 **M5** 相比双折射率降低了 0.0186～0.0380；相变温度也有变化。**M7**～**M10** 的清亮点与 **M5** 相比提高了 2～3℃，其中，**M7** 的熔点保持在–27℃以下，**M11**、**M12** 的熔点保持在–27℃以下，但是，**M8**～**M10** 的熔点升高至–25℃，这是由于系列 C 中的化合物熔点较高，提高了混合液晶的熔点。**M11**～**M14** 清亮点与 **M10** 相比明显降低，由于 **M13**～**M14** 中加入了系列 C 中的化合物，熔点和清亮点与 **M11**～**M12** 相比有所升高。**M15**～**M16** 与 **M12** 的液晶相区间接近，**M17**、**M18** 的熔点极低，同时清亮点也较低。

表 9-6　TN-TFT 混合液晶的相变温度和双折射率

代号	配方组成(质量分数/%)	熔点/℃	清亮点/℃	Δn
M7	**M5** (40%) + 系列 B (30%) + 系列 C (30%)	<–27	93	0.1109
M7a	**M5a** (40%) + 系列 B (30%) + 系列 C (30%)	<–27	95	0.1090
M8	**M7** (95%) + 系列 C (5%)	–25	92	0.1117
M9	**M7** (90%) + 系列 C (10%)	–25	92	0.1133
M10	**M7** (85%) + 系列 C (15%)	–25	92	0.1110
M11	**M10** (95%) + **3HHV** (5%)	<–27	86	0.0978
M12	**M10** (90%) + **3HHV** (10%)	<–27	84	0.0956
M13	**M10** (95%) + 系列 C (2.5%) + **3HHV** (2.5%)	–25	90	0.1020
M14	**M10** (90%) + 系列 C (5%) + **3HHV** (5%)	–25	86	0.1020
M15	**M12** (92%) + 系列 A (4%) + 系列 C (4%)	<–27	83	0.0918
M16	**M12** (92%) + 系列 B (4%)+ 系列 C (4%)	<–27	84	0.0939
M17	**M7** (50%) + 系列 C (10%) +**3HHV** (30%) + 系列 A (10%)	<–70	69	0.0887
M18	**M7** (40%) + 系列 C (20%) +**3HHV** (30%) + 系列 A (10%)	<–70	66	0.0760

表 9-7 中列出了 TN-TFT 混合液晶 **M7**～**M18** 的光电性能。为了对比 ***n*C2BFB2V** 和 ***n*C2BBF2V** 对 TN-TFT 配方光电性能的影响，配制了 **M7a** 和 **M7**。**M7a** 的 V_{th} 为 2.34V，与 **M7** 相比降低了 0.19V，T_{on} 缩短了 24ms，可见与 ***n*C2BBF2V** 相比，***n*C2BFB2V** 有利于降低驱动电压，降低能耗，提高 TN 用混合液晶的响应速度。另外，陡度和对比度均有升高，表明该类化合物有助于提高显示器的画面质量。这可能是氟取代基在两类液晶分子中的偶极方向不同引起的，***n*C2BFB2V** 中的氟取代基的偶极方向指向丁-3-烯基一端，有利于获得正介电各向异性，从而降低了

驱动电压，缩短了响应时间。

表 9-7　TN-TFT 混合液晶的光电性能

代号	E			时间/ms					
	V_{th}/V	陡度	对比度	t_d	t_r	T_{on}	t_s	t_f	T_{off}
M7	2.53	1.21	8.00	141.0	63.0	204.0	12.5	27.5	40.0
M7a	2.34	1.30	10.00	126.0	54.0	180.0	12.0	26.0	38.0
M8	2.35	1.21	7.53	114.0	49.0	163.0	16.5	29.5	46.0
M9	2.27	1.20	6.87	122.0	29.0	149.0	18.0	29.0	47.0
M10	2.17	1.23	8.16	97.0	42.0	139.0	18.5	29.0	47.5
M11	2.31	1.23	8.11	93.0	39.0	132.0	15.5	25.5	41.0
M12	2.38	1.25	8.48	87.0	40.0	127.0	11.5	22.5	34.0
M13	2.17	1.23	8.22	82.0	33.0	115.0	18.0	25.0	43.0
M14	2.11	1.24	8.12	71.0	27.5	98.5	18.0	23.5	41.0
M14[a]	1.75	1.48	26.2	17.0	13.5	30.5	9.0	20.5	29.5
M15	2.24	1.23	7.94	79.0	33.0	112.0	15.5	23.0	38.5
M16	2.20	1.25	8.67	73.0	31.5	104.5	15.5	24.5	40.0
M17	2.33	1.25	7.15	58.0	23.0	81.0	16.5	20.5	37.0
M17[a]	1.60	1.66	—	2.6	3.1	5.7	5.7	13.8	19.5
M18[a]	1.49	1.71	—	2.7	3.6	6.3	6.9	18.2	25.1

注：**M14[a]**、**M17[a]**、**M18[a]** 测试用液晶盒厚度为 4μm，其余液晶盒厚度为 8μm；**M17[a]**、**M18[a]** 的介电各向异性分别为 3.86、4.30，测试仪器为Ⅳ-CAST；E 表示光电参数；t_d 表示透光率 0～10%对应的上升响应时间；t_r 表示透光率 10%～90%对应的上升响应时间；t_s 表示透光率 0～10%对应的下降响应时间；t_f 表示透光率 10%～90%对应的下降响应时间；T_{on} 表示上升响应时间；T_{off} 表示下降响应时间。

M7 的上升响应时间为 204ms，为了获得较快的响应速度，在 **M7** 的基础上添加了系列 C 中的化合物以提高正介电各向异性，并保持较高的清亮点，与 **M7** 相比，**M8**～**M10** 的 V_{th} 降低了 0.18～0.36V，可见加入系列 C 中的化合物可有效提高混合液晶的正介电各向异性，保持较高的清亮点，并且上升响应时间明显降低，最多降低了 65ms。由图 9-8 可以看出，**M8**～**M10** 与 **M7** 相比上升响应时间明显缩短，其中，**M8** 与 **M7** 相比上升响应时间缩短约 40ms，但是 **M9** 与 **M8** 以及 **M10** 与 **M9** 相比，缩短并不明显，仅约为 10ms，可以看出，继续添加系列 C 中的化合物对上升响应时间的缩短意义不大。另外，**M15**、**M16** 与 **M12** 相比 V_{th} 降低了 0.14～0.18V，上升响应时间分别缩短了 15.0ms 和 22.5ms，可见，提高正介电各向异性可以提高响应速度。

降低黏度也可以提高响应速度，**3HHV** 的黏度低，添加到混合液晶中可有效降低黏度，提高响应速度，**M11** 和 **M12** 中添加了 **3HHV**，上升响应时间较 **M10**

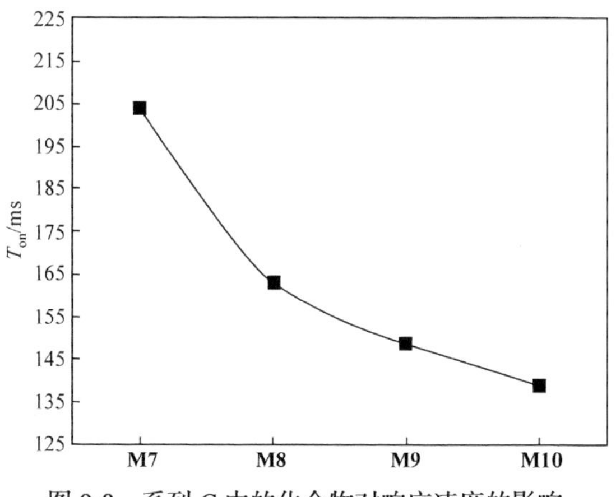

图 9-8　系列 C 中的化合物对响应速度的影响

分别缩短了 7ms 和 12ms，但是 **M12** 的清亮点降至 84℃，可见仅降低黏度能够缩短上升响应时间，但是并不明显。在 **M10** 的基础上同时添加系列 C 和 **3HHV**，旨在有效提高响应速度，**M13** 和 **M14** 的上升响应时间与 **M10** 相比分别缩短 24.0ms 和 40.5ms，对响应速度的提高比较明显。由此可见，提高正介电各向异性的同时降低黏度，能够有效地提高响应速度。**M17**[a]、**M18**[a] 表现出了较低的 V_{th}、较快的响应速度和极低的熔点，但是 **M17**[a]、**M18**[a] 的正介电各向异性分别为 3.86 和 4.30，与一般的 TN 模式显示器件要求(5～6)相比较低，清亮点也较低，有待进一步提高优化。

液晶盒的厚度能够影响混合液晶的性能测试结果。比较 **M14** 和 **M14**[a] 可以看出，较薄的液晶盒有助于降低 V_{th}，缩短 T_{on}，并能够提高陡度和对比度；比较 **M17** 和 **M17**[a] 可以发现同样的结果。较低的 V_{th} 有助于提高响应速度，而较高的陡度和对比度有利于获得高质量的液晶显示画面。

9.5.2　VA-TFT 混合液晶的性能

根据表 9-2 可知，VA-TFT 配方的负介电各向异性一般为–4～–3，为了获得合适的负介电各向异性，VA-TFT 配方选用表 9-8 中具有负介电各向异性的液晶化合物。系列 D 中的化合物清亮点较高，同时具有较大的负介电各向异性绝对值(5.9)，有助于提高混合液晶的清亮点，拓宽液晶相区间，提高响应速度；系列 E 中的化合物向列相稳定性较差，但是黏度均较低，并且具有较大的负介电各向异性绝对值(6.2)，有助于降低黏度，并提高响应速度；系列 F 中的化合物均具有较小负介电各向异性绝对值(3.4～4.3)和较低的熔点，因此可以改善低温性能，提高混合液晶的负介电各向异性绝对值，以提高响应速度。

表 9-8　负介电各向异性液晶化合物

系列 D	系列 E	系列 F

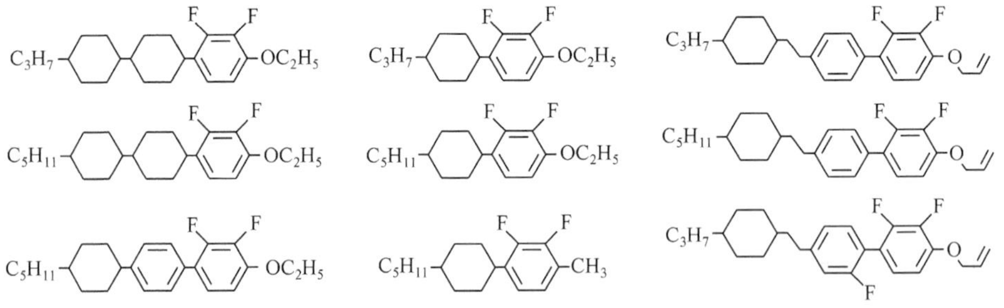

将表 9-8 中的化合物按一定比例加入 **M5** 中获得 VA-TFT 配方，见表 9-9。由于系列 D 和系列 E 中的化合物熔点较高，Δn 较小，因此 **M19** 和 **M5** 相比，熔点升高，Δn 下降；由于 **M19** 的熔点过高，难以在显示中应用。为了降低熔点，在 **M5** 的基础上加入 **3HHV** 和系列 F 中的化合物，获得熔点较低，清亮点较高，$\Delta\varepsilon$ 绝对值较大，并具有合适的Δn 的混合液晶 **M20** 和 **M21**。

表 9-9　VA-TFT 混合液晶的相变温度、双折射率和负介电各向异性

代号	配方组成(质量分数/%)	熔点/℃	清亮点/℃	Δn	$\Delta\varepsilon$
M19	**M5** (50%)+系列 D (35%)+系列 E (15%)	–15	90	0.1126	—
M20	**M5** (26%)+系列 D、E、F (57%)+3**HHV** (17%)	<–27	85	0.0978	–3.24
M21	**M5** (29%)+系列 D、E、F (52%)+3**HHV** (19%)	–25	98	0.0857	–3.03
M21a	**M5a** (29%)+系列 D、E、F (52%)+3**HHV** (19%)	–20	100	0.0872	–2.86

表 9-10 中列出了 VA-TFT 混合液晶 **M20** 和 **M21** 的光电性能测试结果，**M20** 和 **M21** 的 V_{th} 分别为 2.48V 和 2.84V，与 TN-TFT-LCD 用液晶材料的 V_{th} 相比较高，但是对 VA-TFT-LCD 用液晶材料来讲已接近实际应用的要求，尤其是 **M20**。**M20** 和 **M21** 均表现出较快的响应速度，具有一定的应用前景。为了对比 ***n*C2BFB2V** 和 ***n*C2BBF2V** 对 VA 配方的负介电各向异性及光电性能的影响，配制了混合液晶 **M21a** 和 **M21**。**M21** 的 V_{th} 为 2.84V，与 **M21a** 的相比低了 0.05V，负介电各向异性绝对值从 2.86 升高至 3.03，可见与 ***n*C2BFB2V** 相比，***n*C2BBF2V** 更有利于提高 VA 配方的负介电各向异性绝对值，降低驱动电压和能耗。**M21a** 的上升响应时间比 **M21** 的短，但是 **M21a** 的熔点较高，需进一步优化才能满足实际应用的要求。

表 9-10　VA-TFT 混合液晶的光电性能

代号	E/V			t/ms					
	V_{th}	V_{sat}	V_{50}	t_d	t_r	T_{on}	t_s	t_f	T_{off}
M20	2.48	4.43	3.18	2.61	6.81	9.42	5.06	9.56	14.62
M21	2.84	5.07	3.64	5.01	4.17	9.18	2.48	9.91	12.39
M21a	2.89	5.23	3.74	3.73	4.25	7.98	0.95	9.93	10.88

注：V_{sat}表示饱和电压；V_{50}表示透光率为 50%时的电压。

9.5.3　IPS-TFT 混合液晶的性能

IPS-TFT 显示技术具有可视角度高、能耗低、响应速度快、色彩还原准确等优良特性。日本公开了 IPS 混合液晶 **M22** 及其性能[25](表 9-11)，该混合液晶具有低黏度、高电压保持率和好光热稳定性。德国公开了具有高介电各向异性、适中双折射率、高弹性常数、低旋转黏度和良好低温稳定性的混合液晶 **M23**[26](表 9-12)，有助于 IPS-TFT 显示器实现高传输、良好黑色状态和高对比度等性能。

表 9-11　混合液晶 M22 的配方组成及其性能

分子结构	质量分数/%	混合液晶性能
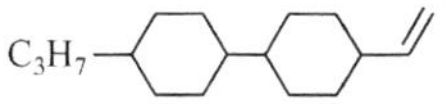 C_3H_7—	20	
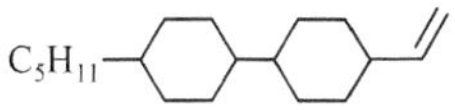 C_5H_{11}—	20	
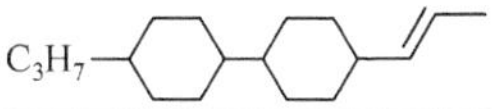 C_3H_7—	20	
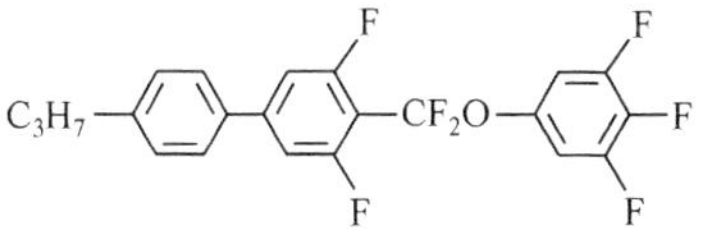 C_3H_7—, F, F, —CF_2O—, F, F, F	5	
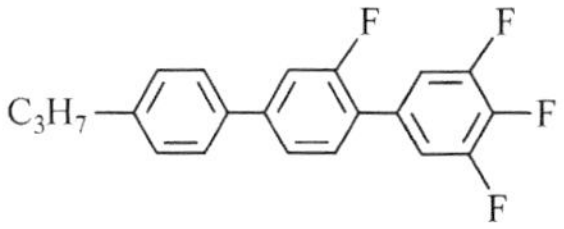 C_3H_7—, F, F, F, F	8	T_c = 89.5℃ Δn = 0.1229 (25℃) $\Delta\varepsilon$ = 5.43 (25℃) V_{th} = 1.416V VHR = 99%
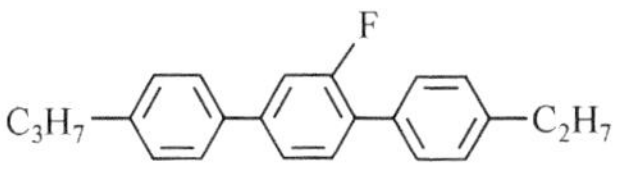 C_3H_7—, F, —C_2H_7	5	
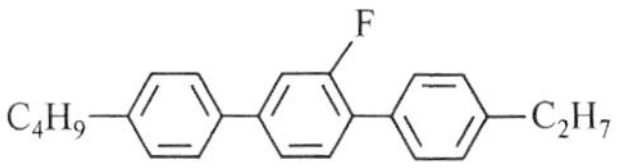 C_4H_9—, F, —C_2H_7	5	
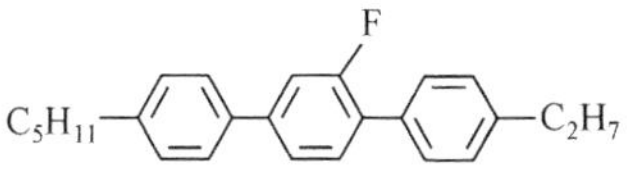 C_5H_{11}—, F, —C_2H_7	5	

续表

分子结构	质量分数/%	混合液晶性能
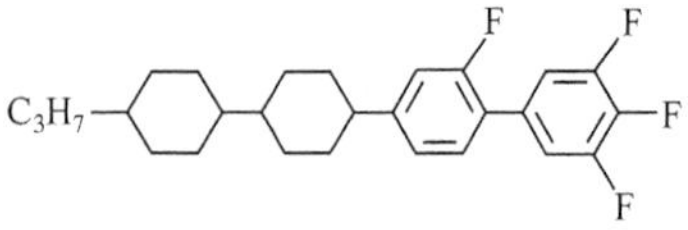 C_3H_7, F, F, F, F	7	$T_c = 89.5$℃ $\Delta n = 0.1229$ (25℃) $\Delta\varepsilon = 5.43$ (25℃) $V_{th} = 1.416$V VHR = 99%
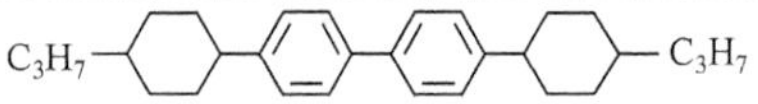 C_3H_7, C_3H_7	5	

表 9-12　混合液晶 M23 的配方组成及其性能

分子结构	质量分数/%	混合液晶性能
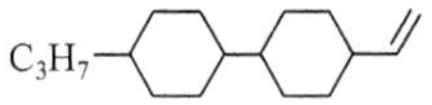 C_3H_7	27	$T_c = 96.0$℃ $\Delta n = 0.109$ (20℃) $\Delta\varepsilon = 19.0$ (20℃) $K_{11} = 14.2$ (20℃) $K_{33} = 16.5$ (20℃) $\gamma = 117$mPa · s (20℃)
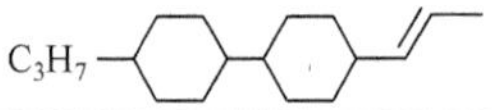 C_3H_7	12	
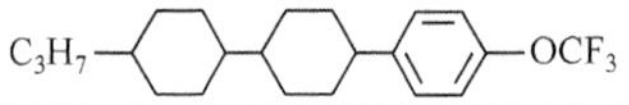 C_3H_7, OCF_3	7	
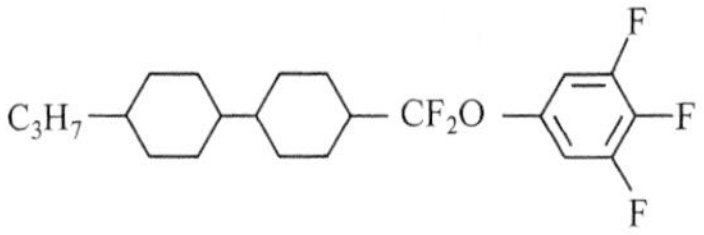 C_3H_7, CF_2O, F, F, F	6	
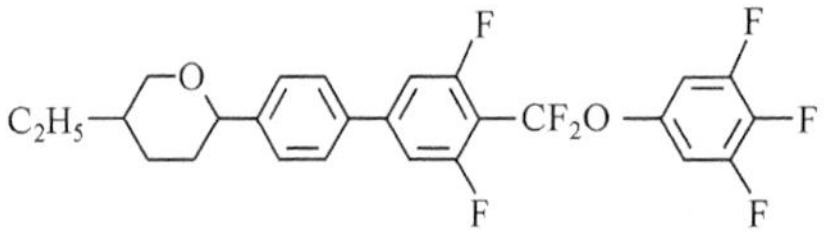 C_2H_5, O, F, F, CF_2O, F, F, F	10	
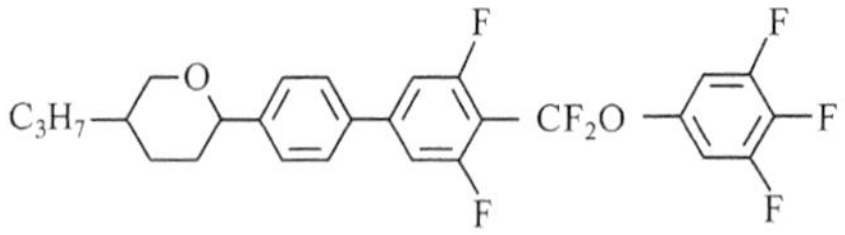 C_3H_7, O, F, F, CF_2O, F, F, F	10	
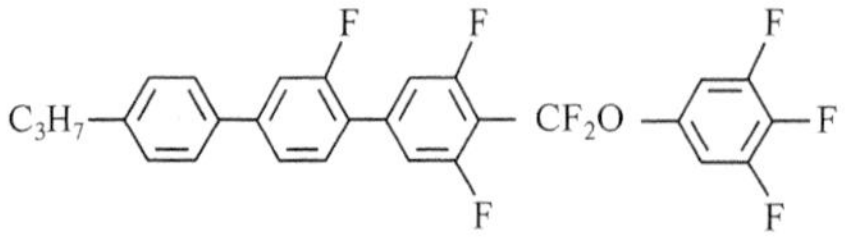 C_3H_7, F, F, F, CF_2O, F, F, F	3	
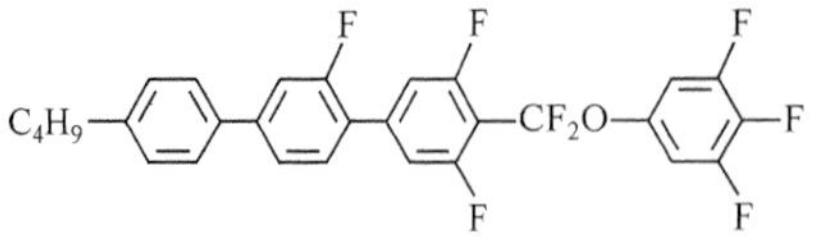 C_4H_9, F, F, F, CF_2O, F, F, F	7	
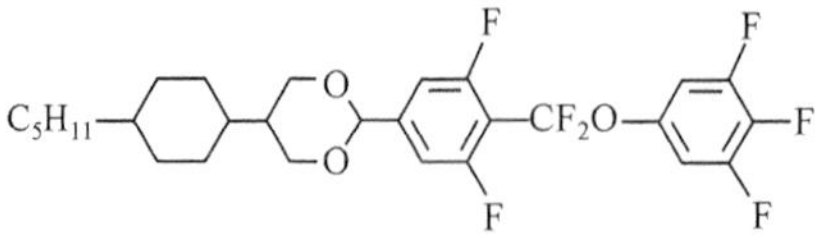 C_5H_{11}, O, O, F, F, CF_2O, F, F, F	11	

续表

分子结构	质量分数/%	混合液晶性能
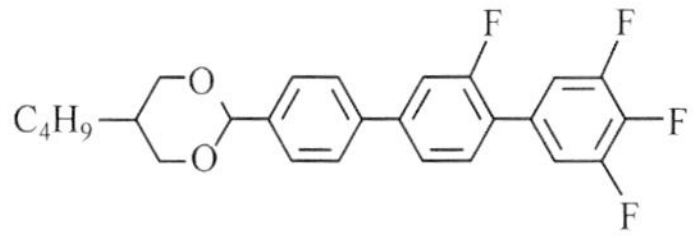 C_4H_9 O O F F F F	7	T_c = 96.0℃ Δn = 0.109 (20℃) $\Delta\varepsilon$ = 19.0 (20℃) K_{11} = 14.2 (20℃) K_{33} = 16.5 (20℃) γ = 117mPa · s (20℃)

9.5.4　FFS-TFT 混合液晶的性能

FFS-TFT 显示技术具有宽视角、高透过率、高对比度、高亮度、低色差等优良特性。韩国公开了 FFS 混合液晶 **M24** 及其性能[27](表 9-13)，该混合液晶可用于电视、监视器、笔记本电脑或平板电脑等液晶显示器件。表 9-14 列出了三款日本生产的用于液晶电视的典型 FFS 液晶材料的各项性能指标[28]。

表 9-13　混合液晶 M24 的配方组成及其性能

分子结构	质量分数/%	混合液晶性能
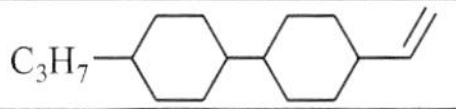 C_3H_7	35.0	T_m < −25℃ T_c = 80℃ Δn = 0.110 (20℃) $\Delta\varepsilon$ = 10.0 (20℃) γ = 56mPa · s (20℃)
 C_3H_7 C_2H_5	3.0	
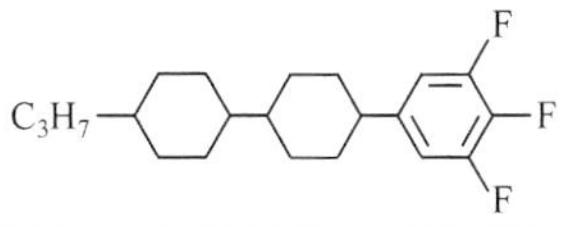 C_3H_7 F F F	8.0	
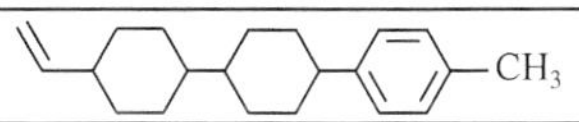 CH_3	7.0	
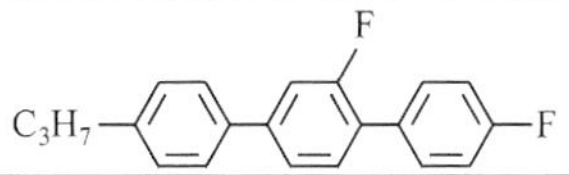 C_3H_7 F F	3.0	
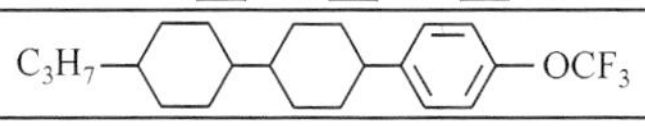 C_3H_7 OCF_3	9.0	
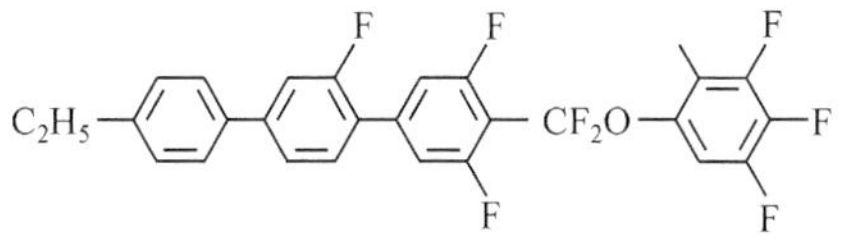 C_2H_5 F F CF_2O F F F F	8.5	
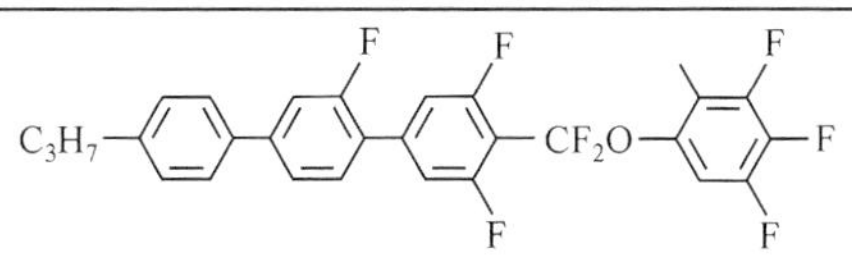 C_3H_7 F F CF_2O F F F F	12.5	
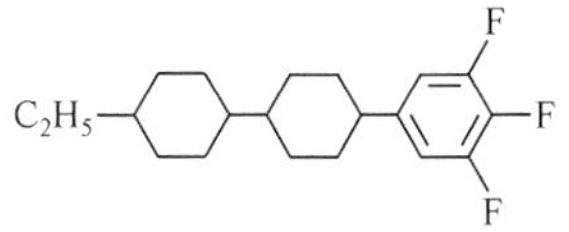 C_2H_5 F F F	3.0	

续表

分子结构	质量分数/%	混合液晶性能
C_3H_7 F F F	5.0	$T_m < -25$℃ $T_c = 80$℃ $\Delta n = 0.110$ (20℃) $\Delta\varepsilon = 10.0$ (20℃) $\gamma = 56$mPa · s (20℃)
C_3H_7 F F CF_2O F F F	6.0	

表 9-14　用于液晶电视的 FFS 液晶材料的各项性能指标

性能指标	ZBE-A	ZBE-B	ZBE-C
T_c	75.9	75.6	75.8
γ/(mPa·s)(25℃)	32.3	34.3	35.6
Δn (25℃)	0.106	0.106	0.106
n_e	1.594	1.595	1.595
n_o	1.488	1.489	1.489
$\Delta\varepsilon$ (25℃, 1KHz)	1.4	2.4	3.3
$\varepsilon_{\parallel}$	3.9	5.0	6.0
$\varepsilon_{\perp}$	2.5	2.6	2.7
ρ/(Ω·cm)(25℃)	$>1\times10^{14}$	$>1\times10^{14}$	$>1\times10^{14}$
d/μm	5.2	5.2	5.2
V_{th}/V	3.14	2.45	2.17

参 考 文 献

[1] BREMER M, LIETZAU L. 1, 1, 6, 7-Tetrafluoroindanes: improved liquid crystals for LCD-TV application[J]. New Journal of Chemistry, 2005, 29(1): 72-74.

[2] KIRSCH P, BREMER M. Nematic liquid crystals for active matrix displays: molecular design and synthesis[J]. Angewandte Chemie International Edition, 2000, 39(23): 4216-4235.

[3] PAULUTH D, TARUMI K. Optimization of liquid crystals for television[J]. Journal of the Society for Information Display, 2005, 13(8): 693-702.

[4] PAULUTH D, TARUMI K. Advanced liquid crystals for television[J]. Journal of Materials Chemistry, 2004, 14: 1219-1227.

[5] 王清廉, 沈凤嘉. 有机化学实验[M]. 2 版.北京: 高等教育出版社, 1994.

[6] 曾和平, 王辉, 李兴奇, 等. 有机化学实验[M]. 4 版.北京: 高等教育出版社, 2014.

[7] 王清廉, 李瀛, 高坤, 等. 有机化学实验[M]. 4 版.北京: 高等教育出版社, 2010.

[8] 徐雅琴, 杨玲, 王春. 有机化学实验[M]. 北京: 化学工业出版社, 2010.

[9] 徐雅琴, 姜建辉, 王春. 有机化学实验[M]. 2 版.北京: 化学工业出版社, 2016.
[10] 黄艳仙, 黄敏. 有机化学实验[M]. 北京: 科学出版社, 2016.
[11] 李晶晶. 废次烟叶中提取分离茄尼醇的工艺研究[D]. 四川: 四川大学, 2007.
[12] 杨家臣, 刘军. 低温闪蒸法海水淡化技术在海洋石油平台的应用[J]. 天津科技, 2013, 5: 6-8.
[13] 俞贤椿, 吴柏昌, 苏根博, 等. 毛细管下降区域熔融法生长有机纤维单晶[J]. 人工晶体学报, 1992, 21(1): 88-91.
[14] GASPARD F, HERINO R, MONDON F. Low field conduction of nematic liquid crystals studied by means of electrodialysis[J]. Molecular Crystals and Liquid Crystals, 1973, 24(1-2): 145-161.
[15] 王良御, 廖松生. 液晶化学[M]. 北京: 科学出版社, 1988.
[16] 丁晓琴, 赵立峰, 连兰芬, 等. 液晶材料 4-[2-(反-4-丙基环己基)]乙基氟苯的全合成研究[J]. 有机化学, 2004, 24(11): 1478-1481.
[17] 常建华, 董绮功, 等. 波普原理及解析[M]. 北京: 科学出版社, 2010.
[18] 冯凯, 安忠维. 液晶材料电阻率测试方法研究[J]. 液晶与显示, 2000, 15(2): 120-124.
[19] CHEN R, AN Z, WANG W, et al. Improving UV stability of tolane-liquid crystals in photonic applications by the ortho fluorine substitution[J]. Optical Materials Express, 2016, 6(1): 97-105.
[20] SHI D, HU K, CHEN P, et al. Improved nematic mesophase stability of benzoxazole-liquid crystals via modification of inter-ring twist angle of biphenyl unit[J]. Liquid Crystals, 2016, 43(10): 1397-1407.
[21] 吕宏飞, 白雪峰, 杨杰, 等. 一种具有低温下快速响应的宽向列相温度区间混合液晶材料: CN103333699[P]. 2014-10-29.
[22] 邓登, 李建, 杜渭松, 等. 极低光学各向异性混合液晶材料: CN102304365[P]. 2014-06-11.
[23] 钟建, 张磊, 陈晓西. 液晶显示器件技术[M]. 北京: 国防工业出版社, 2014.
[24] 姜祎. 新型侧向氟取代端烯类液晶化合物的合成、性能及应用[D]. 西安: 陕西师范大学, 2012.
[25] 河村丞治, 根岸真, 丹羽雅裕. 含有氟联苯的组合物: CN104411799[P]. 2015-03-11.
[26] M·克赞塔, H·赫施曼, I·萨伊托, 等. 液晶介质和电光液晶显示器: CN104736671[P]. 2015-06-24.
[27] 李仙熙, 金奉熙, 赵泰杓, 等. 液晶组合物: CN106978194[P]. 2017-07-25.
[28] 高鸿锦. 液晶化学[M]. 北京: 清华大学出版社, 2011.